水圏微生物学の基礎

濵﨑恒二・木暮一啓 編

恒星社厚生閣

まえがき

　水圏微生物の最初の観察は，17世紀にまで遡ることができる．レーベンフック（1632-1723）は，オランダのデルフト市で織物商を営む傍ら，自作の高性能単レンズ顕微鏡を用いて様々な試料を観察し，その結果をロンドン王立協会への書簡として報告している．一連の書簡の中で原生動物と細菌の最初の観察記録とされているのが，1676年10月に送られたものである．そこには，雨水，河川水，井戸水，海水の中に多くの"小動物"が存在することが記されている．レーベンフックの報告は，王立協会が出版する科学専門誌 Philosophical Transactions に掲載され，当時の多くの科学者の興味を集めたようである．その後およそ2世紀を経た19世紀に入ると，細菌の分離や純粋培養技術が確立され，実際にこれらの"小動物"を対象とした学問分野である微生物学が始まる．

　「どこに，どんな微生物がいて，何をしているのか？」という問いは，300年前のレーベンフックの観察以来，水圏微生物学における最も基本的な問いの一つであろう．微生物は地球上に最初に現れた生物として，地球環境の維持，変遷に基盤的役割を担ってきた．同時に，動植物を含む他の生物とも密接な関わりをもちながら多様な機能をもつ生物群として進化し，今に至っている．地球環境や動植物を含む生態系がどのように維持されているかを理解するには，微生物について知ることが不可欠であるが，その生物としての特徴や環境に対する役割は未だに十分には解明されていない．

　スプーン一杯の海水中には百万を超える細菌が生きているが，そのうち9割は未だ培養されたことのない未知の細菌種とされている．19世紀から現在まで，微生物学は顕微鏡観察と培養を基本に発展してきたが，培養できない微生物の存在は，環境微生物の多様性やその役割についての全体像を把握することを困難としてきた．しかし，近年の培養に依存しない方法論の発展により，この研究領域は急速に新たなステージへと移行してきた．これまで未知だった機能や相互作用などが次々と解明され，地球環境の理解に新しい方向性を示しつつある．さらに，遺伝子配列の解読技術が，次世代シーケンスと呼ばれる技術の登場によってこの10年間で革命的ともいえる進歩を遂げており，Human Microbiome Project や Earth Microbiome Project といったヒトや地球に関わる微生物群集の多様性とその機能を包括的に理解しようとする研究が進められている．

　本書は，こうした最新の知見に基づいて水圏中の微生物の特性を理解すると共に，その生態系における役割を明らかにするため，水圏環境の中での微

生物の分布，多様性，機能，相互作用などを包括的に記述することを目指した．地球環境問題が様々な形で顕在化していることをふまえ，水圏生態系が微生物の働きによってどのように維持されているかを地球スケールの事象の中で考えるための基礎となれば幸いである．

　本書のユニークな特徴として，各章の冒頭にその章のテーマに対する疑問を提示し，理解して欲しい事柄を質問形式で明示してある点が挙げられる．それぞれの章では，提示された疑問への回答を示すように構成，執筆されている．まずは質問リストを眺め，それから各テーマへの疑問をもちつつ読み進み，自分なりの回答が得られたならば，その章の内容を理解できたことになるだろう．各章末には「まとめ」として冒頭の質問への回答を簡潔にまとめ，さらに理解を深めるきっかけとして「学習課題」を挙げてあるのでぜひ取り組んでみて欲しい．

　企画から2年を経てようやく出版の運びとなった．研究や学務優先で，スローペースとなったが，水圏微生物学の適当な教科書が見当たらない現状にかんがみ，気軽に使える教科書を作りたいという執筆者共通の願いによって完成にこぎつけた．企画から出版までお世話いただいた恒星社厚生閣の小浴正博氏には，この場をお借りして御礼申し上げたい．本書が，水産系のみならず水圏に関わる様々な学問分野における教科書として，多くの学生に使われることにより，水圏微生物学への興味と理解が広がることを願っている．

　　　2015年7月

濵﨑恒二・木暮一啓

編者注

　本書の原稿では，*Archaea* の日本語表記として各章ごとの執筆者の考えの違いにより「古細菌」と「アーキア」の両方が使われていたが，編者の判断で「古細菌」に統一させていただいた．「古細菌」は当初 *Archaebacteria* と呼ばれていた際の訳語であり，古い細菌であるという誤解を避けるために「アーキア」を用いた方が良いとの考えもある．しかし，教科書として頻出する用語である *Archaea* をカタカナ表記すると，読みにくいものになってしまう．そこで，本書では日本語としての読みやすさを重視して，「古細菌」を採用した．

　また，*Archaea* の分子系統研究の初期に，Hori and Osawa (1987) が *Archaebacteria* は細菌よりも真核生物に近いとして，*Metabacteria*（後生細菌）と呼ぶことを提案している．「古細菌」に代わる日本語表記として，「後生細菌」も考えられるが，残念ながら一般には普及していないため本書では採用しなかった．

Hori, H., and Osawa, S. (1987) "Origin and evolution of organisms as deduced from 5S ribosomal RNA sequences." *Mol. Biol. Evol.*, 4.5, 445-472.

執筆者紹介 (50音順) ＊は編集者

＊木暮一啓　1952年生，東京大学大学院（農・博）修了．
現在，東京大学大気海洋研究所　教授．
第1章

澤辺智雄　1966年生，北海道大学大学院（水・修）修了，水博．
現在，北海道大学大学院水産科学研究院　教授．
第3章，第4章，第13章§6

澤辺桃子　1970年生，北海道大学大学院（水・博）修了，
現在，函館短期大学食物栄養学科　教授．
第3章，第13章§6

鈴木　聡　1956年生，北海道大学大学院（薬・博）修了．
現在，愛媛大学沿岸環境科学研究センター　教授．
第7章，第13章§2，§5

砂村倫成　1969年生，東京大学大学院（農・博）修了．
現在，東京大学大学院理学系研究科　助教．
第11章，第13章§7

永田　俊　1958年生，京都大学大学院（理・博）修了．
現在，東京大学大気海洋研究所　教授．
第9章，第10章，第13章§3

＊濱﨑恒二　1968年生，東京大学大学院（農・博）修了．
現在，東京大学大気海洋研究所　准教授．
第2章，第5章，第13章§1

春田　伸　1970年生，千葉大学大学院（薬・博）修了．
現在，首都大学東京大学院理工学研究科　准教授．
第6章，第13章§8

福田秀樹　1971年生，東京大学大学院（理・博）修了．
現在，東京大学大気海洋研究所　助教．
第8章

美野さやか　1987年生，北海道大学大学院（水・博）修了，
現在，北海道大学大学院水産科学研究院　助教．
第3章，第4章

和田　実　1967年生，東京大学大学院（農・博）修了．
現在，長崎大学大学院水産・環境科学総合研究科　教授．
第12章，第13章§4

水圏微生物学の基礎　目次

まえがき iii

第1章　水圏環境の特徴と微生物 1
§0．本章の目的 1
§1．水の性質 1
　　1-1　水の構造的特徴(2)　1-2　三態変化に伴うエネルギーの出入り(5)　1-3　物を溶かす性質(6)
§2．地球上の水の分布と循環 7
　　2-1　水の分布(7)　2-2　大気を経た水の地球規模の循環(8)
　　2-3　海水の地球規模の循環(8)
§3．水界に分布する化学物質と生物活動 11
　　3-1　気　体(11)　3-2　無機物質(13)　3-3　有機物(14)
§4．微生物とは 19
　　4-1　系統群と機能(19)　4-2　小さいサイズの意味(20)
　　4-3　細胞を構成する成分(22)　4-4　サイズの下限(22)
　　4-5　細菌の形(23)
§5．微生物はどんな構造をしているのか 25
　　5-1　原核生物の細胞内構造(25)　5-2　真核生物の細胞内構造(27)
　　まとめ 28
　　学習課題 29

第2章　微生物の分布 32
§0．本章の目的 32
§1．水中と水底の微生物分布 32
　　1-1　水中の微生物分布(32)　1-2　水底の微生物分布(35)
§2．極限環境に生息する微生物 36
　　2-1　塩分環境(36)　2-2　温度環境(37)　2-3　圧力環境(38)
　　2-4　pH環境(38)
§3．微生物の生物量 38
　　3-1　水圏の微生物数(38)　3-2　土壌圏の微生物数(39)
　　3-3　地下の微生物数(40)　3-4　地球上の原核微生物総数とその生物量(41)
§4．バイオフィルム 42
　　4-1　バイオフィルムが形成される場所とその影響(42)

4-2 バイオフィルムの形成過程(43) 4-3 バイオフィルムの分散(44) 4-4 バイオフィルム内での微生物のふるまい(44)

 まとめ 46
 学習課題 47

第3章　水圏微生物の特性 ... 48

§0．本章の目的 ... 48
§1．微生物の増殖と海洋環境への適応 ... 48
1-1 細菌の増殖(49) 1-2 塩分が細菌細胞の増殖に与える影響(50) 1-3 低栄養環境への微生物の適応(51) 1-4 海洋環境に生息する細菌たち(52)

§2．微生物の増殖と温度 ... 52
2-1 温度が細菌細胞の増殖に与える影響(52) 2-2 好冷性微生物の分離に向けたアプローチ(53) 2-3 極域の微生物と低温適応(54)

§3．微生物の増殖と圧力 ... 55
3-1 圧力が生体高分子や細胞に与える影響(55)
3-2 好圧性微生物の分離に向けたアプローチ(56)
3-3 代表的な深海性好圧細菌と圧力適応(57)

 まとめ 60
 学習課題 61

第4章　微生物の系統と進化 ... 63

§0．本章の目的 ... 63
§1．生命の起源 ... 63
1-1 「生命とは何か」(63) 1-2 海の誕生(64)
1-3 生命の起源に関する仮説(64)

§2．微生物の進化 ... 65
2-1 微生物の進化と地球環境(65)
2-2 微生物の進化機構(67)

§3．微生物進化研究法 ... 68
3-1 SSU rRNA の塩基配列に基づく分子系統解析の萌芽(68) 3-2 SSU rRNA の構造と配列決定(69)
3-3 微生物の進化史の可視化：SSU rRNA の塩基配列のアライメント・系統樹の作成および解釈(70)

まとめ ·· 74
　　　学習課題 ·· 75

第5章　微生物の多様性 ··· 77

§0．本章の目的 ·· 77
§1．微生物種の定義と多様性 ·· 77
　　　1-1 「生物多様性」とは（77）　1-2 微生物における種の概念（78）　1-3 未記載種を含めた微生物の多様性（78）
§2．微生物多様性の評価手法 ·· 79
　　　2-1 生物多様性の評価（80）　2-2 微生物の多様性評価（81）
§3．微生物多様性の特徴 ·· 83
　　　3-1 自然環境における微生物多様性（83）　3-2 海洋における微生物多様性（84）
§4．微生物の多様性と環境要因 ·· 88
　　　4-1 細菌群集構造を左右する環境要因（89）　4-2 海水環境と堆積物環境における多様性の違い（89）
　　　まとめ ·· 90
　　　学習課題 ·· 91

第6章　有機物を作り出す微生物 ··· 93

§0．本章の目的 ·· 93
§1．光合成微生物の多様性 ·· 93
　　　1-1 藻　類（93）　1-2 酸素発生型光合成の仕組み（96）　1-3 酸素非発生型光合成細菌（104）　1-4 光駆動型プロトンポンプ（107）
§2．化学合成独立栄養微生物 ·· 107
　　　2-1 無機物の酸化による呼吸（108）　2-2 化学合成独立栄養微生物の生態系での分布（109）
§3．微生物のもつ多様な炭酸固定経路 ·· 110
　　　3-1 糖代謝を基盤とする経路－カルビン回路（Calvin cycle）（110）　3-2 有機酸代謝を基盤とする経路（114）
　　　3-3 無機化合物代謝－アセチルCoA経路（115）
　　　3-4 同位体分析を利用した炭酸固定経路の調査（116）
　　　3-5 二酸化炭酸以外のC1化合物から有機物をつくる（116）
　　　まとめ ·· 117
　　　学習課題 ·· 119

第7章　微生物による有機物分解 ... 120

§0．本章の目的 ... 120
§1．微生物による有機物の分解 ... 120
1-1　異化作用(120)　1-2　水圏の有機物量(122)
1-3　有機物の種類と分解過程(124)
§2．有機物分解の起こる環境 ... 135
2-1　水中での有機物分解(135)　2-2　バイオフィルムでの有機物分解(136)　2-3　堆積物中での有機物分解(137)
§3．有機物分解に及ぼす環境要因 ... 138
3-1　温　度(138)　3-2　水素イオン濃度指数(pH)(139)
3-3　圧　力(140)　3-4　金　属(140)
§4．化学汚染物質の分解 ... 141
4-1　原油分解(141)　4-2　ハロゲン化有機物の分解(143)
まとめ ... 146
学習課題 ... 146

第8章　微生物の捕食者 ... 149

§0．本章の目的 ... 149
§1．微生物の死滅要因 ... 149
1-1　死滅要因としての4つの過程(149)　1-2　食物連鎖と死滅要因(150)
§2．原生生物をはじめとする大型の捕食者による捕食 ... 152
2-1　原生生物の分類(152)　2-2　原生生物の摂食様式(155)
2-3　環境中でのHNF群集による細菌群集の摂食速度(156)
2-4　原生生物による微生物群集の選択的捕食(158)
2-5　原生生物以外の捕食者(160)
§3．ウイルスおよびBALOsによる感染に伴う溶菌 ... 161
3-1　ウイルスの生活史(161)　3-2　BALOsの生活史(163)
3-3　環境中の微生物群集に対するウイルスが果たす機能(163)
まとめ ... 165
学習課題 ... 165

第9章　食物網の中の微生物 ... 168

§0．本章の目的 ... 168
§1．従属栄養細菌による有機物の分解と菌体生産のバランス ... 170
1-1　異化代謝と同化代謝(171)　1-2　海水中での細菌の増殖効率(173)　1-3　細菌の増殖効率を決める要因(175)

§2．食物連鎖による炭素の転送 ……………………………………… 177
　2-1　ウイルスによる溶菌を介した炭素流（177）　2-2　典型的な微生物ループ（177）　2-3　微生物ループのバイパス（177）
§3．微生物と魚類生産 …………………………………………………… 178
　3-1　バイオフロックの利用（178）　3-2　凝集体の構成要素と生成過程（179）
　まとめ …………………………………………………………………… 179
　学習課題 ………………………………………………………………… 181

第10章　微生物による生元素循環 …………………………………… 182

§0．本章の目的 …………………………………………………………… 182
§1．有機物の生産と分解およびそのストイキオメトリー …………… 183
　1-1　水圏生態系におけるストイキオメトリー（183）
　1-2　有機物の無機化過程におけるストイキオメトリー（184）
§2．微生物による窒素循環の駆動 ……………………………………… 186
　2-1　窒素固定（186）　2-2　アンモニウムの同化と排出（188）
　2-3　硝　化（189）　2-4　脱窒および異化的硝酸還元によるNH_4^+の生成（191）
§3．リンの循環と微生物 ………………………………………………… 192
　3-1　リン酸イオンと有機リンの加水分解（192）　3-2　リンの循環に関わる微生物プロセス（193）　3-3　堆積物からのリン酸イオンの溶出およびバイオミネラリゼーション（194）
　まとめ …………………………………………………………………… 194
　学習課題 ………………………………………………………………… 195

第11章　嫌気環境の微生物 …………………………………………… 197

§0．本章の目的 …………………………………………………………… 197
§1．微生物のエネルギー代謝 …………………………………………… 197
　1-1　栄養とエネルギー（197）　1-2　酸化還元を通じたエネルギー獲得反応の多様性（199）
§2．水圏の嫌気環境 ……………………………………………………… 201
　2-1　内湾や湖沼の嫌気水塊（202）　2-2　外洋での貧酸素水塊の形成（203）　2-3　微小嫌気環境（205）　2-4　堆積物中の嫌気環境（206）　2-5　地球深部の嫌気環境（207）
§3．嫌気環境における代表的な微生物反応 …………………………… 208
　3-1　非酸素発生光合成（208）　3-2　発　酵（209）　3-3　鉄の酸化と還元（209）　3-4　硝酸還元（210）　3-5　硫酸還元（210）

3-6　メタン生成(211)　3-7　嫌気的メタン酸化(212)
　　　3-8　元素循環と嫌気微生物反応(212)
　§4．エネルギー獲得をめぐる微生物間での競合関係 214
　　　4-1　メタン生成と硫酸還元をめぐる競合と共生関係(214)
　　　4-2　電子伝達による嫌気環境下での酸化還元反応(215)
　　まとめ 216
　　学習課題 217

第12章　他生物との相互作用 219
　§0．本章の目的 219
　§1．海洋微生物が関わる共生相互作用の多様性 219
　　　1-1　海洋微生物と植物・動物プランクトンの共生関係(220)
　　　1-2　海洋微生物とベントスの共生関係(221)　1-3　海洋微生物とネクトンの共生関係(223)　1-4　深海・熱水冷湧水域や沿岸の還元環境に見られる共生関係(224)　1-5　海洋の共生プロテオバクテリア(224)　1-6　海洋微生物とウィルスの共生(225)
　§2．海洋微生物と宿主の共生を支える生態学的メカニズム 225
　　　2-1　微生物と宿主が共生する理由(226)　2-2　宿主による共生微生物の認識と次世代への伝播機構(226)　2-3　非特異的な共生相互作用(227)
　§3．海洋微生物と宿主の共生を支える分子メカニズム 228
　　　3-1　水平伝播型共生における細菌と宿主の出会いと共生成立への道のり(228)　3-2　共生相互作用におけるクオラムセンシング(Quorum Sensing: QS)の重要性(229)　3-3　共生における遺伝子水平伝播の役割(230)　3-4　宿主との相互作用による微生物ゲノム構造の変化(232)
　§4．海洋微生物の病原性の進化と環境の関わり 232
　　　4-1　病毒性の進化(232)　4-2　宿主の外における病原因子の獲得と進化(233)　4-3　宿主と病原体の軍拡競争(233)　4-4　病原細菌と共生細菌の共通項(234)　4-5　サンゴの白化と感染症(235)　4-6　気候変動と感染症(236)
　　まとめ 237
　　学習課題 238

第 13 章　水圏微生物と人の関わり ……………………………… 242

§０．本章の目的 ……………………………………………………… 242
§１．地球温暖化を防げるか？ ……………………………………… 242
§２．環境汚染を消せるか？ ………………………………………… 244
§３．窒素過剰負荷を軽減できるか？ ……………………………… 245
§４．赤潮を消すことができるか？ ………………………………… 246
§５．水圏微生物の人への感染リスクはあるか？ ………………… 248
§６．魚介藻類の微生物感染症を防げるか？ ……………………… 248
§７．金属資源を作れるか？ ………………………………………… 251
§８．食用シアノバクテリアは未来の食糧になるか？ …………… 252

各章のキーポイント

第1章　水圏環境の特徴と微生物
Q1：水はどのような性質をもった分子で，生物にとって何故必要なのだろうか？
Q2：水圏環境とはどのような特徴をもっているのだろうか？
Q3：水圏にはどのような無機物あるいは有機物が分布しているのだろうか？
Q4：微生物とは？
Q5：微生物はどんな構造をしているのか？

第2章　微生物の分布
Q1：微生物は水圏のどこにどのように分布しているのか？
Q2：微生物はどのような極限環境に生息しているのか？
Q3：微生物の総量を陸圏と水圏で比較するとどのくらいか？
Q4：バイオフィルムとは？

第3章　水圏微生物の特性
Q1：外洋にはどのような微生物がいてどのような生理特性をもつのか？
Q2：極域にはどのような微生物がいてどのような生理特性をもつのか？
Q3：深海にはどのような微生物がいてどのような生理特性をもつのか？

第4章　微生物の系統と進化
Q1：地球上の生命はいつ頃，どこで生まれたのか？
Q2：微生物の進化はどのようにして起こるのか？
Q3：微生物の進化はどのような方法で追うことができるのか？

第5章　微生物の多様性
Q1：微生物の多様性とは何か？
Q2：微生物の多様性をどのような手法で明らかにするのか？
Q3：水圏における微生物の多様性はどのようであるか？
Q4：微生物の多様性はどのような要因に左右されるのか？

第6章　有機物を作り出す微生物
Q1：「藻類」とは，どのような生物群か？
Q2：光合成では，どのようにして酸素が発生するのか？
Q3：二酸化炭素は，どのようにして生体成分に変換されるのだろうか？

第7章　微生物による有機物分解
Q1：微生物は有機物をどのように分解するか？
Q2：どのような微生物がどこでどのような有機物を分解しているか？
Q3：どのような要因が有機物の微生物分解速度を左右するのか？
Q4：化学汚染物質も微生物に分解されるのか？

第8章　微生物の捕食者
Q1：増えた微生物はどうなるのか？
Q2：微生物は誰にどのように食べられるのか？
Q3：水圏でのウイルスの役割は何か？

第9章　食物網の中の微生物
Q1：微生物は単なる分解者か？
Q2：微生物ループはリンクかシンクか？
Q3：微生物を魚の餌に使えるか？

第10章　微生物による生元素循環
Q1：微生物は水圏における有機物の生産と分解にどのように寄与しているのか？
Q2：微生物は水圏の窒素循環にどのように寄与しているのか？
Q3：微生物は水圏のリン循環にどのように寄与しているのか？

第11章．嫌気環境の微生物
Q1：酸素がない環境で微生物はどのように生息しているのか？
Q2：酸素がない環境にはどのような微生物群が生息しているのか？
Q3：硫化水素やメタンはどう作られ，どう消費されるのか？

第12章．他生物との相互作用
Q1：海洋微生物はどのような他生物と共生しているのか？
Q2：海洋微生物と宿主の共生はどのように維持されているのか？
Q3：海洋微生物と宿主の共生にはどのような物質や遺伝子機能が関わっているのか？
Q4：天然の魚も病気になるのか？

第13章　水圏微生物と人の関わり
Ｑ１：地球温暖化を防げるか？
Ｑ２：環境汚染を消せるか？
Ｑ３：窒素過剰負荷を軽減できるか？
Ｑ４：赤潮を消すことができるか？
Ｑ５：水圏微生物の人への感染リスクはあるか？
Ｑ６：魚介藻類の微生物感染症を防げるか？
Ｑ７：金属資源を作れるか？
Ｑ８：食用シアノバクテリアは未来の食糧になるか？

第1章　水圏環境の特徴と微生物

> Q1: 水はどのような性質をもった分子で，生物にとって何故必要なのだろうか？
> Q2: 水圏環境とはどのような特徴をもっているのだろうか？
> Q3: 水圏にはどのような無機物あるいは有機物が分布しているのだろうか？
> Q4: 微生物とは？
> Q5: 微生物はどんな構造をしているのか？

§0. 本章の目的

　水圏微生物学は現生の水圏中の微生物を研究対象とした学問領域である．しかし，地球上での生物や生態系の進化プロセス，水圏生態系と陸圏生態系との繋がりを考慮するならば，陸圏をも含めた地球全体での水や物質の循環，地球史の中での水圏環境の現在をふまえた視点をもつことが重要である．
　水は地球上で生命が発生し，維持し続けるのに必須の分子である．生物は一時的に水のない場に生息しえたとしても，長期的には水のない場で生命活動を維持し続けることはできない．さらに，水はその移動に応じて様々な生物を運ぶ．つまり水は生物の生理，生殖，行動，分散，生態などの様々な面に影響を与える．微生物は微小な場でもそこに水があれば増殖，生残が可能であるが，本章で扱う水圏環境とは，水が巨視的なレベルで存在している淡水および海水を主な対象とする．また，地下水については扱わない．
　水圏環境を考える際，水の3つの特性を理解しておく必要がある．第1に，水という分子が化学的に極めて特異な性質をもっていること，第2に地球表層で水は固体，液体，気体の三態を示しながら循環していること，第3に相互の変換はエネルギーの出入りを伴うこと．これらの性質を反映して水の存在は地球の環境の安定化に大きく寄与するとともに，生物に対して多様な場を供給し，それらの生息と多様性の維持を可能にしている．本章では，水の性質と地球上における分布や循環について理解し，さらに水中に溶解している化学物質，特に生物活動と関連する物質について理解することを目的とする．

§1. 水の性質

　私たちは日常的な生活の中で水，氷，水蒸気を見ることができる．このように，地球表層で固体，液体，気体の三態が共存しうる分子は他にはない．これはその独特の分子構造によるものである．本節では，水がもつ特異な性質について理解を深めよう．表1-1に水の性質をまとめる．

表1-1 水の性質

沸点・融点	第6族元素の水素化合物中特別高い
比熱	液体 NH_3 を除いて最大
融解の潜熱	NH_3 を除いて最大
蒸発の潜熱	全ての物質中最大
赤外線の吸収	波長のほとんど全域にわたって強い
熱膨張率	非常に小さい
圧縮率	非常に小さい
表面張力	全ての液体中で最大
電解質を溶かす能力	非常に大きい

1−1 水の構造的特徴

1）水分子

　水分子は酸素原子と2つの水素原子からなるが，これらの水素原子は，酸素原子に対して105度の角度で結合している．酸素原子の電気陰性度，すなわち電子を引き付ける力は水素のそれより大きいため，電子対が酸素側に偏ってわずかに負の荷電を帯びる．このため，個々の水分子は電気的には中性であるが，正負の荷電をもった双極子を作っている（図1-1a）．2つの水分子が相互に近づくと，1つの水分子の負の側に隣の水分子の陽の側が引き付けられ，電気的にゆるやかに結合する．この結合はさらに隣り合う水分子の間にも形成され集合体が作られる（図1-1b）．この集合体は固定的なものではなく，常に異なる分子同士が相互に入れ替わり，動的な構造をもった液体としての水を作り上げている．

　この水分子間の結合は水素結合と呼ばれる．この結合自体は共有結合よりはるかに小さいが，水の特異な挙動を招く．例えば水に熱を加えていくと，それがまず水素結合を壊すのに使われる．このため，水の粘性は温度上昇に伴って低下していく．さらに熱を加えると，水分子はこの結合力を超える運動

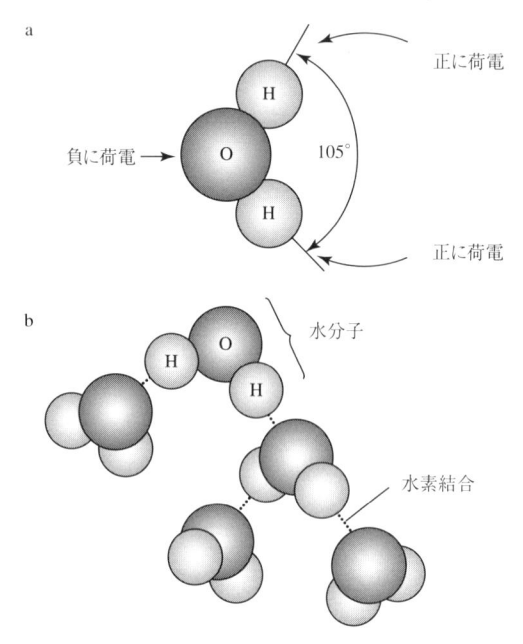

図1-1　水分子の構造　a：分子の構造，b：水分子の集合体

エネルギーを得て，飛び出し，気体に変わる．これが沸騰である．1気圧下の水の沸点は100℃である．水素結合があるため，化学的に類似した構造をもつH_2S, H_2Se, H_2Te と比較すると，水の沸点は化学式から予想されるよりもはるかに高い．また，このように加えた熱が個々の分子の運動エネルギーに転換される前に水素結合を壊すのに使われるため，加えた熱量の割には温度は上がらない．逆に水を冷やしていく際には水の温度低下が小さい割には，放出される熱は大きい．つまり，水は温めにくく冷めにくい．これは水が大きな熱容量をもつことを意味する．なお，熱容量とは1gの物質の温度を1℃上げるのに必要な熱量を示し，水の場合は4.184 J である．この性質により，水圏環境は大きな熱のリザーバーになっている．一方，空気の熱容量は1.006 J である．1gの空気はおおよそ773 ml なので，同じ体積の水と空気を同じ温度だけ暖めようとすると，必要な熱量には約3,000倍の違いが生じる．このため，内陸よりも海岸沿いの地域で寒暖の差が小さくなるし，また，地球が温暖化，あるいは寒冷化していく場合，大気と海との間で熱がどのようなバランスを取りながら加入あるいは放出されていくかを理解することが大事になる．

2）氷の構造

水以外の全ての分子は固体になると分子間相互の距離が縮まり，密度が増して，同じ分子の液体の下に沈む．しかし，水分子は氷になる際に，水素と酸素の結合角が105℃から109.5℃に広がり，酸素原子が隣の酸素原子との水素結合を介して正四面体構造を形成する（図1-2）．さらに，この正四面

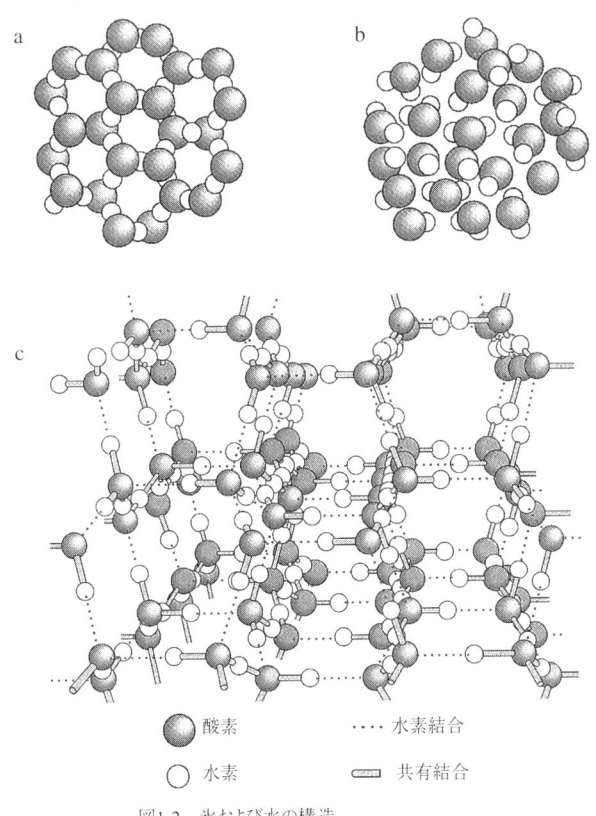

図1-2　氷および水の構造
　a：クラスター構造
　b：クラスター構造でない水分子の集合体
　c：氷の構造

体が6角形を基本とした立体構造を作るが，この構造中では水よりも分子が疎に分布するため，氷の密度は水よりも約8％減り，水の上に浮く．

　氷が水の上に浮くことは地球環境の形成に大きな影響を与える．地球上の水界は，海底の温泉などの特殊な場を除けば表層から温められまた冷やされる．もし氷が水より重く，大気の温度が氷点（海水は約 −2℃）以下ならば，水界表層で作られた氷は順次沈みこみながら水界を冷やしていく．水界全体がおおむね氷点以下になった後は，氷が次々と海底あるいは湖底に降り積もって凍結層を形成し，最終的には全層が凍結するだろう．大気が温まって表層から熱が加わっても，低層の氷にそれが到達し，融かすには時間がかかるため，一旦形成された氷はなかなか融けずに海底上あるいは底泥中に留まり，底生生物群の存在や分布，生物活動に大きな影響を与えるだろう．さらには大気と海との熱交換パターンを大きく変え，地球全体の気候は大きく異なるものになっていたはずである．実際には氷が水の上に浮くため，その下に水界および海底からなる生態系が維持されている．また，大気の熱はまず氷に与えられ，次いでその下の水に移行するため，北極海の氷が急速に融けるような現象を生み出している．

3）密　度

　水はその密度の変化でも特異な性質を示す．氷を温めていくと熱による分子の振動によって結晶構造が壊れ始め，氷が溶け出す．水分子は相互の距離が氷のそれより近いため，密度が高まる．しかし，この変化は一度に起こるのではなく，一部の水分子は氷に似たクラスター構造を作っている（図1-2）．この構造を取る水分子はその分子間距離が通常の水と比較すると大きいため，密度はより小さくなる．温度の上昇に伴い，クラスター構造を取る分子が少なくなり，通常の水の構造が支配的になっていくため，次第に水の密度は減少していく．3.98℃でクラスター構造がほぼ完全に消え，それによって水は最大密度を示す．さらに，温度を上げると水の分子運動が活発化して，分子相互の距離が開くことによって密度が減少していく．水が3.98℃で最大の密度を示すのはこのためである．クラスター構造の存在が分子の挙動や生物の生理，動態にどのような影響を与えるかは未知の研究領域と思われる．

　さて，水の密度が3.98℃で最大であることは水界生態系に大きな影響を与える．例えば淡水の湖で秋から冬にかけて水温が低下する状況を考えてみる．水は表面から冷やされ，冷えた水は沈降する形で湖水全体が次第に冷えていく．湖水全体が3.98℃になった後は，さらに冷やされた水は下に潜り込まずに，3.98℃の水の上に留まる．さらに0℃までは冷えれば冷えるほど軽くなってより上層に留まるため，鉛直的には深度に応じて水温が上がっていく"逆向きの構造"ができる．実際には風の影響で水が撹拌され，必ずしもこのようなパターンにはならないものの，水の密度が3.98℃で最大のため，低層に"暖かい水が留まる"ことが起こりうるのである．

　海ではどうだろうか．海水の密度がもし3.98℃で最大とすると，風の影響は表面に留まるので，大洋の底には3.98℃の海水が広く分布するはずである．より冷たい0℃に近い水が沈降してきても，その上に乗り，3.98℃の水の層は容易には壊れない．つまり海底に"ふた"をしてしまう可能性がある．しかし実際は水深が増すにつれて海水温は低下していく．これは，最大密度を示す温度が塩分の増加に応じて低下し，海水は冷たくなればなるほど重くなるためである．図1-3に示すように，塩分の増加により，最大密度を示す温度は急速に低くなる．一方，イオンの存在が氷の結晶構造の形成を邪魔するため，氷点も次第に下がっていくが，塩分24.7psu以上では前者が後者より低くなる．海水の氷

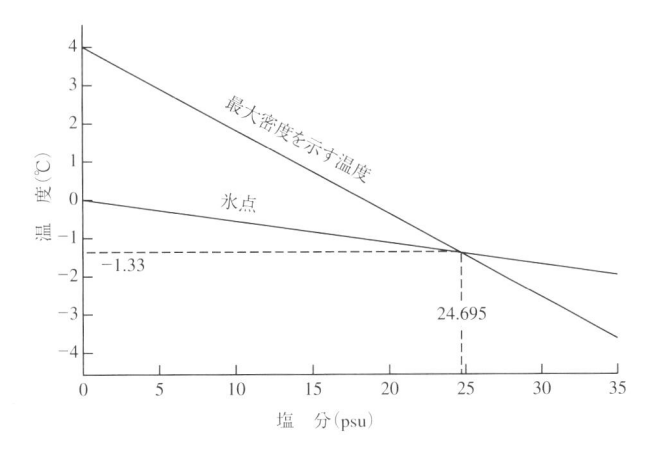

図1-3 水の最大密度を示す温度および氷点と塩分との関係

点は−1.9℃前後である．このように，海水が冷えれば冷えるほど重くなることは単に物理的な側面から重要であるのみならず，深海や海底の生物に対して大きな恩恵をもたらす．酸素を豊富に含む表層付近の冷たい海水が深層まで落ち込み，海底に酸素を供給して動物の生息を可能にする．

1−2　三態変化に伴うエネルギーの出入り

　水が固体，液体，気体に変化する際には大きなエネルギーの出入りを伴う．図1-4は，−20℃の氷から水蒸気にまで変化させるのに必要な熱量を示す．1 gの氷を1℃上げるのに必要な熱量は2.09 Jである．このため，−20℃の氷を0℃にするには41.8 J（約10 cal）が必要である．氷は融ける際に融解熱を奪うが，それは334 Jである．0℃，1 gの水に418.4 J（100 cal）を加えると100℃になる．さらに2,259 J（540 cal）の熱を加えると全てが気体（水蒸気）になる．この熱量は気化熱あるいは蒸発熱と呼ばれる．気体になった水分子はこの熱の付加によって高い運動エネルギーをもち，他の水分子と衝突しながら，独立して動く．このように，−20℃の氷1 gを暖め，完全に水蒸気にするには，3,055.3 J（約730 cal）の熱が必要である．一方，100℃以下でも海洋あるいは陸水の表面，湿り気を含んだ物質の表面からは常に水が蒸発している．この際にも，1 gの水は2,259 J（540 cal）の熱を周囲から奪う．つまり，地表あるいは水界表面からの水の蒸発はそこから熱エネルギーを奪うことによってその場を冷やす．

　図1-4は氷に熱を加えていく過程を示すが，逆に水蒸気が液体の水になる際，蒸発熱に相当する熱を周囲に放出する．例えば，陸上や海面で生まれた水蒸気が上空に上がってそこで雨や雪になる際，周囲に熱を放出する．つまり，地表で水が蒸発し，それが雨水として戻ってくるプロセスは，地表から熱エネルギーを奪って上空に運ぶプロセスと言える．夏季に都市圏を中心によく行われる打ち水はこの原理に基づいて熱を上空に運ぶことにより，地表の温度を下げようとする行為である．こうした熱の移動は水平的にも重要である．例えば，低緯度域で生まれた水蒸気がより高緯度域に水平に運ばれると，熱が奪われて気温が低下するとともに，水蒸気が雨や雪に変わる．その際，大気がもつ熱の移動に加え，低緯度域で蒸発した水分子の蒸発熱に相当した熱が放出される．

　一方，逆に高緯度域から低緯度域への大気と水および熱の移動の例が，冬季の日本列島に見られる．

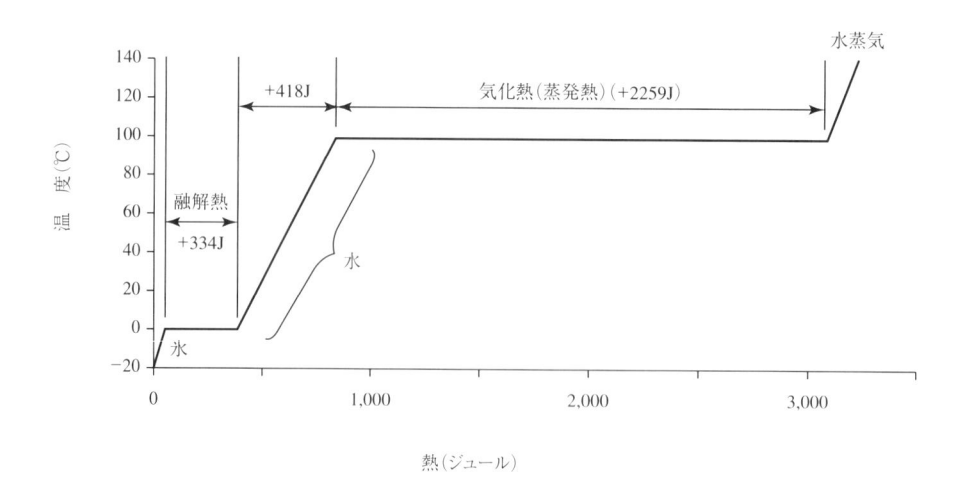

図1-4 1gの氷から水蒸気になるのに必要な熱量

　北西の季節風は日本海から大量の水蒸気を日本に運び，山岳地帯に雪を降らせる．この過程で日本海の海水中の蒸発熱に相当する熱エネルギーが日本列島へと運ばれる．降雪後の乾いた空気は蒸発熱を受け取って温度を高め，太平洋側に吹き降りてくる．これは一般にフェーン現象として知られている．もし，日本海がなければ，あるいははるかに小さければ冬季の日本は今よりはるかに寒くかつ乾いたものになり，陸上生態系も大きく異なったものになっているはずである．なお，冬季に日本海側の山に積もった雪氷が春先に溶ける際には，融解熱に相当する熱を周囲から奪うことで水温や気温の上昇を抑える．その蒸発はさらに蒸発熱を奪うことになる．同様に，北極海の氷や世界各地の氷河の融解は，大気温度の上昇を鈍化させている．つまり，水が三態を取りながら熱エネルギーの吸収や放出を行うことが地球上の様々な場での気候に大きな影響を与えている．この意味で近年問題になっている温暖化のプロセスを理解するには水の動態の理解が必須である．

1-3 物を溶かす性質

　水分子は分子内に陽極と陰極とをもつ双極子であるため（図1-1），それぞれの極，すなわち水素側と酸素側とはお互いに引き合って水素結合を形成し，安定な構造を取る．例えば水にNaClを加えるとNaイオンとClイオンを引きつけていたイオン結合が弱まり，それぞれ水分子の陰極，陽極側に囲まれる形で安定化する．イオン結合をしている様々な化合物，すなわち塩はこのように水に溶け込む．これを水和という．しかし，NaClの量をさらに増やしていくと，水分子がこれ以上それぞれのイオンを水和しきれなくなり，溶け込まなくなる．これが飽和である．

　生物のもついくつかの基本的特性として，細胞構造をもつこと，代謝すること，があげられるが，これらはいずれも水の存在を前提にしている．細胞構造を作り上げている細胞膜はその外側にリン脂質の親水性の部分を，内側に疎水性の部分をもつサンドイッチ状の構造からなり，これによって細胞内外の水との親和性を維持しながら安定した構造を取っている．また，代謝に必要な物質は細胞外側に接する液相から特定の輸送系を介して細胞内に取り込まれる．逆に細胞の老廃物は細胞外に捨てら

れ，希釈される．一方，細胞内は液相で満たされており，その代謝活動は液体の中で行われている．このように生物は水の流動性と様々な物質溶かす能力を前提として出来上がっているため，水は生命活動の維持に必須の要素となっている．

なお，様々な有機物も同様に水に溶け込むが，長鎖の化合物などは水分子と上記のような安定した構造を取れないため，水にはほとんど溶けない．つまり，個々の分子が独立して水分子に囲まれている状態より，化合物同士が塊を作っているほうが化学的により安定である．これらの物質は水圏ではいわゆる懸濁物として，あるいは錯体の形で存在しており，その存在状態と分布はこれらの化合物の生成，除去メカニズム，生物活動との関わりなどを解明する上で重要な要素である．

§2. 地球上の水の分布と循環

海洋は地球の表面積の約7割を覆い，北半球ではその約6割，南半球では約8割に相当している．海洋の平均水深は約3,800 mであるが，地球を直径1 mのボールとすれば，0.3 mm程度でしかない．一方，大気の厚さ（成層圏）を50 kmとすれば約3.9 mmに相当する．いずれもそれぞれ液体，気体という流体であり，この薄い層同士が相互に流れながら物質，エネルギーのやりとりを行い，その水平的移動を通じて地球表層における物質とエネルギーの水平的な運搬を行っている．海洋は厚みでは小さいものの，海水の総質量は大気のおおよそ270倍に相当する．それぞれを1℃上げるのに必要な熱量は4：1程度なので，海洋は大気の約1,000倍の熱を溜め込むと言える．したがって，海洋が地球環境の安定化に果たす役割は大きい．本節では，地球上で水がどのように分布しているのか，それがどのように循環しながら熱を移動させているかについて理解を深めよう．

2-1 水の分布

地球表層の水の分布を表1-2に示す．その97％以上は海水で，氷が残りの2/3強を占め，その約85％は南極氷床，約10％がグリーンランド氷床である．大気は水蒸気や小滴（雲）として大量の水を含み，それは河川水より1桁大きい．一方，淡水域を形成している水の量は極めて少ない．つまり，私たち人類の生存圏に存在する水の割合は地球全体のそれのごく一部であると同時に，極めて短い滞在時間の後に海に流出してしまう．なお，生物圏とあるのは，生物体内に含まれる水を示す．

表1-2は現在の推定値であるが，最近の200万年の間（更新世），地球にはおおよそ10万年周期で

表1-2 地球表層の水の分布

場	量	割合（％）	平均滞留時間
海洋	1370	97.25	4千年
氷	29	2.05	1.5万年
地下水	9.5	0.68	1～10万年
湖沼	0.125	0.01	10年
大気	0.013	0.001	10日
河川	0.0017	0.0001	2週間
生物圏	0.0006	0.00004	
合計	1408.64	99.99	

（Paul, 2006を一部改変）

氷期，間氷期が訪れ，それに応じた氷床の発達とその融解が繰り返されてきた．現在は最終氷期が終わって約1万年経過しているが，氷期には海水面が100～150m下がっており，大陸棚が露出していた．日本は大陸と地続きになり，日本海は海から閉ざされた淡水湖となっていた．この周期から見れば，地球は寒冷な時代へと向かっていると予想される．実際，西暦1000年頃から最近までの地球表面温度は0.2℃ほど低下してきたと見られる．しかし，多くのデータが20世紀半ば頃から地球温暖化が始まったことを示しており，大気温は40年に1℃程度ずつ急速に上昇している．これは地球史から見れば極端に短時間の事象であるため，寒冷化によって相殺されるレベルをはるかに超えている．

2-2 大気を経た水の地球規模の循環

地球上の水は，蒸発と降雨を繰り返しながら循環を行っている．このため，陸上生態系と海洋生態系は水を介して密接な関係にある．表1-2に示すように，大気中の水の平均滞留時間は約10日である．これは大気中に保持される水の量を1日あたりの地球表層からの蒸発量で割った値である．また，陸域は地球表面からの蒸発量の15%を担うのに対し降雨量については22%を受け取っている．つまり，海から蒸発した水のうちの1割程度は陸上に移動して降り注がれ，最終的に河川を経て海に戻っている．陸上での実際の滞留時間は，雨が落ちる場所やその地理，気候条件などでかなり変動すると予想されるが，ひとたび河川に注ぎ込まれれば2週間程度で海に流入することになる．海は地球表面の約7割を占めているので，こうした"余剰分"が陸にもたらされるが，その割合が小さくなれば，それに応じて陸の生態系ははるかに乾燥したものになっただろう．逆にその割合が高すぎれば，陸圏の生態系には現在ほど多様な環境が形成されなかったと考えられる．いずれにせよ，7：3という陸と海のバランスが，今のような豊かな陸上の生態系を形成する上でも重要だったに違いない．

2-3 海水の地球規模の循環

重力による水の移動を基礎としている河川は別として，閉鎖水域あるいは海洋でも水は常に水平的，鉛直的に動いている．水の動きはそこに溶けている，あるいは懸濁している物質の移動や分布，さらに生物の行動様式，分散および分布に大きな影響を与えるだけでなく，地球レベルでの熱エネルギーの移動に大きな役割を果たしている．ここでは水の循環の基本的な3つの要素を理解しておくことにする．それは，密度に依存した鉛直的な動き，風による水平的な動き，さらに，地球が自転をしている球体であることによって生じるコリオリの力である．これらは実際には複合した形で働くが，ここでは個々の要素について見てみよう．

1）熱塩循環

水の密度を決めるのは基本的に温度と塩分である．密度の大きい水がより小さな水と接した場合，大きな撹拌がない限り，双方が完全に混じりあうのには時間がかかる．それよりはるかに早い速度で密度の大きな水がより小さな水の下に沈み込む．これが水界環境中での水の流れを生むことになり，熱塩循環と呼ばれる．海水の99%はその塩分が33から37の範囲に，また75%が34から35の範囲に入る．とりわけ，おおよそ2,000m以深のほとんどの海水の塩分は34.5から34.8の範囲内に入り，極めて均質である．このため，一般に密度を決める大きな要素は塩分より温度である．水界への熱の移動は海底の温泉などのごく限られた環境を除けば主として海洋表層で行われる．まず，海洋には太

陽からの光エネルギーが注がれ，それが海水を暖める．地球に注がれる太陽光エネルギーのうち，約1/4が大気や雲によって吸収され，おおよそ50%程度が地表に届き，残りは反射などを経て宇宙に拡散すると見なされている（Segar, 2007）．地表が受ける光エネルギー量は季節や緯度に応じて異なるが，北緯および南緯35〜40度の間ではおおむね吸収量が放出量を上回るが，それより高緯度域では逆に放出量が上回る．つまり，低緯度海域から高緯度海域へと常に熱の移動が起こっていることになる．

　次いで，大気との間の熱の移動があげられる．大気が冷たければ表層から熱エネルギーを奪って表層水を冷やして下層に送る．暖かければ逆に熱エネルギーを添加して表層水を軽くし，水界を安定化させる．大気への熱エネルギーの供給は太陽光によるので，こうしたエネルギーの出入りは季節に応じた変動を示す．中緯度域では，秋から冬にかけて水界の表層域が冷やされて上下混合が盛んになり，温度，塩分が比較的均一な混合層が形成される．春から夏にかけては逆に暖かい水が冷たい水の上に乗って水界が安定化する．そこに栄養塩があれば，植物プランクトンの大規模な増殖が起こりうる．一方，高緯度域では大気がほぼ常に海水より冷たいため，海洋から大気へと熱が逃げることによって海水が恒常的に冷やされる．逆に言えば，海洋は高緯度域に熱を運ぶ．

　地球規模で見るなら，北大西洋で表層水が冷却され，沈降して大西洋の深層を南下する大規模な深層流を作り出す．この深層流はさらに南極域で沈み込む海水を受け，インド洋から太平洋へと（図1-5）連なる深層流を生み出す．太平洋に流れ込んだ水はその北部で浮かび上がり，最終的には深層水の流れを補完する形で大西洋北部まで巡る表層水となっている．これはブロッカーのベルトコンベヤーと呼ばれる．なお，太平洋北部のベーリング海は浅いため，大西洋のような地球規模の深層水の流れは作り得ない．小規模な太平洋亜寒帯水がそのベーリング海南方域で作られ，太平洋を南下するのみと考えられる．

　一方，低緯度海域では海洋表層が恒常的に温められる．蒸発量も大きくなるため，塩分が増加するが，表層水の沈降を引き起こすほどの密度の増加にはつながらない．例外的なケースは地中海である．地

図1-5　海流の地球規模の熱塩循環

中海は大西洋と水深約 100 m のジブラルタル海峡で隔てられており，その表層には大西洋の貧栄養な海水が吹送流として入り込み，次第に東に移動する．この間，強い日射を受けて塩分が次第に上昇して 38 を超え，地中海東部の海盆に沈降する．沈降した高塩分の海水は低層を逆に大西洋に向かって流れ，最終的にジブラルタル海峡を経て大西洋に流入する．こうして，36 を超える高塩分，高温（約 13℃）の地中海中層水が大西洋の 1,000m 付近に広がる．地中海が青い透明な海として観光客を魅了してきたのは，表層に流入する汚染物質や栄養塩が海水の移動とともに低層に沈み込み，表層が貧栄養化して，一次生産が抑えられるためである．

2) 吹送流およびエクマン輸送

地球は自転をしている球体なので，北半球を南北方向に移動する物体は進行右方向に，南半球では逆に左方向に向きが変わっていく．これはコリオリの効果と呼ばれ，液体や気体の運動についても同様に見られる．

地球上の大気は一般に低緯度域で温められ，軽くなって上昇気流となり，高緯度域に運ばれて熱を奪われて重くなり下降する傾向を示す．こうして南には低気圧あるいは台風が発生し，北から高気圧が張り出すことになる．ただし，赤道域の大気がそのまま極域に運ばれるのではなく，30°付近で一旦下降し，地表付近を南に戻る風となる．赤道と 30°付近の間のこの循環は南北方向に真っ直ぐ行われるのではなく，コリオリの効果によって常に右へと偏向する．このため，太平洋および大西洋の赤道北部域には東から西に向かう風が卓越する．赤道の南側にも同様の方向の風が卓越し，これらの風は表面海水を西向きに押しやる．また，おおむね北緯 30°以北，あるいは南緯 30°以南の地表付近には西から東に向かう風が卓越するため，大洋の高緯度域では海水が東向きに押しやられる．こうして北半球の大洋には時計回りの，南半球では反時計回りの大きな海流ができる．このように大気の動きによって作りだされる海流は吹送流と呼ばれる．黒潮やガルフストリームなどはこうして作られ，膨大な量の海水とそれが含む生物および非生物体，さらに熱エネルギーとを高緯度域へ運び，海洋生態系のみならず地球全体の気候に大きな役割を果たしている．

なお，海洋表面を吹く風の方向と水が運ばれる方向は一致せず，北半球ではより右方向に，南半球ではより左方向にずれが生じる．これはエクマン輸送と呼ばれる．例えば東北海域に南からの風が吹き込むと，表面海水を北東方向に，西風の場合は南東方向に押しやる流れを生み出す．

3) 淡水系

海が 1 つの巨大な水塊からなるのに対し，淡水の水圏環境は無数の水塊からなり，その構造や形成要因，場所などに応じて極めて多岐にわたる．また，人為的影響がほとんど入っていない場から，ダム湖や溜池，さらに水田のように人間活動によって作られ，利用されているものまである．河川を除く湖沼についてその特徴を表 1-3 に整理する．

このように淡水系を特徴づける項目が多岐にわたるため，水の動きやその他の要素を一般化するのは難しい．密度について見るならば，淡水では塩分の寄与は一般に無視できるので，密度はほぼ水温で決まる．水温は日照による熱エネルギーの表面からの加入，および大気との間の熱交換，さらに大きな水の流入がある場合にはその温度と流入量に左右される．また，風が表層域を攪拌するとともに，吹送流を生むが，表層が氷結している場合にはその限りではない．

表 1-3 淡水系の水界の特徴

形成要因	地質学的要因，人工的要因
形成時期	地質年代，作成年代
水平的構造	大きさ，形状
鉛直的な構造	深さ，形状
地理的な位置	緯度，経度，標高，大陸，島嶼
周囲の環境	土壌の質，動植物相，人工環境など
環境条件	日照，降水，降雪，気温，風
水質	pH，濁度，溶存酸素，無機および有機態化学成分
生物的要因	生息生物群の量と構造
水の交換	流出入河川，海水との繋がり，
人間生活との関連	都市排水の流入，水の利用

§3. 水界に分布する化学物質と生物活動

上述したように，水は様々な物質を溶かす性質がある．天然の水界には塩化ナトリウムに代表されるような化合物だけではなく，様々な物が溶け込んでいる．本節では，水中に存在する化学物質の中で，とりわけ生物活動に関連する物質を中心に理解を深めよう．

3-1 気 体

海水は様々な気体を溶かし込んでいる．それぞれの気体の溶解度は，温度の低下，塩分の減少，あるいは圧力の増加に応じて大きくなる．これ以上溶け込めないという量が飽和溶解度で，これを超えるとその気体は海洋表面から大気中に放出されていくが，それ以下の場合にはその気体はさらに溶け込みうる．現在の大気は約78％の窒素，約21％の酸素，約0.04％の二酸化炭素を含むが，海水中の組成はそれぞれの固有の溶解度を反映し，それぞれ48, 36, 15％となっている．つまり海水中に溶け込んでいる気体の組成は大気のそれとはかなり異なっている．

1) 酸 素

海水中の二酸化炭素は光のある表層付近で光合成によって吸収されて減少し，酸素が生産される．表層付近での溶存酸素量はこうして生産される量と表層で大気に抜ける量のバランスで決まってくる．また，光合成によって生産された有機物が動物に食われ，異化される，あるいは微生物によって好気的に分解される際，酸素が消費される．例えば，ブドウ糖1モルが好気的に完全酸化されると，次式に示されるように6モルの酸素を必要とする．

$$C_6H_{12}O_6 + 6O_2 \rightarrow 6CO_2 + 6H_2O$$

例えば，1 gのブドウ糖が水界に落とされると，その完全酸化には約750 ml程度の酸素を必要とする．これはほぼ100 Lの海水中の酸素を枯渇させる量に相当する．海洋では懸濁態の有機物が沈降しながら分解を受けるにつれ，周囲の酸素を吸収していくため，溶存酸素濃度は深度に応じて次第に減少していく．しかし，一律に減少するのではなく，日本近海の太平洋の場合にはおおよそ1,000 m程度で最小値を取り，その下層では逆に増加する．この増加は，高緯度域で作られた酸素が豊富な海水が潜り込んでいるためと考えられている．この酸素極小層の深度やそこでの濃度は海域に応じて異なって

くる．それを決める1つの要因は，大洋スケールでの海水の動きである．前述したように，大西洋北部で下層に潜り込んだ海水は大西洋を南下し，南極周辺からインド洋，太平洋へと約2000年をかけた旅をしている（図1-5）．このため，大西洋深層水は比較的新鮮な有機物を含み，溶存酸素濃度も高い．この有機物は海水の移動に伴って徐々に微生物による好気的分解を続けるため，太平洋北部には長時間の分解過程を経た"古い水"が上がってくる．このため，より浅い深度に酸素の極小層が現れ，その酸素量も小さい．

一般に，天然海水中の溶存態有機炭素の量は1 mgC/L（約80 μM）程度で，かつ容易に分解可能なのはそのうちの一部である．このため，それらの好気的分解によって酸素が枯渇することはなく，深海も含めた海洋の大部分は好気的な環境である．深海底にも広く動物が生息しているのはこのためである．しかし，一部の海洋あるいは淡水域では極端に酸素濃度が低下した貧酸素水塊が生じ，そこに生息する生物群に深刻な影響を与えることがある．こうした例をいくつかあげる．

①夏季の沿岸域：都市近郊の内湾域では人間活動による多量の有機物の流入，あるいは赤潮の発生によって生産された有機物の好気的分解のために，大量の酸素が消費される．その一方で，夏季の成層化により上下混合が弱まるために下層に貧酸素層が発達する．

②淡水が表層に流入する海域：例えば黒海は下層に地中海から海水が流入するのに対し，表層に河川から流入した淡水が乗るため，塩分による密度成層が形成されている．このため，下層には貧酸素層が広がる．

③高生産の外洋海域：太平洋の東部域やインド洋北部の水深数百mには低酸素層が発達する．これは周辺海域での高い一次生産によって作られた有機物が沈降する際に分解を受けるためである．

④底泥：上方から落下してきた有機物が溜まり，表層で分解が進む一方，底泥中への水の交換速度は小さい．このため，一般的に酸素濃度は深度に応じてミリメータ単位で減少する．

一方，こうした巨視的なスケールではなく，微小な空間でも酸素の不均一分布が見られる．例えば，植物プランクトンの細胞周辺，あるいは赤潮状態の細胞集団周辺では，日中，光合成による酸素発生により高濃度の酸素が集積している．一方，有機態懸濁物の中，動物体内などではミリメータあるいはマイクロメータスケールで貧酸素スポットが生じる．そうしたスポットには嫌気性細菌が生息している可能性がある．技術的な制約により，このスポットの時空間的，定量的な記述は困難であるが，今後の研究の方向性として注目されるべき課題であろう．

2）二酸化炭素

二酸化炭素の溶存量はより複雑なプロセスを経て決まる．二酸化炭素が海水中に入ると，そのほとんどが速やかに炭酸（H_2CO_3）に置き換わる．この酸はすぐに炭酸水素イオン（HCO_3^-），次いで炭酸イオン（CO_3^{2-}）に解離する．この際水素イオンが放出されて酸性化する．具体的には以下のようである．

$$CO_2 + H_2O \rightarrow H_2CO_3 \rightarrow HCO_3^- + H^+ \rightarrow CO_3^{2-} + 2H^+$$

これらの相対的な割合はpHに依存する．典型的な海水のpH（約8）では，88%程度が炭酸水素イオンとして存在する．植物による光合成によって二酸化炭素が使われると，この式の左方向に反応が進み，二酸化炭素が供給される．逆に呼吸によって二酸化炭素が供給されると，右方向に反応が進む．

なおこのメカニズムは海水のpHの安定化にも寄与している．水素イオンが供給されてpHが下がると左向きの反応によってそれが減少し，逆にpHが上がると右向きの反応によって水素イオンが供給される．こうして海水のpHは約8前後に維持されている．

光合成と呼吸以外にもう1つ重要な生物的プロセスは，炭酸カルシウムの生成である．海洋では，サンゴ，貝類，有孔虫など，様々な生物が炭酸カルシウムの骨格あるいは殻を作る．この反応は，以下のようである．

$$2HCO_3^- + Ca^{2+} \rightarrow CaCO_3 + H_2O + CO_2 \uparrow$$

かつて地球創生期の大気は少なくとも30気圧以上あり，その95％以上は二酸化炭素で占められていたと予想されるが，そのほぼ全てはこの反応によって石灰岩に変えられてしまった．現在でも海洋は大気中の二酸化炭素量の約70倍に相当する量を保持しつつ，地表面を好適な状態に保っている．注意しなければならないのは，長期的にはこのように大気中の二酸化炭素が炭酸カルシウムに姿を変えたにせよ，個々の化学反応の際は1分子の二酸化炭素が生じることである．このためサンゴ礁海域は二酸化炭素の吸収域ではなく，発生域になっている．つまり炭酸カルシウム形成生物を大規模に育てたとしても，大気中の二酸化炭素濃度上昇による地球温暖化問題の短期的解決には結びつかない．

海洋表層域の炭酸カルシウムは飽和濃度を超えているため，一旦生成されても溶けることはない．しかし，その溶解度は圧力と温度に依存するため，一定の深度以深では飽和濃度が高まり，炭酸カルシウムが溶け始める．これに，生物活動によって生じる二酸化炭素が海水のpHを下げるとその効果はさらに大きくなる．この深度は炭酸塩の補償深度と呼ばれ，太平洋では4,000m程度，大西洋では5,000m程度と言われている．太平洋にはより二酸化炭素が溶け込んでいる古い海水が流れ込んでいるので，このようなずれが生じる．補償深度を超えると海水中あるいは底泥中の炭酸カルシウム濃度は減少していくが，例えば5,000mを超える深海にも貝類が存在するのが知られる．それらの貝類は外套膜ですっぽりと殻を覆い，その溶解を防いでいる．

3-2 無機物質

表1-4に海水中に溶け込んでいる主なイオンの量を示す．この表からわかることをまとめると，

表1-4 海水中の主なイオン

		g/kg	イオン全体に占める割合	累積した重量の割合
塩素	Cl^-	18.980	55.04	55.04
ナトリウム	Na^+	10.556	30.61	85.65
硫酸	SO_4^{2-}	2.649	7.68	93.33
マグネシウム	Mg^{2+}	1.272	3.69	97.02
カルシウム	Ca^{2+}	0.400	1.16	98.18
カリウム	K^+	0.380	1.10	99.28
炭酸水素	HCO_3^-	0.140	0.41	99.69
臭素	Br^-	0.065	0.19	99.88
ホウ酸	H_3BO_3	0.026	0.07	99.95
ストロンチウム	Sr^{2+}	0.013	0.04	99.99
フッ素	F^-	0.001	0.00	99.99

(Paul, 2006)

① NaClが全体の約85％を占める．
② 最も多い6種のイオンが全体の99.28％を占める．これらのイオンの相互の割合はかなり安定している．
③ カルシウムを除けば，この6種のイオンは生物体の構造には寄与しない．
④ 硫黄は主に硫酸塩の形で存在する．

なお，上述したように，炭素の大部分は炭酸，炭酸水素イオン，炭酸イオンの形で存在しており，海域などに応じて変動がある．

これらの主要イオンの海水中の濃度が極めて安定しているのは，河川を通じて陸域から海域に流入する量と，海水中から間隙水とともに地殻中に取り込まれて除去される量がバランスしているためである．

無機物質に関連して，塩分の定義について述べておく必要がある．海水中の無機物質の相対的な割合がかなり安定しているため，特定の1つの元素を定量すれば他の元素の量や全体の量もほぼ推定できることになる．また，溶けている無機イオンの総量の推定には電気伝導度が測定しやすい．このため，塩分の測定には実用塩分（SP），すなわち「1 kg中に32.4356 gの塩化カリウムを含む溶液（PSS-78標準溶液）と15℃，1気圧において電気伝導度が等しい海水の塩分を35とする」が長く使われてきた．これは本来無単位であるが，しばしばPSU（Practical Salinity Unit）として表されてきた．この定義によれば，SP = 1.80655 Cl（‰）であり，実際の測定は電気伝導度計を用いる．しかし，最近の分析技術の発達によりこの実用塩分（SP）は実際に海水1 kgに溶け込んでいる塩の量とはずれがあることが明らかになってきた．このため，2010年に開催された the Intergovernmental Oceanographic Commission (IOC), International Association for the Physical Sciences of the Oceans (IAPSO), the Scientific Committee on Oceanic Research (SCOR) の合同会議で新たな塩分（SA: Absolute Salinity）が定義された．SPが無単位（便宜的にはPSU）であるのとは異なり，SAはg/kgという具体的な量をもった単位で示される．ただし，実際に全ての溶存物質を一つ一つ定量していくことは困難なので，SPを測定した後に新たに定められた計算式を用いて求める（詳細はhttp://www.teos-10.org/pubs/TEOS-10_Manual.pdf）．また，濃度を厳密に規定した15種類のイオンからなる標準海水（Reference Composition Seawater）を定め，これを測定の際に用いることにした．なお，当面はこれまでの実用塩分の併記が認められているが，塩分の定義自体が変更されていることに留意しておく必要がある．

3-3 有機物

地球上では一次生産者によって有機物が作られ，それが食物連鎖を経て様々な有機物へと形を変えていくとともに，生物体から排出された有機物あるいは生物の死滅後の成分も分解作用を受けながら様々な形で水圏に残される．表1-5に海洋沿岸域での有機物の典型的な量的分布，および海洋全体での総量を示す．

この表から言えることをまとめてみる．
① 海洋には多量の炭酸および炭酸水素塩が溶け込んでおり，その量は大気中の二酸化炭素総量の50倍強に相当する．大気中の二酸化炭素の挙動の理解に海洋を考慮する必要がある．
② 海水中の炭素化合物の大部分は非有機物で，有機物はその2％弱に相当する．

表 1-5　様々な有機物の沿岸域での存在量と総量

	沿岸域での量（/L）	総量（Pg）
大気中の二酸化炭素	–	660
炭酸および炭酸水素塩	140 mg	38,000
溶存態有機物	1 mg	600
懸濁態有機物	100 μg	70
植物プランクトン	5 〜 500 μg	0.6
動物プランクトン	2 μg	0.06
原核生物	20 μg	0.71
ウイルス		0.057

(木暮, 2006)

③有機物の大部分は溶存態で懸濁態の約 10 倍に相当する．なお，両者の違いは，孔径約 0.7 μm のグラスフィルター（Whatman GF/F）を通過するか，あるいは保持されるかである．つまり観測で通常用いられているフィルターを基準にした操作的な定義であって，厳密にサイズで規定されているのではない．

④生物体の有機物が海洋の全有機物に占める割合は約 0.2％である．

⑤生物体の有機物の中では単細胞生物である植物プランクトンと原核生物がおおむね同量存在し，両者で全体の 95％以上を占める．

通常，海洋の有機物代謝というと生物に目が行きがちであるが，ここでわかるように海洋の有機物の大部分は生物の死滅後の残存物である．しかもその大部分は溶存態なので，有機物源として利用できる生物は細菌群集に限られる．すなわち，海洋細菌群集による有機物分解メカニズムの解明が海洋での有機態炭素循環の理解に必須である（第 7 章を参照）．

次いで，サイズに応じた分布を見てみる．図 1-6 は約 1 mm 以下の海洋生物および非生物体粒子の一般的なサイズの概念を示す．動植物プランクトン，つまり真核生物の大部分は 10 μm より大きい．

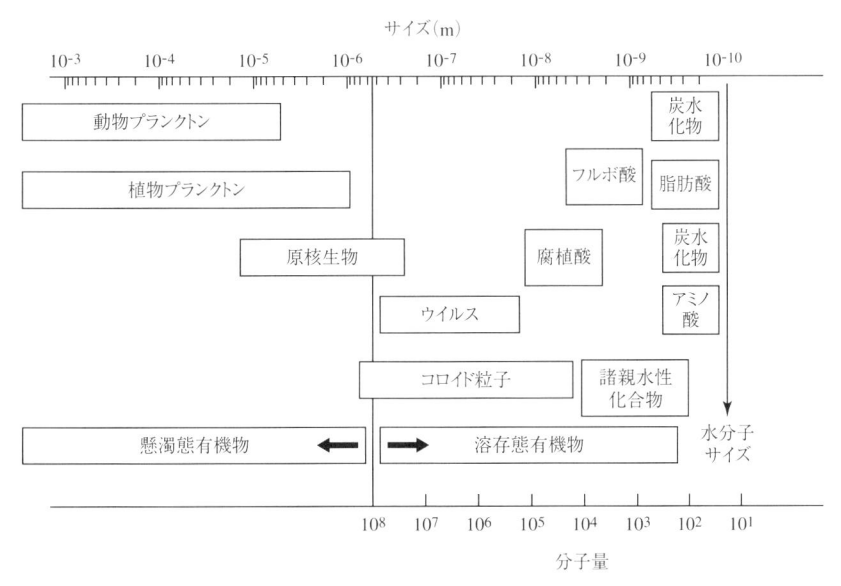

図1-6　海水中の浮遊性生物および非生物粒子のサイズ分布

生物体の中では細菌が最も小さく,その大部分は0.2〜0.8 μmの範囲に入る.ウイルスは40〜60 nmをピークとしたサイズ分布を示す.一次生産により,無機物から粒状の有機物が作られるが,いわゆる生食食物連鎖は基本的には捕食と被食とを通じて有機物を次第に大きな生物体に変換していくプロセスである.一方,生物はいずれ死に,分解過程を経て元の無機物に戻るが,この分解過程は基本的には有機物を小さくし,最終的には二酸化炭素と水および無機化合物に変換していくプロセスである.

1) 溶存態有機物

溶存態有機物(Dissolved Organic Matter, DOM)の濃度は炭素量にして約1 mg/L程度で,高分子から個々の単糖やアミノ酸などの様々な物質を含む.海水中の総量はおよそ600 Pgと予想される(表1-5).これらの有機物の特徴として,大部分は分子量がおおむね1,000以下の比較的小さな分子である,大部分は化学的な構造がまだわからない物質である,大部分は難分解性の有機物で,その年齢は数十年から1000年単位である,といった点があげられる.わかり易く言えば,DOMとは,その構造がよくわからない比較的分子量の小さな様々な難分解性化合物が混合したものということになる(Ogawa and Tanoue, 2003).さらに,分解性の視点からDOMを分けると,生物分解の受けやすさの順に,易分解性,準易分解性,難分解性の3つのカテゴリーに分けられる.また,最近では難分解性よりも残存時間が短いDOMを準難分解性,反対に長いDOMを超難分解性として5つのカテゴリーに分けることも提案されている(表1-6).

生物体中の有機物は,本来比較的分解性の高い物質と予想されるが,海水中に溶出すると,数時間から半日程度で分解されてしまう.このような有機物は易分解性DOMと呼ばれ,例えば大部分のアミノ酸がこれにあたる.一方,準易分解性DOMには炭水化物が多く含まれていると考えられており,海洋表層から数百m程度の深さの間で季節に応じた蓄積と分解を繰り返す.分解を免れた有機物の一部は化学的な変性を受けて難分解性DOMに変わり,海洋に長期間残存する.DOMのみかけの平均的な世代時間は数千年程度であるが,そのうちのかなりの部分は表1-6のように残存時間が1万年を超える難分解性のDOMである.容易に分解されない理由は,化学的な変性を受けて微生物が利用しにくい,あるいはできない形になっていると同時に,個々の化合物の濃度が極めて低く,その能動輸送系や代謝系がない,あるいは発現しないためと考えられている.

2) 懸濁態有機物

懸濁態有機物(Particulate Organic Matter, POM)とは孔径約0.7μmのフィルター上にトラップされる有機物を示すが,その大部分は非生物体の有機物であり,それらの海の中での生成過程,分解過程および沈降過程は海洋での有機物の輸送と代謝過程を理解する上で重要である.

表1-6 海水中の溶存態有機物の分解性

名称	同英語	総量 (pg)	残存時間 (年)
易分解性	labile	< 0.2	0.001
準易分解性	semi-labile	6 ± 2	1.5
準難分解性	semi-refractory	14 ± 2	20
難分解性	refractory	630 ± 32	16,000
超難分解性	ultra-refractory	> 12	40,000

(Hansell, 2013に基づき作成)

海洋生物はごく一部の例外を除けば，その死滅は基本的に捕食による．食われた後に糞となって排出されることにより，懸濁態有機物に姿を変え，沈降を開始する．こうした糞は微生物による分解や微小な動物プランクトンによる捕食を受け，次第に小さくなる．この際，酸素を消費するとともに，溶存態有機物を周囲に溶出させる．その一方で，懸濁態有機物同士が緩やかに会合しながらそのサイズを増大するプロセスも見出されている．懸濁態有機物はそのサイズと密度に応じて水界を鉛直的に落下し，有光層下部あるいはさらに深層に運ばれていく．こうした下方への輸送プロセスを生物ポンプと言う．

　ほとんどの有機物が有光層で分解されるため，有光層以下に運ばれるのは一次生産（約 50 Pg/ 年）の 5 〜 25％程度である．さらに有光層下では深度に応じて対数的に減少し（Martin *et al*.,1987），深層に届くのは，1 〜 3％程度と推定されている．量的には少ないものの，生物ポンプによる有機物供給は深海の魚類や底生生物を支えている．

3）サイズと量との関係

　図 1-6 と表 1-5 のデータから，生物，非生物いずれをとっても，一般に小さいものほど多くなることが予想される．1990 年代に入ると，海水中に多量のコロイド粒子が存在することが見出され，従来は溶存態有機物としてひとくくりにしていた分画に多量の粒子が存在することがわかった（Koike *et al*., 1990）．さらに，溶存態有機物の分画技術が進み，分子量のより小さい分子が難分解性の化合物として多量に存在することもわかってきた（Amon and Benner, 1996）．これらの知見を統合することにより，最近では生物と非生物のサイズ分布と量とを統一的に見ることが一般的となっている．その一例として，図 1-7 に懸濁態有機物のサイズと数との分布に細菌とウイルスのそれを重ねたものを

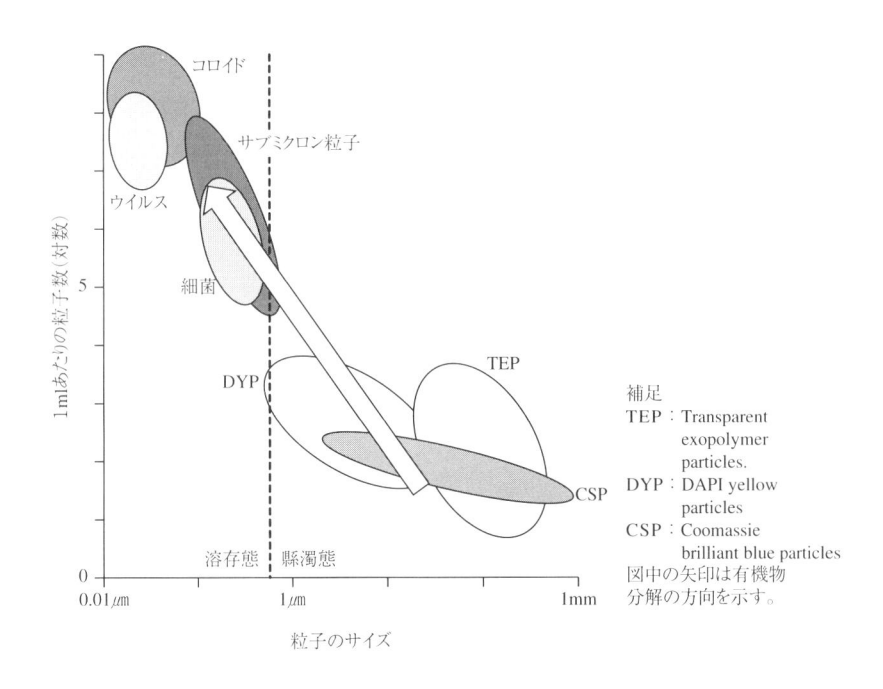

図1-7　水界中の懸濁態有機物，細菌，ウイルスのサイズと数の分布
（Yamasaki *et al*. 1998 を改変）

示す．横軸に細胞もしくは粒子サイズ，縦軸に1mlあたりの粒子数を対数で示している．DYP（DAPI Yellow Particles），TEP（Transparent Exopolymer Particles），CSP（Coomassie Stained Particles）は，透過性が高く光学顕微鏡では見えない粒子を，それぞれ特定の染色法で可視化して，定量したものである．もしここにさらに原生動物，植物プランクトンを重ねると，おおよそこれらの粒子に重なる分布を示すであろう．つまりこのパターンは生物，非生物におおむね共通しているが，その関係を説明する理論的な根拠は現時点では明確でない．また，この図から懸濁態有機物と溶存態有機物の境界（約0.7 μm）はあくまでも人為的なもので，粒子の分布が連続的であることがわかる．有機物の分解はおおよそこの図の中の右下から左上の方向に進むと考えられる．

　生物についてのみ考えると，従来から生態系のピラミッドという概念が知られる．生物量，数，あるいはエネルギー量，生産量などに応じて記述されるもので，一般に，水界生態系では最下層を一次生産者である植物プランクトン，その上を植物プランクトンの捕食者，さらに上位の捕食者，というような形で描かれる．これは基本的に植物プランクトンを出発点とした生食食物連鎖を想定して作られている．しかし，一般にこのピラミッドには細菌類は出てこない．つまり細菌類の生物量やいわゆる微生物ループ（第9章を参照）という概念が考慮されていないし，細菌の捕食者として重要な鞭毛虫などの原生動物（第8章を参照）の扱いも曖昧である．実際には，表1-5に示したように，原核生物の生物量は植物プランクトンのそれに匹敵あるいは場に応じては凌駕することから，それを考慮した生物量のピラミッドを考えておくべきであろう．図1-8にその一例をあげておく．ここでは，主にサイズで生物群を分けることとし，最下層に原核生物を，そしてその上に植物プランクトンを含む単細胞生物を置いている．一次生産者は原核生物，真核の単細胞生物のいずれにも見出されるので，この図は一次生産者であるか否か，あるいは捕食 - 被食関係を想定した図ではない．また，この図では各段階の面積をそれに対応する生物群の量に対応させているわけではない．実際は多細胞生物の生物量は単細胞生物群より1桁以上小さくなるので，相対的にははるかに小さな面積で表されるべきであろう．なお，もしエネルギー量に応じたピラミッドを描くならば，最下層には一次生産者である植物プランクトンおよび一部の細菌類（シアノバクテリア）が置かれ，従属栄養細菌はピラミッドの上の方に分散して入るものと予想される．

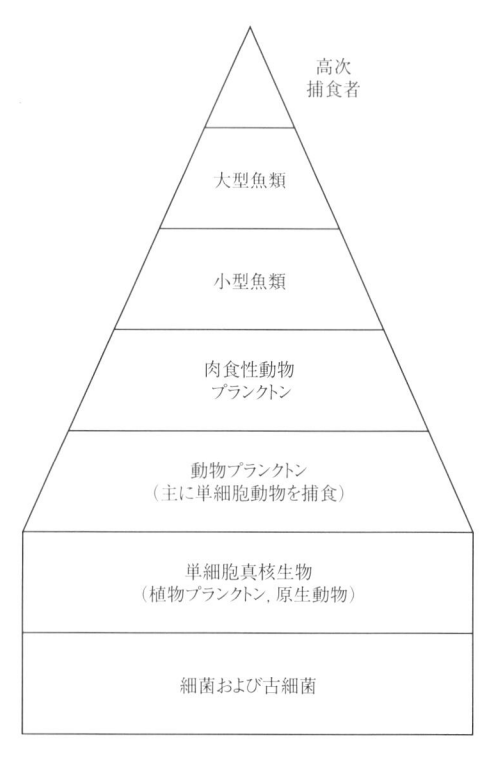

図1-8　水界中の生物群の生物量のピラミッド

§4. 微生物とは

　微生物とはその個体の認識に顕微鏡を必要とする微視的な生物の総称である．例えばシアノバクテリアなどでは，群体や糸状体を形成し，ヘテロシストのように群体内の一部の細胞が他と異なる形態や機能をもつ場合があるが，基本的に微生物は個々が独立した単細胞生物である．また，真核生物の中にはその生活史の初期あるいは一部で微生物とサイズや挙動が重なる種もいるが，本書ではそれらを微生物とはみなさない．

　このように，微生物はその大きさから規定されている一群である．本節では，系統群，機能，大きさ，形について，微生物とはどのような生物群からなっているのか理解を深めよう．

4-1　系統群と機能

　微生物を構成する生物群として，全ての原核生物，単細胞性の真核生物，ウイルスがあげられる．ウイルスを生物と見なすかどうかはその考え方によるが，生態学的には微生物の死滅要因として重要であり，本書で扱うべき対象となる．

　系統的には，地球上の生物群はrRNAの塩基配列に基づいて，図1-9のように分けられる．このうち，真核生物の中の動物（Animals），菌類（Fungi），植物（Plants）のみが細胞分化を伴った多細胞生物であり，他は微生物に入ると考えてよい．このように，微生物学が対象としている生物群は極めて多様な生物種から構成されているとともに，多細胞生物と比較してはるかに長い進化的歴史をもつ．こうした分子系統の技術と概念の発達により，対象としている微生物あるいは遺伝子を系統の中で位置づけながら解析することが可能になるとともに，むしろ必須のアプローチになりつつある．これによってそれぞれの種や機能を関連するグループと進化的プロセスの中で比較，考察することができる

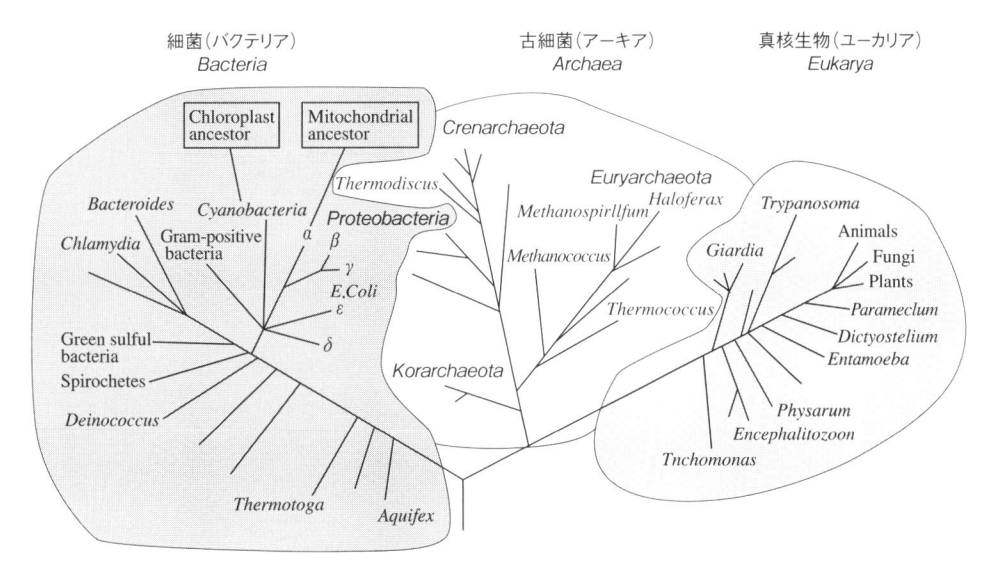

図1-9　rRNA塩基配列に基づく地球上の生物群の系統図

表1-7 エネルギーおよび炭素源に基づく微生物群の機能群

エネルギー源	炭素源	電子供与体	電子受容体	名称
光エネルギー	CO$_2$	水	NADP	酸素発生型光合成細菌
		還元型硫黄化合物など	NADP	酸素非発生型光合成細菌
化学エネルギー				
有機物	有機物	有機物	酸素	好気性従属栄養細菌
	有機物	有機物	酸素以外	嫌気性従属栄養細菌
無機化合物	CO$_2$	無機化合物	無機化合物	化学合成独立栄養細菌

ようになった.

微生物をそのエネルギー源,炭素源に応じて分けると表1-7のようになる.地球上の生命は炭素を骨格にした様々な有機物を"発明"し,多様な機能と形態をもつ生物を生み出す一方,それらの有機物を分解し,エネルギーを得るとともに,再利用するメカニズムを編み出してきた.光エネルギーを利用する系の出現は無尽蔵のエネルギー源を用いて爆発的に多量の有機物の生成を可能にするとともに,大気中に酸素を供給し,それを最終電子受容体とする好気的なプロセスを可能にした.化学エネルギーを利用する系としては,無機物の酸化,有機物の発酵,有機物の好気呼吸へと移行するにつれ,効率の高いエネルギー獲得が可能となった.表1-7にはそうしたプロセスが凝縮している.なお,ここにあげられている光合成細菌はエネルギー源を光のみとしている一群である.その他に,基本的には有機物をエネルギー源とするが,補助的に光をエネルギー使う一群があり,光従属栄養細菌と呼ばれる.1つの例は,海洋では *Erythrobacter*, *Roseobacter*,淡水では *Erythromicrobium*, *Roseococcus*, *Porphyrobacter*, *Acidiphilium*, *Erythromonas*, *Sandaracinobacter* に属する酸素非発生型光合成細菌の一群で,Bacteriochlorophyll a をもち,補助的に光合成を行う(Shiba *et al.*, 1979).その後の研究から,この一群は海洋に広範に分布することが明らかにされている(Kolber *et al.*, 2000).もう1つの例は,光駆動型のプロトンポンプ(プロテオロドプシン)あるいはナトリウムポンプをもつタイプで,いずれもロドプシンによるものである(Beja *et al.*, 2000, Yoshizawa *et al.*, 2014).これらの一群はメタゲノムあるいはゲノム解析を通じてロドプシン様の遺伝子の存在が見出されたことから,発見されたものである.それぞれ光エネルギーを用いて膜を介したプロトンあるいはナトリウムの勾配を作り出し,ATP合成を含む生物活動にエネルギーを供給する.

4-2 小さいサイズの意味

微生物が小さいサイズをもつことは物理化学的,生理学的,生態学的な観点からいろいろな意味をもっている.まず物理化学的な視点から見てみよう.

微生物は小さなレイノルズ数で特徴付けられる場に生息している.レイノルズ数とは対象とする物質の大きさ,移動速度,媒質の密度と粘性によって決まる数で,微生物の場合にはそれが一般に1以下である.このため,微生物が生息する場は粘性に支配され,化学物質の動きは分子拡散に依存する.例えばグルコース1分子は,10 μm 以内の距離ならば約 1/10 秒以下で拡散によって運ばれる.拡散にかかる時間は距離が増えることによって急速に増加し,100 μm では約10秒となる.ヒトを含む大型動物や真核生物である鞭毛虫などは積極的に被食者を捉えて捕食するのに対し,そのサイズが数

μm である細菌は分子拡散によって細胞にぶつかる化学物質を取り込むという様式を取る．さらに，細胞内での物質輸送も特定の輸送系をもたず，分子拡散による．逆に言えば，細胞サイズが 10 μm 程度を越えると分子拡散に依存した細胞内の化学反応速度は急速に減じ，それによってあらゆる代謝活動が低下して増殖そのものが制約されてくると予想される．

これを生態学的な観点から見てみよう．典型的な水界中の細菌濃度は 10^9/L 程度である．もしそれらが均一に分布しているとすれば，細菌は 100 μm の格子の各点に位置していることになる．例えば貧栄養環境ではアミノ酸濃度が 1 nM のオーダーだが，この場合，1 菌体の周辺の 10 μm の格子内に入るアミノ酸の数は 600 程度である．取り込んだ有機物のうち，生合成に回せる相対量（同化効率）を 20 ％と見なすと，この数では分子量 1 万程度のタンパク質を 1 つ作るのがやっとで，常にアミノ酸あるいは他の有機物が連続的に供給されていない限り，菌体の増殖を支えるには不十分であろう．

細菌が鞭毛（図1-10）をもてば，走化性によって有機物に富む場に移動することができる．実際，細菌は 1 秒間にその菌体の数十倍の距離を遊泳する．しかし，培養条件下では多くの細菌が鞭毛を保持しているものの，天然の細菌の中で遊泳性を示すのはその一部である（Mitchell and Kogure, 2006）．鞭毛は多くの分子部品からなる複雑な構造物であるため，その合成と維持には"コスト"がかかる．低栄養環境下でそのコストに釣り合わない場合には，鞭毛をもたず，分子拡散による有機物との遭遇確率に依存しながら生育していると考えられる．

真核生物の細胞は通常数十 μm 程度で，その内部にミトコンドリア，核などのオルガネラをもつ．オルガネラは数 μm 単位の大きさをもち，分子拡散に応じた物質やエネルギーの出し入れを行いながら，それぞれが固有の機能を果たしている．真核生物は，こうした細胞内での"分業体制"を基礎として，それぞれの細胞が組織立った代謝活動を行っていくことができる．一方，原核生物にはオルガネラがない．光合成や化学合成などを行う種などでは細胞膜が折りたたまれた構造をもつことがある

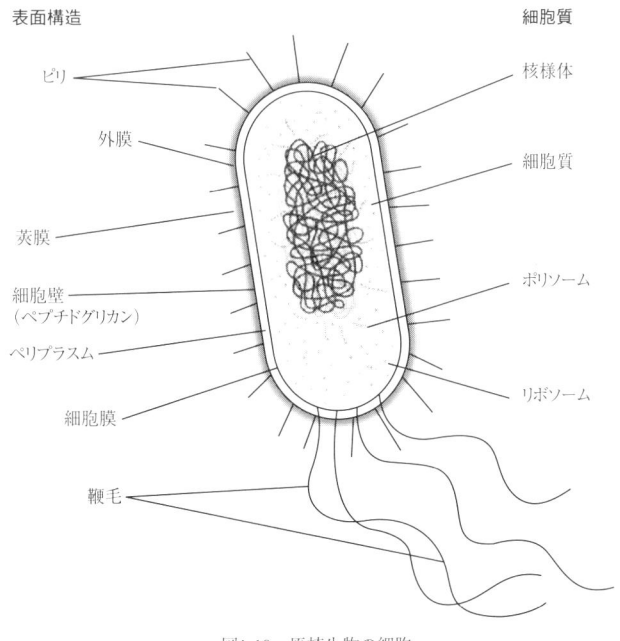

図1-10 原核生物の細胞

が，これは必ずしも一般的ではない．細胞内に"分業"を保証するコンパートメント的構造物がなく，物質輸送は細胞内での拡散に依存するため，数µmというサイズを超えることができないと想定される．ただし，ニザダイに共生する *Epulopiscium fishelsoni* は 600 µm 程度になる．これは，安定した固有の環境下で限定された代謝活動を行いながら生存し続けているためと考えられる．

4-3 細胞を構成する成分

表1-8は世代時間40分で増殖する大腸菌の1細胞あたりの各種化学成分の相対量，重量，分子数を示している（Neidhardt et al., 1996）．相対的には細胞の乾重量の約半分がタンパク質で，各種酵素類，膜タンパク質を中心に1,800種あまりが存在する．次いで多いのがRNA（約20％）で，その内訳は3種類のrRNAに，60種類のtRNA，条件に応じて異なる多数の発現遺伝子からなるmRNAである．細胞膜を構成する成分として脂質（約9％）が続き，DNAは約3％を占める．この世代時間の場合には複製が連続的に進行するので，DNAの約2.1コピーが存在している．1コピーのDNAは約4.6Mベースペアで重量としては約4.3fgとなる．大腸菌以外では多少この表からずれた値を示すはずである．例えばグラム陽性細菌は厚いペプチドグリカン層をもち，その量も多くなると予想される．原核生物の細胞成分の概要を理解するにはこの表は有益である．

増殖速度が遅くなるにつれ，細胞サイズと1菌体あたりの総量が減少する．各成分の相対的な割合にもずれが生じてくる．全体のタンパク質は比較的一定だが，RNAの相対量が顕著に減少する．DNAについてはコピー数が減少することによって量が減少する一方，細胞質量も減少する．したがって見かけの割合は各成分ごとの減少速度によって変化する．また，細胞サイズが減少しても膜の厚さは変化しないと予想されるので，脂質の相対的割合は増加するだろう．

4-4 サイズの下限

貧栄養水界では，その10％程度の細菌は0.2 µmのフィルターを通過する．フィルターの孔の不均

表1-8 大腸菌（*E. coli* B/r）の構成成分

成分	相対重量(%)	重量(fg)	分子数 総数	種類数
タンパク質	55	156	2350000	1850
RNA	20.5	58		
23S rRNA		31	18700	1
16S rRNA		15.5	18700	1
5S rRNA		1.2	18700	1
tRNA		8.2	198000	60
mRNA		2.3	1380	600
DNA	3.1	8.8	2.1	1
脂質	9.1	25.9	22000000	
リポ多糖	3.4	9.7	1430000	1
ペプチドグリカン	2.5	7.1	1	1
グリコーゲン	2.5	7.1	4300	1
ポリアミン	0.4	1.1	6700000	
代謝産物，イオンなど	3.5	9.9		>800
計	100	283.6		

E. coli B/r cellが37℃，グルコース，最小培地で，世代時間40分で増殖している際の成分．

一性と菌体の柔軟性を考えると，それが直ちに直径 0.2μm 以下の球菌に相当することを意味はしないが，おそらく原核生物が生命を維持できるサイズの下限は 0.2 〜 0.3 μm あたりにあると推定できる．例えば，0.3 μm の球菌の体積は 0.0141 μm^3 で，密度が 1 とすればその総量は約 14fg（1fg は 10^{-15}g）である．水の量を 50%と抑えれば，乾燥重量は 7fg になる．表 1-8 に示される数値をあてはめてその半分程度がタンパク質ならば，DNA, RNA，脂質の量は合わせても数 fg しかない．たとえ生命活動を維持できたとしても，その DNA は大腸菌のそれの 1/3 〜 1/4 程度以下であろう．このゲノムサイズはこれまで報告されている原核生物の小さい方に属し，遺伝子の数も限定されることから，様々な環境に適応しつつ独立した機能をもつことが難しくなるだろう．天然海水中の細菌を観察すると，直径 0.5 〜 0.6 μm 程度の球状の菌体が多くみられる．それぞれの体積は，0.0654，0.113 μm^3 で，水を 70%とすると，乾燥重量としてはそれぞれ 20，34fg 程度になる．もし含水量がより小さければ，大腸菌に近い数 Mbp の DNA を保持しつつ代謝活動を維持することが可能であるだろうと推定される．そうした海域からの分離株の多くは実験室では長さ 2 〜 3 μm の桿菌状を示すとともに，それらのゲノムサイズが必ずしも小さくないことが，この推定を支持する．

このように，およそ 1mg/L 程度の有機態炭素濃度の海洋環境と，その 3 桁ほど上の g 単位の有機物濃度の培地中では生存に最適なサイズが 1 桁以上異なることになる．なお，懸濁物に付着している細菌のサイズは自由遊泳性の細菌のそれより一般に大きいことが知られる．こうした栄養上の要因に加え，捕食−被食の関係が天然の細菌群集のサイズ分布を決める要因になっている．原生動物による捕食はあるサイズレンジで最大となるため，それよりさらに大きいあるいは逆に小さい菌体はこれを回避することが知られる（図1-11）．また小さいサイズはウイルスによる感染からの回避との報告がある．

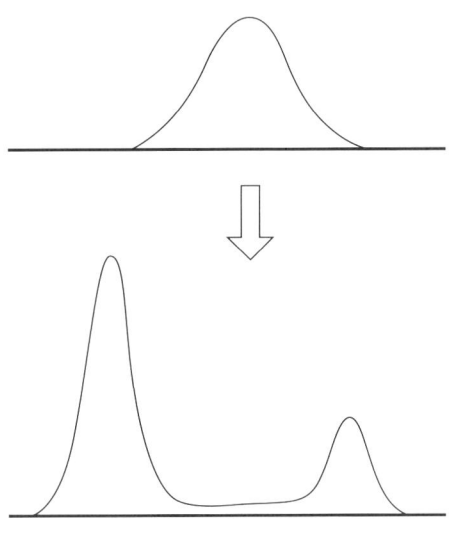

図1-11 原生動物による補食効果によるサイズ分布の変化 (Hahn and Hofle, 2001)

4−5 細菌の形

図 1-12 に一般的な細菌の形の特徴を示す．培養された細菌株は通常これらのどれかを示すが，光学顕微鏡ではこれ以上の詳細な形の特徴を確認するのは難しい．細菌のサイズはミクロン単位であり，その微細構造は通常の光学顕微鏡の解像力ぎりぎりの範囲に入ってくるためである．微細構造の観察には他にも技術的な難しさがいくつかあげられる．まず，水中の微生物はそのまま通常の光学顕微鏡で観察してもよく見えないため，フィルター上に濃縮し適当な蛍光色素で染色後，落射型蛍光顕微鏡で観察する（Hobbie *et al.*, 1977）．ただし，何が染まるかは蛍光色素による．例えば広く使われている DAPI（Porter and Feig, 1980）はアクリジンオレンジと比較すると核酸に特異性が高いため，細胞全体を染めるというよりは，核酸の周辺を見ていることになり，必ずしもそのまま菌体の形とは見なせない．次に，天然の試料は通常固定，保存された後に観察される．これらのプロセスが構造や形

を変える可能性がある．光学顕微鏡の解像力の限界を克服するため，菌体の微細構造の観察には電子顕微鏡や原子間力顕微鏡（Nishino *et al*., 2004）が使われるが，事前の試料の扱いの間に形状などが変わる可能性を完全に否定することはできない．

例えば私たちが大型の植物を見れば，その"枝ぶり"や幹の太さ，形，葉のつき方やその形，さらには色や季節に応じた変化などの多くの情報を得るのに対し，微生物についてはこうした情報はほと

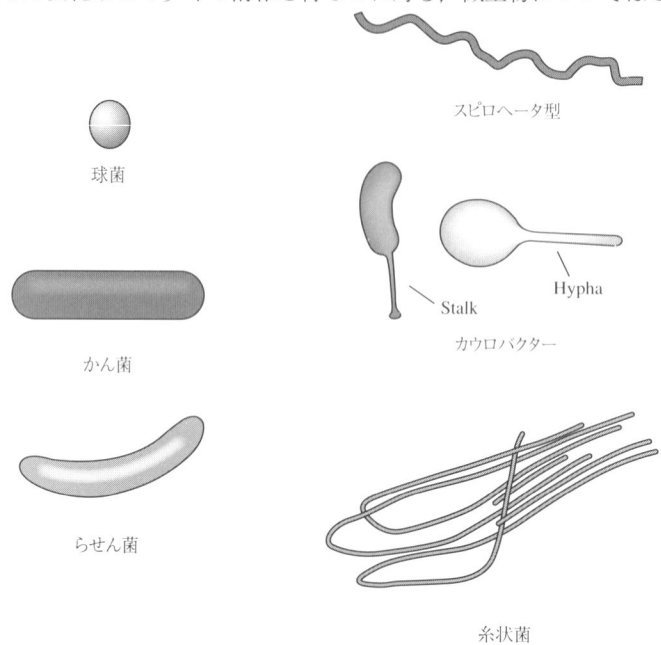

図1-12　主な細菌の形状

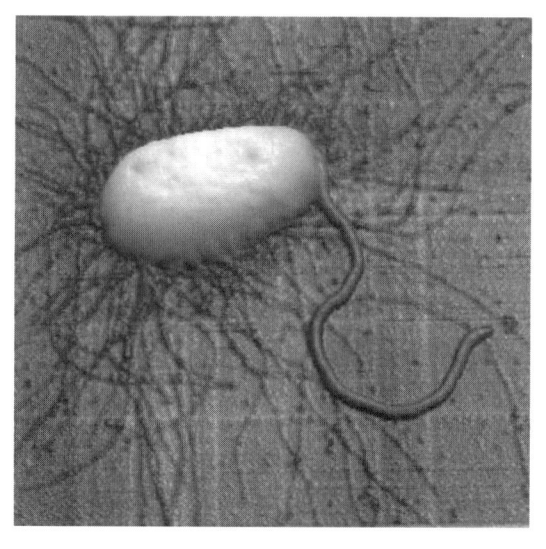

図1-13　原子間力顕微鏡による天然海水中の細菌の観察例
（撮影：池本栄子）

んどない．つまり病原細菌などの一部の特定の菌群を除けば，菌体の微細構造の特徴と種との関係，あるいはその生態的な意味についてはほとんど研究がされていない．図1-13は沿岸海水中にガラススライドを1時間ほど漬けた後，回収して原子間力顕微鏡で観察した例である．極鞭毛とピリと思われる多数の構造物が観察される．後述するようにピリはいくつかの異なる機能をもつが，ここでは付着に関わっていると予想される．

§5. 微生物はどんな構造をしているのか

本節では，原核生物，真核生物のそれぞれの細胞構造について理解を深めよう

5−1 原核生物の細胞内構造

前述したように，原核生物は細胞内にオルガネラをもたない．このため，図1-10に示すように，細胞内にはDNAが偏在している核様体，mRNAとrRNAが結合してタンパク合成を行っているポリリボソーム，その他，大型高分子が作り上げているベシクル類が混在している．

個々の菌体は閉じられた二重の膜をもつ．内側の生物膜はリン脂質がその親水基を外に，疎水基を内側にしてサンドイッチ状の構造をもつもので，あらゆる生物に共通していると言える．生物膜には様々な膜タンパクが埋めこまれており，諸物質のバリアー，浸透圧の維持，外界との間の物質輸送，特定タンパクの分泌，呼吸やロドプシン系によるエネルギー形成，などの役割を果たす．

こうした生物膜はその外側にある細胞壁によって護られている．細胞壁の構造はグラム染色によって陽性と陰性に別れる（図1-14）．グラム陽性の場合，細胞壁はN-アセチルグルコサミンとN-アセチルムラミン酸からなるペプチドグリカンが厚く積み重なっている．これはムレインとも呼ばれ，細胞の形を決めるとともに，強度を保持する．また，ムレインにはテイコ酸と呼ばれる高分子が結合している．テイコ酸は糖アルコールのリビトールあるいはグリセロールがポリマー状に結合したもので，付着性を示して病原性に関わる．なお，地球上の生物のタンパク質を構成するアミノ酸はL体だが，ペプチドグリカンにはアラニン，グルタミン酸などのD体のアミノ酸が含まれている．

一方，グラム陰性細菌の場合には生物膜の外側に薄いペプチドグリカン層があり，さらにその外側に外膜，という三層構造からなる．外膜は生物膜と似たサンドイッチ状構造をもつが，その内側はリン脂質から，外側はリポポリサッカライド（LPS）からなる"非対称"なものである．LPSはその内側からリピッドA，コアの多糖，O抗原の3つからなる（図1-15）．O抗原は親水性の炭水化物のポリマーで構成され，高い免疫反応を示す．例えばコレラ菌のO抗原には約200のタイプがあり，そのうち，O-01とO-139のタイプがコレラ毒をもっている．大腸菌の場合にはO-157がベロ毒素をもち，時に大きな食中毒事件を引き起こす．グラム陰性細菌の外膜には能動輸送を可能にするようなエネルギー系とのカップルがなく，ポリンと呼ばれるタンパク質がチャンネルを作り，分子量600～700程度の親水性の物質を通す．また外膜には例えばビタミンB_{12}，あるいはより大きな多糖などを通す特定の輸送系も存在して必要な物質を取り込む．

グラム陰性細菌は外膜と生物膜に挟まれたペリプラズム空間をもつ．ペリプラズム空間には，様々なタンパク分解酵素，核酸分解酵素などが存在して外膜を通じて入ってきた化合物を分解するととも

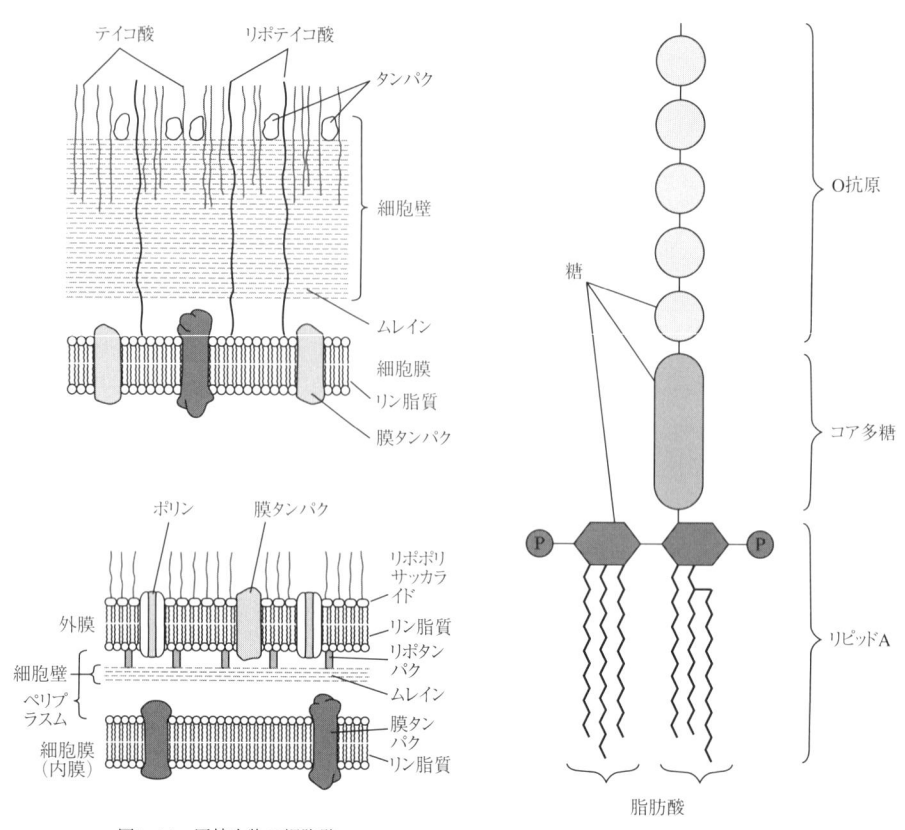

図1-14 原核生物の細胞壁
a：グラム陽性，b：グラム陰性

図1-15 リポポリサッカライド（LPS）の構造

に，βラクタマーゼが存在して抗生物質を不活化している．この意味で，陰性菌は陽性菌と比較すると細胞の外側にもう1つの空間を保持し，より多様な機能を発揮することが可能である．ただし，グラム陽性細菌と比較すると乾燥に弱い．このため，一般にグラム陽性細菌は陸圏に広く分布するが，水圏ではグラム陰性細菌が圧倒的に多くなる．

次いで，その外部構造を見てみる．多くの細菌はピリ，および鞭毛という繊維状の構造物をもっている．

ピリは大部分のグラム陰性細菌に見られるが，グラム陽性細菌では少ない．ピリはピリンタンパクからなる直線的な構造物で，1細胞の周辺に多数あったり，極部に房状にあったりする．その伸長は人間の髪の毛と同様で，新たなピリンタンパクが細胞質内で合成され，基部に付着されていくことによる．ピリは多様な機能をもっており，例えばコレラ菌が動物体表を含む様々な表面に付着する際にはピリが関わる．多くのグラム陰性の病原菌では，ピリの産生能を落とすと病原性が著しく低下することから，病原性の発揮に関わっていると考えられる．また，形質転換の際には核酸の輸送を担う．また運動性を担うピリもあるが，その動きは鞭毛とは全く異なる．その先端が強い付着性を示して何かにくっつき，次いでピリを細胞内に引き込むことによって細胞をそこに移動させる．これはトゥイッチングと呼ばれる運動様式である．また，*Geobacter sulfurreducens* のピリは電導性をもち，鉄やマ

ンガンの還元に関わることが報告されている．さらに，ピリにはウイルスや有機物粒子の付着サイト，情報伝達などの機能が報告されており，環境中で極めて多様な機能を果たしていると予想される．

一方，多くの細菌は1本あるいは複数の鞭毛をもつ．複数の場合，菌体の極部に集まっている場合もあるし，大腸菌のように細胞表面に広く分布している場合もある．原核生物の鞭毛は真核生物のそれとは構造的に全く異なり，フラジェリンというタンパク質が集合し，内部に空洞のある繊維状構造物である（図1-16）．フラジェリンは細胞質で作られ，この空洞を通って先端部に運ばれてそこに集積する．つまりピリとは異なり，鞭毛はその先端部から伸長していく．通常5～10μmの長さで，このタンパク質の構造を反映した特徴的なカーブを描く．グラム陰性細菌の場合，鞭毛の基部は外膜，ペプチドグリカン，生物膜のそれぞれに円盤状の支持体をもつ．グラム陽性菌の場合には支持体がテイコ酸と生物膜に埋めこまれている．

鞭毛はプロペラのように回転することによって，細菌の運動を可能にする．この回転を可能にするのはATPではなく，プロトン駆動力あるいはナトリウム駆動力である．すなわち，その基部を通じてプロトン（H^+）あるいはナトリウムイオン（Na^+）が細胞内に流入する際，回転する．

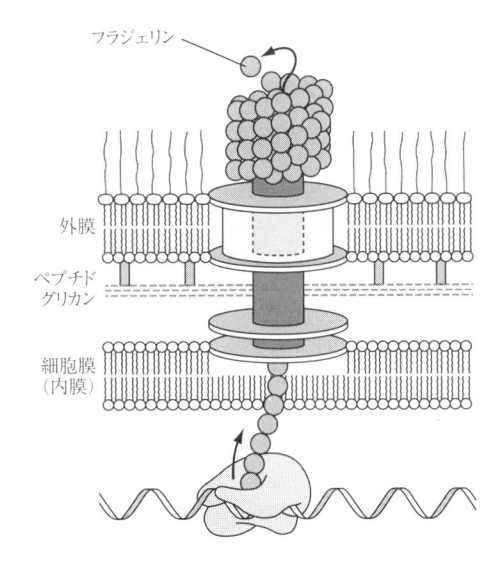

図1-16 グラム陰性細菌の鞭毛基部の構造
フラジェリンは細胞質内で合成され，鞭毛内を伝わって先端に運ばれる

5-2 真核生物の細胞内構造

続いて真核生物の細胞内構造を見てみよう（図1-17）．

細胞の基本的な機能は，遺伝子の維持とその発現，つまり特定遺伝子がコードするタンパクの合成，エネルギー形成，外界と物質のやりとりなどである．原核生物と異なり，真核生物は細胞内のオルガネラがこうした機能を分担する仕組みを作っている．具体的には核にDNAを格納し，核内で合成されたmRNAが核外に出て小胞体の上でリボソームを使ってタンパク合成を行う．作られたタンパクにはシグナル配列がありそれに応じて特定のオルガネラに結合，利用されることにより，1つの細胞として統制が取れた代謝をしている．ゴルジ体は作られたタンパク質のプロセシングに関連すると考えられている．また，呼吸を通じてエネルギー形成を行うのはミトコンドリアの役割である．一方，植物には葉緑体があり，光合成によって新たな有機物を作り出すとともに，その貯蔵なども行っている．6章で述べられているように，葉緑体の起源はシアノバクテリアの共生と考えられている．また同様にミトコンドリアも原核生物起源であることが多くのデータから支持さてれている．実際，葉緑体，ミトコンドリアのいずれもそのサイズが原核生物に近く，原核生物型のDNAとタンパク合成系を維持している．

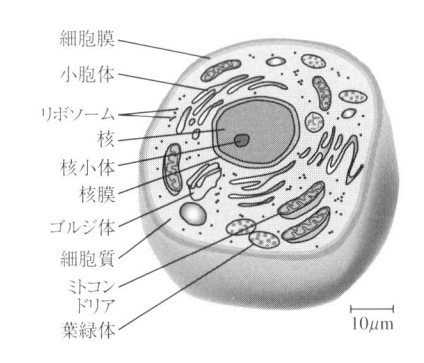

図1-17 真核生物の細胞

まとめ

Q1：水はどのような性質をもった分子で，生物にとって何故必要なのだろうか？

　水はその分子内に陽極と陰極をもった双極子で，隣の分子同士で水素結合を介して引き合うことにより，類似の分子と比較すると高い融点と沸点をもつ．また，高い熱容量をもつとともに様々な物質を溶かす．生物がその活動を維持，持続していくためには比較的安定した環境で常に外界との動的な物質のやりとりをするとともに，体内で様々な生化学的反応あるいは代謝活動をしていることが必須である．水以外の媒体でこれらを可能にする物質はなく，このため，生物の細胞あるいは基本的構造は約70％の水を含み，細胞を包む膜は水の中で最も安定する構造をもっている．細胞内では様々な物質が複雑な酵素反応を介して代謝系を働かせる一方，その生物膜は水に溶けた物質を選択的に輸送することにより，細胞内に必要あるいは不必要な物質の出入りを調整し，細胞を適切な状態に保っている．このように，生物の構造や代謝反応は全て水の存在を前提に作られている．

Q2：水圏環境とはどのような特徴をもっているのだろうか？

　上に記したように，水分子は双極子で，隣り合う分子同士が水素結合によって緩やかに引き合っている．熱を加えてもそれがまず水素結合を壊すのに使われるため，水は暖めにくく，冷めにくいという特性をもつ．また，氷は水より疎な構造を取るために，水より軽くなり，水の上に浮く．さらに，水は3.98℃で最大の密度を取る．こうした特性は地球上での水の分布や季節，緯度などに応じたその変動に大きな影響を与える．水は地球表層で固体，液体，気体の三態を取るとともに，その相互の変化の際に大きな熱エネルギーの出入りを伴うので，例えば水が蒸発する際には1gあたり2,259Jの熱を奪う．逆に水蒸気が水に戻る際には同じ熱量を周囲に放出する．こうした性質を反映し，例えば陸圏と比較するならば，水圏環境にはより安定した環境条件がそこに形成される．また，水という媒質は気体と異なって様々な物質や生き物を溶かす，あるいは浮遊させている．一般に水圏は表面から光あるいは熱が加えられるため，生物量はより表層に大きく，深度に応じて減少する傾向を示す．深海は高圧，高塩分，低温，低栄養で特徴付られる環境となっており，生物量に加えて多様性も減少する．

Q3：水圏にはどのような無機物あるいは有機物が分布しているのだろうか？

　地球表層の水の97％以上は海水である．一方，河川や湖などの淡水は，0.01％程度を占めるに過ぎない．淡水，湖などの水の回転速度は海洋と比較すると圧倒的に短く，そこに溶け込む無機物や有機物の量は陸圏からの流入と，そこでどのような生物活動が行われるかに依存しており，一般化は難しい．一方，海水に溶け込んでいる主な無機物質の総量とそれぞれの量はおおむね安定しており，とりわけ，塩素，ナトリウム，硫黄，マグネシウム，カルシウム，カリウムの6元素が99％以上を占め，次いで，臭素，ホウ酸，ストロンチウム，フッ素などがこれに続く．一方，海洋に溶け込んだ二酸化炭素は炭酸，炭酸水素イオン，炭酸イオンとして存在する．相互の量的バランスは主にpHに応じて変動するとともに，そのバランスにより海水のpHはおおむね8前後で安定している．これに対し，有機態炭素の量は炭酸水素イオンと比較すると約2桁ほど小さく，表層域で平均すると一般に1Lあ

たり1mg程度である．その大部分は生体の有機物ではなく，生体を起源とする"死んだ有機物"であり，かつそのほとんどがいわゆる溶存態に属す．つまり孔径約0.7μmのフィルターを通過する．様々な粒状有機物のサイズと量との関係を見ると，サイズが小さくなればなるほど，急速にその量が増え，例えば海洋細菌は1Lあたり，10^9程度，コロイド粒子は10^{10-11}程度である．溶存態の有機態炭素の総量は約600Pgで大気中の二酸化炭素の総量にほぼ匹敵し，かつそれらは様々な微小粒子を含むことから，こうした微小粒子の分布，起源，生成と分解メカニズムなどの理解が海洋の有機物の動態の理解に必須である．

Q4：微生物とは？

微生物とはその個体の認識に顕微鏡を必要とする微視的な生物の総称で，基本的に独立した単細胞生物である．系統的には原核生物（細菌，古細菌）および単細胞性の真核生物を含む一群である．機能的には，エネルギー源として光を使うグループ，無機化合物あるいは有機物の酸化によるグループがある．また炭素源としては炭酸ガスを固定するグループ，有機物を利用するグループがある．無機化合物の酸化によってエネルギーを得ることができる，あるいは嫌気環境下で生息しうるのは微生物のみである．微生物は他の生物が利用できない様々な有機物の利用能を含めた多様な機能をもち，水圏での生産者として，あるいは分解者としてその物質循環に骨格的な役割を果たしている．

Q5：微生物はどんな構造をしているのか？

微生物の外部形態は真核生物では極めて多様であるのに対し，原核生物は桿菌，球菌，糸状菌などの比較的単純な形態を示す．原核生物は条件に応じてサイズ，形態が変わり，天然や低栄養条件下では0.5～0.6μm程度の球菌状を示す菌株が好適な培養条件下では2～3μm程度の桿菌状を示すのが一般的である．細胞内構造については，真核生物には核，ミトコンドリアなどの細胞内オルガネラがあるのに対し，原核生物の細胞内にはそのような特定機能をもつオルガネラは存在しない．また，原核生物の膜構造はグラム陽性細菌と陰性細菌との間で異なる．前者は生物膜の外側にペプチドグリカンの厚い層があるのに対し，後者は生物膜，ペプチドグリカン層，外膜からなる三層構造をもち，生物膜と外膜とに挟まれたペリプラズム空間で有機物の分解などが行われる．多くの原核生物はその表面に，ピリ，鞭毛をもつ．ピリはピリンからなる直線的な繊維構造をもち，付着，高分子の輸送，Twitchingと呼ばれる運動性などに寄与する．一方鞭毛はフラジェリンからなる湾曲した構造をもち，回転運動をすることにより，運動性を発揮する．

学習課題

【課題1】水の密度が0℃（氷結直前）で最大だったとしたら，淡水生態系にはどのような違いが出てくるだろうか．

【課題2】地球表層の水の量が現在の1/10程度だったとしたら，地球上の生態系は現在とどのように異なると予想されるか．

【課題3】海水の塩分が現在の1/5程度だったとしたら，水圏の生物群には現在とどのような違いが生

じると予想されるか．

【課題4】黒潮やガルフストリームに代表されるように，大洋の西側には東側と比較して強い潮流が生まれる傾向がある．これは何故だろうか．

【課題5】海洋の有機物の大部分が生物そのものではなく，生物由来の"死んだ有機物"であるのは何故だろうか．

【課題6】原核生物が条件に応じてその細胞サイズを変えることが一般的であるのに対し，真核生物の細胞のサイズは比較的安定である．これは何故だろうか．

【課題7】一般に水圏とりわけ海洋にはグラム陰性菌が多く，グラム陽性菌は少ない．これはどのような理由によるものだろうか．

【課題8】ニザダイに共生する *Epulopiscium fishelsoni* が600 nm 程度にまで達する細胞サイズを得るに至ったのはどのような理由によるのだろうか．

【課題9】原核生物が示しうる最小サイズの細胞のコンポーネントについて考察せよ．

【課題10】原核生物の鞭毛は回転運動を行う．他に回転運動を示す生物機能はあるだろうか．もしないならば，回転運動は進化の過程でどのように出現したと考えられるか．逆にもしそのような例があるならば，鞭毛との関連はあるのだろうか．

文　献

Amon, R. M. W., and Benner, R.（1996）：Bacterial utilization of different size classes of dissolved organic matter. *Limnol. Oceanogr.*, 41, 41-51.

Beja O., Aravind, L., Koonin, V., Suzuki, M. T., Hadd, A., Nguyen, L. P., Jovanovich, S. B., Gates, C. M., Feldman, R. A., Spudich, J., Spudich, E. N., and DeLong, E. F.（2000）：Bacterial rhodopsin: evidence for a new type of phototrophy in the sea. *Science*, 289, 1902-1906.

Hansell, D. A.（2013）：Recalcitrant dissolved organic carbon fractions. *Annu. Rev. Mar. Sci.*, 5, 421-45.

Hobbie J. E., Daley, R. J., and Jasper,.S（1977）：Use of nuclepore filters for counting bacteria by fluorescence microscopy. *Appl. Environ. Microbiol.*, 33（5）, 1225-1228.

Koike, I., Hara, S., Terauchi, K., Kogure, K.（1990）：Role of sub-micrometer particles in the ocean. *Nature*, 345, 242-244.

木暮一啓（2006）：地球システムの中の海洋と生物群集．海洋生物の連鎖（木暮一啓編），東海大学出版会．pp. 1-26.

Kolber, Z. S., Van Dover, C.L. Niederman, R.A. and Falkowski P.G.（2000）：Bacterial photosynthesis in surface waters of the open ocean. *Nature*, 407, 177-179.

Martin, J. H., Knauer, G. A., Karl, D. M., Broenkow, W. W.（1987）：*Deep-Sea Res.* PartA. *Oceanographic Research Papers*, 34, 267-285.

Martin W. Hahn and Manfred G. Hofle（2001）：Grazing of protozoa and its effect on populations of aquatic bacteria. *FEMS Microbiol. Ecol.*, 35, 113-121.

Mitchell, J. G. and Kogure K.（2006）：Bacterial motility: links to the environment and a driving force for microbial physics. *FEMS Microbiol. Ecol.*, 55, 3-16.

Neidhardt, F. C. and Umbarger, H. E.（1996）：Chemical composition of *Escherichia coli*. In "*Escherichia coli* and *Salmonella* 2nd ed." eds. Neidhardt, F. C. *et al.* ASM Press, pp. 13-16.

Nishino T., Ikemoto E, Kogure K.（2004）：Application of atomic force microscopy to observation of marine bacteria. *J. Oceanogr.*, 60, 219-225.

Ogawa, H. and Tanoue, E.（2003）：Dissolved organic matter in oceanic waters. *J. Oceanogr.*, 59, 129-147.

Paul R. P.（2006）：Invitation to Oceanography 4th ed.（海洋学，東京大学海洋研究所監訳，2010，東海大学出版部）．Jones and Bartlett Publishers.

Porter K. G., and Feig, Y. S.（1980）：The use of DAPI for identifying and counting aquatic microflora. *Limnol. Oceanogr.*,

25, 943-948.
Segar, D. A.（2007）：Introduction to Ocean Sciences 2nd ed. Wodsworth Pub.
Shiba, T., Simidu, U. and Taga N.（1979）：Distribution of aerobic bacteria which contain bacteriochlorophylla. *Appl. Environ. Microbiol.*, 38, 43-45.
Yamasaki, A., Fukuda, H., Fukuda, R., Miyajima, T., Nagata, T., Ogawa, H., Koike, I.（1998）：Submicrometer particles in northwest Pacific coastal environments: abundance, size distribution, and biological origins. *Limnol. Oceanogr.*, 43, 536-542.
Yoshizawa, S., Kumagai,Y., Kim, H. Ogura, Y., Hayashi,T., Iwasaki, W., DeLong, E. F. and Kogure, K.（2014）：Functional characterization of flavobacteria rhodopsins reveals a unique class of light-driven chloride pump in bacteria. *Proc. Natl. Acad. Sci. USA,* 111, 6732-6737.

第2章　微生物の分布

> Q1： 微生物は水圏のどこにどのように分布しているのか？
> Q2： 微生物はどのような極限環境に生息しているのか？
> Q3： 微生物の総量を陸圏と水圏で比較するとどのくらいか？
> Q4： バイオフィルムとは？

§0．本章の目的

　水圏における微生物の生息場所を考える場合，生息環境のタイプによっていくつかの場所があげられる．海や川などの水中，水底の堆積物，温泉などによく見られる微生物マット，生物を含む様々な構造物の表面に発達するバイオフィルムなどである．また，別の観点からの生息環境のタイプ分けも可能である．例えば，池，湖，川，湿地といった陸水環境，汽水，内湾，沿岸，外洋といった海洋環境，さらに地下水環境があげられる．本章では，水圏環境における微生物分布のパターンや環境による分布の違いについて理解することを目的とする．

§1．水中と水底の微生物分布

　一概に微生物といっても，藻類，原生動物，菌類，細菌，古細菌，ウイルスなど真核生物から原核生物まで非常に広範囲な生物群の総称であり，それぞれの生物群によってその分布パターンも異なっている．中でも藻類は，光合成生産者として生態系へのエネルギーと有機物の供給を担っているため，その分布が他の生物の分布を決める大きな要因となっている．本節では，水中における藻類や細菌の分布パターンと分布を決める要因について，さらに水底における細菌の分布について理解を深めよう．

1−1　水中の微生物分布
　水中に生息し浮遊生活をする生物はプランクトンと呼ばれる．さらに，光合成を行う単細胞藻類は植物プランクトン，光合成によって生産された有機物を消費する浮遊性細菌は細菌プランクトン，細菌や藻類を捕食する原生動物や後生動物は動物プランクトンと呼ばれる．その他，水中には多量のウイルス粒子が浮遊していることがわかっており，その多くは細菌を宿主とするバクテリオファージである．動植物プランクトン，細菌プランクトンほど広く普及した用語ではないが，ウイルスプランクトンと呼ばれることもある．

1）植物プランクトンの分布
　植物プランクトンの分布は，主に光と無機栄養塩類の供給によって決まるため，光の届く水中の比

較的浅い層にのみ分布する．無機栄養塩類としては，硝酸塩やアンモニウム塩などの窒素化合物とリン酸塩が主な制限栄養塩となるが，その他にも海洋ではケイ素や鉄も制限栄養素としてしばしばプランクトン分布を決める要因となる．無機栄養塩類は，陸域からの供給の他，光の届かない深層水が鉛直的に混合されることによって供給される．表層で植物プランクトンによって吸収・利用された無機栄養塩類は，従属栄養細菌による有機物分解によって再生するが，植物プランクトンが増殖できない深層では，分解のみが起こるため，無機栄養塩類が豊富に蓄積されることになる．したがって，水中の植物プランクトンの鉛直分布パターンは，無機栄養塩類が豊富に供給される場合は，光の減衰パターンに沿った分布，つまり表層で多く深度が増すに従って指数関数的に減少するパターンとなる．また，ごく表層では強光阻害によって光合成活性が低下することがあるほか，プランクトンの活発な増殖によって表層での栄養塩はしばしば枯渇するため，亜表層（表層の少し下の層）に極大をもつ分布パターンとなることも多い．その一例として，西部北太平洋における植物プランクトン量（クロロフィル濃度）の鉛直分布を図2-1に示す．シアノバクテリア（藍藻，ラン色細菌とも呼ばれる）は，細菌の一種であるが，真核性の藻類と同じく酸素発生型の光合成を行うことから，植物プランクトンとして扱われる．実際にその分布も光と栄養塩の供給によって制限されている．

一般に，陸域から栄養塩や有機物が供給される内湾や沿岸域では高い光合成生産があるが，陸から遠く離れた外洋域での光合成生産は低い．しかし，外洋域でも水の鉛直混合によって深層の栄養塩が豊富に供給される場合には，高い光合成生産が期待できる．例えば赤道付近では，東寄りに吹く貿易風と地球の自転効果により，北半球では赤道から北へ，南半球では南へ向かう表層の流れが発生し，これを補うように深層から表層への海水の湧き上がりが生じる．この現象は，赤道湧昇と呼ばれ生産性の高い海域を形成している．また，カリフォルニアやペルー沖など北半球の大陸西岸でも，南向きの風と地球の自転効果により，表層海水が岸から沖に向かって移動し，大陸斜面に沿った湧昇が発生

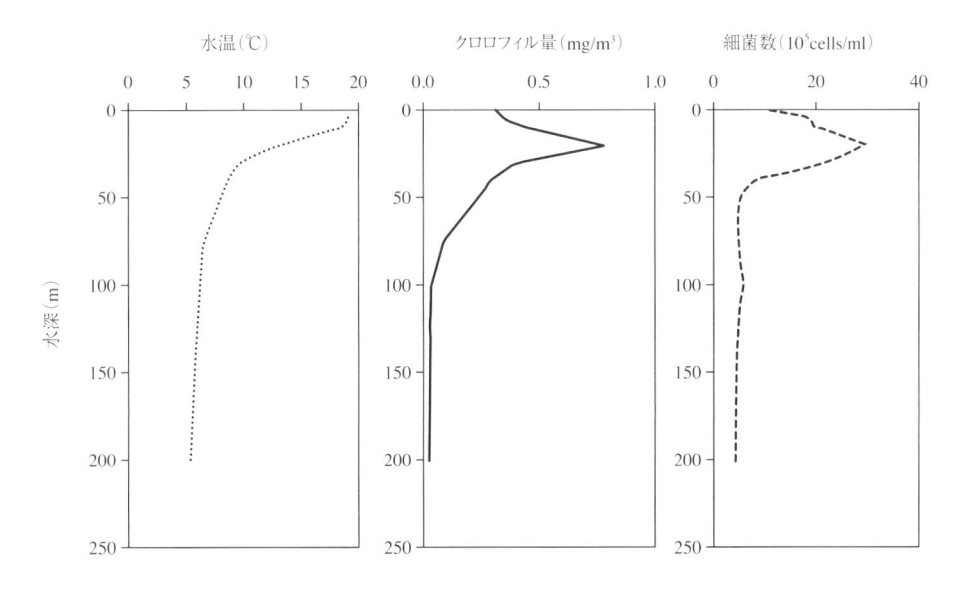

図2-1 西部北太平洋（北緯42度，東経160度付近，8月）における植物プランクトン量（クロロフィル濃度）と細菌数の鉛直分布の例

する．これらの海域は，高い光合成生産によって好漁場となっている．

2) 細菌プランクトンの分布

細菌プランクトンの大部分は，有機物をエネルギー源および炭素源とする従属栄養細菌であるため，その分布は有機物の供給量つまり植物プランクトンによる光合成生産量に大きく左右される．さらに細菌プランクトンやシアノバクテリアを捕食する原生動物，あるいはこれらを宿主とするウイルスの分布も結果的に光合成生産量に左右されることになる．したがって，これら消費者の水中での鉛直分布パターンは，光合成生産量もしくは有機物量の鉛直的な変化に沿った分布となり，表層もしくは亜表層で最大値をとり深度の増加に従って減少する（図2-1）．また，生産性の高い海域では細菌現存量や原生動物現存量も多い傾向となるため，しばしばクロロフィル濃度と細菌現存量の間にはよい相関が見られる（図2-2）．古細菌についても，同様に表層に多く深度の増加とともに減少するパターンとなる．表層では細菌の1/10程度しか見られないが，細菌に比べて深度による減少傾向が小さいため，深層では細菌とほぼ同程度の現存量となる．深層で細菌に対する古細菌の比率が大きくなる理由はよくわかっていないが，アンモニア酸化のエネルギーを利用して炭酸固定をする独立栄養性の古細菌が多いため，有機物供給にその分布が左右されない可能性が示されている．

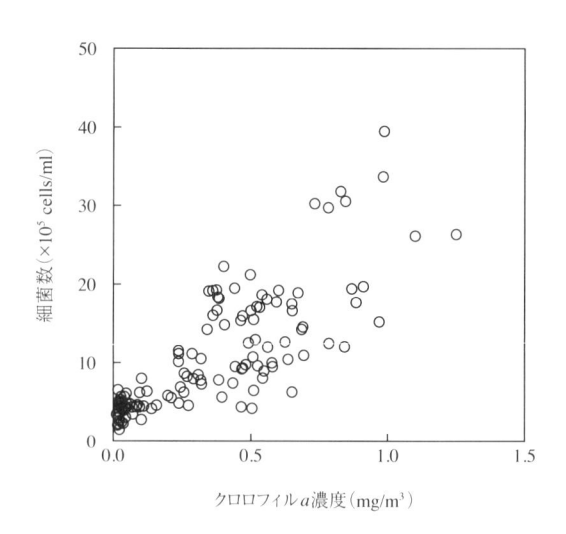

図2-2 西部北太平洋における植物プランクトン量（クロロフィル濃度）と細菌数の関係図

植物プランクトンの分布は，上述したように光と栄養塩の供給を主因とする様々な環境要因によって左右される一方で，動物プランクトンによる捕食活動によっても大きく影響を受ける．前者のような環境要因によるプランクトン分布や生物量の変動メカニズムはボトムアップコントロールと呼ばれ，後者のような食物連鎖の上位生物による制御はトップダウンコントロールと呼ばれる．細菌プランクトンの変動についても同じく，有機物供給などの環境要因による制御はボトムアップコントロール，原生動物の捕食活動による制御はトップダウンコントロールと呼ばれる．例えば，細菌プランクトンが原生動物によるトップダウンコントロールを強く受けている場合は，細菌増殖速度と原生動物の捕食速度は高い相関を示す．こうした食う-食われるの関係やプランクトンによって構成される食物連鎖構造については，第8章および第9章で詳しく述べる．

3) 生息場所としての有機物粒子

水中における微生物の生息場所として，生物遺体や糞に由来する有機物粒子は重要である．こうした粒子のうち比較的大型のものはデトリタス，大型でさらに沈降するものはマリンスノーと呼ばれる．水中に浮遊する有機物粒子は，細菌や原生動物の格好の増殖場所となっており，水中の微生物群集はその生活形態によって自由遊泳性のものと付着性のものに大きく分けることができる．通常，フィルター濾過によって自由遊泳性のものと付着性のものが分画され，両者の現存量比は10対1程度である．

また，群集構造にもしばしば明確な違いが認められることから，それぞれの生活形態に適応した種が存在すると考えられている．さらに，フィルター濾過では壊れてしまうやわらかい粒子や透過性が高く光学顕微鏡では見えない粒子も存在するため，実際には全細菌数の半分程度は，何らかの有機物粒子に付着しているとされている．第1章の図1-7に示されたDYP, TEP, CSPなどがそうした粒子の例としてあげられる．その他，植物プランクトンや動物プランクトンなどの生物体そのものの表面や体内も豊富な有機物供給が期待できる環境として，微生物の生息場所となっている．

1-2 水底の微生物分布

湖底や海底といった水底の環境は，水と固体（堆積物や岩石）の境界環境であり，わずか数cmから数mのスケールで物理化学的環境が大きく変化する場所である．陸上からの流入や表層からの沈降によって付加された有機物が，水や鉱物粒子と混合された状態で存在し，上層の水中よりも圧倒的に多くの微生物が生息している．水底の微生物数は付加される有機物量と利用できる酸素量によって変動すると考えられる．亜熱帯外洋域のような表層での光合成生産量の少ない貧栄養海域などでは，海底の微生物量も非常に少ない．また，水底境界面から下に行くに従って酸素濃度は急激に減少するため，微生物量も少なくなる．

水中の大部分が酸素の豊富な好気的環境であるのに対して，水底から水底下の環境は好気的条件から酸素のない嫌気的条件へ連続的に変化する環境であるため，多様なエネルギー代謝機能をもつ微生物が生息している．以下では，エネルギー代謝様式の違いに沿って，どのような微生物が水底に生息しているかを簡単に述べる．特に，脱窒，硝化，アナモックスについては，第10章の窒素循環に関する節で詳しく述べる．また，嫌気環境に生息する微生物のエネルギー代謝については，第11章で詳しく述べるので参照してほしい．

1) 好気呼吸と嫌気呼吸

水底のごく表層では，有機物を分解し酸素を最終電子受容体として用いる好気呼吸によってエネルギーを得る従属栄養細菌が生息している．これらの従属栄養細菌の一部は，酸素が不足すると硝酸や硫酸など酸化還元電位の高い酸化型の無機化合物を最終電子受容体として用いて呼吸を行う．こうした呼吸様式は，嫌気呼吸と呼ばれ，特に用いる化合物によって硝酸呼吸，硫酸呼吸などと呼ばれる．硝酸呼吸によって硝酸は亜硝酸に還元され，亜硝酸はさらに分子状窒素に還元される．この一連の還元反応は脱窒と呼ばれ，これを行う脱窒菌は堆積物からの窒素除去や下水処理における窒素除去における重要な細菌群である．また，硫酸呼吸を行う硫酸還元菌は，発酵によって生じる乳酸やピルビン酸などの有機酸を電子供与体として利用することから，堆積物における最終的な有機物分解者として重要である．

2) 発 酵

硝酸や硫酸などの酸化型の化合物もない環境では，解糖系による有機物の部分分解によってエネルギーを得るいわゆる発酵が主なエネルギー代謝様式となる．

3) メタン生成

嫌気呼吸や発酵を行う従属栄養細菌の分布層のさらに下層には，酸素存在下では増殖できない絶対嫌気性のメタン生成菌が生息している．メタン生成菌は，古細菌の一種であり，上層の細菌の発酵産

物として生じる酢酸を電子供与体として，二酸化炭素を電子受容体としてエネルギー合成を行う．発酵の過程で生成する水素ガスや酢酸は，化学平衡の側面から発酵反応を阻害するとされるため，水素や酢酸をメタンに変えることで系から除去できるメタン生成古細菌は，嫌気環境の微生物反応の最終段階を担う微生物として重要である．

4）硝化

堆積物中で好気的な有機物分解が進むと，分解産物としてアンモニアが蓄積する．アンモニアは，微生物の窒素源として再び取りこまれるほか，アンモニア酸化細菌の電子供与体としてエネルギー合成に利用される．アンモニア酸化によって生じる亜硝酸もまた，亜硝酸酸化細菌のエネルギー合成に利用され硝酸へと酸化される．これらのアンモニアから硝酸への一連の酸化反応は，硝化と呼ばれ，アンモニア酸化細菌と亜硝酸酸化細菌をまとめて硝化細菌と呼ぶこともある．硝化細菌は，二酸化炭素から有機物を合成する能力をもついわゆる独立栄養細菌である．硝化は，植物による光合成生産に必要な栄養塩としての硝酸態窒素の供給に重要な役割を果たしている．

5）硫黄酸化とメタン酸化

アンモニアと同様に，硫酸還元菌によって生成される硫化水素などの還元型の硫黄化合物，メタン生成菌によって生成されるメタンは，それぞれ硫黄酸化細菌とメタン酸化細菌によって電子供与体として利用される．硝化細菌同様に，硫黄酸化細菌，メタン酸化細菌いずれも独立栄養細菌である．これらの細菌は環境中に生息するだけでなく，様々な無脊椎動物との共生関係を成立させている例が多く報告されている．

6）嫌気的アンモニア酸化

ある種の細菌群は，嫌気条件下で亜硝酸を用いてアンモニアを酸化し，分子状窒素を生成する．この反応は，嫌気的アンモニア酸化（ANaerobic AMMonia-OXidation, ANAMMOX）通称アナモックス反応と呼ばれている．この反応は，嫌気条件下での窒素除去反応として，脱窒と並んで生態系における窒素循環の解析や水処理技術の高度化にとって重要な微生物過程である．

§2. 極限環境に生息する微生物

微生物の中には，温度，圧力，放射線，塩分，pH，酸素といった様々な物理化学的条件が一般的な生物の生息条件から大きく離れた，いわゆる極限環境に好んで生息する種が存在する．このような微生物は，特に極限環境微生物（extremophile）と呼ばれている．こうした微生物は，好熱性化学合成細菌のような原核生物進化の初期に繁栄したと考えられているエネルギー代謝をもつものが見られることから，生物進化を理解する上で重要である．さらに，生命の存在可能な環境の限界条件を与えてくれることから，地球外生命探索の手がかりともなっている．また，好熱菌のDNA合成酵素は高温でも失活しないため，PCR反応に必須の酵素として広く利用されており，産業利用などに有用な微生物としても期待されている．本節では，これら極限環境微生物について理解を深めよう．

2-1 塩分環境

一般に，至適増殖条件として，0.2M（約1.2%）以上のNaClを必要とする菌は，好塩菌（halophile）

と呼ばれている．さらに，至適NaCl濃度によって，0.2〜0.5M（1.2〜2.9％）では低度好塩菌（slight halophile），0.5〜2.5M（2.9〜14.6％）では中度好塩菌（moderate halophile），2.5〜5.2M（14.6〜30.4％）では高度好塩菌（extreme halophile）と呼ばれる．この定義に従えば，多くの海洋細菌は低度好塩菌と言える．また，高度好塩菌のほとんどは古細菌である．好塩菌の生息環境としては，一般的な海洋環境のほか，塩湖，塩田，死海があげられる．これまでに，高塩分環境に適応した微生物として，多種多様な細菌，古細菌，藻類，真菌類が分離・同定されている．これらの好塩性微生物は，高塩分環境で高い浸透圧を維持しつつ脱水を避けるために，「適合溶質（compatible solute）」と呼ばれる低分子有機化合物を細胞内に蓄積する．蓄積される適合溶質の種類は様々であるが，エクトイン，ベタイン，トレハロース，グルタミン酸などが知られている．また，高度好塩性をもつ古細菌は，細胞内のタンパク質そのものを耐塩性の高い構造とすることで高塩分環境に適応している．これらの古細菌がもつ酵素は，タンパク質分子の表面に配置されるアミノ酸の多くを酸性アミノ酸とすることにより，水分活性が低い環境でも分子表面に多量の水分子を保持し活性を維持していると考えられている．好塩菌については，第3章の§1. でも詳しく述べるので参照して欲しい．

2-2 温度環境

温度環境は，生物に様々な影響を与える．極低温では氷の結晶生成が細胞組織にダメージを与えるし，高温ではタンパク質や核酸などの細胞構成成分の変性が起こる．例えば，クロロフィル分子の分解が起こる75℃以上では光合成生物は生息できない．また，水への気体の溶解度は温度の上昇とともに低下するため，高温水中では酸素や二酸化炭素の不足も深刻な問題となる．しかしながら，実際の自然環境中には至適増殖温度が80℃以上の超好熱菌から20℃未満の好冷菌まで，様々な温度環境に適応した微生物が生息している（図2-3）．ほとんどの超好熱菌は古細菌であり，超高温での増殖記録として *Methanopyrus kandleri* が常圧で116℃，高圧下で122℃まで増殖したことが報告されている．一般に，至適増殖温度が40℃以上の細菌，古細菌は好熱菌と呼ばれ，光合成細菌，乳酸菌，放線菌，メタン菌などを含む多くの種がある．好冷菌については，第3章の§2. で詳しく述べる．

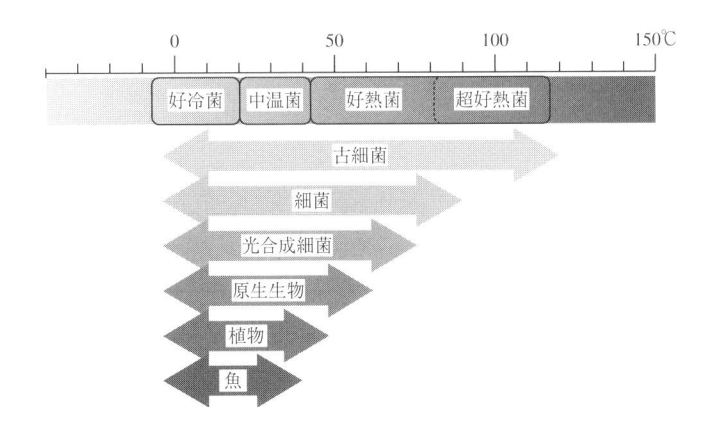

図2-3 生物の生息温度範囲
　　　　細菌，古細菌は至適増殖温度によって，好冷菌（＜20℃），中温菌（20〜40℃），
　　　　好熱菌（＞40℃），超好熱菌（＞80℃）と呼ばれる．
　　　　（Rothschild and Mancinelli, 2001 を基に作成）．

2−3 圧力環境

水中での圧力は，水深が 10m 増すごとにおよそ 1 気圧（101kPa）増加する（正確には 10m ごとに 105kPa）．したがって，世界最深 10,898m のマリアナ海溝では 1,000 気圧以上の圧力となるが，多くの微生物が生息している．マリアナ海溝からは，700〜800 気圧という極端に高い圧力条件下で増殖し，500 気圧以下では増殖しない絶対好圧細菌が分離されている．深海は，高圧であると同時に低温の環境であるため，多くの好圧菌は好冷菌でもある．好圧菌は，高圧条件下で細胞膜の流動性を保つために，長鎖の高度不飽和脂肪酸を高濃度で含んでいる．好圧菌については，第 3 章の §3. でさらに詳しく述べる．

2−4 pH 環境

一般に，pH3 以下の酸性条件を至適増殖条件とする菌は，好酸性菌（acidophile）と呼ばれる．*Thiobacillus* 属細菌は，酸性温泉や酸性鉱山廃水といった酸性環境で増殖する代表的な好酸性細菌である．硫化鉄など還元性の無機硫黄化合物を電子供与体，酸素を電子受容体としてエネルギーを得る絶対好気性の独立栄養細菌である．その他，好酸性細菌の例としては，絶対嫌気性のグラム陽性細菌でヒト腸内にも生息する *Clostridium acetobutylicum* や *Sarcina ventriculi* がある．*Sarcina ventriculi* は，酸性環境下では細胞膜の脂肪酸組成をより長鎖のものに変化させることが知られており，細胞膜の変性を防ぐための適応であると考えられている．また，酸性環境下では細胞外に存在する高濃度の水素イオンを細胞内に取込むことによって容易に ATP 合成ができる一方，細胞内が酸性化することを防ぐために水素イオンを能動的に排出する必要がある．そこで，多くの好酸性細菌は，水素イオンを効率的に排出するための特殊な膜輸送タンパク質をもっている．

§3. 微生物の生物量

地球上の微生物総量はどれくらいだろうか？　微生物は，ヒトをはじめとする動物体内も含めて地球上のあらゆる場所に生息するため，すべての生息場所における生物量を精査し，その総量を正確に算出することはほぼ不可能である．そこで，生物の生息空間として圧倒的に大きな容積を占める海洋，土壌，地下を微生物（特に多くを占める細菌と古細菌）の 3 大生息場所としてあげ，これらの生息場所における分布密度の知見を集めることにより，地球上の原核生物総量の推定が行われている（Whitman *et al.* 1998）．本節では，それぞれの環境中における微生物の生物量について理解を深めよう．

3−1 水圏の微生物数

水圏における原核生物は，1ml あたりおよそ 1 万から 1,000 万細胞の密度（10^4〜10^7 cells/ml）で分布している．海洋の沿岸（大陸棚）域や外洋域表層（200m 以浅）では 1ml あたりおよそ 50 万細胞（5×10^6 cells/ml），外洋域深層（200m 以深）では 1ml あたりおよそ 5 万細胞（5×10^5 cells/ml）の密度で分布する．内湾域や河口域など陸に近い場所ではこれよりも高い 10^7 cells/ml 程度の値が得られる．また，原核生物の大部分は従属栄養性であるが，表層水中では光合成を行う原核生物として *Prochlorococcus* や *Synechococcus* といったシアノバクテリアも含まれ，1ml あたりおよそ 4 万細胞

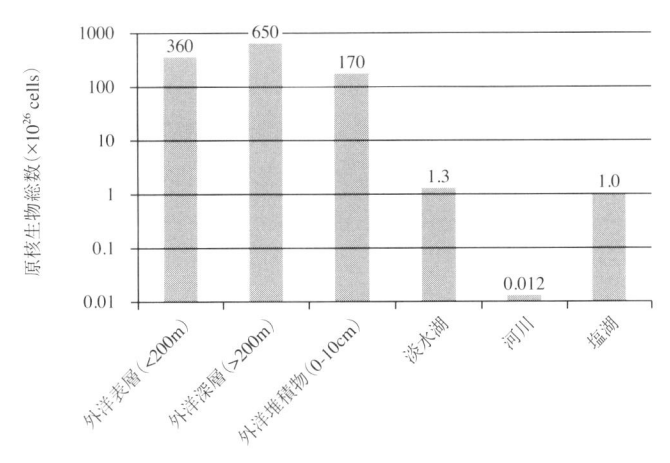

図2-4 水圏における原核生物総数の推定値
（Whitman, 1998 を基に作成）．

（4×10^5 cells/ml）の密度で分布する．それぞれの生息場所の容積から全球的な総数を計算すると，外洋域の寄与が圧倒的に大きく，表層（200m 以浅）で 3.6×10^{28} cells，深層（200m 以深）で 6.5×10^{28} cells と推定されている．一方，河川や湖沼でも 10^6 cells/ml 程度の原核生物の計数値が得られるが，陸水は海洋に比べて生息場所としての容積が少ないため，全球的な生物量推定では海洋の1/1000 程度に止まる．主な水圏における原核生物数を図2-4 に示す．また，南極や北極といった極寒の海にも多くの微生物が生息している．特に，季節的な凍結と融解を繰り返す季節海氷の底には，アイスアルジーと呼ばれる付着藻類が高密度に増殖し，それに伴って高密度の原核生物が生息している．両極を合わせた総数は 4×10^{24} cells と推定されている．最終的に，海洋と淡水域を含む水圏全体の微生物総数は，1.2×10^{29} cells と推定されている．

3-2 土壌圏の微生物数

Whitman の推定では，土壌に生息する原核生物総数を計算するため，森林土壌の分布密度として上部1m では土壌1g あたり 4×10^7 cells，1～8m では土壌1g あたり 10^6 cells の値を用いている．また，草地や畑地など他の土壌の分布密度として，上部1m では 2×10^9 cells/g，1～8m では 10^8 cells/g としている．これらの分布密度に，それぞれの生息空間容積，単位土壌重量（1.3×10^6 g/m^3）を乗じて原核生物総量を 2.6×10^{29} cells と推定している．水圏と土壌圏の微生物総量を比較すると図2-5 のようになる．

ここで使用している森林土壌の値は，やせた酸性土壌でかつ1m までの平均値を用いているため，かなり控えめな見積もりとなっている（Richter and Markewitz, 1995）．例えば，奈良の森林土壌において，有機物が10～40%程度の鉱質土壌（腐葉土などの下）の上部20cm で細菌数を調べた例では 10^9～10^{10} cells/g という計数値が得られている．一般に酸性の森林土壌では細菌に比べて糸状菌バイオマス（生物量）が多いとされているが，Whitman の見積もりでは原核生物のみを比較しているため糸状菌は含まれていない．ちなみに，上記の奈良の森林土壌における糸状菌バイオマスは，細菌バイオマスと同等か場所によっては最大で 10 倍程度の値となっている（Itsuki and Aburatani, 2012）．

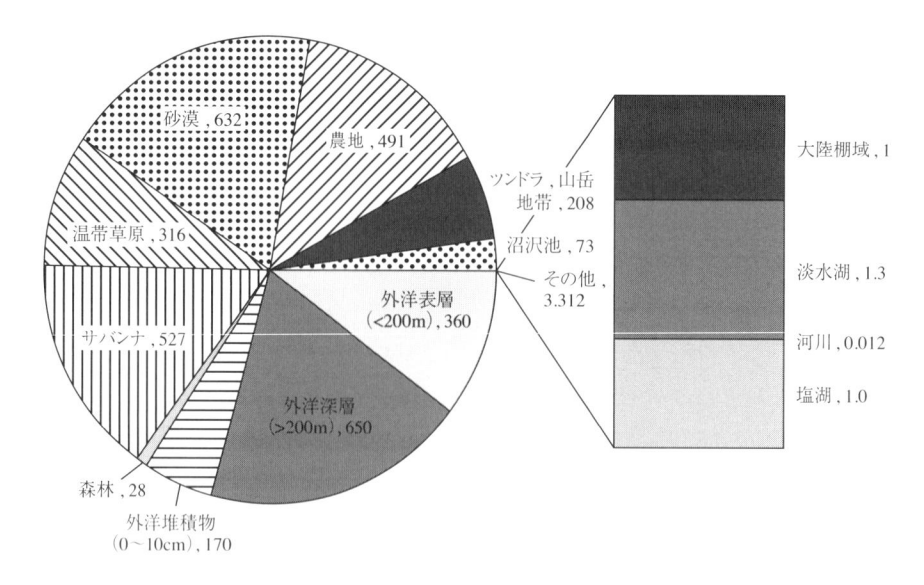

図 2-5 水圏と土壌圏における原核生物総数の推定値
数字は 10^{26} cells.（Whitman, 1998 を基に作成）．

3-3 地下の微生物数

陸上では地表下 8 m 以深，海洋では海底下 0.1 m 以深を「地下（subsurface）」として，地下の原核生物総数は $3.8 \sim 6.0 \times 10^{30}$ cells と推定され，水圏や土壌圏より 1 桁以上多い値が示されている．地下 4 km では温度が微生物の生息限界である 125℃ に達するため，地下微生物の生息空間は最大でもこれより浅い層ということとなる．深度が深くなるにつれて，分布密度は低下してゆくが，海底下 0.1 m から 3,000 m までの単位容積あたりの原核生物数は図 2-6 のようになっている．これらの値に対し，外洋，大陸棚，沿岸域ごとに海底下の堆積物容積を乗じて原核生物総数を算出すると 3.5×10^{30} cells という値が得られる．さらに，陸域地下の原核生物総数については，もっとも控えめな推定値として 2.5×10^{29} cells とされている．また，地下の空隙率と分布密度をもとにした推定値では 2.2×10^{30} cells，地下水中に浮遊している密度 1.5×10^5 cells/ml と帯水層における浮遊細胞の割合 0.058 ％ から計算した推定値では 2.5×10^{30} cells が示されている．以上のような値を

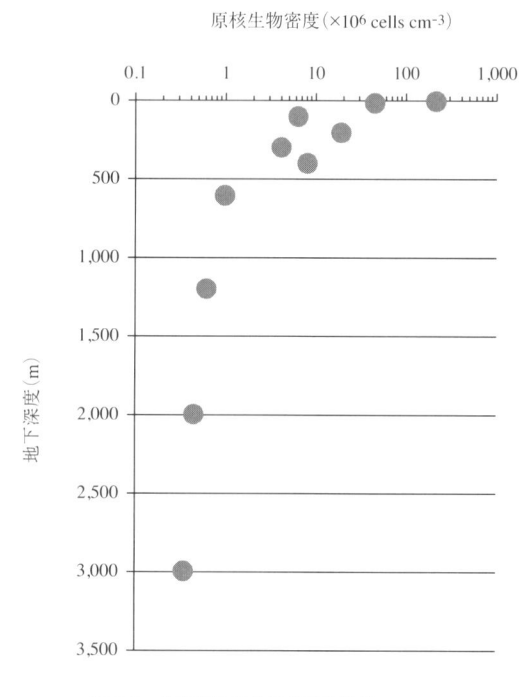

図 2-6 地下圏における原核生物数
（Whitman, 1998 を基に作成）．

総合して，地下の原核生物総数は 3.8 〜 6.0×10³⁰ cells が推定されている．

しかし，この推定で用いられている海底下の分布密度は，平均的な分布密度よりも高い値である可能性が最近指摘されている．実際の海底掘削によって得られたデータを基にしたこの分布密度は，陸地に近いあるいは生産性の高い海域の堆積物から得られたデータであり，陸地から離れた貧栄養な海域の海底堆積物ではこれより大幅に低い分布密度しかないからである．こうした貧栄養海域での掘削データや環境データを加えることにより，陸地からの距離や海域の生産性に応じた海底堆積物中の原核生物分布密度を 1 度グリッドで再現し，これを積算することにより原核生物総量が推定されている (Kallmeyer *et al.*, 2012)．その結果，海底下堆積物中の原核生物総数は，これまでより 1 桁低い 2.9×10²⁹ cells となり，水圏や土壌圏と同程度の値となっている．この値に上述した陸上地下の値を加えて再計算すると，地下の原核生物総数は 5.4 〜 28×10²⁹ cells と推定されている．

3−4 地球上の原核微生物総数とその生物量

水圏，土壌圏の微生物総数は，これまで述べてきたような推定により，それぞれ 1.2×10²⁹ cells，2.6×10²⁹ cells とされている．また，地下圏の微生物総数は，Whitman の推定では 3.8 〜 6.0×10³⁰ cells，Kallmeyer の推定では 5.4 〜 28×10²⁹ cells とされている．これらを併せると，全原核生物数は 4.1 〜 6.4×10³⁰ 細胞，または 0.92 〜 3.2×10³⁰ 細胞となる（表 2-1）．

炭素量への換算については，Whitman の見積もりでは 350 〜 550 Pg（ペタグラム，1Pg は 10¹⁵ g）と推定され，全植物炭素量にほぼ等しい量（60 〜 100％）であった．このとき，窒素量は 85 〜 130 Pg，リン量は 9 〜 14 Pg であり，全植物窒素およびリン量の 10 倍に相当する量が原核生物として蓄えられていると推定され

表 2-1　全原核生物数の推定値

	総細胞数(×10²⁹ cells)	
	Whitman	Kallmeyer
水圏	1.2	
土壌圏	2.6	
海底地下	35	2.9
陸域地下	2.5〜25	
合計	41.3〜63.8	9.2〜31.7

た．しかしその後，海底下に生息する原核生物の分布密度に関する知見が集積してきた結果，Kallmeyer によって海底地下の原核生物総数の推定値について約 1 桁の下方修正と細胞あたりの炭素量の下方修正が提案され，全原核生物の炭素量推定値も大幅に下方修正された．当初は細胞あたりの炭素量として 86 fgC（1fg は 10⁻¹⁵g）として換算が行われたが，地下のようなエネルギーや物質供給の限られた環境では，より小さい細胞は表面積体積比が大きくなり有利であるため，14 fgC が適当とされた．その結果，全原核生物の炭素量は 50 〜 270 Pg と推定され，全植物炭素量の半分ないしは 1 割程度の量とされている．

海洋，土壌，地下を除く他の生息場所は，全球的な原核生物総数にはほとんど寄与しないが，実際にはどの程度の数が分布しているのだろうか．動物の体内や体表には多くの微生物が生息している．動物の消化管内の微生物のほとんどは嫌気性である．地球上の動物すべての数を把握したデータがないため，動物体内や体表の原核生物総数を推定するのは困難であるが，いくつかの家畜とシロアリについて推定したものが表 2-2 である．その他，植物の葉の表面では 10⁴ 〜 10⁶ cfu/cm² という値が報告されている．

表 2-2 動物体内の原核生物数

	臓器量	細胞密度 ×10¹⁰ cells/g (ml)	動物数 ×10⁹ inds	細胞総数 ×10²³ cells
ヒト腸	220 g	32	5.9	3.9
牛　ルーメン	106 L	2.1	1.3	29
羊ヤギ　ルーメン	12 L	4.4	1.7	9
豚腸	9 L	5.4	0.88	4.3
豚盲腸	1 L	9.5	0.88	0.3
シロアリ消化管		2.7×10⁶ cells/ind.	240,000,000	6.5

§4. バイオフィルム

　水圏環境において，微生物細胞は様々な構造物の表面に付着する．さらに，付着した細胞が増殖を繰り返しながら細胞外多糖類などの粘液物質を生産することにより，次第に膜状あるいは繊維状の組織を形成して構造物表面を覆うことになる．このような状態に増殖した微生物群集は「バイオフィルム」と呼ばれる．バイオフィルムは，水のあるあらゆる環境で作られるため，私たちの身近にある様々な場所で見ることができる．キッチンや風呂場の排水口付近に見えるヌルヌル，歯の表面を覆い虫歯の原因になる歯石，あるいは海辺や川岸の岩場を歩くときにツルッとすべりそうになった経験はないだろうか．本節では，これらのバイオフィルムについて理解を深めよう．

4-1　バイオフィルムが形成される場所とその影響

　17世紀に顕微鏡を用いて微生物を初めて観察したレーベンフックは，ヒトの歯の表面に無数の微生物がいることをすでに報告している．しかしながら，バイオフィルムの重要性が認識され，本格的な研究が始まったのは1970年代以降である．船底や海中構造物への海洋生物の付着の初期段階にはバイオフィルムが重要な役割を果たすため，付着防止の観点からバイオフィルム形成機構やその制御の研究が行われている．また，歯石や歯周病との関係や病原菌の体内での増殖過程を考える上でもバイオフィルムは重要である．

　バイオフィルムは，微生物の増殖に必要な水と栄養があれば，あらゆるところに形成されるため，人工構造物の表面に形成されるとしばしば問題となる．例えば，水を使う様々なプロセス，排水・浄水処理，紙やパルプの生産，冷却塔などの汚染を引き起こすほか，水道の汚染や排水管のつまりの原因ともなっている．また，金属表面に形成されると，金属イオンや無機塩類の代謝によってその電気化学的性質を変化させるため，金属腐食の原因となる．

　バイオフィルムを形成した細菌細胞は，浮遊状態にある時とは性質が異なることが知られている．例えば，バイオフィルム内の細菌は，浮遊状態と比べると抗生物質に対してはるかに高い耐性をもつ．中耳炎や心内膜炎，レジオネラ症といった病気では，バイオフィルムの重要性が指摘されており，感染症の原因となる細菌が体内でバイオフィルムを形成する場合には，抗生物質耐性の変化はその病気の治療の観点から重要である．

表 2-3 バイオフィルムが形成される場所とその影響

	場所	効果
悪い効果	熱交換器の配管, 冷却塔タンク	熱交換率, エネルギー効率の低下
	排水, 浄水処理の配管, 船体	抵抗増加, エネルギー効率の低下
	金属表面	腐食促進, 材料劣化, 寿命低下
	センサー, 潜望鏡, のぞき窓	性能低下
	水道管	水質低下, 健康リスク
	歯, 尿管, 腸管	健康リスク
よい効果	排水, 浄水処理装置	汚染除去
	川底	水質維持
	鉱石処理・精製槽	生産量増加
	生物反応装置	生産性と安定性の向上

一方で，排水処理や浄水処理の過程やその他の生物反応を利用する工業過程において，処理効率や反応効率を上げるためにバイオフィルムが積極的に利用されている．悪い効果，よい効果の両面で，バイオフィルムが形成される場所とその影響の例を表に示す（表 2-3）．

4-2 バイオフィルムの形成過程

バイオフィルの形成は，基質表面への微生物の付着によって開始される．付着した微生物細胞は，基質表面を滑走運動（gliding）やトゥイッチング運動（twitching）によって移動し，一部は再び浮遊生活に戻る場合もある．その後，バイオフィルムに特異的な遺伝子を発現させ，細胞外高分子基質（Extracellular Polymeric Substances, EPS）や後述するシグナル分子などを生産することによって不可逆的な付着状態となり，浮遊状態の細胞とは異なる性質をもつようになる．ある種のシュードモナス属細菌では，浮遊状態では鞭毛運動を行うが，付着状態に移行するとIV型線毛（type IV pili）を発現させ，トゥイッチング運動を行う．IV型線毛は，運動だけでなく細胞同士を引き寄せる働きもあるため，細胞の集積による微小コロニーの形成も促進するとされている．微生物のEPSは，多糖類，タンパク質，核酸，リン脂質といった化学的に多様な物質によって構成されている．最も代表的なものは，緑膿菌（*Pseudomonas aeruginosa*）のバイオフィルム形成に関わる多糖類の一種アルギン酸である．緑膿菌の付着後15分以内にアルギン酸生成遺伝子のプロモーターが活性化される．また，栄養塩制限や浸透圧ショックなどの様々な環境要因によってプロモーターや制御因子が活性化されることもわかっており，アルギン酸生成は緑膿菌のバイオフィルム形成に必須の過程であると考えられている．

付着した細胞が多糖類を分泌しながら増殖し，さらにバイオフィルムの形成が進むと，内部の微小コロニーや水が出入りする間隙によって，酸素や栄養塩濃度が異なる三次元的な微小環境が生じる．さらに，一部の細胞はバイオフィルムから分離し再び浮遊状態となる（図 2-7）．バイオフィルムからの分離は，水の流れによって受動的に起こることもあるが，菌体外に分泌される酵素によるEPSの分

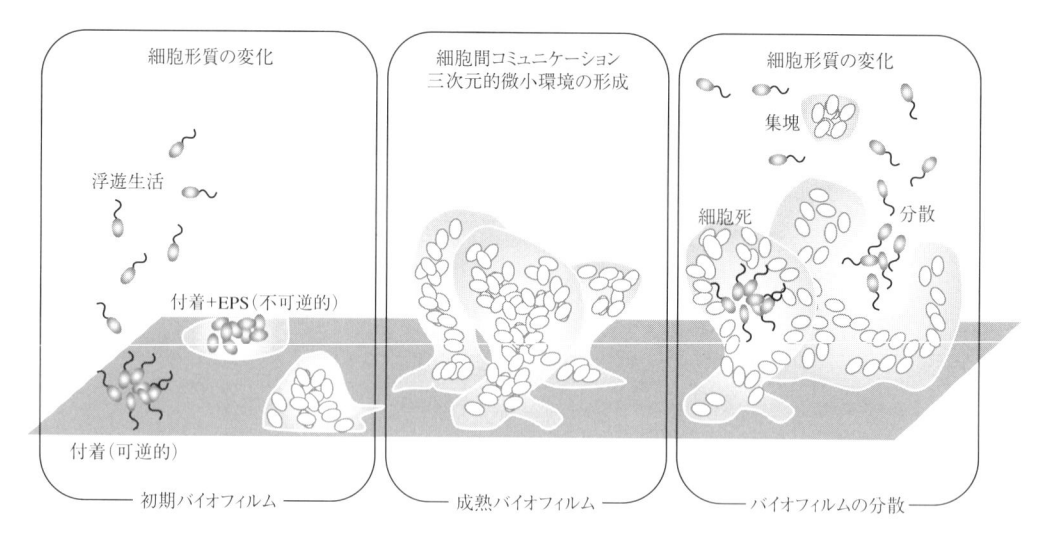

図 2-7 バイオフィルムの形成過程
(Stoodley *et al*., 2002 を基に作成).

解などによって能動的に起こることもある．こうした分離のしくみは，バイオフィルムを形成した微生物がどのようにして分散して，生息場所を広げうるかという点で重要である．また，医療や産業的な観点からバイオフィルムの形成や拡散を防ぐという意味でも重要である．

4−3 バイオフィルムの分散

バイオフィルムの分散には3つの様式がある．1つは細胞単位でフィルムから出てゆく分散様式で，緑膿菌のバイオフィルムで起こることが知られている．形成からある程度の時間が経過したバイオフィルムでは，微小コロニーを構成している定常状態の細胞を外側の外壁として残し，内側の細胞の一部はプロファージによる溶菌によって細胞死へと誘導される．さらに，細胞死を逃れた一部の細胞が運動性のある状態に変化した後，コロニー内部から泳ぎ出し，バイオフィルムから分散してゆくのである．2つ目は細胞集塊がフィルムから剥がれて分散する様式で，黄色ブドウ球菌（*Staphylococcus aureus*）のバイオフィルムで起こることが知られている．集塊のまま分離するため，高い抗生物質耐性などバイオフィルム内と同様の性質を維持して分散する．能動的な分散ではなく，水の流れを利用した分散となる．3つ目はフィルムごと移動する様式である．基質表面に付着した微生物細胞は，滑走運動やトゥイッチング運動によって細胞単位で移動することが知られているが，流れの作用によってバイオフィルム全体が移動することもある．緑膿菌と数種類の細菌によって形成されたバイオフィルムでは，最大で1時間に1mmの速度で移動したことが報告されている．こうして移動したバイオフィルムは，波紋のような形状となり，自然環境中のバイオフィルムでもそのような形状がしばしば観察される．

4−4 バイオフィルム内での微生物のふるまい

様々な種類の細菌集団で構成される細菌群集内では，ある細菌が生産し細胞外に分泌した化学物質

を別の細菌が感知することにより，ある種の相互作用が生じることが知られている．こうした相互作用は，同種の細菌集団内だけでなく，異種細菌間や時にはより高等な真核生物との間でも生じることが報告され，細胞間コミュニケーション（cell-cell communication）あるいは細胞間シグナリング（cell-cell signaling）などと呼ばれている．また，こうした相互作用を引き起こす化学物質は，シグナル分子（signaling molecule）と呼ばれている．

細胞間コミュニケーションの代表例は，「クオラムセンシング」と呼ばれる現象である．クオラムセンシングとは，細菌細胞が増殖しある程度の細胞密度に達した結果，分泌されるシグナル分子の作用によって細菌集団全体の遺伝子発現が一斉に誘導される現象である．クオラムには「定足数」という意味があり，クオラムセンシングはいわゆる細菌の定足数感知システムと言える．クオラムセンシングは，*Vibrio* 属の発光細菌が増殖の過程において，ある程度の細胞密度に達してから一斉に発光を始める現象から初めて明らかにされた．当初は，この現象について，培地に含まれるある種の化学物質によって発光が抑制され，細菌の増殖とともに阻害物質が代謝，除去されるため，発光が遅れて開始すると説明された．その後，培地成分による抑制ではなく，細菌自身が作るある種の化学物質の促進作用によって発光が開始されることがわかり，シグナル分子としてホモセリンラクトン（*N*-acyl-L-homoserine lactone）という化学物質が分離，同定された（図2-8）．クオラムセンシングについては，第12章§3. 3-2でも取り上げられているので，合わせて参照してほしい．

一般に浮遊状態にある細胞では，細菌から分泌される化学物質はすぐに拡散し希釈されるため，シグナル分子を細胞間で影響を及ぼすことのできる濃度にまで高めることが難しい．しかし，細菌細胞が高密度に集積されているバイオフィルム内では，シグナル分子の濃度が容易に高まり，その作用によって細胞集団全体の遺伝子発現や生理状態の変化が引き起こされる．したがって，クオラムセンシングは，バイオフィルム内での細菌群集の振る舞いを知る上で，鍵となる現象である．例えば，ある種の病原細菌は細胞密度が十分に高まった状態で初めて毒素の生産を開始するが，これは感染した宿主の生体防御反応に対抗するための細菌の生存戦略だと考えられている．

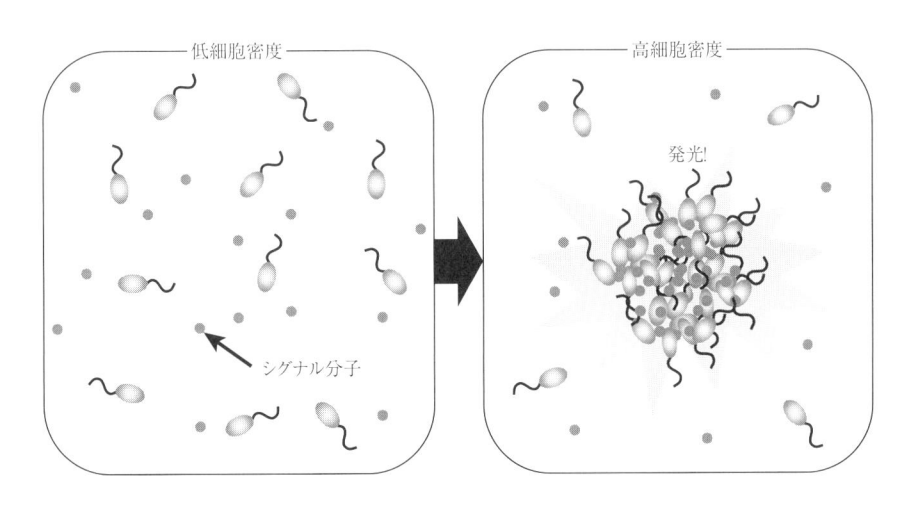

図2-8　クオラムセンシングによる発光細菌の発光制御のイメージ
　　　増殖の初期段階で細胞密度が低い状態では発光しないが，増殖によって細胞密度が高まるとシグナル分子の集積によって発光関連遺伝子の発現が誘導される．

これまでに，数十種類の細菌からホモセリンラクトンによるクオラムセンシング機構が見つかっている．クオラムセンシングは，発光や病原性因子の他にも，菌体外酵素や菌体外多糖の産生，抗生物質の産生，運動性等の発現を制御していることが報告されている．また，ホモセリンラクトンとは異なるシグナル分子も見つかっており，クオラムセンシングは細菌界に広く見られる機構であると考えられている．

まとめ

Q1：微生物は水圏のどこにどのように分布しているのか？
　水圏における微生物は，海や川などの水中，水底の堆積物，温泉などによく見られる微生物マット，生物を含む様々な構造物の表面に発達するバイオフィルムに生息している．植物プランクトンの分布は，主に光と無機栄養塩類の供給によって決まるため，光の届く水中の比較的浅い層にのみ分布する．基本的には，表層で多く深度が増すに従って指数関数的に減少するパターンとなるが，表層での強光阻害や栄養塩の枯渇により，亜表層（表層の少し下の層）に極大をもつ分布パターンもしばしば見られる．細菌プランクトンの大部分は，有機物をエネルギー源および炭素源とする従属栄養細菌であるため，その分布は光合成生産量もしくは有機物量の鉛直的な変化に沿った分布，つまり表層もしくは亜表層で最大となり深度の増加に従って減少する．また，生産性の高い海域では細菌現存量や原生動物現存量も多い．水中における微生物の生息場所として，生物遺体や糞に由来する有機物粒子が重要である．一方，水底には上層の水中よりも圧倒的に多くの微生物が生息している．水底の微生物数は付加される有機物量と利用できる酸素量によって変動する．水底から水底下の環境は好気的条件から嫌気的条件へ連続的に変化する環境であるため，多様なエネルギー代謝機能をもつ微生物が鉛直的な分布パターンを示しつつ生息している．

Q2：微生物はどのような極限環境に生息しているのか？
　微生物の中には，温度，圧力，放射線，塩分，pH，酸素といった様々な物理化学的条件が一般的な生物の生息条件から大きく離れた，いわゆる極限環境に好んで生息する種が存在する．至適増殖条件として，0.2M（1.2％）以上のNaClを必要とする菌は好塩菌，中でも特に高い濃度（15〜30％）を好む菌は高度好塩菌と呼ばれ，塩田，塩湖，死海などに生息している．温度については，至適増殖温度が80℃以上の超好熱菌から20℃未満の好冷菌まで，様々な温度環境に適応した微生物が生息している．世界最深のマリアナ海溝では1,000気圧以上の圧力となるが，700〜800気圧で増殖し500気圧以下では増殖しない絶対好圧細菌が分離されている．深海は，高圧であると同時に低温の環境であるため，多くの好圧菌は好冷菌でもある．酸性温泉や酸性鉱山廃水には，pH3以下の酸性条件を至適増殖条件とする好酸性菌が生息している．その他，ヒト腸内には絶対嫌気性の好酸性細菌が生息している．

Q3：微生物の総量を陸圏と水圏で比較するとどのくらいか？
　水圏，土壌圏，地下を微生物（特に多くを占める細菌と古細菌）の3大生息場所としてあげ，これ

らの生息場所における分布密度の知見を集めることにより，地球上の原核生物総数の推定が行われている．Whitman の推定では $4.1 \sim 6.4 \times 10^{30}$，海底地下の値を下方修正した Kallmeyer の推定では $0.92 \sim 3.2 \times 10^{30}$ 細胞とされている．炭素量にすると前者の推定では 350 〜 550 Pg（ペタグラム，1Pg は 10^{15} g）となり，後者では 50 〜 270 Pg とされている．水圏と土壌圏の比較では，土壌圏（2.6×10^{29} cells）が水圏（1.2×10^{29} cells）のおよそ 2 倍の推定値となっている．また，海底地下と陸域地下の比較では，Whitman では海底地下の値が陸域地下の 1.4 〜 14 倍の総細胞数となっているが，Kallmeyer では 0.1 〜 1.2 倍となり陸域地下と同程度か圧倒的に少ない推定となっている．

Q4：バイオフィルムとは？

　構造物表面に付着した細胞が，増殖を繰り返しながら細胞外多糖類などの粘液物質を生産することにより，その表面に膜状あるいは繊維状の組織を形成した状態．基質表面への付着によって開始され，その後不可逆的な付着状態となると，バイオフィルムに特異的な遺伝子を発現し，浮遊状態の細胞とは異なる性質をもつようになる．バイオフィルムの形成が進むと，内部の微小コロニーや水が出入りする間隙によって，酸素や栄養塩濃度が異なる三次元的な微小環境が生じる．さらに，一部の細胞はバイオフィルムから分離し再び浮遊状態となる．また，細菌細胞が高密度に集積されているバイオフィルム内では，自己誘導型のシグナル分子の濃度が容易に高まり，その作用によってクオラムセンシングと呼ばれる細胞集団全体の遺伝子発現や生理状態の変化が引き起こされる．

学習課題

【課題 1】 光合成細菌（第 6 章）はどのような環境に分布しているだろうか
【課題 2】 陸上植物と海洋植物プランクトンの生物量と生産量（光合成量）を比較すると，それぞれどの程度だろうか
【課題 3】 表 2-3 にあげたバイオフィルムの悪い効果とよい効果について調べよう

文　献

Itsuki, A. and Aburatani, S.（2012）：Numbers and Biomass of Bacteria and Fungi Obtained by the Direct Microscopic Count Method. *International Scholarly and Scientific Research & Innovation*, 6, 37-41.
Kallmeyer, J., *et al.*（2012）：Global distribution of microbial abundance and biomass in subseafloor sediment. *Proc. Natl. Acad. Sci. USA*, 109, 16213-16216.
Richter, D. D. and Markewitz, D.（1995）：How deep is soil?. *Bio. Science*, 600-609.
Rothschild, L. J. and Mancinelli, R. L.（2001）：Life in extreme environments. *Nature*, 409, 1092-1101.
Stoodley, P., *et al.*（2002）：Biofilms as complex differentiated communities. *Annu. Rev. Microbiol.*, 56, 187-209.
Whitman, W. B., Coleman, D. C. and Wiebe, W. J.（1998）：Prokaryotes: the unseen majority. *Proc. Natl. Acad. Sci. USA*, 95, 6578-6583.

第3章　水圏微生物の特性

> Q1： 外洋にはどのような微生物がいてどのような生理特性をもつのか？
> Q2： 極域にはどのような微生物がいてどのような生理特性をもつのか？
> Q3： 深海にはどのような微生物がいてどのような生理特性をもつのか？

§0. 本章の目的

　地球は太陽系で唯一液体の水を保持する惑星である．環境と生命の維持にとって水はなくてはならないものであり，多様な生命を育む「水の惑星」である．地球上の水圏は，生物圏として，二次元および三次元的にも広大な住空間を与えている．海洋は，水深に依存して水温が低下し，水深30～700 mに形成される温度躍層（thermocline）以深では，水温は4℃を下回る．外洋の海水の溶存有機物は0.3～0.7 mgC/Lと低いが，光が届かない深海では，さらにこの1％程度にとどまる．また，水圧は水深10 mごとに0.1 MPa高まる．塩分は外洋で3.5％と高く，ヒトを含む陸上生物の居住を阻む過酷な環境である（図3-1 上段）．このように海洋は，塩分・栄養・温度・圧力の条件において，他の環境には見られない特有の場を提供しており，現場には高塩分，貧栄養，低温および高温，そして高圧下に適応した微生物，すなわち極限環境微生物が多く見いだされている．また，陸域の水圏の1つである湖沼の水温・溶存酸素の鉛直プロファイルを海洋と比較すると，水深スケールは異なるものの類似した変化を示し，各環境に適応した微生物群が観察される（図3-1 下段）．

　様々な環境に生息する微生物の生理学的特性を明らかにする方法の1つとして，様々な培養条件下で微生物の増殖を測定することがあげられる．細菌は指数関数的に増殖することから，その増殖を数式でモデル化できる．最大の増殖速度を与える条件を検討することにより，微生物の生理学的特性の多様性および至適条件を見いだすことが可能となる．そこで本章では，海洋に生息する微生物の特性，特に，低栄養，低温，高圧および塩分がもたらす増殖への影響や適応機構について理解することを目的とする．

§1. 微生物の増殖と海洋環境への適応

　環境中に生息する微生物の生理学的特性を明らかにするためには，環境に生息する微生物を単離し，実験室内で培養し，そして様々な培養条件下を作り出しながらこれらの増殖特性を明らかにすることが必要となる．本節では，微生物の増殖を評価する方法を学ぶとともに，海洋環境，特に貧栄養および高塩分の環境に適応する微生物の多様性やその適応機構について理解を深めよう．

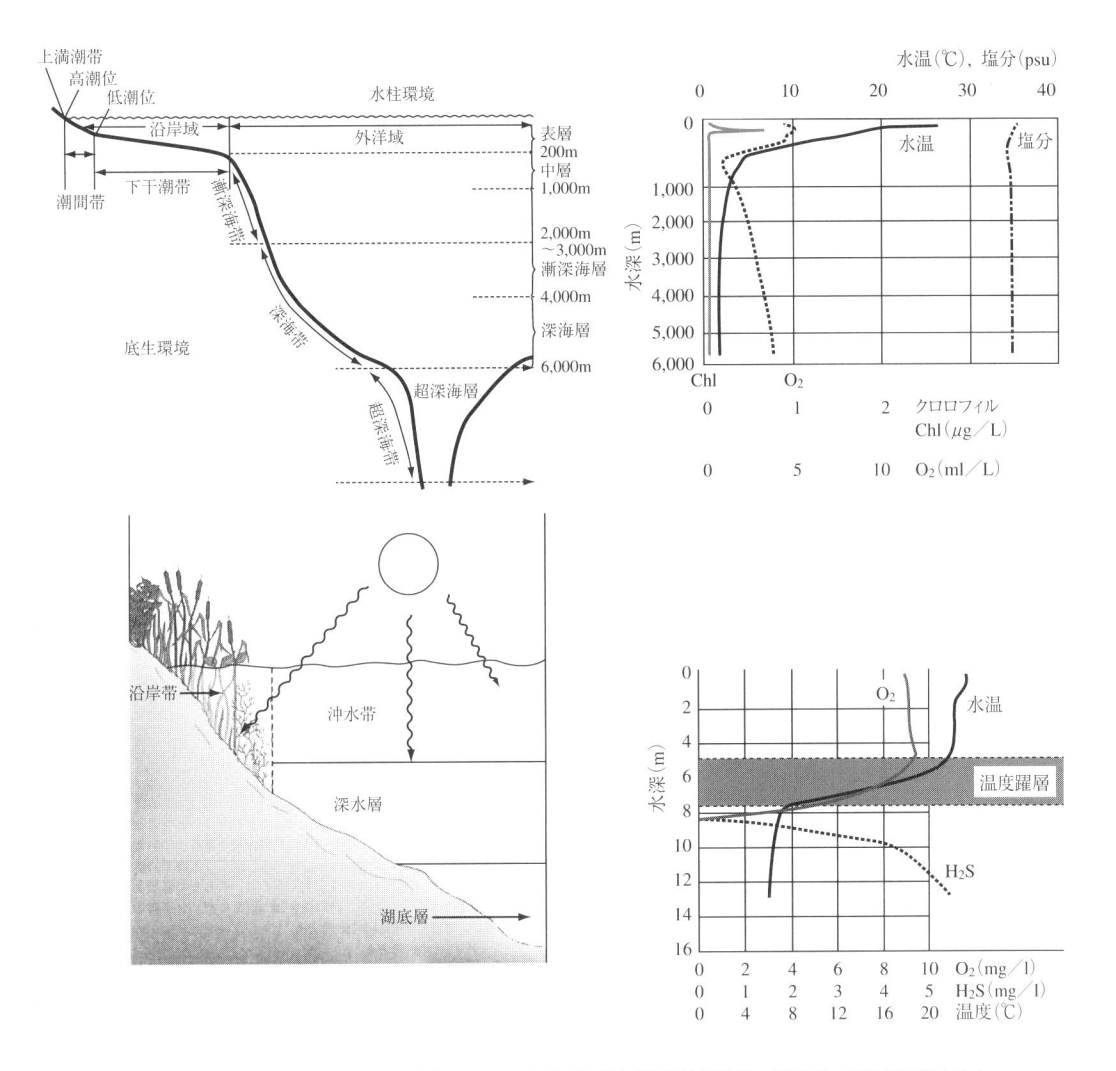

図3-1 水圏の物理化学的特性を示す鉛直プロファイル．上段は海洋（亜熱帯域外洋域の観測点），下段は湖沼を示す．水深のスケールは異なるが水温は水深とともに低下し5℃以下となる．なお，海洋の亜寒帯では＞1,000mの水温が5℃以下と低い．
（關，1996およびMadigan *et al.*, 2012を改変）

1-1 細菌の増殖

微生物学において「増殖（growth）」とは細胞の数が増加することを意味する．細菌細胞の増殖は極めて多段階の生化学的反応の結果として生じるため，細菌が生息する多様な物理化学的環境要因により影響を受ける．細菌細胞が増殖する場合，細胞は伸張しあるいは細胞容積を増し，2つの細胞に分裂する．この過程は二分裂（binary fission）と呼ばれる．

二分裂に至る時間は世代時間（generation time あるいは doubling time）と呼ばれ，細菌の種類のみならず，栄養や物理化学的条件により変化する．細菌の増殖量（細胞数）を経時的に二次元平面にプロットすると式（1）に示した指数関数に基づいてグラフが描ける．

$$Bf = Bi \times 2^n \cdots (1)$$

Bf：f 時間（n 世代目）の細菌細胞数　　Bi：i 時間での細菌細胞数　　n：世代

　この指数関数グラフは Y 軸（細菌数軸）を対数軸とすることにより式（2）で示される直線に変換することができ，$Tf\text{-}Ti$ を培養時間，増殖速度の指標となる増殖速度定数（growth rate constant）あるいは比増殖速度（specific growth rate）を μ とすると，式（2）は式（3）と書ける．Ti 時間目と Tf 時間目の細菌細胞数から μ，すなわちある培養条件下における細菌の二分裂様式の傾きを求めることが可能になる．

$$\log_{10}Bf = \log_{10}Bi + 0.3\text{n} \cdots (2)$$
$$\log_{10}Bf - \log_{10}Bi = \mu(tf - ti)/2.303 \cdots (3)$$

　この μ が最も高くなる至適な条件を導き出し，比較することにより，海洋環境下に生息する独特な生理特性をもつ細菌を見いだすことができる．

1-2　塩分が細菌細胞の増殖に与える影響

　塩分は細菌の増殖速度に影響を及ぼす．増殖速度が最大になる塩分を至適増殖塩分と呼び，それに基づき，①低度好塩菌（slight halophile）：至適増殖塩分が 0.2 ～ 0.5 M（1.2 ～ 2.9％）NaCl，②中度好塩菌（moderate halophile）：0.5 ～ 2.5 M（2.9 ～ 14.6％）NaCl，③高度好塩菌（extreme halophile）：2.5 ～ 5.2 M（14.6 ～ 30.4％）NaCl に分類される．至適増殖塩分が 0.2 M NaCl 未満のものは非好塩菌と定義する．なお，非好塩菌の中でも 0.2 M NaCl 以上でも増殖が可能なものを耐塩性菌（halotolelant）と呼ぶ．

　海洋環境下から分離される多くの細菌（例えば *Vibrio*，*Alteromonas*）は低度好塩菌の一群に大別される．塩蔵肉，塩蔵魚，塩田，塩湖から分離される細菌（例えば *Salinivibrio*，*Paracoccus*）は中度好塩菌に分けられ，塩分が 10％を超える超高塩分湖から分離される *Halobacteria* 綱の古細菌に高度好塩菌に属するものが知られている．

　塩分の異なる溶液を半透膜で仕切ると，塩分の低い環境から高い環境へ水が移動し塩分を均一にしようとする力が働く．これは浸透圧と呼ばれる．海洋環境下といっても塩分が 3％と，ヒトの生活圏に比して圧倒的に高い塩分であることから，細胞内の水が細胞外に流出しない機構を保持している．つまり塩分の高い海洋やその他の高塩分環境下に生息する微生物は様々な浸透圧調節機構をもっている．その 1 つに K^+，トレハロース，プロリン，グリシンベタインといったイオン性あるいは糖やアミノ酸を主成分とした浸透圧調節物質の存在が知られており，細胞質内のこれら溶質濃度を高めることで，細胞外の高塩分（高い Na^+）環境に対抗している．なお，高度好塩菌では飽和に近い濃度で KCl が存在していることも知られている．また，好塩菌には，細胞内外の Na^+ などの濃度差を共役エネルギーとして利用する種類が存在し，アミノ酸・糖といった溶質の能動輸送，呼吸鎖あるいは鞭毛運動に関与していると考えられている．さらに，好塩菌の酵素は塩分依存的に活性が高まるものも知られている．

　坂井のグループは，海洋環境下から分離される従属栄養細菌について，無機塩の要求性の観点から，

Na$^+$ のみではなく，Mg^{2+} や Ca^{2+} といった 2 価陽イオンの役割を検討し，Na$^+$ のみならず 2 価陽イオンを要求する海洋型（marine type：M 型）の菌群の存在を指摘している．また，これら 2 価陽イオンの M 型菌に対する溶菌防御や回復促進効果を見いだしている（坂井，1969）．これら 2 価陽イオンの分子レベルでの生理機能の解明はなされないままとなっているが，昨今のオミクス技法を活用することで，生理学的観点から海洋細菌の再定義の道が開かれるであろう．さらに，後述するように海洋から分離される低栄養細菌の中には，Na$^+$ 要求性を示さない種類も知られており（木暮，2000），高塩分と低栄養への適応が海洋細菌の生理的特性を理解する上で重要である．

海水よりも高い塩分の環境は，意外なことに陸圏に多くみられる．中でも，南極大陸には予想以上に多くの多様な塩湖が形成されている．南極大陸の約 3 ％は露岩地域である．この地域の中で，無氷雪域はオアシスと呼ばれ，氷河運動や地盤隆起による起伏の大きい凹地が多く，そこには多数の湖沼が形成されている．また，海に近い湖沼では，海からの風送塩と湖水の蒸発による塩濃縮のため，塩分の高い塩湖が多数みられる．昭和基地周辺のオアシスでは，様々な塩分の湖沼が知られ，最も高い塩分は 20 ％を超える．また，南極塩湖の一般的な水塊構造として，深層ほど塩分が高い．このため，塩分成層が形成され，湖沼の循環が停滞し，深部は嫌気層となっている場合が多い．また，2012 年 2 月には，南極大陸の 3,769.3 m 下に隠された湖である Vostok 湖への扉が開いた．このような南極の湖沼の生態系は，「未探査生物群の宝庫」と捉えることができる．Dry Valley，Vestfold Hills および昭和基地周辺の湖には塩分の依存した特有の微生物叢が形成されており，特に昭和基地周辺に存在する超高塩分湖（塩分 18 ％）には，*Alphaproteobacteria*，*Gammaproteobacteria*，*Halobacteria* を主体とした半数が新規の細菌叢であった．

1-3　低栄養環境への微生物の適応

海洋は私たちが考えている以上に有機物が希薄な環境である．富栄養化や汚濁が深刻であった東京湾では 1.3 ～ 2.7 mgC/L の有機物濃度であるが，外洋では一般的に 0.4 ～ 0.7 mgC/L と低い．有機物濃度を低くした培地あるいは自然海水そのものを用いて，グラスファイバーフィルター法，MPN 法，限界希釈法により，低栄養環境下に適応している微生物の存在が示されてきた（石田，1985；江口，2000）．低い有機物濃度の培地を好む細菌を，低栄養細菌（オリゴトロフ，oligotroph）と呼び，1 mgC/L の有機物を含む培地で増殖する細菌と定義されてきた（石田，1985）．本来，低栄養培地を用いて増殖速度を求めることで定義すべきであるが，増殖の遅さや分離の困難さから低栄養細菌の定義はまだ完全ではない．

現時点で，生理特性の理解が最も進んでいるオリゴトロフに，SAR11 クレードに属する細菌が知られている．SAR11 クレードは，オレゴン州立大学の Giovannoni によるサルガッソ海のプランクトン性微生物叢の培養を介さない 16S rRNA 遺伝子解析により見いだされた菌群であり，遺伝子プローブによる見積もりで，全球規模で有光層に普遍的に分布し，最も数が多い細菌と考えられている（Giovannoni *et al*., 1990；Morris *et al*., 2002）．また，この細菌の培養は成功しており，*Alphaproteobacteria* 綱に属する最小細胞容積の従属栄養細菌であり，微量の窒素源（1 mM NH$_4$Cl），リン（0.1 mM KH$_2$PO$_4$），炭素源〔0.001 ％（w/v）D- グルコース，D- リボース，コハク酸塩，ピルビン酸塩，グリセロール，N- アセチルグルコサミン，0.002 ％（v/v）エタノール〕およびマイクロ栄

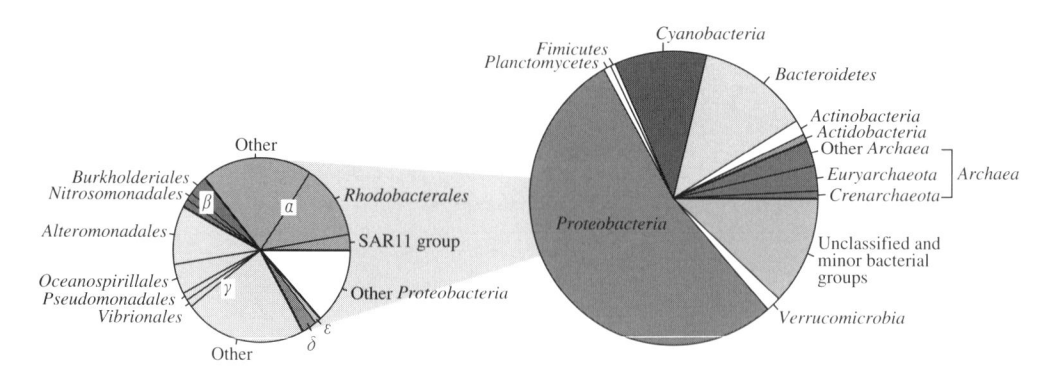

図3-2 海洋細菌の多様性
世界各地の海で解析された25,975のデータを基に作図.(Madigan *et al.*, 2012を改変)

養素を補強した濾過天然海水で増殖可能な低栄養細菌である(Rappé *et al.*, 2002).これは0.001%(w/v)プロテオースペプトンを先の培地に添加するだけで増殖が観察されなくなる.現在, *Candidatus* "Pelagibacter ubique"(キャンディデイタス・ペラジバクター・ユビーク)と命名されている.その後,全ゲノムの塩基配列が解読されたことを機に,ビタミン,メチオニン,グリシンそしてピルビン酸塩からなる合成培地が確立されるに至っている(Giovannoni *et al.*, 2005 ; Carini *et al.*, 2013).なお,最近,SAR11クレードの細菌はリン制限下でメチルホスホン酸からのメタン生成も観察され生態学的な重要性が増強されている(Carini *et al.*, 2014)

1-4 海洋環境に生息する細菌たち

図3-2には,世界各地の海で得られた25,975の遺伝子塩基配列データに基づき海洋細菌の多様性をまとめたものである(Madigan *et al.*, 2012).①*Alphaproteobacteria*, *Gammaproteobacteria*, *Cyanobacteria*, *Bacteroidetes*が主要メンバーである,②*Betaproteobacteria*, *Actinobacteria*, *Firmicutes*はマイナーなメンバーである,③光合成を行う*Cyanobacteria*を除くと,低栄養分環境に適応した従属栄養細菌が多い,④主要な菌群の一般的な生理特性を勘案すると,エネルギーの獲得は,有機物だけでなくプロテオロドプシンあるいは好気的酸素非発生型光合成による光利用も重要と予想される,⑤古細菌も検出されるが,多くの古細菌はアンモニア酸化に関わっている.

§2. 微生物の増殖と温度

微生物の増殖速度を決定する要因の1つとして,温度があげられる.海洋水圏には一般的に,−2〜28℃の温度帯の環境であり,深海底の熱水噴出孔周辺などでは更に高温である.本節では,増殖至適温度に基づく微生物の分類体系を学ぶとともに,海洋環境の大部分が4℃以下の低温環境であることに注目し,低温環境に適応した微生物の分離培養法や適応機構について理解を深めよう.

2-1 温度が細菌細胞の増殖に与える影響

細菌の増殖速度は温度に依存して変化する.細菌の増殖が観察されなくなる温度は2点あり,低い

方が増殖下限温度（minimum growth temperature）と呼ばれ，高い方が増殖上限温度（maximum growth temperature）と呼ばれる．細菌細胞は「生化学反応の袋」であることから，ある温度までは温度の上昇とともに生化学反応速度も上昇し増殖速度も増す．増殖速度が最高速度に達する温度を至適増殖温度（optimum growth temperature）と呼ぶ．さらに，温度が上昇すると，酵素やタンパク質は熱変性など生じ，それに伴う細胞質膜の機能の低下が生じ，増殖速度は低下する．増殖下限温度，増殖上限温度および至適増殖温度を，細菌の増殖に関する基本温度（cardinal temperature）と呼ぶ．

この至適増殖温度に基づき，①好冷菌（低温菌，psychrophile），②中温菌（mesophile），③好熱菌（高温菌，thermophile）に分類される．低温菌の至適増殖温度は20℃未満，中温菌および高温菌のそれは，それぞれ20～40℃および40℃以上である．高温菌の中で，至適増殖温度が80℃以上を示す菌群に対して超好熱菌（hyperthermophile）という名前が与えられている．

2-2 好冷性微生物の分離に向けたアプローチ

好冷菌をより厳格に定義すると，至適増殖温度が20℃未満の菌群の中でも，20～25℃で増殖できないものが"真"の好冷菌とされる（Morita, 1975；Bowman, 2001）．しかし，極域などの低温生物圏においてもこの"真"の好冷菌が分離される比率は高くないと考えられている（Bowman, 2001）．なお，至適増殖温度が20℃未満の細菌群の中で，室温で増殖可能なものは通性好冷菌（facultative psychrophile），中高温菌の中でも0℃で増殖可能な細菌群を耐冷菌（psychrotolerant）として好冷菌とは区別する．

好冷菌を分離するための特別な培地や増菌培養手法は現時点ではない．しかし，好冷菌の分離に際しては以下の点に配慮する必要がある．

1）試　料

好冷菌の分離および増菌培養は0～4℃で行う必要がある．したがって，海水，海底堆積物，マリンスノーの懸濁物，海洋動植物の体表あるいは消化管などの試料は，分離・増菌まで，常時温度を0～4℃に維持保存する必要がある．なお，試料を25℃以下の温度に一時的に数時間程度置かなければならない場合もあるが，好冷菌が培養できなくなることは少ない．むしろ試料の凍結を行ってはならない．凍結融解処理により好冷菌集団の溶菌が促されることがある．海氷試料の場合は海水中で0～4℃で融解させることで海氷の好冷菌集団に与える浸透圧ショックを最小限にできる（Bowman, 2001）．

2）培　地

化学合成従属栄養性好冷菌の分離培養にはmarine 2216 agar（Difco BD）がよく使われている．好冷菌を効果的に分離する場として，常に低温で有機物濃度が高い環境が好ましいとされてきたためである（Bowman, 2001）．しかし，有機物濃度がmarine 2216の1/10前後の培地も使用されている．分離培養の効率性から寒天培地平板が使用される場合が多く，1.5％の寒天を添加するのが通例である．培地は常に低温保存する．

3）増菌培養と分離

液体培地を用いて初回増菌培養を0～2℃で24～48時間行うことで好冷菌の分離効率を高めることがある．しかし，好冷菌群が多いか少ないか，耐冷菌群が多いかなど，分離は試料に依存する傾向

が強い. 従属栄養性の好冷菌の研究が先行しているため分離には寒天培地平板を使用する例が多い. 集落が目で確認できるまでは7～28日要することが多い. 好冷菌の生残率を向上させるため25℃以上に数時間以上暴露することは避けるべきである.

2-3 極域の微生物と低温適応

好冷菌は永続的に4℃以下の環境下からのみ見いだされているため, 大部分が5℃以下の低温環境である海洋は好冷菌を分離する格好の場の1つである (Bowman, 2001). 代表的な好冷菌を表3-1にまとめた. 深海の海水あるいは堆積物, 極域の海氷などからの好冷菌の分離例が多い. *Gammnaproteobacteria* 綱と *Cytophagales* 目に属する細菌がよく分離されている. 特に *Gammnaproteobacteria* 綱では *Colwellia*, *Glaciecola*, *Moritella*, *Psychromonas*, *Shewanella* 属などが代表的な好冷細菌を含む分類群として知られている. また, オーストラリア・タスマニア大学のBawmanのグループの精力的な研究により, 海氷由来の新規好冷菌が見いだされており, *Gammnaproteobacteria* 綱のものに加えて, *Cytophagales* 目の菌群が多いことが知られるようになっている. なお, 外洋表層(特に低温な)からは我々が考えているほど, 好冷菌は分離されていない (Bowman, 2001).

細菌の低温適応は多くの研究者の興味を引く生理現象である. 低温では, 酵素活性や細胞質膜の流

表3-1 海洋から分離された好冷細菌の一例*

種	分類学的位置	分離源	至適増殖温度(℃)	PUFA
Colwellia demingiae	*Gammaproteobacteria*	海氷	10	+
Colwellia hadaliensis	*Gammaproteobacteria*	深海	～10	
Colwellia rossensis	*Gammaproteobacteria*	海氷	8～10	+
Colwellia psychrerythreae	*Gammaproteobacteria*	海氷, 魚卵	10～20	+
Colwellia psychrotropica	*Gammaproteobacteria*	部分循環塩湖の湖水	18	+
Glaciecola punicea	*Gammaproteobacteria*	海氷	16～18	
Glaciecola pallidula	*Gammaproteobacteria*	海氷	13～14	
Methylosphaera hansonii	*Gammaproteobacteria*	部分循環塩湖の湖水	10～15	
Moritella japonica	*Gammaproteobacteria*	深海(日本海溝)	10	+
Moritella marina	*Gammaproteobacteria*	海水	18	+
Moritella yayanosii	*Gammaproteobacteria*	深海(マリアナ海溝)	10	
Psychromonas antarctica	*Gammaproteobacteria*	海氷, 海底泥	10～12	
Shewanella benthica	*Gammaproteobacteria*	深海	4	+
Shewanella violacea	*Gammaproteobacteria*	深海底泥	8	
Shewanella hanedai	*Gammaproteobacteria*	極域海底泥	14	+
Shewanella gelidimarina	*Gammaproteobacteria*	海氷	17	+
Polaromonas vacuolata	*Betaproteobacteria*	海氷下の海水	4	
Octadecabacter antarcticus	*Alphaproteobacteria*	海氷	～15	
Octadecabacter arcticus	*Alphaproteobacteria*	海氷	～15	
Desulfotalea psychrophila	*Deltaproteobacteria*	北極海底泥	10	
Desulfofrigus oceanense	*Deltaproteobacteria*	北極海底泥	10	
Desulfofrigus fragile	*Deltaproteobacteria*	北極海底泥	17	
Desulfofaba gelida	*Deltaproteobacteria*	北極海底泥	7	
Gelidibacter algens	*Cytophagales*	海氷	14～18	
Psychroflexus torquis	*Cytophagales*	海氷	8～10	+
Psychroserpens burtonensis	*Cytophagales*	海氷	10～12	
Polaribacter franzmannii	*Cytophagales*	海氷	10	
Polaribacter irgensii	*Cytophagales*	海氷	10	
Polaribacter filamentus	*Cytophagales*	海氷	10	
Methanogenium frigidum	*Methanomicrobiales*	塩湖の底泥と湖水	10	

* Bauman, 2001.

動性の低下により，増殖速度も低下するため，好冷菌には酵素やタンパク質の低温適応および細胞質膜の流動性を維持する機構が備わっていると考えられている．実際に，*Moritella marinus* のリンゴ酸脱水素酵素，*Shewanella gelidimarina* の *β*-ガラクトシダーゼが25℃以下の低温で活性が保持されている．また，*Colwellia* と *Moritella* ではDHA（docosahexenoic acid, 22：6*ω*3），*Shewanella* ではEPA（eicosapentanoic acid, 20：5*ω*3）と呼ばれる原核細胞では生産されないと考えられてきた脂肪酸の含有量が高いことが知られるようになった．好冷菌では，低温で培養するとDHAおよびEPAで代表される高度不飽和脂肪酸（PUFA）の生成量が向上すること，PUFAの融点が低いことから，これらPUFAが低温下で細菌細胞の代謝を維持する役割を担うものと推測されている（Bowman, 2001）．

2004年には，南極Ace Lake（メタンが飽和している1〜2℃の湖水）から分離された古細菌 *Methanococcoides burtonii* をモデルとした低温機構の解明が行われ細胞膜脂質の不飽和化がこの細菌の低温適応の1つであることが実証されている（Nichols *et al*., 2004）．

§3. 微生物の増殖と圧力

1970年代後半に，水深11,000 mのマリアナ海溝から超好圧性の微生物が見いだされた（Yayanos *et al*., 1981）．21世紀の初頭には，海底下約1,600 mの堆積物からも微生物が分離され（Roussel *et al*., 2008），Deep Biosphereと定義される「地下生命圏」の生物探査（bio-prospecting）が活発になっている（Amend and Teske, 2005；Oger and Jebbar, 2010）．なお，Deep Biosphereは，Jannasch and Taylor（1984）によって深度1,000 m（漸深海層）以深の圧力が10 MPaを超える水圏（水柱環境）に限定して定義されていたが，現在では，堆積物や地殻の生物の生存限界点まで拡張されている（Oger and Jebbar, 2010）．地下生命圏には，地球全体に生息する微生物細胞数の1〜3割で占められていると見積もられている（Kallmeyer *et al*., 2012）．

深海の水圏は低温と高圧の物理条件に支配される世界であることから，この節では深海の水圏に生息する低温あるいは高圧に適応した微生物の特性について理解を深めよう．また，深海には熱水噴出孔生態系が数多く形成され，生命のゆりかごとして重要性が高い．熱水噴出孔の微生物の特性に関しては他の優れた成書を参考にすることを薦めるが，好熱性好圧性細菌の分離もなされはじめている．

3-1 圧力が生体高分子や細胞に与える影響

海洋では，水深が10 m深くなるにつれ，0.1 MPa（= 1 atm）ずつ増加する．地球上の生物は，0.1 MPaから200 MPaまで圧力範囲に耐えられるとされているが，この圧力条件は分子間の距離を変え分子の立体構造に影響を及ぼすのみで，共有結合やその結合の角度に影響を及ぼすことはない．なお，2 GPaの圧力下でも，低分子の生体分子（ペプチド，脂質，糖）と高分子（タンパク質，DNA，多糖）の一次構造の共有結合を壊すことはない．つまり，圧力は生体分子の立体構造の変化を起こすことで，細胞機能に影響を与えることになる（図3-3）．例えば，①核酸は，高水圧下では水素結合が安定化する．これは，DNAの解離温度の上昇を引き起こし，また，二本鎖から一本鎖への遷移を要する複製や転写を抑制すると考えられている（Macgregor, 2002）．脂質膜は最も圧力に影響を受ける構造の1

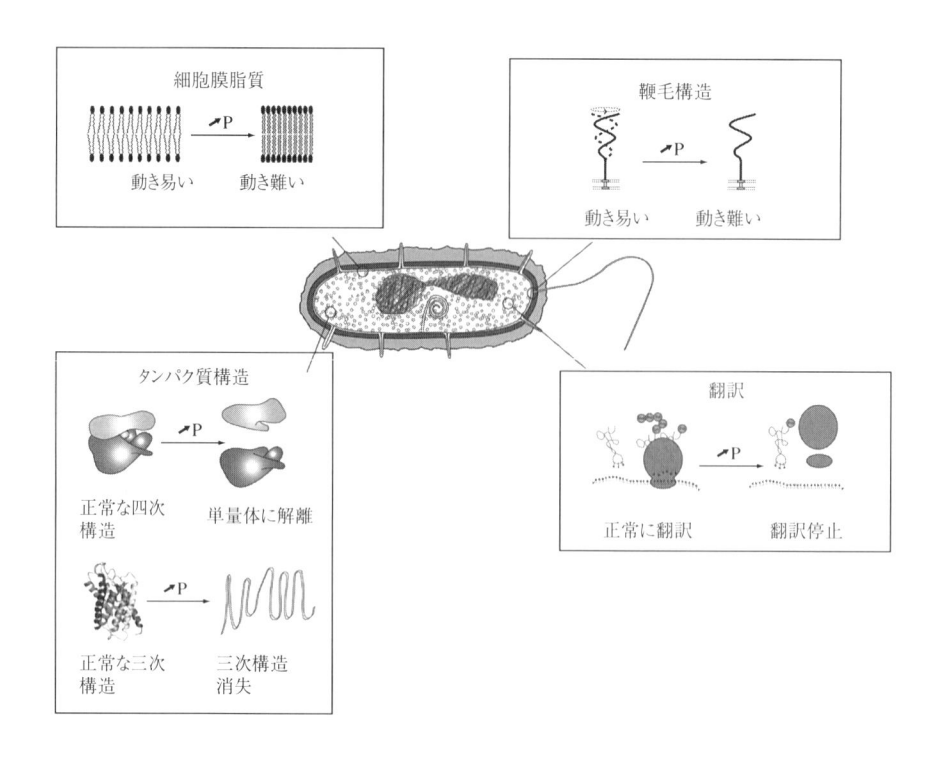

図3-3 圧力が微生物細胞に及ぼす影響 (Oger and Jebbar, 2010を改変)

つである.細菌の脂質二重膜は圧力により圧縮され構造が変化し流動性を失い,水やその他の分子の運搬や生体機能を維持することに必要なタンパク質と脂質の相互作用が弱まるとされている (Winter and Jeworrek, 2009).タンパク質は,圧力下で変性しないが,構造の変化に伴い機能性が変化する (Balny et al., 2002；Northrop, 2002).微生物細胞に対する高圧の影響を整理すると,①膜の流動性が失われ,物質輸送と鞭毛運動が減弱する,②タンパク質と核酸の合成が抑制される,③酵素活性が変化(減弱)し,代謝効率が変化(減弱)する,④細胞の構造が変わる.これらの影響により,死に至る場合もある.なお, E. coli に対する高圧の影響として,①運動性は 10 MPa,②基質輸送は 26 MPa,③細胞分裂は 20〜50 MPa,④増殖と DNA 複製は 50 MPa,⑤翻訳は 60 MPa(リボソームの解離),⑥転写は 77 MPa,⑦生存能は 200 MPa,で障害を受ける (Bartlett, 2000).

3-2 好圧性微生物の分離に向けたアプローチ

深海の水圏は,前述したとおり,冷たく栄養に乏しい環境であり,好冷性あるいは好圧性およびその両者の機能を有する微生物が見いだされる.好冷性好圧細菌は短時間であれば脱高圧状態におかれても生存しているものが知られており,好圧微生物の多様性と生理生態特性に関する知見が集積されてきた (Yayanos, 2001).また,深海には熱水噴出孔のように高温の環境も見られるが,好熱性好圧微生物は脱高圧状態に感受性がより高く,その分離には困難を極めたが,最近では好熱性の好圧性微生物の分離も報告されるようになった (Zeng et al., 2009).

好圧細菌は,ピエゾファイル (piezophile：piezo はギリシャ語の「圧力をかけること」を意味する)

と呼ばれ，大気圧（0.103 MPa=1atm）よりも高い圧力を至適増殖圧力とするが，大気圧下でも増殖が可能な細菌として定義される．水深 4,000 〜 6,000 m から分離された好圧細菌は，至適増殖圧力が 30 〜 40 MPa の範囲とするものがよく見られる．さらに，水深 10,000 m の深海から分離される細菌の中には，超好圧細菌（extreme piezophile）と定義される一群が発見されており，50 MPa 以上の圧力を至適増殖圧力とし，大気圧下では増殖できない（Yayanos, 2001；Madigan et al., 2012）．なお，好圧細菌は，バロファイル（barophile；baro はギリシャ語の「重さ」を意味する）と呼ばれていたこともあるが，これは真の好圧を意味しないことから，1995 年以来は piezophile を用いることが推奨されている（Yayanos, 1995）．

また，高圧下で増殖できる細菌の中には，耐圧（piezotolerant）細菌も含まれ，好圧細菌と混同されやすい．耐圧細菌は，一般的に，0.1 MPa から 30 MPa までの圧力下では増殖速度に大きな差異は観察されないものの，代謝は 0.1 MPa で高い．水深 3,000 m 以浅から分離される細菌の多くは耐圧細菌であることが知られている．また，耐圧細菌は 50 MPa 以上の高圧下では増殖できない（図 3-4）．

好圧細菌の培養と分離には特殊な装置が必要である．それらは，①圧力容器（pressure vessel），②高圧ポンプ（high pressure pump），③圧力ゲージ（pressure gage），④圧力容器とポンプを短時間で接続可能なフィッティング（quick connect fitting），で構成される．また，圧力容器の中で，好圧微生物を培養するための培養容器（culture container）を備える必要がある．培養容器は，深海の現場に自生する（autochthonous）微生物のみを培養しなければならないため，①無菌であること，②水圧媒体から隔てられること，③水圧媒体と同一の圧力に調整できること，といった条件を備えなければならない．さらに，④適当なガス透過性を有すること，⑤試料採取口を備えること，⑥攪拌子の設置空間を有すること，などの性質を備えていると，より培養容器として扱いやすい．これらの条件を達成するものとして，加熱密封能を有するプラスチック容器がよく利用されている（Yayanos, 2001）．

さらに，好圧微生物の分離培養と計数には，平板培養法が便利であるが，これには，①チューブ法と② Drayaki 法の 2 種類が知られている．チューブ法は，シリカゲル・寒天・ゼラチン・ゲルライトなどのゲル化剤を混合した培養素材と試料を混合してチューブに流し込み，それを封入後，圧力容器で培養するもので，ゲル化培地中で増殖した好圧微生物の集落を容易に観察できる．Drayaki 法は，培養基の形態が和菓子である「どら焼き」に類似していることから名づけられた培養法である．培地を「どら焼きのかわ」，試料を「かわではさまれた餡」に見立てている．この方法では，半球状に固めた寒天培地の平面に，試料を滴下するか，塗抹し，それをもう 1 枚の半球状ゲルで挟み込み，さらにこれをプラスチックフィルムで封入後，圧力容器内で培養する．運動性を有する菌株ですら，明確な集落として培養できる点が特徴である（Nakayama et al., 1994；Yayanos, 2001）（図 3-5）．

3-3 代表的な深海性好圧細菌と圧力適応

初めて分離された好圧細菌は，マリアナ海溝の海底下で発見された端脚類の遺体から分離された M-41 株で，その後，*Colwellia* 属のものとされた．至適増殖圧力は，2℃の時，70 MPa で，20 MPa 以下では増殖できない偏性好圧細菌である．この株は好冷性でもある（Yayanos et al., 1981）．その後，多くの好冷性の *Bacteria* ドメインに属する，特に *Gammaproteobacteria* 綱に属する好圧細菌が分離

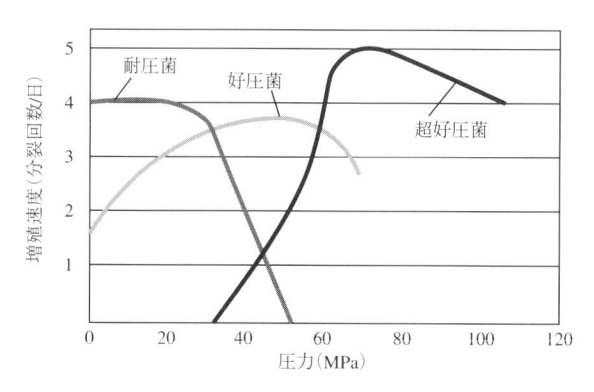

図3-4 耐圧細菌、好圧細菌および超好圧細菌の増殖（Madigan *et al*., 2012を改変）．

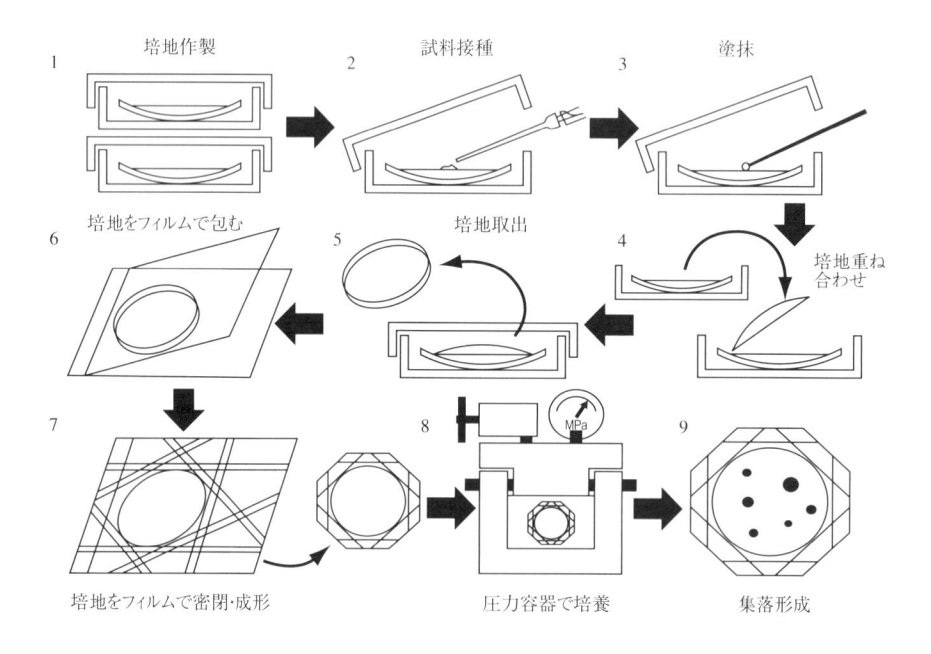

図3-5 Drayaki法の概要（Nakayama *et al*., 1994を改変）

されている（表3-2）．一方，*Pyrococcus yayanosii* CH1株は，熱水噴出孔から分離された好熱性の古細菌であり，好冷性でも Bacteria ドメインにも属さない偏性好圧性細菌として知られている．至適増殖圧力は，98℃で52 MPaである．

　好圧性微生物の深海に適応した理由を考察するためには，単に分離株の増殖率の温度依存性や圧力依存性に関する生理特性を得るだけではなく，PTk ダイアグラムを作図し，温度と圧力の両者が分離株の増殖率にどのように影響しているか読み取ることが必要である（Yayanos, 1995）（図3-6）．P は圧力，T は温度，k は増殖速度定数（exponential growth rate constant）を示す．各圧力と温度の条件下で分離株の増殖速度定数を測定し，コンター（contour，等高線）図とする．好冷性好圧細菌では，最大増殖速度定数を与える圧力（$Pkmax$）と分離された現場圧力（$Phabitat$）とがほぼ一致し，最大

表3-2 海洋から分離された好圧細菌の一例

種	分類学的位置	ゲノム情報	分離源	至適圧力 (MPa)	増殖圧力範囲 (MPa)	至適増殖温度 (℃)	増殖率 (1/dt) (h⁻¹)
Colwellia sp. MT-41	*Gammaproteobacteria*		マリアナ海溝1,0476mで採取した端脚類(amphipod)の遺体	69	30〜120	2	0.04
Colwellia hadaliensis BNL1	*Gammaproteobacteria*		プエルトリコ海溝7,410m粒状物が豊富な海水	92.5	57〜122	10	0.14
Colwellia peizophila Y223G	*Gammaproteobacteria*	5.48 Mb, ARKQ00000000	日本海溝6,278m堆積物	60	40〜80	10	0.14
Moritella sp. PE36	*Gammaproteobacteria*	5.22 Mb, ABCQ00000000	3,584m試料	40	0.1〜80	15	0.3
Moritella japonica DSK1	*Gammaproteobacteria*		日本海溝6,356m堆積物	50	0.1〜70	15	0.35
Moritella yayanosii DB21MT-5	*Gammaproteobacteria*		マリアナ海溝10,989m堆積物	80	60〜100	10	0.2
Shewanella benthica DB6101	*Gammaproteobacteria*		琉球海溝5,110m堆積物	50	0.1〜70<	10	0.35
Shewanella benthica KT99	*Gammaproteobacteria*	4.35 Mb, ABIC00000000	ケルマデック海溝9,856mで採取した端脚類				
Psychromonas hadalis K41G	*Gammaproteobacteria*	3.98 Mb, ATUO00000000	日本海溝7,542m堆積物	60	30〜90	6	0.14
Psychromonas kaikoae JT7304	*Gammaproteobacteria*		日本海溝7,434m堆積物	50	20〜70<	10	0.15
Marinitoga piezophila KA3	*Thermotogales*	2.24 Mb, CP003257, CP003258	東太平洋海嶺2,630m熱水噴出孔	40	0.1〜60	65	3
Pyrococcus yayanosii CH1	*Euryarchaeota*	1.72 Mb, CP002779	中央大西洋海嶺4,100mブラックスモーカー	52	20〜120	98	1.2

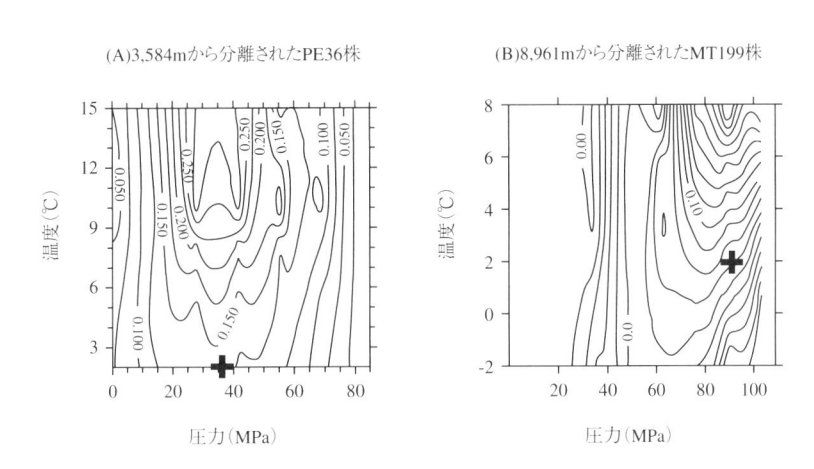

図3-6 *PTk* ダイアグラムの例
(A)PE36は好冷性好圧細菌，(B)MT199は超好圧細菌 の図である．十字で示した温度と圧力条件下で，各株が分離されている．(Yayanos, 1995を改変)

　増殖速度定数を与える温度（*Tkmax*）は現場温度（*Thabitat*）よりも 6 〜 10℃ 高いことが知られている（図 3-6）(Yayanos, 1995)．なお，PE36 株は至適増殖圧力が 30 MPa 〜 40 MPa の範囲であり至適増殖温度が 20℃ 以下であることから好冷性好圧細菌（piezopsychrophile），MT199 株は 50 MPa 以上の圧力を至適増殖圧力とし，大気圧下では増殖できないことから超好圧細菌（hyper piezopsychrophile）と分類される．中温性と好熱性好圧細菌においても，代表的な株の *PTk* ダイアグラムが提案されているが (Yayanos, 1995)，分離株の報告例が少ないのが現状である．なお，現場

圧力下での溶存ガス濃度を加味した培地を用いた圧力培養で，熱水噴出孔の表面から新属の好熱性好圧細菌が分離されている（Takai *et al*., 2009）．深海の好圧性微生物の多様性は，私たちの予想以上に高いものと考えられ，今後も新規微生物の発見に注視する必要がある．

　これら好圧細菌が高い圧力下で最もよく増殖する理由として，①生物学的活性を失わないよう遺伝子発現を調節している可能性，②高い圧力下で発現する遺伝子を有すること，③高圧に適応した生体分子を有すること，が提案されている．また，好冷性の好圧菌では，分離された水深と細胞質膜を構成する脂肪酸の不飽和度に相関が認められている．また，高圧下で，①不飽和脂肪酸（PUFA）の比率が上昇すること，あるいは②不飽和脂肪酸の合成に関与する遺伝子の発現が上方制御されることも観察されている．また，*Colwellia* 属と *Moritella* 属の好圧細菌は，PUFA として，ドコサヘキサエン酸（docosahexaenoic acid, DHA, C22：6ω3）を，*Shewanella* および *Photobacterium* 属はエイコサペンタエン酸（eicosapentaenoic acid, EPA：C20, 5ω3）を，*Psychromonas kaikoae* は EPA と DHA を産生することが報告されている．2005 年に深海堆積物から分離された *Colwellia piezophila* は EPA と DHA のいずれも産生しないことが明らかになっている（Nogi *et al*., 2004）．したがって，現時点においても，これらの高度不飽和脂肪酸が，高圧下で，細胞に対してどのような生理作用を有しているかは未解明のままであり，今後の知見の集積が期待される．

　2014 年 1 月の時点で，6 株の好圧細菌のゲノム情報が得られ，細菌の好圧応答に関する研究が進展している（表3-2）．また，10 MPa を至適増殖圧力とし，大気圧から 90 MPa からまで増殖可能な SS9 株の完全ゲノム配列も決定されている（Vezzi *et al*., 2005）．SS9 株は圧力依存性が高くないものの，培養実験で扱い易いことから，大気圧と高圧（28 MPa）下でのマイクロアレイを用いた網羅的遺伝子発現解析も行われた．その結果，高圧応答遺伝子群として，①セレノシステイン含有アミノ酸レダクターゼを利用するアミノ酸発酵と TMAO レダクターゼ依存的な呼吸系，や②キチン，プルランおよびセルロースといった高分子の分解，に関わるものが同定されている（Vezzi *et al*., 2005）．さらに SS9 株では，大気圧下で *htpG*，*dnaL*，*dnaJ* および *groEL* といったストレス応答遺伝子の上方発現が観察されている．

　培養が可能になっている海洋微生物はわずか 1％である．培養を介さない遺伝子解析により，培養困難な海洋微生物の種類の推定は可能になっている．高塩分・低栄養・低温・高圧に対する生物の生理的な特性をよく理解し，未知なる菌群の培養技術の進展に知恵を出すことにより，Marine Microbial World の完全な理解につながる．

まとめ

Q1：外洋にはどのような微生物がいてどのような生理特性をもつのか？

　外洋の表層は陸圏よりも高い塩分環境であり，私たちが想像するよりも微生物にとって自由に利用できる栄養が制限されている．海洋環境下にはこれらの好塩菌に加え，非好塩菌もある程度生息するが，低度好塩菌の分離頻度が高い．これら好塩菌は，浸透圧調節機構や海水に多い無機塩を巧妙に活用し，海洋で増殖している．また，低い有機物濃度の培地を好む細菌を低栄養細菌と呼び，海洋には，極微量の無機塩と有機物で増殖可能な細菌が多いことがわかっている．

Q2：極域にはどのような微生物がいてどのような生理特性をもつのか？

極域は周年，極低温の環境であることから，好冷菌の分離頻度が高い．低温では，酵素活性や細胞質膜の流動性が低下し，微生物の増殖速度が低下する．好冷菌の一部のものでは，酵素やタンパク質の低温適応および細胞質膜の流動性を維持する機構が備わっていることが見いだされている．

Q3：深海にはどのような微生物がいてどのような生理特性をもつのか？

深海の水圏は，冷たく栄養に乏しい環境であり，好冷性あるいは好圧性およびその両者の機能を有する微生物が見いだされる．大気圧（0.103 MPa=1atm）よりも高い圧力を至適増殖圧力とするが，大気圧下でも増殖が可能な細菌として定義される．また，深海には熱水噴出孔のように高温の環境が存在することから，新規な超好熱菌が数多く分離され，生命の起源を理解する上で重要な環境である．さらに，好熱性好圧微生物の分離もなされている．

学習課題

【課題1】時間の変化量（$tf-ti$）をx軸に，細菌細胞の増加量（$\log_{10}Bf-\log_{10}Bi$）をY軸とした場合の，1-1の式（3）を図示しなさい．

【課題2】海水中に生息している微生物の種類は，どのような方法により明らかになってきたのだろうか（第5章を参照）．

【課題3】細菌は塩分に応じてどのように分類できるだろうか．

【課題4】細菌は栄養として利用できる有機炭素の濃度に応じてどのように分類できるだろうか．

【課題5】細菌は温度に応じてどのように分類できるだろうか．

【課題6】細菌は圧力に応じてどのように分類できるだろうか．

文 献

Amend, J.P., Teske, A.（2005）：Expanding frontiers in deep subsurface microbiology. *Palaeogeogr. Palaeoclimatol. Palaeoecol.*, 219, 131-155.

Balny, C., Masson, P., Heremans, K.（2002）：High pressure effects on biological macromolecules: from structural changes to alteration of cellular processes. *Biochim. Biophys. Acta*, 1595, 3-10.

Bartlett, D. H.（2000）：Microbial adaptation to the psychrosphere/piezosphere. In Bartlett, D. H. ed. Molecular Marine Microbiology. Horizon Scientific Press., pp. 185-201.

Bowman, J.P.（2001）：Methods for psychrophilic bacteria. Methods in Microbiology; Marie Microbiology. J.H. Paul ed. Academic Press. London, UK. pp. 591-614.

Campanaro, S., Vezzi, A., Vitulo, N., Lauro, F.M., D'Angelo, M., Simonato, F., Cestaro, A., Malacrida, G., Bertoloni, G., Valle, G., Bartlett, D.H.（2005）：Laterally transferred elements and high pressure adaptation in *Photobacterium profundum* strains. *BMC Genomics*, 6, 122.

Carini, P., Steindler, L., Beszteri, S., Giovannoni, S.J.（2013）：Nutrient requirements for growth of the extreme oligotroph '*Candidatus* Pelagibacter ubique'HTCC1062 on a defined medium. *ISME J.*, 7, 592–602.

Carini, P., White, A.E., Campbell, E.O., Giovannoni, S.J.（2014）：Methane production by phosphate-starved SAR11 chemoheterotrophic marine bacteria. *Nat. Commun.*, 5, 4346.

江口充（2000）：低栄養環境と海洋細菌．月間海洋 海洋微生物（大和田紘一編）．海洋出版株式会社．pp. 56-60.

Giovannoni, S.J., Britschgi, T.B., Moyer, C.L., Field, K.G.（1990）：Genetic diversity in Sargasso Sea bacterioplankton. *Nature*, 345, 60-63.

Giovannoni, S.J., Tripp, H.J., Givan, S., Podar, M., Vergin, K.L., Baptista, D., Bibbs, L., Eads, J., Richardson, T.H., Noordewier, M., Rappé, M.S., Short, J.M., Carrington, J.C., Mathur, E.J.（2005）：Genome streamlining in a cosmopolitan oceanic bacterium. *Science*, 309, 1242-1245.

石田祐三郎・赤木美治（1985）：低栄養従属栄養細菌（低栄養細菌）．海洋微生物研究法（門田元・多賀信夫編）．学会出版センター．pp. 81-98.

Kallmeyer, J., Pockalny, R., Adhikari, R.R., Smith, D.C., and D'Hondt, S.（2012）：Global distribution of microbial abundance and biomass in subseafloor sediment. *Proc. Natl. Acad. Sci.*, 109, 16213-16216.

Kato, C., Inoue, A., Horikoshi, K.（1996）：Isolating and characterizing deep-sea marine microorganisms. *Trend. Biotech.*, 14, 6-12.

木暮一啓（2000）：海洋細菌とは？ 月間海洋 海洋微生物（大和田紘一編）．海洋出版株式会社．pp. 32-37.

Macgregor, R.B.（2002）：The interactions of nucleic acids at elevated hydrostatic pressure. *Biochim. Biophys. Acta,* 1595, 266-276.

Madigan, M., Martinko, J., Stahl, D., Clark, D.（2012）：Major microbial habitats and diversity. Biology of Microorganisms, 13th ed. Pearson Education. San Francisco. pp. 697-725.

Morris, R.M., Rappé, M.S., Connon, S.A., Vergin, K.L., Siebold, W.A., Carlson, C.A., Giovannoni, S.J.（2002）：SAR11 clade dominates ocean surface bacterioplankton communities. *Nature*, 420, 806-810.

Morita, R.Y.（1975）：Psychrophilic bacteria. *Bacteriol. Rev.*, 39, 144-167.

Northrop, D.B.（2002）：Effects of high pressure on enzymatic activity. *Biochim. Biophys. Acta,* 1595, 71-79.

Nakayama, A., Yano, Y., Yoshida, K（1994）. New method for isolating barophiles from intestinal contents of dee-sea fishes retrieved from the abyssal zone. *Appl. Environ. Microbiol.*, 60, 4210-4212.

Nichols, D.S., Miller, M.R., Davies, N.W., Goodchild, A., Raftery, M., Cavicchioli, R.（2004）：Cold adaptation in the Antarctic archaeon *Methanococcoides burtonii* involves membrane lipid unsaturation. *J. Bacteriol.*, 186, 8508-8515.

Nogi, Y., Hosoya, S., Kato, C., and Horikoshi, K.（2004）：*Colwellia piezophila* sp. nov., a novel piezophilic species from deep-sea sediments of the Japan Trench.

Oger, P. M., Jebbar, M.（2010）：The many ways of coping with pressure. *Res. Microbiol.*, 161, 799-809.

Rappé, M.S., Connon, S.A., Vergin, K.L., Giovannoni, S.J.（2002）：Cultivation of the ubiquitous SAR11 marine bacterioplankton clade. *Nature*, 418, 630-633.

Roussel, E. G., Cambon-Bonavita, M. A., Querellou, J., Cragg, B. A., Webster, G., Prieur, D., Parkes, R.J.（2008）：Extending the sub-sea-floor biosphere. *Science*, 320, 1046.

坂井（1969）：海洋細菌の特性．モダンメディア別冊，15，102-128.

關　文威（1996）：生物海洋学入門．講談社サイエンティフィック．220pp.

Takai, K., Miyazaki, M., Hirayama, H., Nakagawa, S., Querellou, J., and Godfroy, A.（2009）：Isolation and physiological characterization of two novel, piezophilic, thermophilic chemolithoautotrophs from a deep-sea hydrothermal vent chimney. *Environ. Microbiol.*, 11, 1983-1997.

Vezzi, A., Campanaro, S., D'Angelo, M., Simonato, F., Vitulo, N., Lauro, F. M., Cestaro, A., Malacrida, G., Simionati, B., Cannata, N., Romualdi, C., Bartlett, D. H., and Valle, G.（2005）：Life at depth: *Photobacterium profundum* genome sequence and expression analysis. *Science*, 307, 1459-1461.

Winter, R., Jeworrek, C.（2009）Effect of pressure on membranes. *Soft Matter*, 5, 3157-3173.

Yayanos, A.A., Dietz, A.S., Vanboxtel, R.（1981）：Obligately barophilic bacterium from the Mariana trench. *Proc. Natl. Acad. Sci. U.S.A.*, 78, 5212-5215.

Yayanos, A. A.（1995）：Microbiology to 10,500 meters in the deep sea. *Annu. Rev. Microbiol.*, 49, 777-805.

Yayanos, A.A.（2001）：Deep-sea piezophilic bacteria. In Paul, J. H. ed. Marine Microbiology. Academic Press., pp. 615-637.

Zeng, X., Birrien, J.-L., Fouquet, Y., Cherkashov, G., Jebbar, M., Querellou, J., Oger, P., Cambon-Bonavita, M.-A., Xiao, X., Prieur, D.（2009）：*Pyrococcus* CH1, an obligate piezophilic hyperthermophile: extending the upper pressure-temperature limits for life. *ISME J.*, 3, 873-876.

第4章　微生物の系統と進化

> Q1： 地球上の生命はいつ頃，どこで生まれたのか？
> Q2： 微生物の進化はどのようにして起こるのか？
> Q3： 微生物の進化はどのような方法で追うことができるのか？

§0. 本章の目的

　地球上には，形態が異なる多様な生物が存在し，そしていたるところに分布している．これらの誕生を遡ると，地球生命の誕生に辿りつく．地球上で生命が誕生した具体的な時期や場所は謎に包まれたままではあるものの，生命の起源に最も近い生物が微生物であり，少なくとも38〜39億年前の原始の海に微生物が存在していた地質学的な証拠が見いだされている．本章では，地球上で生命が誕生した原始地球の海洋環境や，微生物が地球環境の変化および真核生物の進化に与えたインパクト，および微生物進化を実験的に検証する方法について理解することを目的とする．

§1. 生命の起源

　生命の起源（origin of life）への探求心は，生物学を学んだ人の多くに芽生え，微生物学を学んだ人であればなおさらである．「地球の生命がいつ・どこで誕生したのか」という問いに答えるためには，数十億年前の原始の地球はどのような環境であり，かつどのように現在の環境に変化してきたのか？　その環境でどのような生物化学的な変化が起きたのか？　そして現世に存在する微生物にそのような変化の痕跡が見いだせるのか？　などを理解する必要がある．また，「生命とは何か」という科学の大命題に対しても理解を深める準備が必要である．ここで紹介する「生命とは何か」に関する考え方と「生命の起源」に関する仮説を通して，水圏微生物学が生命の起源の解明に果たす役割について理解を深めよう．

1−1　「生命とは何か」

　「生命とは何か」とは，物理学者であるシュレーディンガー（Erwin Schrödinger）が，1943年にダブリンで開催された公開連続講演会で問題提起された大命題であった（翌年，同名の著書として出版されている）．シュレーディンガーは，生物が，生物体のすばらしく規則的な秩序整然とした働きを営むのに十分に厳密な物理法則を維持するものと考えており，生命が生み出す秩序性，遺伝の安定性などに物理学的考察を展開した．これは，DNAの構造が明らかになる10年も前のことであり，また，DNAの構造を解明したワトソンも，シュレーディンガーの「生命とは何か」に影響を受けた科

学者の一人である．

シュレーディンガーが「生命とは何かを」という問題提起をした50年後に，再び講演会が行われたが，「生命とは何か」という問いに対する明確な答えは，出されていない．しかし，この中でアイゲン（Manfred Eigen）は，あらゆる生命系において見いだされる3つの基本的な性質として，自己複製，突然変異，代謝をあげることができると述べている．具体的には，自己複製がなければ遺伝情報は世代ごとに失われ，突然変異なしでは遺伝情報は変更されない．代謝がなければ系は平衡状態に後戻りしてしまい，そこからいかなる変化も不可能になる．そして，こうした性質を示す系は，自己組織化の固有の形式である「選択」を運命づけられている．また，現在においても，ワトソン（James Dewey Watson）自身が「生命とは何か」という問いに完全には答えられないが，「分裂成長することを目的とした選択され組織化された分子の集まりであるともいえる」との見解を述べている．

1–2 海の誕生

地球の誕生と地球上の生命の進化は極めて長い時間をかけて進んできた．宇宙は約137億年前に誕生した．誕生直後は真空の相転移にともなう潜熱の開放により，火の玉状態であった．宇宙は膨張を続け温度が低下し，クオークとグルーオンが結合して陽子と中性子がつくられた．さらに宇宙が十分に冷え，陽子と中性子から重水素がつくられ，さらに，三重水素やヘリウムも生じた．物質密度が高い場所では星が形成され，約45.5億年前に太陽系が形成された．地球は太陽系の形成と同じ約45.5億年前に，微惑星の衝突合体によって形成されたと考えられている．原始大気は，水素やヘリウムを主成分とする太陽系大気（一次大気）であった．微惑星の衝突により，微惑星内部に閉じ込められていたガス成分が脱ガス化され，水蒸気や二酸化炭素が混合した原始大気（二次大気）が形成された．また，火星サイズの巨大惑星同士の衝突により，原始地球が成長したが，この衝突により原始地球の温度が数万度にまで上昇し，その後の急激な冷却により大気の主成分であった水蒸気が凝結することで，海洋と地殻が形成された（田近，2012）．原始海洋の源となった雨には塩素や硫黄が含まれ強酸性を呈していたが，原始地殻からナトリウム，マグネシウム，カルシウム，カリウム，鉄，アルミニウムなどの陽イオンが溶け出し中和することにより，現在よりも酸性度が高く炭酸イオン種が多い組成であったと考えられている．6億年前には現在とほぼ同じ組成の海水が存在したと考えられている（山本，2000）．海洋形成直後の大気組成は，水素，一酸化炭素，二酸化炭素および窒素であったと考えられている．一酸化炭素は光化学反応で二酸化炭素に，水素は宇宙空間に逸脱し，二酸化炭素と窒素からなる大気が形成されることになる．海が存在した直接的な地質学的証拠は38億年前に，間接的には44.4億年前の地質に刻まれている（田近，2012）．

前述した通り，生命系に普遍的にみられる代謝には，一般的に水の存在は不可欠であり，地球形成の歴史を鑑みると，海で生命が誕生した可能性は高い．

1–3 生命の起源に関する仮説

生命の起源の仮説として，①パンスペルミア説，②分子進化説，③粘土鋳型説，④彗星衝突説，⑤熱水噴出孔説，の5つがよく知られているものである．

パンスペルミア説は地球に登場した最初の生命体は地球外の他の惑星で誕生した生命の胚種とする

ものであり，生命の本当の起源について何ら答えを出していないなどの不完全な部分が多い．

　分子進化説は，1924年にオパーリン（Aleksandr Ivanovich Oparin）によって論じられ，原始海洋で生成した単純な分子から分子進化を経て生命が誕生したというものであり，1953年にミラー（Stanley Lloyd Miller）の実験により補完された．つまりその当時に予想されていた原始地球の大気を模した水素・メタン・アンモニアからなる混合ガスに原始大気の雷を模した電気火花を飛ばし，通電と火花による紫外線との化学反応により数種類のアミノ酸や有機酸が生成されたのである．しかし，前述した通り，原始地球の大気は水素，一酸化炭素，二酸化炭素，窒素からなるため，この説は再考を促されている．

　粘土鋳型説は，分子進化説の弱点の1つである海水中での有機物の拡散度の高さを補完したものであり，粘土粒子（鉱物）が有機物の拡散を妨げ，原始細胞が形成される機会を増大させたとするものである．スミス（Cairns Smith）は，鉱物と有機物の複合体から生命が誕生するとの説に発展させた．

　彗星衝突説は，彗星に含まれる有機物質が衝突とともに原始海洋に持ち込まれ，化学分子進化をしたとする説であり，先に紹介した分子進化説の欠点を補完しうるものである．

　熱水噴出孔説は，熱水噴出孔の高温が，地表の紫外線に代わってアミノ酸や塩基を合成するエネルギー源となり，周辺の対流がこれら有機物を周期的な熱やpHあるいは化学的環境のゆらぎにさらして，化学進化を促進したとする説である．高温すぎるとの批判も展開されたが，比較的低温でアルカリ性の熱水噴出孔も見いだされ，粘土鋳型説との融合により，「鉱物の細胞」が形成可能な場としての新たな説も提案されている．また，約35億年前の堆積岩から微化石が発見され，その周辺の鉱物組成を分析したところ，これが水深1,000 mの熱水噴出孔で形成されていたものと推定されている（山本，2000）．

　上記，4つの仮説が，生命の誕生の場を海としている．海洋は，$1,370 \times 10^6$ km^3（1.4×10^{21} L）の海水を蓄え，地球上の水の97％を占める．原核生物は38〜39億年前に地球上に存在していたとされることから，海洋微生物学ひいては海洋を包括する水圏微生物学は生命の進化史や生命科学との関連性が高い重要な研究分野である．

§2．微生物の進化

　前節では，地球誕生から地球生命の起源に関する仮説を中心に説明し，微生物がその生命誕生を解き明かす重要な鍵であることを述べてきた．本節では，酸素が存在しなかった原始地球から，今日の地球環境が生み出されてきた過程を，微生物進化と照らし合わせて学びながら，微生物進化の機構やその研究手法に関する理解を深めよう．

2-1　微生物の進化と地球環境

　地球上に生命が誕生し，細菌や古細菌などの原核生物に進化し，そして繁栄することで地球環境の変化に大きく関与してきた．地球と生命は梯子を上るかのようにともに進化をしてきた（Lenton *et al.*, 2004）（図4-1）．約27億年前に誕生したシアノバクテリアは酸素発生型の光合成を行い，22億年前ごろには，地球大気の酸化，つまり酸素を与えるまでに至った．この大気の酸化は，酸化鉄の沈

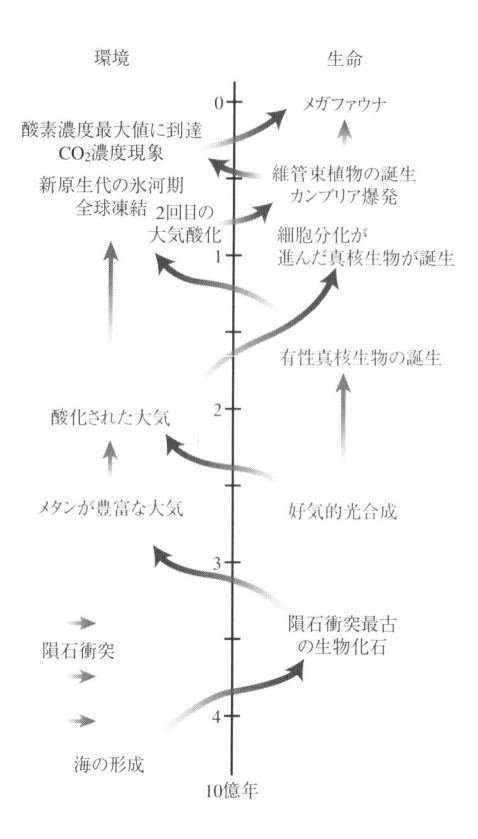

図4-1 地球環境と生命の梯子上の共進化
(Lenton et al. 2004を改変).

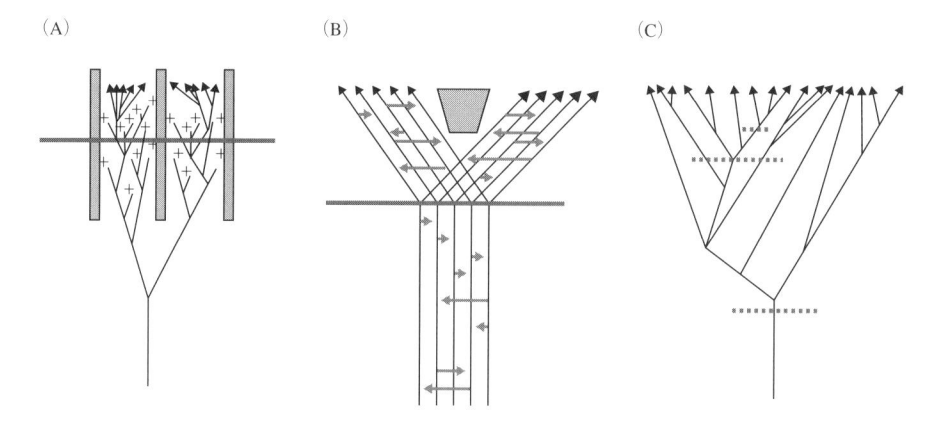

図4-2 原核生物の種分化機構の概念
　　　太線を境に種が分化する．(A)Ecotype concept：生態要因を主体とする周期的選択(→)が種を維持する粘着力として働く．(B)Biological species concept：相同組換え(→)が種を維持する粘着力として働く．(C)ランダムな種分化．(Doolittle and Papke, 2006を改変).

殿に伴う大規模な縞状鉄鉱床の形成やシアノバクテリアが形成したバイオマットの痕跡であるストロマトライト化石から推論することができる．そしてこの大気が酸化されたことは，単細胞性の真核生物の誕生，多細胞化，そしてより複雑な体の構造をもつ大型動植物の進化へと大きく寄与したと考えられている．

海洋において最初に繁栄した原核生物は好熱性化学合成細菌と考えられている．つまり，太古代の環境には，硫化水素，硫酸塩，水素などの無機物がエネルギー源として豊富であると考えられているためである．その後，これらの化学合成細菌が生成した有機物をエネルギー源として利用する*Thermotoga*のような系統が出現した．ついで，*Chloroflexi*のような酸素発生能をもたない好熱性光合成細菌の系統が誕生し，遺伝子伝播により酸素発生型の光合成細菌が誕生したと考えられている（山本，2000）．

真核生物の誕生は，原核生物が互いに細胞内共生を繰りかえした結果であることが遺伝子や細胞機能の解析から推定されてきている（山本，2000；Margulis, 2002；レーン，2010）．真核生物の誕生は，また，原核生物にとって新たな共生の機会を与えてきたものと考えられている（山本，2000）（共生の詳細は第12章を参照のこと）．

2−2 微生物の進化機構

進化機構の解明に向けて，真核生物型の有性生殖が認められない原核生物にも目が向けられはじめている．細菌の進化（種分化）の概念として，「Biological species concept」と「Ecotype concept」がある（Doolittle and Papke, 2006）．前者はE. Mayrが提案した真核生物の種の概念を細菌に拡張したもので，相同組換えが種分化を抑制する力として働くと説明されている（図4-2）．後者はF. M. Cohanが提案したもので，点突然変異を起こした個体が生息環境の栄養や物理化学的な要因で度重なる周期的な選択を受けることによって淘汰され，異なる環境下で種分化が進むという考え方である．いずれの概念も，様々な生物のゲノム解析によって得られた細菌の遺伝学的な特徴（例えば，遺伝子水平伝播の多さ，コア遺伝子群と補助遺伝子群の存在，マイクロエボリューションと呼ばれる菌株間での遺伝子塩基配列の小さな変異の多さ）および細菌では少ないとされていた相同組換えの頻度の高さ（Doolittle and Papke, 2006）を背景として構築・拡張されている．これらは，多数の株を対象とした多座位の遺伝子解析やゲノム解析を進めることで，細菌の種分化がどちらかの概念にフィットするのか，両方が混在しているのか，あるいはこれらとは全く異なる複雑な生物学的な機構があるのか，を検証できるようになる．

多座位の遺伝子解析法として，Maidenのグループが考案した多遺伝子座配列解析［Multi-locus sequence typing（細菌の遺伝子型別を超越した解析を行う場合はMulti-locus sequence analysis, MLSAと呼ぶことが多い）］法がよく用いられている．本手法は，3-4のハウスキーピング遺伝子（細胞が生存し増殖するために必須の遺伝子）の塩基配列を決定し，これに基づいて細菌の個体識別を行う方法で，病原細菌の疫学的解析で多くの成果をあげている（Maiden *et al.*, 1998；Urwin and Maiden, 2003）．さらに本手法は，データの互換性が高く，タンパク質コード遺伝子の塩基配列を得ることができる．そのため，個体識別だけではなく，相同組換えの推定，塩基・アミノ酸置換数推定，あるいは集団間の相同組換え率・点突然変異率の推定にも応用が可能な方法として，細菌の系統分類

学だけでなく微生物生態学分野でも広く利用されている.

　近年では，高速でゲノム塩基配列を決定する技術の進展により，細菌であれば数日で数十株のゲノムが決定することができる．また，これらのゲノム配列解析で得られた遺伝子情報をMLSAへ展開することも可能である．何よりも，株間のゲノム比較により，株レベルでの遺伝的変化を追うことで，より詳細な原核生物における進化機構の理解が期待される．

§3. 微生物進化研究法

　進化の研究には，①様々な生物の進化史を解明すること，および②進化機構を研究すること，という2つの主要な課題がある．前者は，1960年代までは，古生物学者・発生生物学者，分類学者によって研究され，後者は集団遺伝学者によってなされた．前者は，生物の形態学的・生理学的形質（表現形質，phenotype）の比較研究をもってなされていた．しかし，表現形質の進化は非常に複雑なため，進化史の明確な描像を得ることができず，復元された進化系統樹の細部には，ほとんどいつも論争がつきまとった．また，後者はダーウィン（Darwin）の進化論とそれを進めたネオ・ダーウィニズムの理論を源流とする「突然変異が変異の主要因ではあるものの，新しい生物を創出する際の主要な役割は，自然淘汰が演じている」という考えに基づき，集団遺伝学の数学理論が発展させてきた．しかしながら，研究者の一生をかけても生物集団の大きな遺伝的変化を観察することは不可能であり，実験的な検証は極めて困難であった（根井，1990）．

　この困難さは，遺伝子の化学的な主体であるデオキシリボ核酸（DNA）の構造解明（Watson and Crick, 1953）と分子生物学の進展を端緒として劇的に改善し，生物のDNAの塩基配列を調べることによって，生物進化の研究ができるようになった．微生物の進化も例外ではなく，SSU rRNAやハウスキーピング遺伝子の塩基配列のみならず，全ゲノム塩基配列に基づき，微生物の系統を整理し，進化の過程や進化機構を推定する研究は，水圏微生物学の世界で最も進展している分野の1つとなっている．

　この節では，「微生物の進化史」を研究するために必要な事項について理解を深めよう．「微生物の進化機構」を研究するための事項は，本章の最後の第4項で述べる．なお，微生物の系統や進化への理解を深める「遺伝子・突然変異・アミノ酸や塩基配列の進化的変化」などに関する基本的事項は，根井（1990）やAlberts et al. (2010)を参照されたい．

3-1　SSU rRNAの塩基配列に基づく分子系統解析の萌芽

　約50年前に，Zukerkandl and Puling (1965)は「高分子の一次構造配列を比較することにより生物の系統発生の歴史を推論するという考え」を提案した．この考えは生体分子の一次配列を決定する技術が時代とともに進歩し，その知見が集積されることにより実証され，そして広く受け入れられるまでに至った．当時は，DNAの塩基配列決定法が成熟していなかったためタンパク質の配列決定が塩基配列決定に先立ってなされ，チトクロームとフェレドキシンの2種類のタンパク質はこの実証的な研究で一次構造が決定された初めての高分子として知られている．その後，Woeseとその一派は，その「分子進化」という考え方に基づき，進化や系統を類推するのが極めて困難であった微生物をも

包含する生物全体の系統発生を解明するための研究を進めた．そして，小サブユニットリボソームRNA（Small SubUnit Ribosomal RNA, SSU rRNA）が微生物の系統発生を追跡できる普遍的な分子標識（molecular marker）として有用であることを示した．これらの研究は，現在の微生物の系統発生に関する考え方の根幹をなしており（Ludwig and Klenk, 2001），さらには「微生物の進化」を解釈するという難題に挑むための強固な知識基盤となっている．

3-2 SSU rRNAの構造と配列決定

SSU rRNAは，細胞生物が普遍的に有するタンパク質合成装置，リボソーム（ribosome），の小サ

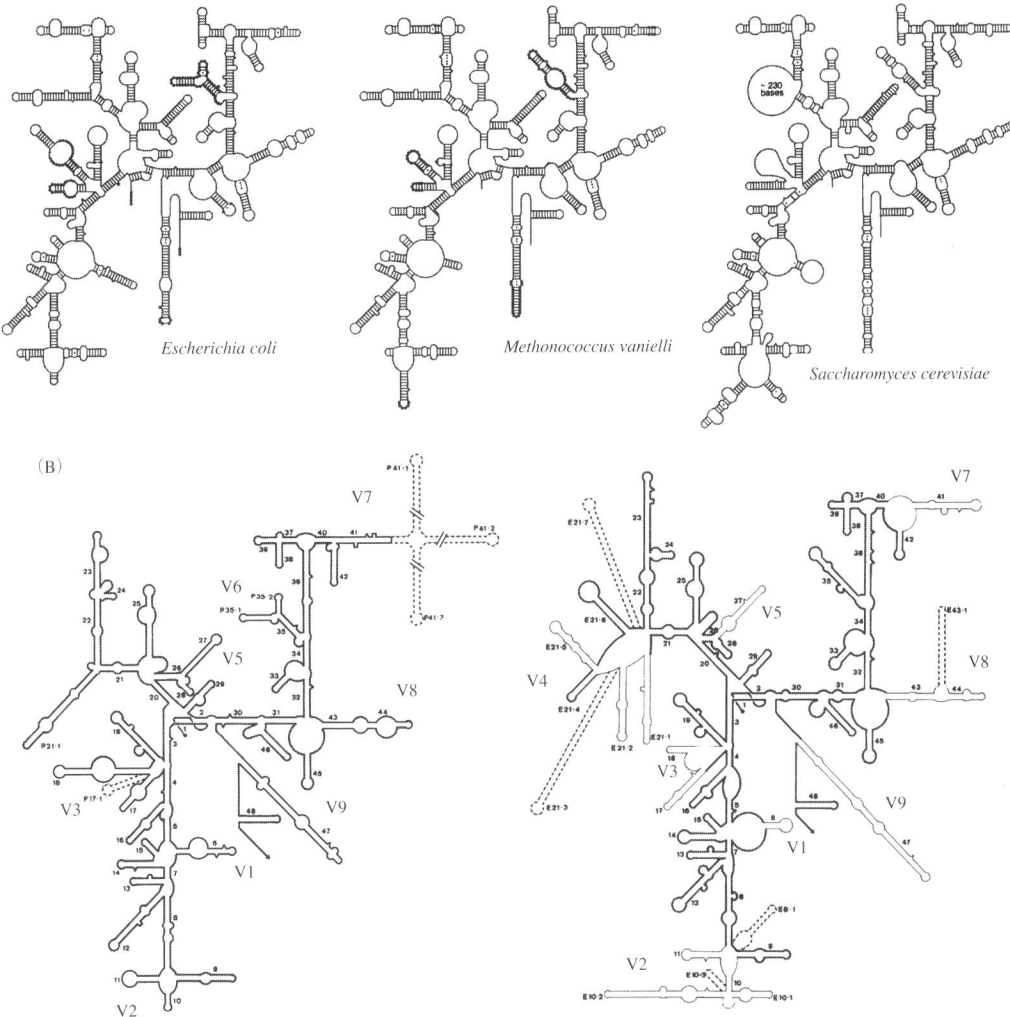

図4-3 微生物進化の先駆けとしての研究で塩基配列の決定がなされた細菌・古細菌・真核微生物の代表的なSSU rRNAの構造（A）と原核生物真核微生物のSSU rRNAに観察された保存領域と可変領域（B）

(A) Escherichia coliとMethanococcus vanielliのSSU rRNAにおいて黒丸で示されている塩基は細菌と古細菌で異なる塩基である（Woese, 1987を改変）．(B)左は原核生物由来SSU rRNA，右は真核生物由来SSU rRNAである．5'末端および3'末端は，それぞれ黒丸および矢印で示した．"P"および"E"で示したループはそれぞれ原核および真核生物特有の二次構造である．原核生物の35番目のループは，細菌と古細菌で構造が異なる（Aも参照のこと）．太い線と細い線はそれぞれ保存領域と可変領域を示す．原核および真核生物のものは，それぞれ明確なV4およびV6領域を欠いている（Damas et al., 1988から抜粋）．

ブユニットに含まれる RNA 成分である．原核生物である細菌（*Bacteria*）や古細菌（アーキア，*Archaea*）のそれは沈降定数が 16S で約 1,500 塩基の情報を有する「16S rRNA」であり，真核微生物のものは一部の原生動物を除いて約 1,800 塩基からなる「18S rRNA」である（図 4-3）．両者とも一本鎖の RNA であり，その分子内で相補鎖を形成している領域が見られ，二次構造を形成している．さらに，これらの rRNA は，それぞれ 21 あるいは 32 種類のリボソームタンパク質と相互作用し，三次構造を形成する．SSU rRNA の塩基配列は種間でよく比較されており，種を通じて塩基配列の類似性が高い「保存領域（conserved region）」と種や属などに応じて塩基配列が異なる「可変領域（variable region）」がある．この保存領域は細菌および古細菌で，それぞれ 569 座位および 571 座位で観察され，16S rRNA 分子のそれぞれ 36.8％および 37％を占める．一方，16S rRNA の可変領域は，細菌および古細菌でそれぞれ 974 座位および 971 座位に見られ，その比率はそれぞれ 63.2％および 63％である（Ludwig and Klenk, 2001）．また，原核生物および真核生物由来のいずれも SSU rRNA ともに，可変領域は 9 カ所存在している（Damas et al., 1988；平石，1993）．（図 4-3B）．なお，最近では，これらの可変領域を対象とした SSU rRNA のタグシークエンスやディープシーケンス法が考案され，微生物群集構造研究の進展に寄与している．

　SSU rRNA の塩基配列は，「SSU rRNA そのもの」あるいは「SSU rRNA 遺伝子（SSU rRNA gene）」を鋳型として決定する方法が広く用いられている．前者は，微生物細胞内から抽出精製した rRNA を逆転写し，塩基配列決定を行う．後者は，SSU rRNA 遺伝子を増幅した後，直接あるいはクローニングした後に，この塩基配列を決定する．SSU rRNA の塩基配列情報は，大サブユニット（LSU）rRNA とともに，微生物の染色体上で rRNA オペロンとして書き込まれている．先に述べた，SSU rRNA 分子に保存領域が存在することは，どの微生物からもこの遺伝子を増幅する共通性の高いプライマー（consensus primer あるいは universal primer）を設計できることを意味しており，原核生物では 27F と 1492R プライマーが，真核微生物では Ludwig-UE-F と Ludwig-EU-R が汎用されている（平石，1999）．遺伝子の増幅技術の先駆けとして知られるポリメラーゼ連鎖反応（polymerase chain reaction: PCR）（Mullis and Faloona, 1985；Saiki et al., 1988）が汎用化している現在，後者による SSU rRNA 遺伝子の塩基配列決定が主流となっている．

3-3　微生物の進化史の可視化：SSU rRNA の塩基配列のアライメント・系統樹の作成および解釈

　微生物の系統発生（phylogeny）や進化（evolution）を解釈するためには，得られた塩基配列あるいはアミノ酸に基づいて生物間の類似性（あるいは相違性）を整理し，可視化した系統樹（tree）が欠かせない．この生物の進化史を類推するのに必須の道具が利用できるようになった根拠には，①アミノ酸と塩基の置換速度は近似的に一定であること，②形態や生理学的形質に比べて，分子データの進化様式ははるかに規則的であること，があげられる（根井，1990）．これにより，分子データが形態や生理学的形質よりも生物間の進化的関係を明確に示すことが期待され，その関係に進化時間の目盛りを与えることも行われるようになっている（根井，1990）．

　系統樹は結節（node）と枝（branch）から成る（図 4-4A）．結節は 1 つの系統樹の中でも 3 つの異なる役割をもつものに区別できる：①実際に現存する生物から得た配列情報を示す末端結節［terminal node：あるいは Operational Taxonomic Unit（OTU）とも呼ぶ］，②OTU の仮想的祖先を示す内部

結節（internal node）および③解析に用いた全てのOTUの仮想共通祖先（root）である．枝の役割は，OTUと仮想的祖先との関係を配列の類似度や相違度に基づく距離をもって接続し，系統発生あるいは進化の過程が一瞥しやすいよう，相対あるいは絶対時間軸を付与した樹状図に仕上げるものである．OTUからrootまでの距離は仮想祖先から現存種に至る時間として捉えることができ，OTU間の距離は配列の変化（相違度）の目安となる．系統樹には，主として，分岐図，計量情報付与図および絶対系統図の3つの種類がある（Page and Holmes, 1998）（図4-4B）．分岐図（cladogram）は最も基本的な系統樹であり，OTUと仮想的祖先との相対的な系統関係を示す時に有効である．この図の縦軸には情報がない．計量情報付与図（additive tree, metric tree, phylogram）では，枝長の情報が書き込まれており，比較するOTUがどの程度の進化的な変化を持ち離れているのかを知ることができる．絶対系統樹（ultrametric tree）は計量情報付与図の一種であるが，OTUの時間的な位置は揃えられ，時間軸が付与されている点で異なっている．この絶対系統樹は，共通祖先から各OTUに至った実時間や分子時計で標準化された相対時間（配列の変化量）を類推するのに有効である（Page and Holmes, 1998）．また，系統樹には，先に説明した樹状のものに加え，放射状（radial）のものもある．

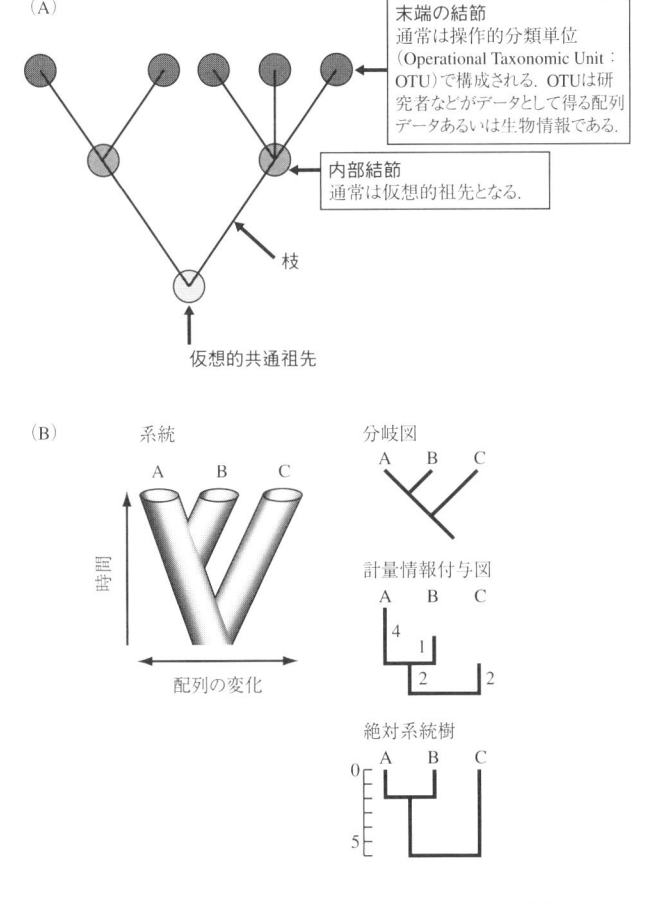

図4-4　系統樹の構造(A)と種類(B)．(Page and Holmes, 1998を改変)．

放射状の系統樹からは，仮想的祖先の明確な位置情報は読み取れないが，系統樹に含まれる全てのOTUの位置を大別するのに都合がよく，無根系統図（un-rooted tree）の代表的な図として知られている．さらに，適切な外群（out group）を設定することにより，無根系統樹は有根系統樹（rooted tree）に変形させることが可能であり，有根系統樹においても複数の樹形（topology）を取りうる．

分子の配列に基づいて確からしい系統樹を作成するためには，配列を比較し分子系統学的に正確に並べる（整列させる）過程が欠かせない．この過程は，アライメント（alignment）と呼ばれ，微生物の進化過程を調べるための最も重要な第一歩である．微生物の系統発生や進化に関して結論を得るためには，共通祖先の配列に由来する相同な座位のみを使用する必要がある．アライメントは，この相同な座位を見いだすための過程である．SSU rRNAでは，前項で述べた保存領域と二次構造の存在が，このアライメントを正確に行う手助けをする．自ら得たSSU rRNA塩基配列のアライメントには，①Clustalなどのソフトウェアを利用する，②リボソーマルデータベースプロジェクト（RDP-II）（http://rdp.cme.msu.edu/index.jsp），SILVA（http://www.arb-silva.de/）などのrRNA専用のアライメントツールを利用する，ことになる（Quast *et al.*, 2013）．また，RDP-IIやSILVAデータベースには，既知の膨大な微生物SSU rRNA塩基配列のアライメント済みの情報（aligned data）が保管されているため，それらを入手し活用することにより，より世界標準のアライメントと系統図の作成が可能になる．なお，RDP-IIやgreengenesには原核生物由来のSSU rRNA塩基配列情報のみが格納されているが，SILVAにはそれらに加え真核微生物の情報も含まれている．

系統や進化を明らかにしたい微生物のアライメントされたSSU rRNA塩基配列を含む全ての塩基配列情報のセットが用意できれば，系統解析と呼ばれる系統樹の作成に進むことになる．系統樹の作成では，計算理論が異なる3種類のアルゴリズムがよく用いられる．1つ目は，距離行列法（distance matrix method）である．その中でも，近隣接合法（Neighbor-Joining Method，NJ法）が代表的なものであり，これは距離行列データから，段階的に近隣のOTUを見いだし，系統図の枝の長さの総和が最小となる最終的に1つの無根系統図を推定する方法である．2つ目は，最大節約法（Maximum Parsimony Method，MP法）であり，進化的変化数（置換数）の合計を最小化する系統図を推定する方法である．3つ目は，最尤法（Maximum Likelihood Method，ML法）であり，進化の過程で生じる塩基置換を確率モデルに当てはめ，実現する確率（これを統計学では尤度と呼ぶ）が高い系統図を推定するアルゴリズムである．多くの優れたソフトウェア（MEGA，ARB，PHYLIP，PAUP，Clustal）が開発されており，研究室のコンピューター環境や使用するマシンのOSなどにより，適当なものを選択し使用する．アルゴリズムが異なると樹形が変わることが多い．また，データセットが変っても樹形が変わる．したがって，系統樹の作成には，多くの注意を払う必要があり，特に，注目している微生物の進化史を考察する場合は，3種類の異なるアルゴリズムで支持される樹形や結節であるかを十分配慮する必要がある．

SSU rRNA遺伝子を対象とし，「塩基配列決定→アライメント→系統樹の作成」という一連の流れを実行することで，生物は3つの系統，すなわち「ドメイン（domain）」に分けられることが提案されている（Woese, 1987）．それらは，*Bacteria*（あるいは*Eubacteria*），*Archaea*（あるいは*Archaeobacteria*）および*Eukarya*である．また，*Bacteria*と*Archaea*のドメインにはそれぞれ30および5の門（phyla）が提案されている．*Bacteria*の30の門は，"*Acidobacteria*"，"*Actinobacteria*"，

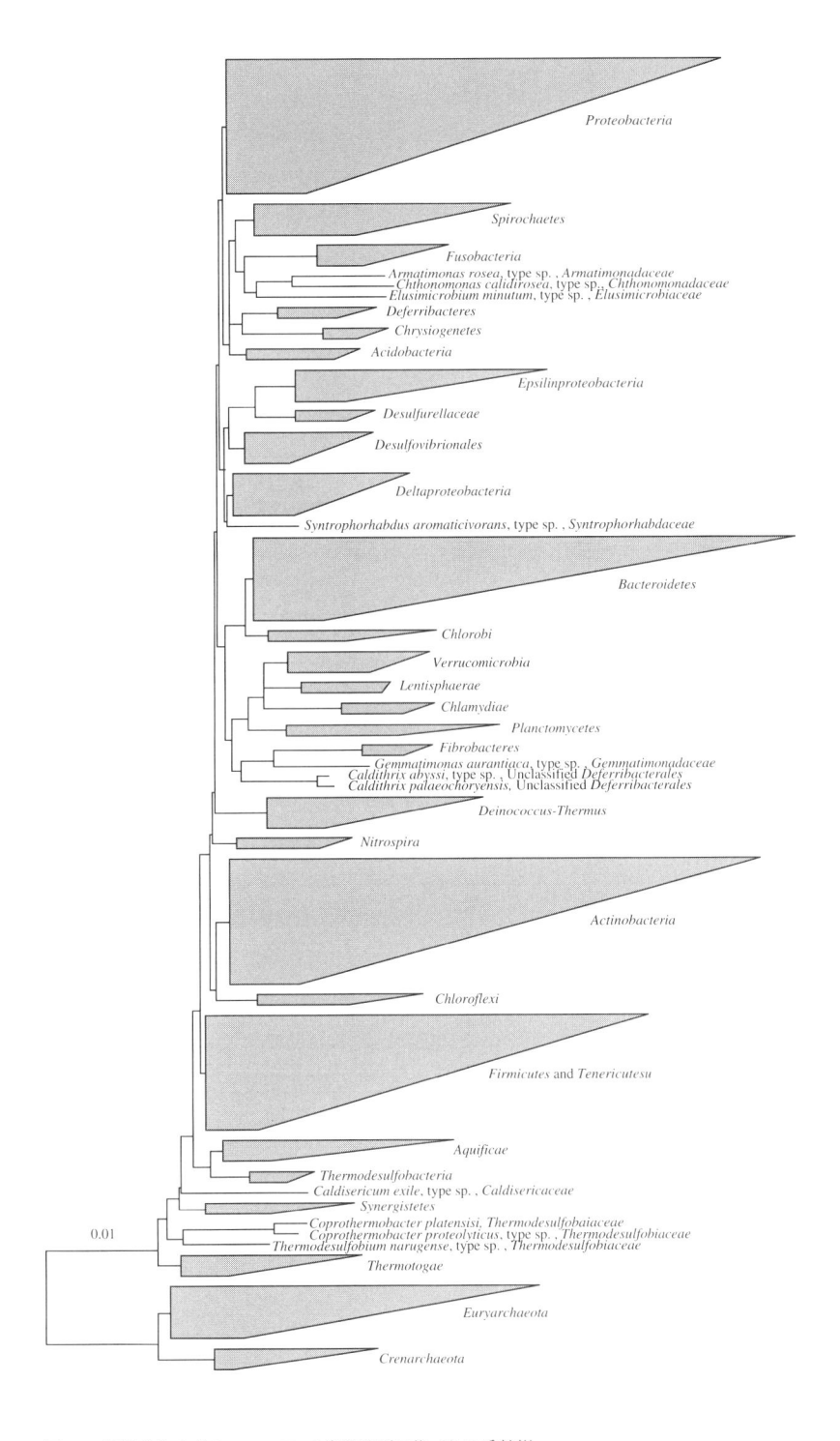

図4-5 原核生物由来のSSU rRNAの塩基配列に基づくML系統樹
The All-Species Living Tree, release LTPs111-SSU (Woese, 1987).

"Aquificae", "Armatimonadetes", "Bacteroidetes", "Caldiserica", "Chlamydiae", "Chlorobi", "Chloroflexi", "Chrysiogenetes", "Cyanobacteria", "Deferribacteres", "Deinococcus-Thermus", "Dictyoglomi", "Elusimicrobia", "Fibrobacteres", "Firmicutes", "Fusobacteria", "Gemmatimonadetes", "Lentisphaerae", "Nitrospira", "Planctomycetes", "Proteobacteria", "Spirochaetes", "Synergistetes", "Tenericutes", "Thermodesulfobacteria", "Thermomicrobia", "Thermotogae", "Verrucomicrobia" である．また，Archaeaの5つの門は，"Crenarchaeota", "Euryarchaeota", "Korarchaeota", "Nanoarchaeota", "Thaumarchaeota" である．さらに，細菌分類学の基本単位は種（species）であり，類似した種の集合が属（genus），類似した属の集合が科（family）となる．さらに，目（order），綱（class），門（phylum），ドメイン（domain）と上位の階級が定められている．原核生物では，新しい種あるいは上位の分類階級の発見は相次いでおり，List of prokaryotic names with standing in nomenclature（LPSN）（http://www.bacterio.net/-classifphyla.html）から最新の情報を入手できる．さらに，原核生物由来のSSU rRNA遺伝子データを統合して管理することで，最新の微生物の系統樹を誰でもが入手できるようになっている（Quast et al., 2013）（図4-5）．

海洋に生息する微生物の数は1.18×10^{29}細胞に達する．したがって，海洋微生物の多様性・系統発生，ひいては進化史を明らかにすることは，水圏微生物学でも重要性の高い分野であることは自明である．世界各地の海水から解析された25,975の16S rRNA塩基配列のデータに基づき系統解析をしたところ，① Proteobacteria 門に属する Alphaproteobacteria と Gammaproteobacteria，Cyanobacteria 門，Bacteroidetes 門が主要メンバーであること，② Proteobacteria 門に属する Betaproteobacteria，Actinobacteria 門，Firmicutes 門はマイナーな細菌群であること，③ Cyanobacteria を除くと，低栄養分環境に適応した従属栄養細菌が多いこと，④多くの古細菌の系統はアンモニア酸化に関わっているであろうこと，などが示唆されている（Madigan et al., 2012）．

以上，ここに述べたSSR rRNAの塩基配列に基づく分子系統解析に関する基盤的な知識と技術を習得することで，自らが分離した微生物の系統を知ることは容易いことである．また，この学術的成果の積み重ねにより，「新しい系統の微生物を発見すること」や「微生物進化史の新たな1ページを書き加えること」にもつながっていく．

まとめ

Q1：地球上の生命はいつ頃，どこで生まれたのか？

地球上に生命が誕生し，細菌や古細菌などの原核生物に進化し，そして繁栄することで，地球環境の変化に大きく関与してきた．約27億年前に誕生したシアノバクテリアは酸素発生型の光合成を行い，22億年前ごろには，地球大気の酸化，つまり酸素を与えるまでに至った．この大気の酸化は，酸化鉄の沈殿に伴う大規模な縞状鉄鉱床の形成やシアノバクテリアが形成したバイオマットの痕跡であるストロマトライト化石から推論することができる．大気が酸化されたことは，単細胞性の真核生物の誕生，多細胞化，そしてより複雑な体の構造をもつ大型動植物の進化へと大きく寄与したと考えられている．

地球でいつどのように生命が誕生したかについては諸説ある．その中に，海洋を生命誕生の場とす

る説があり，最初に繁栄した原核生物は好熱性化学合成細菌と考えられている．太古代の環境には，硫化水素，硫酸塩，水素などの無機物がエネルギー源として豊富であると考えられているためである．その後，これらの化学合成細菌が生成した有機物をエネルギー源として利用する系統が出現したと考えられている．

Q2：微生物の進化はどのようにして起こるのか？

様々な生物のゲノム解析によって得られた予期していなかった細菌の遺伝学的な特徴，例えば，菌株間における遺伝子水平伝播の多さ，菌株間での遺伝子塩基配列の小さな変異の多さ，あるいは細菌では少ないとされていた相同組換えの頻度の高さがわかり始めたことを背景に微生物の進化や種分化に関する理論が構築されている．その中で，「Biological species concept」と「Ecotype concept」が重要な概念として知られており，前者は E. Mayr が提案した真核生物の種の概念を細菌に拡張したもので，相同組換えが種分化を抑制する力として働くと説明されており，後者は F. M. Cohan が提案したもので，点突然変異を起こした個体が生息環境の栄養や物理化学的な要因で度重なる周期的な選択を受けることによって淘汰され，異なる環境下で種分化が進むという考え方である．太古の地球環境から現在の地球環境が形成されるまでの間，多様な代謝，多彩な環境適応性をもつ微生物がその時その時に適応可能な遺伝形質を得て，かつ他細胞あるいは他生物種との生化学的あるいは遺伝学的相互作用をもち，淘汰を受けながら進化してきたと考えられる．

Q3：微生物の進化はどのような方法で追うことができるのか？

遺伝子の化学的な主体であるデオキシリボ核酸（DNA）の構造解明と分子生物学の進展を端緒として，生物の DNA の塩基配列を調べることによって，微生物を含む生物全体の進化を研究することができるようになっている．微生物の場合，SSU rRNA やハウスキーピング遺伝子の塩基配列のみならず，全ゲノム塩基配列に基づき，微生物の系統を数学でよく用いられるクラスター解析の計算に基づき整理し，進化の過程や進化機構を系統樹として可視化することで推定することができる．

学習課題

【課題 1】生命の捉え方にはどのようなものがあるのだろうか．
【課題 2】海はどのように形成されたのか．
【課題 3】生命起源仮説にはどのようなものがあるのか．
【課題 4】SSU rRNA は微生物の進化や系統の解明にどのような特徴をもっているのだろうか．
【課題 5】系統樹の作成法にはどのようなものがあるのだろうか．
【課題 6】原核生物はどのような分類階級に分けられているのだろうか．

文　献

アイゲン，マンフレッド（2001）．生命とは何か，それからの 50 年．M. P. マーフィー・L. A. J. オニール共著．培風館．294pp.

Alberts, B., Lewis, J., Raff, M., Walter, P., Roberts, K., Johnson, A.（2010）：細胞の分子生物学　第5版（中村桂子ら訳）．ニュートンプレス．

Damas, E., Hendriks, L., Van de Peer, Y., Neefs, J.-M., Smits, G., Vandenbempt, I., Wachter, R. D.（1988）：Compilation of small ribosomal subunit RNA sequences. *Nucl. Acids Res.*, 16（Suppl）r87-r173.

Doolittle, W. F. and Papke, R. T.（2006）：Genomics and the bacterial species problem. *Genome Biol.*, 7, 116.1.

平石明（1999）：分子系統進化．rRNA遺伝子．微生物学実験法．講談社．pp. 234-249.

Huson, D. H. and Bryant, D.（2005）：Application of phylogenetic networks in evolutionary studies. *Mol. Biol. Evol.*, 23, 254-267.

レーン，ニック（2010）：生命の跳躍．斉藤隆央訳．みすず書房．

Lenton, T. M., Schellnhuber, H. J., and Szathmáry, E.（2004）：Climbing the co-evolution ladder. *Nature*, 431, 913.

Ludwig, W. and H.-P. Klenk（2001）:"Overview: a phylogenetic backbone and taxonomic framework for prokaryotic systematics", In Bergey's Manual of Systematic Bacteriology, 2nd ed. Vol. 1, eds. D. R. B. Boone, R. W. Castenholz, and G. M. Garrity（New York, NY: Springer）, 49-65.

Madigan, M., Martinko, J., Stahl, D., and Clark, D.（2012）：Brock Biology of Microorganisms. 13th edition. Pearson.

Maiden, M.C.J., Bygraves, A., Feil, E. *et al.*（1998）：Multilocus sequence typing: A portable approach to the identification of clones within populations of pathogenic microorganisms. *Proc. Natl. Acad. Sci. USA*, 95, 3140-3145.

Margulis, L.（2002）：細胞の共生進化 第2版（永井進訳）．学会出版センター．

Mullis, K. B.; Faloona FA.（1985）：Specific synthesis of DNA in vitro via a polymerase-catalyzed chain reaction. *Methods Enzymol.*, 155, 335-350.

Page, R. D. M., Holmes, E. C.（1998）：Molecular Evolution, a phylogenetic approach. Blackwell Science, Oxford, UK. 346pp.

根井正利（1990）：分子進化遺伝学（Molecular Evolutionary Genetics）（五條堀孝・斎藤成也共訳）．培風館．

Quast, C., Pruesse, E., Yilmaz, P., Gerken, J., Schweer, T., Yarza, P., Peplies, J., Glöckner, F. O.（2013）：The SILVA ribosomal RNA gene database project: improved data processing and web-based tools. *Nucl. Acids Res.*, 41, D590–D596.

Saiki, R. K., Gelfand, D. H., Stoffel, S., Scharf, S. J., Higuchi, R., Horn, G. T., Mullis, K. B., Erlich, H. A.（1988）：Primer-directed enzymatic amplification of DNA with a thermostable DNA polymerase. *Science*, 239, 487–491.

Sawabe, T., Kita-Tsukamoto, K. and Thompson, F. L.（2007）：Inferring the evolutionary history of vibrios by means of multilocus sequence analysis. *J. Bacteriol.*, 189, 7932-7936.

シュレーディンガー，アーウィン（2008）：生命とは何か−物理的にみた生細胞−．岩波文庫．pp. 215.

田近英一（2012）：宇宙の起源から太陽系の誕生まで・地球の誕生・原始大気と海（日本進化学会編）．進化学事典．共立出版．pp. 2-6.

Urwin, R. and Maiden, M. C. J.（2003）：Multi-locus sequence typing: A tool for global epidemiology. *Trends Microbiol.*, 11, 479-487.

ワトソン，ジェームズ（2012）：知の逆転．NHK出版新書．

Watson J. D., Crick F. H.（1953）：Molecular structure of nucleic acids; a structure for deoxyribose nucleic acid. *Nature*, 171, 737-738.

Woese, C. R.（1987）：Bacterial evolution. *Microbiol. Rev.*, 51, 221-271.

山本啓之（2000）：地球史における海洋微生物の生態と進化．月間海洋：海洋微生物．海洋出版．pp. 24-30.

Zukerkandl, E. and Puling, L.（1965）：Molecules as documents of evolutionary history. *J. Theor. Biol.*, 8, 357-366.

第5章　微生物の多様性

> Q1： 微生物の多様性とは何か？
> Q2： 微生物の多様性をどのような手法で明らかにするのか？
> Q3： 水圏における微生物の多様性はどのようであるか？
> Q4： 微生物の多様性はどのような要因に左右されるのか？

§0．本章の目的

「生物多様性」とは，あらゆる環境に生息する生物間の変異性（variability）であり，そこには種内（遺伝子）の多様性，種間（種）の多様性，生態系の多様性という3つのレベルの概念が含まれている．微生物は動植物に比べて，種の概念があいまいであり，特に細菌，古細菌の場合は一定の遺伝的性質を共有する集団として便宜的に種が定義されている．また，自然環境中に生息する微生物の多くは難培養性であるとされ，単離培養によってその性質を調べることが困難である．本章では，こうした微生物の特徴をふまえて，その多様性を評価するための方法や，そうして得られた多様性が示す特徴について理解することを目的とする．

§1．微生物種の定義と多様性

細菌，古細菌，原生生物は，動植物に比べて形態的な違いに乏しいため，それぞれのクローン集団がもつ生理生化学的あるいは遺伝学的な性質を比較することによって種が定義されている．こうした微生物における種の概念をふまえた上で，その多様性について考える必要がある．本節では，原核生物（細菌と古細菌）における多様性の考え方について理解を深めよう．

1-1 「生物多様性」とは

生物学的多様性あるいは生物多様性（biological diversity, biodiversity）は，狭義にはある一定範囲の地域や水域に生息する生物種数とその出現頻度によって示される概念であるが，広義にはそれぞれの種がもつ遺伝的な特徴の違いや種間のつながりの違い，さらには生物を取り囲む生息環境の違いまでも含めて規定される概念である．「生物学的多様性（biological diversity）」という用語は，1980年代に米国の自然保護科学者たちによって盛んに使われるようになった．さらに，E.O.Wilsonによって1988年に出版された生物学的多様性フォーラム報告書の書名として「生物多様性（biodiversity）」という用語が初めて公式に登場した．その後，1992年に採択された「生物の多様性に関する条約」（生物多様性条約 CBD, Convention on Biological Diversity）によって広く知られるようになった．この

条約は，ブラジルのリオデジャネイロで開かれた国連環境開発会議（地球サミット）において採択されたもので，この中で生物多様性とは「陸地，海洋，その他の水圏生態系とそれらを含む複合生態系など，あらゆる環境に生息する生物間の変異性（variability）であり，種内（遺伝子）の多様性，種間（種）の多様性，生態系の多様性を含む」と定義されている．日本においても，2008年に「生物多様性基本法」が制定され，生物多様性の保全と持続可能な利用を積極的に推進するためのロードマップ「生物多様性国家戦略2012-2020」が示されている．

1-2 微生物における種の概念

微生物の場合は，遺伝的多様性と種多様性の違いがあいまいである．動植物の生物多様性を議論する場合，遺伝的多様性は種内の遺伝的変異や同じ集団内の変異を意味している．動植物では生殖可能な集団としてのある程度はっきりとした種の定義がある一方で，微生物の場合は種の概念そのものがあいまいであり，特に細菌，古細菌の場合は一定の遺伝的性質を共有する集団として便宜的に決まっているため，種多様性は遺伝的多様性の延長と考えられ，これらを明確に区別して論じることが難しい．

細菌，古細菌種の同定や新種の命名は，寒天培地などを用いて分離した後，形態，運動性，増殖温度や糖の資化性といった生理生化学的性状，細胞構造や細胞を構成する化学成分，DNA塩基配列の相同性などを調べ，既知の種と比較することによって行われる．現在では，解析技術の進歩によって，生物がもつ遺伝子のDNA塩基配列を比較的簡単に解読することができる．そこで，微生物分離後に種の同定を行う場合，まず特定の遺伝子の塩基配列を解読し，データベースに蓄積された既知の微生物種の配列と比較することが一般的となっている．既知の配列とは一致しない場合には，さらに生理生化学的性状試験など詳しい分析が行われ，ゲノムDNA全体の相同性が70％以下であることに加え，様々な表現形質について既知の種との違いが明確な場合には，新種として命名，登録される．

こうした微生物種の同定に汎用されているのが，第4章で説明したrRNA遺伝子である．リボゾームは，タンパク質の合成装置として，細菌からヒトまであらゆる生物がもっている細胞内小器官であり，複数のタンパク質とRNA分子から構成される複合体である．細菌や古細菌の原核生物の場合は16S rRNA遺伝子，真核生物の場合は18S rRNA遺伝子が最も広く用いられている．

1-3 未記載種を含めた微生物の多様性

現在，種名が記載されている微生物は，細菌および古細菌で約1万種，原生生物で約20万種であるが，自然環境中に生息する微生物の多くは培養困難であるため種名が付与されていない．培養に成功していない未記載の微生物の割合は環境によって異なるが，例えば表層海水中に生息する細菌群集の多くは未記載種によって占められている．したがって，ある環境における微生物の多様性は，こうした未記載種を含めて記述する必要がある．そこで，海水や土壌などの環境試料からそこに生息する微生物群集のDNAを直接抽出し，そのDNAに含まれるrRNA遺伝子の配列を解読することによって，その環境に生息する微生物多様性を記述する．上述したように環境DNAから得られる配列の多くは，未記載種に由来するため種数として表すことはできない．しかし，遺伝子配列の相同性に一定の基準を設け，相同な配列であれば同種の微生物に由来すると考え，種の代わりとなる分類単位を設定する

比較する種間のゲノムDNA配列の相同性(%)

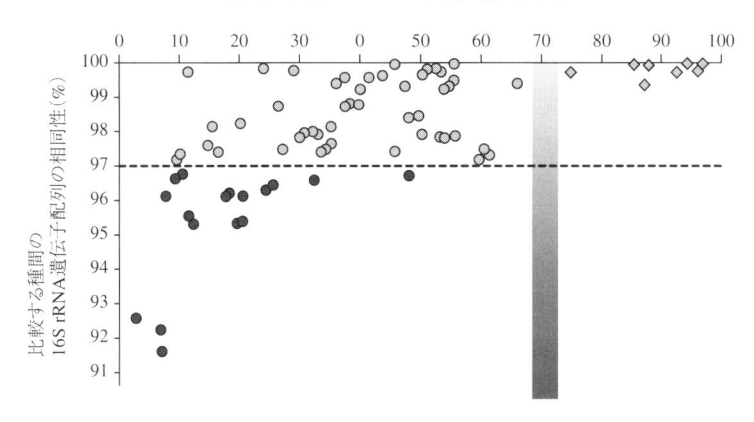

図5-1　2つの細菌株間におけるゲノムDNA配列の相同性と16S rRNA遺伝子配列の相同性の関係
　　　ゲノムDNA配列の相同性70%を基準として○●のペアは別種，◇のペアは同種とされる．16S rRNA遺伝子配列の相同性が97%以下のペア（●）はすべてゲノムDNA配列の相同性が70%以下となっている．（Stackebrandt and Gobel, 1994を基に作成）．

ことはできる．ある一定以上の配列相同性をもつものを同じ種類の微生物と考えた場合に違う配列がいくつあるかを調べ，そのバリエーションの数を種数の代わりとするのである．このような遺伝子配列の相同性に基づく分類単位は「便宜的分類単位（OTU：Operational Taxonomic Unit）」と呼ばれ，微生物の多様性評価に広く用いられている．いくつかの培養細菌種の分析結果から，16S rRNA遺伝子の相同性が97%以下で同種とされている例がないことから，OTUをつくる基準として16S rRNA遺伝子の配列相同性が97%以上の場合は同じOTUとすることが多い．図5-1は，様々な微生物種をペアで比較して，ゲノム全体でのDNA配列の相同性と16S rRNA遺伝子の相同性の関係をプロットしたものである．通常，DNA配列の相同性が70%以下であることが別種とする必要条件とされるが，本図で16S rRNA遺伝子の配列相同性が97%以下のペアはすべて相同性70%以下となっている．反対に，16S rRNA遺伝子の配列相同性が97%以上であるからといって同種であるとは限らない点に注意する必要がある．つまり，16S rRNA遺伝子で97%以上の相同性があってもゲノム全体の配列を比較すると大きく異なっている場合があり，97%という基準は多様性（種数）の最低ラインを示す指標と言える．

§2. 微生物多様性の評価手法

　自然環境中に生息する微生物の多様性は，そこに生息する微生物群集のDNAを直接抽出し，そのDNAに含まれる特定の遺伝子配列（16S rRNA遺伝子が汎用されている）を解読することによって記述される．得られた遺伝子配列の相同性に基づいて，種の指標となる便宜的分類単位いわゆるOTUとその出現頻度が導かれる．本節では，代表的な生物多様性の評価指数について学ぶとともに，OTUとその出現頻度を調べるための方法について理解を深めよう．

2−1 生物多様性の評価

ある環境に生息する生物の多様性を示すもっとも基本的な数値は，生物種数とそれぞれの種の生息数である．生物種の多さを表す尺度として種の豊かさ（species richness），多種が等しく共存する度合いを表す尺度として種の均等度（species evenness）が用いられる．この2つの尺度をもとに，多様性を評価するための多様性指数（diversity index）が定義されている．ここでは，汎用されている指数としてシャノン指数（Shannon index）とシンプソン指数（Simpson index）をあげておく．シャノン指数（H'）は，ある群集における出現種数（S）と全個体数に占める各種（i）の割合（Pi）から次の式で求められる．シャノン指数のlogの底は，10（常用対数）やe（自然対数）が用いられることもある．

$$H' = -\sum_{i=1}^{s} P_i \log_2 P_i$$

同じくシンプソン指数（D）は次の式で求められる．

$$D = 1 - \sum_{i=1}^{s} P_i^2$$

こうした生物種数や生息数は，ある時ある空間に存在する生物群による資源の配分や共有によって決まっており，生息環境内，環境間，環境全体など空間階層の違いに応じて種多様性が評価される（図5-2）．ある特定の環境内における種多様性は「α多様性」，異なる環境間での種多様性の違いは「β多様性」，対象とする環境全体の種多様性は「γ多様性」と呼ばれ，それぞれ次のように扱われている．（Whittaker, 1972）．

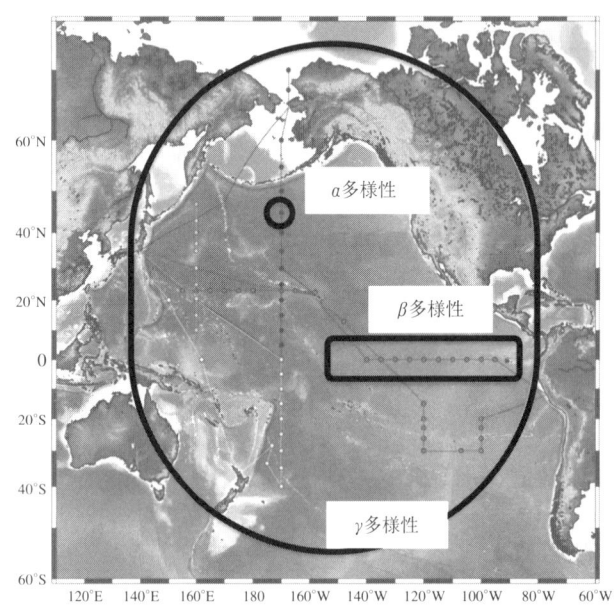

図5-2 空間スケールの違いに応じた多様性評価
　　　図中の線と点は海洋調査航海による航路と観測点を示している．例えば，各観測点における生物多様性は「α多様性」，観測点相互の多様性の相違は「β多様性」，太平洋全域のような広域の生物多様性は「γ多様性」と呼ばれる．

α 多様性：ある場所もしくはサンプル内の多様性．しばしば種の豊かさで評価されるが，実際に測定される種数はサンプル努力量に強く影響を受けるため，Chao1 や ACE などの手法を用いて真の種数の推定を行う（Magurran, 2004）．

β 多様性：2 カ所以上の場所もしくはサンプル間の多様性の違い．ある種の在，不在情報のみで比較する場合と各種の出現割合も加味して比較する場合がある．前者で用いられる相同性指数として Jaccard 指数や Sorensen 指数があり，後者では Bray-Curtis 指数や Morisita-Horn 指数がある（Anderson *et al.*, 2011）．

γ 多様性：*α* 多様性と同じだが，研究対象とするすべての場所を含むより広い地域の多様性．

ただし，実際にどの程度の空間スケールをもって，それぞれ *α* 多様性，*β* 多様性，*γ* 多様性と呼ぶかという決まった数値はなく，サンプリングの単位や対象とする空間に応じて使い分けされる．例えば，図 5-2 のような太平洋全体の生物多様性を評価しようとする場合，ある 1 つのサンプリング箇所（観測点）で得られる生物多様性は *α* 多様性，さらに複数の観測点間の多様性の相違は *β* 多様性，これらをすべて含めた太平洋全体の多様性は *γ* 多様性と呼ばれることになる．

2-2 微生物の多様性評価

海洋の全細菌種数は 200 万種以上と推定されている（Curtis *et al.*, 2002）が，これまで記載されている細菌種数は 1 万種にすぎない．前項で述べたように，未記載種が多くを占める微生物の場合は，種の代わりに便宜的分類単位いわゆる OTU を用いて多様性を評価する．具体的には，以下のような手順で解析を行う．海水や淡水などの水試料の場合は，フィルター濾過によって水中の微生物群集をフィルター上に捕集し，フィルターごと DNA を抽出する．抽出した DNA は環境試料に含まれるすべての微生物ゲノムに由来する混合物である．ここから PCR 法を用いて rRNA 遺伝子を増幅する．細菌あるいは古細菌の多様性を知りたい場合は 16S rRNA 遺伝子，原生生物などの真核生物の多様性を知りたい場合は 18S rRNA 遺伝子を増幅する．これらの遺伝子配列をもとに OTU のカウントを行い，多様性を評価する．用いる遺伝子としては，rRNA 遺伝子以外にも DNA トポイソメラーゼや DNA 修復酵素のサブユニットをコードする *gyrB* 遺伝子や *recA* 遺伝子などもあるが，種名や配列情報のデータベースが圧倒的に充実している点から，rRNA 遺伝子が汎用されている．その他にも，rRNA 遺伝子には，多くの種に共通する進化的保存性の高い配列部位が存在する一方で，種ごとに異なる変異の大きい配列部位も存在し，遺伝子の水平伝播がほとんど見られないといった利点がある．

1）クローンライブラリ法による多様性解析

PCR 法で rRNA 遺伝子を増幅した後，配列情報を得るために用いられるオーソドックスな方法は，クローンライブラリ法による増幅産物の分離とキャピラリーシーケンサーによる配列解読である．増幅された DNA 断片は，複数の微生物に由来する多様な rRNA 遺伝子配列の混合物である．この増幅産物を大腸菌にクローニングすることによって分離し，それぞれのクローンに入っている rRNA 遺伝子断片の配列を解読する．キャピラリーシーケンサーによる配列解読では，サンガー法と呼ばれる原理に基づいて DNA 合成酵素を用いた合成反応と反応産物の電気泳動によって 4 種類の塩基の並びを決めてゆく．こうして決定された配列情報を相互に比較し，類似した配列を 1 つの OTU としてまとめ，全体での OTU 数と各 OTU の配列出現数をカウントする．通常は，配列相同性が 97％以上のものを

1つのOTUとすることが多い．これらのOTUカウント値を使いShanon指数やSimpson指数を計算する．また，各OTUの代表配列をもとにBLAST検索と呼ばれるデータベース検索することにより，それがどの分類群の微生物種であるのかを知ることができる．β多様性のような複数の場所やサンプル間の多様性を比較する場合は，サンプルごとにライブラリを作成し，それぞれのライブラリのOTU数と各OTUの配列出現数をカウントする．

2) フィンガープリント法による多様性解析

β多様性のような複数の場所やサンプル間の多様性を比較する場合に，クローンライブラリ法ではコストや手間の点で多くのサンプル数を処理することが困難であるため，フィンガープリント法と呼ばれる方法が多用される．フィンガープリント法では，rRNA遺伝子のPCR増幅産物に含まれる配列多様性を電気泳動パターンとして検出することにより，迅速に多くの試料の多様性を評価することができる．PCR増幅されたDNA断片は，複数の微生物に由来する多様なrRNA遺伝子配列の混合物であるが，断片サイズはすべて同じであるため通常のアガロースゲル電気泳動では単一バンドとして泳動される．多様性解析に用いるフィンガープリント法では，DNA変性剤を連続的に変化させる変性剤濃度勾配ゲル電気泳動（DGGE）法もしくは泳動温度を連続的に変化させる温度勾配ゲル電気泳動（TGGE）法という手法を用いることにより，同一サイズであるが配列の異なるDNA断片を分離してバンドパターンとして比較することができる．これらの方法では，変性剤や温度によって二本鎖DNAが一本鎖に変性することにより，泳動度が変化する性質を利用している．変性のしやすさと泳動度の変化は，配列のGC含量や位置によって異なるため，塩基配列の違いが泳動度の違いに反映される．したがって，DGGE法やTGGE法では，各泳動バンドが1種類の微生物に由来すると見なし，バンド数が種数をバンド位置とパターンが種組成の違いを反映していると考える．複数のサンプルを同一ゲル上で泳動すれば，各レーンのバンドの有無を種（OTU）の在，不在とみなしてJaccard指数やSorensen指数といった群集類似度を計算することができる．その他のフィンガープリント法としては，PCR産物を制限酵素で切断することにより配列多様性に応じた泳動パターンを得る末端制限酵素断片多型（T-RFLP）法，rRNA遺伝子オペロンに存在するITS（InTergenic Spacer）領域の長さの違いを利用する自動化rRNA-ITS分析（ARISA）法が汎用されている（Dorigo *et al.*, 2005）．フィンガープリント法は，多試料の多様性を比較するにはよい方法であるが，微生物種を特定するにはやはりクローンライブラリ法と同様の時間と労力を必要とする．また，クローンライブラリ法では16SrRNA遺伝子の全長配列を決定するのに対して，フィンガープリント法では部分配列の情報となるため，微生物種の同定や系統解析の点ではクローンライブラリ法の方が優れている．

3) 超並列シーケンス法による多様性解析

2005年以降，サンガー法に代わる新しい原理もとづく配列解読方法が急速に普及し，その解読装置は次世代シーケンサーと呼ばれている．この新しい方法では，DNA断片を大腸菌にクローニングする代わりに，微小サイズのビーズと結合させる，もしくはガラス基板上にスポットすることによって物理的に分離し，さらにビーズ表面やガラス基板上で増幅した後に，配列を解読する．分離や配列解読には複数の方法があるが，いずれの方法でも同時並列的に大量の配列解読を進めることから，超並列シーケンスと総称されている．この手法を用いると，PCR増幅された断片から直接的に配列情報を得ることができる．したがって，従来の方法に比べて，圧倒的に大量の配列解読が可能であり，クロー

ンライブラリー法とキャピラリーシーケンサーによる配列解読では，1つのサンプルについてせいぜい数百クローンの配列情報を得て多様性や群集構造の解析を行っていたのに対し，次世代シーケンサーでは数万から数十万の配列情報を容易に得ることができる．環境試料からPCR増幅された断片（多くの場合はSSU rRNA遺伝子）を次世代シーケンサーによって大量に配列解読する手法は，タグシーケンス法あるいはディープシーケンス法などとも呼ばれている．

配列解読数が100倍以上になったことでより多くの配列を読むことができるようになり，群集内での出現頻度の低い種を初めて検出できるようになった．クローンライブラリー法やフィンガープリント法による多様性解析では，比較的出現頻度の高い数十種程度が解析対象となるのに対して，超並列シーケンス法による多様性解析では出現頻度が主要種の1/100以下しかない希少種を含む多様性の全体像を把握できるのである．

解読量が倍増したことにより複数試料の解析も容易にできるようになった．当初は16SrRNA遺伝子の全長約1,500塩基に対して，100塩基程度しか配列決定できないという制約があったが，急速な技術革新によってより長く読めるように改善されてきており，従来のサンガー法と比べて遜色のない技術レベルに近づいている．

一方で，サンプルあたりの解読量増加によって，分析過程での読み取りミスなどによるエラー配列の発生を無視できなくなった．解読量を増やすとエラー配列の発生によって，見かけ上の配列多様性が増加する問題点が指摘されている（Kunin *et al.*, 2010）．こうした問題点に対しては，1塩基の違いで多様性をカウントせず配列相同性が97％以上のものは同じOTUとみなしてカウントする，あるいはあるサンプルから得られた配列の中でユニークな配列が1個しかない（シングルトンと呼ばれる）場合は，これらを解析から排除するか，他のサンプル中に同じ配列が存在するかを確認するといった対策が提案されている（Huse *et al.*, 2010）．

§3. 微生物多様性の特徴

ここまで，微生物特に原核生物における種がどのように定義され，それを踏まえた上で微生物の多様性をどのように調べ評価するのかについて述べてきた．では，実際に自然環境中には何種類の微生物が生息しているのだろう．本節では，海洋における大規模な比較研究から得られた成果を中心に，微生物種数や多様性の特徴について理解を深めよう．

3−1　自然環境における微生物多様性

自然環境中における微生物の多様性は，生息環境により大きく異なっている．1990年から2010年までの20年間に，海洋，湖沼，下水など水圏微生物の多様性について900を超える研究論文が発表されているが，上述したように多様性を評価する様々な手法が存在するため，これらを一概に比較するのは難しい（Zinger *et al.*, 2012）．しかし，超並列シーケンスを用いた比較的最近の論文から細菌種数のデータ（ここでは16S rRNA遺伝子相同性97％を基準とするOTU数）を参照すると，海水や土壌環境は多様性が高く数千から1万種が見いだされているのに対して，氷河や海底熱水など特殊な環境では多様性が低く数百種となっている（図5-3）．その他の環境では，葉面や大気からは数百種，

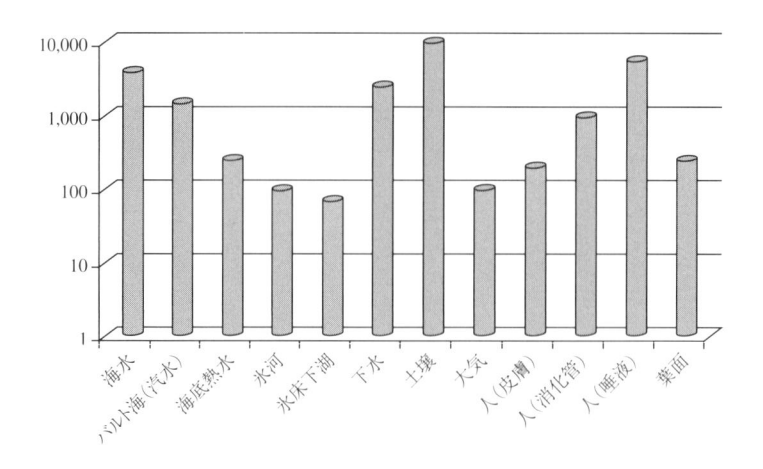

図5-3 様々な環境における細菌種数（16SrRNA遺伝子相同性97%を基準としたOTU数）の比較（Fierer and Lennon, 2011を基に作成）

人の唾液や下水からは数千種の細菌が見いだされている（Fierer and Lennon, 2011）．ただし，氷河や大気などはサンプリング努力量が少ないために，この程度の種数しか検出されなかった可能性もあり，さらに大量のサンプルを集めて多くの配列を解析してみなければ，海水や土壌と一概に比較することは難しい点に留意しておく必要がある．その他，北米の小さな湖で周年にわたって細菌群集の多様性を調べた例では，200 〜 250 種が報告されている（Shade et al., 2014）．また，南太平洋で南極海から赤道まで比較した例では，1 つの観測点でおよそ 300 〜 900 種が見いだされている．

ある環境の多様性を調べる場合，そこに生息する微生物種をすべて網羅するまでは，生物種数は解析した個体数に依存して増加することになる．つまり，海水サンプルであれば調べる海水量を増やす，あるいは解析する配列数を増やすことによって，さらに多くの種が検出される可能性がある．それぞれが異なる独立した研究によって得られたデータから種数を比較するにはそうした限界があるため，理想的には統一した手法で陸域から海洋まで大規模に比較解析することが望ましい．海洋においては，すでに以下に述べる国際海洋微生物センサスによって，大規模な比較研究が行われている．さらに，現在は人や動物との共生微生物なども含めて，地球上のあらゆる環境に生息する微生物群集の多様性を統一的に比較解析しようとする「Earth Microbiome Project」が進められている．近い将来には，どのような環境にどの程度の微生物多様性があるのかについて，一定の回答が得られるものと期待される．

3−2 海洋における微生物多様性

超並列シーケンスを用いた多様性解析は，北大西洋の深海水中の細菌群集を対象とした解析で初めて実施され，その際の推定種数は約 18,000 種と報告されている（Sogin et al., 2006）．この研究によって，従来のクローンライブラリー法よりも圧倒的多数の 16S rRNA 遺伝子配列を解読することにより，全体の 0.1％以下しか存在しない希少種（場合によっては 0.01％以下を希少種とすることもある）を含めた海洋の微生物多様性の全体像が初めて明らかとなった．その結果，解読された配列数の 2 割程度しか存在しない希少種が多様性の大部分を担っていることがわかった．つまり，それぞれの生息数

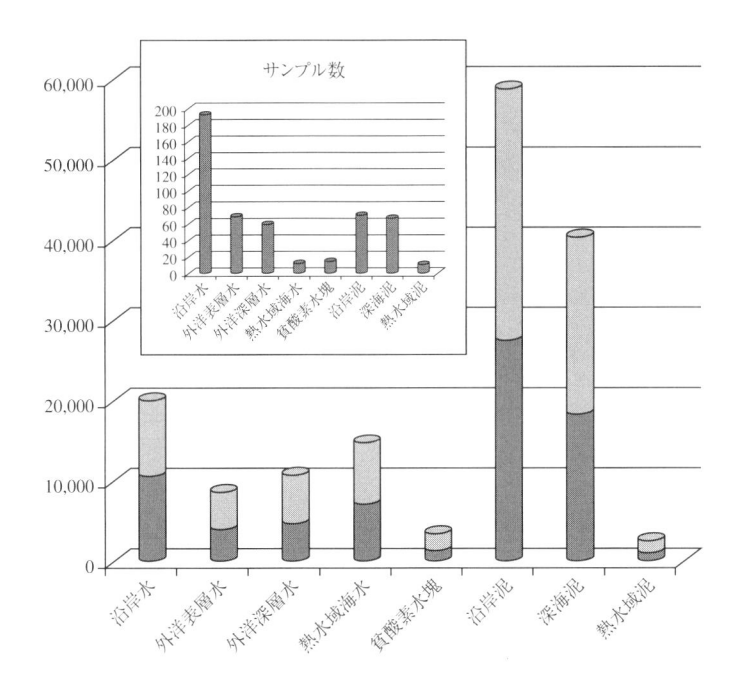

図5-4 国際海洋微生物センサスによって得られた細菌OTU数
(■)部分はシングルトンOTUの数．左上の枠内は解析されたサンプル数．
(Zinger et al. 2011を基に作成)

は非常に少数だがお互いに異なる多様な種が海水環境には生息していることがわかったのである．そこで，こうした希少種によって構成されている微生物群集に対して「希少生物圏（rare biosphere）」と名付けられた．

1）国際海洋微生物センサス

国際海洋微生物センサスでは，沿岸域から深海まで様々な海洋環境から集めた試料を対象に，次世代シーケンス技術を用いた 16S rRNA 遺伝子の大量配列解読が行われ，海洋微生物の多様性が初めて網羅的に解析された（図5-4）．海水由来の 356 サンプル，堆積物由来の 153 サンプルの合計 509 サンプルから得られた約 960 万配列のデータから見いだされた OTU 数は，97％相同性を基準として約 12 万であった（Zinger et al., 2011）．そのうち，海水由来のサンプルが 44,000 OTU に対して，堆積物由来では 89,000 OTU となり，サンプル数は海水サンプルの方が 2 倍以上多かったが，得られた OTU 数は堆積物の方が多かったことから，海洋では堆積物の細菌群集の方が格段に多様性が高いと推察される．また，得られた OTU のうち，約半数はシングルトン（同じ配列が他にない 1 つだけの配列の OTU）であったことから，実際の多様性（種数）はさらに高いと考えられる．

2）希少生物圏（rare biosphere）

ある環境で見いだされたすべての種について，個体数の多い種から順に横軸に並べ，それぞれの相対個体数を縦軸にプロットすると，順位－個体数曲線（rank abundance curve）と呼ばれるグラフが得られる．この曲線は，種多様性の特徴を把握するためによく用いられるが，種数が多いほどグラフの横軸は長くなり，均等度が高くなるとより緩やかな傾斜のグラフとなる．圧倒的に多様な希少種の存在は，環境中の微生物群集が示す多様性パターンの特徴と考えられているが，このような特徴は図

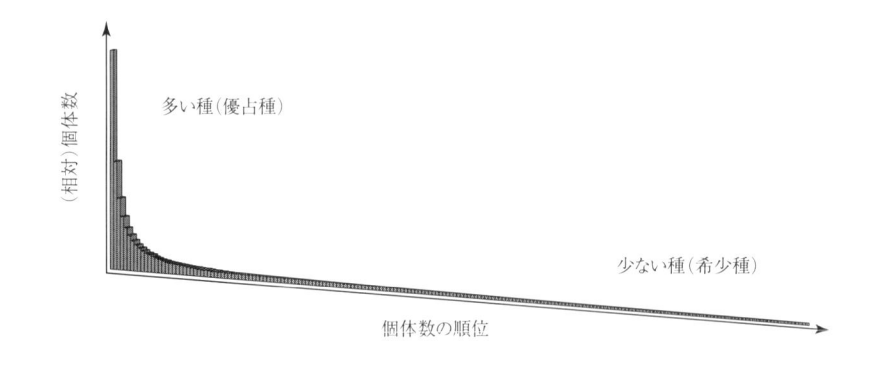

図5-5 微生物群集の順位−個体数曲線の例
右方向に低く長く伸びたプロットは圧倒的多数の希少種によって群集が構成されていることを示している.

5-5のような横方向に低く長く伸びた順位−個体数曲線として見ることができる.

希少種が,生態系においてどのような役割を果たしているのか未だ十分にわかっていないが,種あるいは遺伝子のリザーバーとして生態系を安定的に維持することに貢献していると考えられている.つまり,環境が大きく変化した場合に,新たな環境への適応能をもつ希少種がそれまで優占していた種に代わって増殖し機能することにより,群集全体としての活性を維持することができ,結果的に生態系や物質循環が大きく変化することを抑制すると考えられる.

ある環境において,希少種として検出される種がなぜ希少であるのかについては,いくつかの理由が示されている(Shade *et al.*, 2014).例えば,大型動物で見られるように,その生息場所から排除され,絶滅しつつあるためとする理由や,他の環境からの移入によって群集に加入したが十分に増殖する条件や時間が不足しているため,あるいは加入しても休眠胞子のように休眠状態にあるためといった理由が示されている.また,環境条件が時間的に大きく変動するような場所では,ある時期には希少であった種が,特定の環境変化に応答して増殖し優勢な種となることが知られている.このようなダイナミックな群集構造の変動は,いくつかの主要な微生物種についてはよく知られていたが,希少種についても時空間的にダイナミックに変動しうることがわかってきている.メキシコ湾岸のビーチでの油漏れ事故の影響を調査した研究では,通常のビーチ砂に見られる細菌群集の中では希少種である *Alcanivorax* 属の細菌種が,油汚染の発生時に優勢となりその分解に寄与したことが示唆されている(Newton *et al.*, 2013).希少生物圏に生態学的に重要な機能をもつ微生物種がプールされ,環境変化に応じてダイナミックに変動するとすれば,その動態解明は,生態系や物質循環の変動を知る上で重要となる.

3）希少種の変動

環境中の微生物群集の時間的な変動を解析することにより,希少生物圏のダイナミックな変動を見ることができる.大気,海洋,湖,河川など,それぞれ異なる環境を対象として行われた超並列シーケンスによる細菌と古細菌群集の時系列変動データを集め,希少種の動態が詳細に解析されている

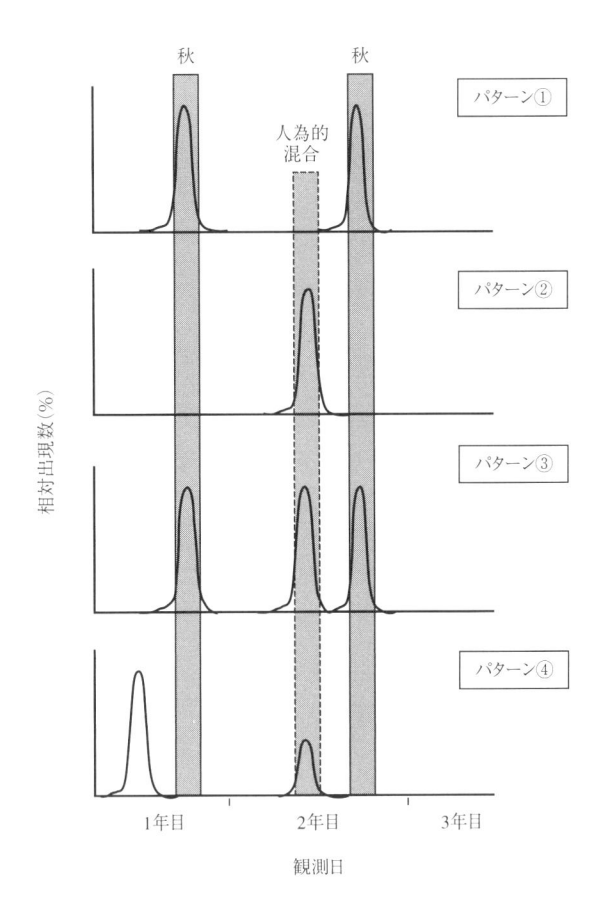

図5-6 ウィスコンシン州の湖の時系列観測で見られた条件的希少種の出現パターン
環境変化に応じて希少種の一時的な増殖が見られるが，種によってその応答パターンは異なる．

(Shade *et al.*, 2014). 特に，ある時期には希少でも別の時期には優勢となる種を，「条件的希少種」として全出現種に占める割合を調べると，海洋や湖沼で数%，河川や大気では20〜30%を占めていた．つまり，環境条件に応じて希少生物圏から一時的に増殖してくる細菌・古細菌種の存在は，様々な環境で普遍的に見られる現象であると考えられる．さらに，「条件的希少種」の変動をウィスコンシン州の湖の時系列変動データから詳細に解析すると，4つのパターンに分かれることがわかった（図5-6）．この時系列観測では，季節的な水温変化によって生じる春と秋の鉛直混合に加えて，夏の成層期に人為的な操作による鉛直混合を強制的に起こして，細菌・古細菌群集の時間的な変動を追跡している．その結果，①季節的な鉛直混合にともなう水中環境の変動にのみ応答して増加する種，②人為的な鉛直混合による水中環境の変動にのみ応答して増加する種，③季節的，人為的鉛直混合の両方に応答して増殖する種，④いずれのパターンとも異なる時期に増殖する種，以上4つのパターンの「条件的希少種」が観察されている．こうした出現パターンの違いは，種によって環境変化への応答が異なることによって生じると考えられる．また，季節的な変動に適応しつつ恒常的に生息している種なのか，別の環境から移入してきた種であるのかといった違いも反映されているはずである．パターン

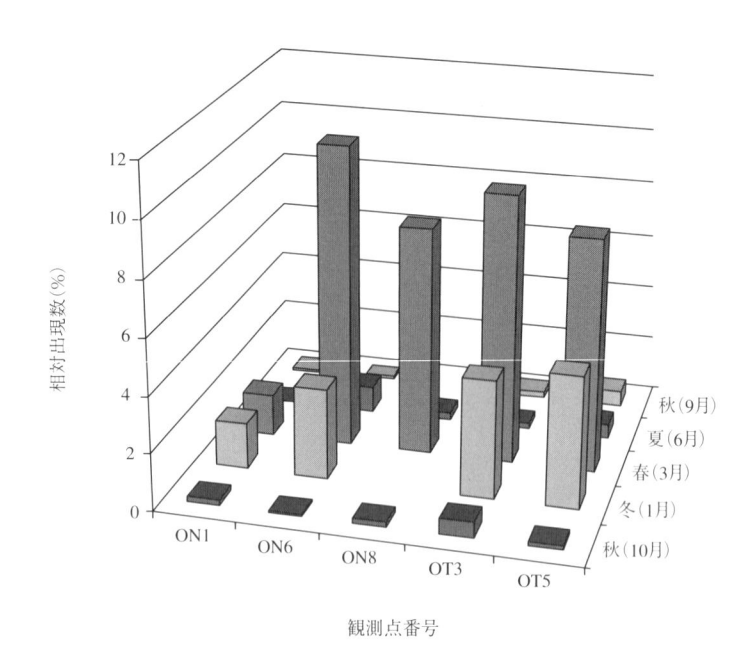

図5-7 東北沖でのくり返し観測で見られた条件的希少種
季節によって出現数が大きく変動する.

①の種は，この湖に恒常的に生息し，季節的な環境変化によって好適な環境条件になると活発に増殖する種．パターン③の種もおそらく恒常的に生息する種であるが，パターン①の種とは異なり鉛直混合によってもたらされる酸素濃度や栄養塩濃度の変化が増殖の鍵となっている種と考えられる．一方，人為的な擾乱でのみ活発に増殖するパターン②の種や条件が不明なパターン④の種は，この湖の環境に適応して恒常的に生息している種であるかどうかわからない．パターン②では，別の環境から移入した種が，一過性の条件によって活発に増殖した可能性がある．

　こうした条件的希少種は，海洋の細菌群集でも見ることができる．図5-7のグラフは，東北沖の複数の観測点におけるくり返し観測で見られた条件的希少種の変動を示している．異なる季節に5回の観測航海が行われ，それぞれの航海で5カ所のサンプリングが行われた．ここでは，1つのサンプルにつき，16S rRNA遺伝子を対象に5,000〜10,000配列の解読を行い，細菌種（OTU）の特定とそれぞれの配列数の取得を行っている．図5-7の条件的希少種は，このようにして特定されたOTUのうちの1つで，*Oceanospirillales*目の未培養種であると推定されている．相対出現数（1つのサンプルでの全配列解読数に占める特定OTUの配列数の割合）が，季節によって大きく変動し，その変動はどの観測点でも同じ傾向となっていることから，季節的な環境変動に応じた条件的希少種の出現を捉えていると考えられる．

§4. 微生物の多様性と環境要因

　前項では，実際の自然環境中における微生物多様性の程度とその特徴について，国際微生物センサスの成果を中心に述べてきた．では，様々な場所で得られる微生物種の存在やその数はどのような要

因で決まっているのだろうか．現状では，この問いに応えられる知見は十分ではないが，これまでの研究データをもとに微生物多様性を左右する要因について理解を深めよう．

4−1　細菌群集構造を左右する環境要因

　水温，塩分，pH，酸素濃度など，環境条件の異なる様々な場所から得られた細菌群集構造（種組成と各種の割合）を相互に比較し，どのような環境要因が群集構造の違いに関係しているかを調べた結果，塩分がその違いを決める第1の要因であることが報告されている（Lozpone and Knight, 2007）．驚くべきことに，これらの環境サンプルの中には，高温の温泉や強酸性といった極限環境の細菌群集構造も含まれているにもかかわらず，群集構造の類似性でグルーピングすると，まずは海洋と陸水のような塩の有無によって明確に分けることができたのである．また，海洋堆積物やその他の塩分環境，例えば塩性湿地，塩湖，熱水噴出孔などでは，その環境でしか見られないユニークかつ進化的に大きく異なる細菌種がより多く存在することがわかった．一般に，多様性が高いとされている土壌は，他の環境に比べて進化的に近い細菌種で構成されていることもわかった．これは，土壌環境特有の，微細な物理化学的構造の不均一性が，近縁種への分化を促すためと考えられている．

4−2　海水環境と堆積物環境における多様性の違い

　国際海洋微生物センサスのデータを用いて様々な生態系タイプごとの多様性比較が行われている（Zinger et al., 2011）．こうした比較から，どのような要因が多様性を左右するのかを推測することができる．比較に用いられたのは，沿岸や外洋の海水，熱水，堆積物など合計509サンプルである．まず，各サンプルの細菌群集組成がお互いにどの程度類似しているかを解析したところ，沿岸，外洋，熱水，貧酸素などの諸条件の違いに関わらず，海水由来と堆積物由来で大きく2つに区別されることがわかった．また，図5-4の横軸に示されているようなそれぞれの生態系タイプに含まれるサンプルのβ多様性（サンプル間の細菌群集構造の違いの大きさ）を比較すると，総じて海水サンプルより堆積物サンプルの方が高い，つまり生息場所ごとの違いが大きいことが示されている．さらに，海水でも堆積物でも沿岸や熱水サンプルでβ多様性が高い結果となった．こうしたβ多様性の違いはサンプル間の細菌群集構造の違いによって生じている．

　細菌群集構造の変動はどんな要因と関係しているのだろうか．ここでは可能性のある要因として，水温，塩分，栄養塩濃度といった環境条件の違い，大気や海水混合による移動・分散を決めるサンプリング地点間の距離，サンプリング時期の違い（すべてのサンプルを同時に採ることはできない），海域を特徴づける生産性の違いがあげられている．これらの要因の違いから，細菌群集構造の変動の何%程度を説明できるかを統計学的に解析すると，海水で29%，堆積物で22%の変動しか説明できない結果となった．そのうち，可能性のある要因としてあげられた環境条件，距離，時期，生産性のそれぞれの寄与は，海水では7.9%，2.7%，1.2%，5.1%であったのに対して，堆積物ではそれぞれ2.3%，6%，1.5%，4.1%であった．残り70%以上の変動を説明できる要因は，現在のところ不明である．

　海水の細菌群集では，変動要因として環境条件の寄与が比較的大きいのに対して，堆積物の細菌群集では，環境条件よりも距離の寄与が大きくなっていた．これらのことから，多様性を左右する要因として，環境条件の違いとともに，大気や海水混合を介した細菌の移動や分散の程度が重要であるこ

```
        生態系タイプ(環境条件)
              8
              7
              6
              5
              4
              3
              2
              1
生産性(海区)   0              距離(移動・分散)

                        ◆ 海水
                        ■ 堆積物
              時期
```

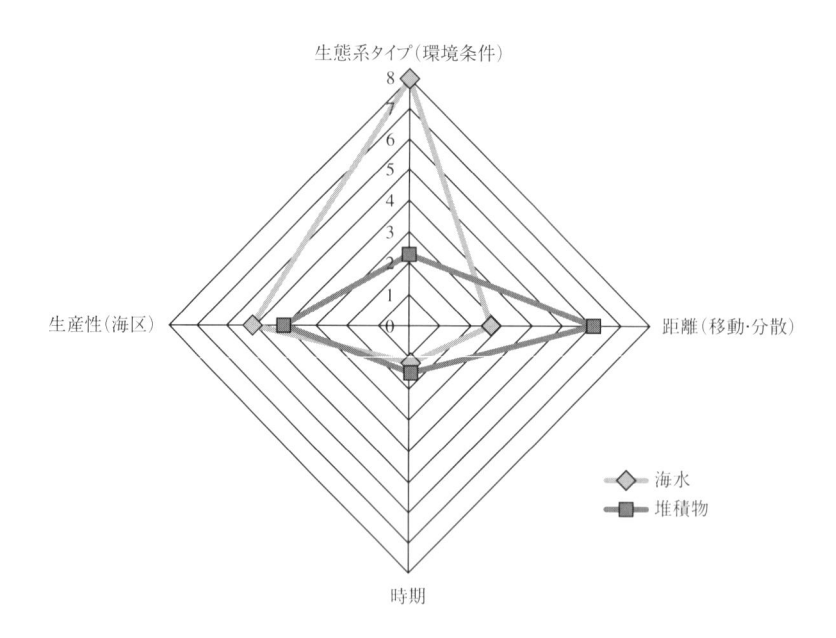

図5-8 国際海洋微生物センサスによって，沿岸，外洋，熱水，深海など様々な生態系から得られた509サンプルの細菌群集構造を比較し，その変動を説明する要因として生態系タイプ(環境条件)，サンプル間の距離(移動・分散の効果)，サンプリング時期，生産性(海区)の違いがどの程度寄与しているかを示したレーダーチャート．
数字は100分率．海水由来サンプルは，生態系タイプと生産性の寄与が大きく，堆積物由来サンプルは距離と生産性の寄与が大きいことがわかる(Zinger *et al.* 2011を基に作成)．

とがわかる．また，細菌群集構造の変動を有意に説明できる因子として，環境条件や距離の効果に加えて，海域の生産性の違いが海水でも堆積物でも高い寄与を示していることから，海水表層の生物生産過程，さらには生産された有機物の沈降過程が重要であると考えられる（図5-8）．

まとめ

Q1：微生物の多様性とは何か？

　動植物に比べて微生物は種の概念そのものがあいまいであり，特に原核生物の場合は一定の遺伝的性質を共有する集団として便宜的に決まっている．したがって，微生物の多様性とは，本質的には微生物がもつ遺伝的な性質の違いにもとづいた多様性と言える．便宜的とはいえ分類学上は種が定義されているため，この定義にもとづいて「種数」やその出現頻度を記述すればよいが，実際の自然環境中には未だ培養に成功していない多くの未記載種が存在する（むしろ大部分に種名が付与されていない）ため，現在記載されている種だけでは多様性を表すことができない．そこで，遺伝子配列の相同性に一定の基準を設け，相同な配列であれば同種の微生物に由来すると考え，種の代わりとなる分類単位を設定する．ある一定以上の配列相同性をもつものを同じ種類の微生物と考えた場合に違う配列がいくつあるかを調べ，そのバリエーションの数を種数の代わりとするのである．そうすることによって，培養できない未記載種であっても，環境試料から直接抽出されたDNAからその配列情報を得ることによって多様性を記述することができる．このような遺伝子配列の相同性に基づく分類単位は「便

宜的分類単位（OTU, Operational Taxonomic Unit）」と呼ばれ，微生物の多様性評価に広く用いられている．

Q2：微生物の多様性をどのような手法で明らかにするのか？

海水や淡水などの水試料の場合は，フィルター濾過によって水中の微生物群集をフィルター上に捕集し，フィルターごとDNAを抽出する．抽出したDNAからPCR法を用いてrRNA遺伝子を増幅し，その配列をもとにOTUのカウントを行い，多様性を評価する．オーソドックスな方法は，クローンライブラリ法によるPCR増幅産物の分離とキャピラリーシーケンサーによる配列解読である．また，β多様性のような複数の場所やサンプル間の多様性を比較する場合には，迅速に多くの試料を解析する必要があるため配列多様性を電気泳動パターンとして検出するフィンガープリント法が多用される．最近では，超並列シーケンスと呼ばれる新しい手法が登場し，従来法では1つのサンプルについて最大でも数百クローンの配列情報を得て多様性の解析を行っていたのに対し，数万から数十万の配列情報に基づいたより詳細な多様性の比較が可能となってきた．

Q3：水圏における微生物の多様性はどのようであるか？

超並列シーケンスを用いた比較的最近の論文から細菌種数のデータ（16S rRNA遺伝子相同性97％を基準とするOTU数）を参照すると，海水や土壌環境からは数千から1万種が見いだされている．2005年から2010年に実施され，海洋微生物の多様性が初めて網羅的に解析された国際海洋微生物センサスでは，約960万配列のデータから12万種の細菌が見いだされている．また，微生物多様性の特徴として，出現頻度が0.1％以下の希少種（場合によっては0.01％以下を希少種とすることもある）が多様性の大部分を担っていることがわかってきた．つまり，非常に少数ながらもお互いに異なる多様な種が海水環境には生息している．

Q4：微生物の多様性はどんな要因に左右されるのか？

様々な環境に生息する微生物種の違いを比較すると，塩分の有無ではっきりとグループ分けされる．また，塩分環境にはその環境でしか見られないユニークかつ進化的に大きく異なる細菌種がより多く存在する．海水環境中の微生物群集は，海水由来と堆積物由来で大きく2つに区別される．多様性を左右する要因として，環境条件の違いとともに，大気や海水混合を介した細菌の移動や分散の程度が重要である．また，細菌群集構造の変動を有意に説明できる因子として，環境条件や距離の効果に加えて，海域の生産性の違いが海水でも堆積物でも高い寄与を示していることから，海水表層の生物生産過程，さらには生産された有機物の沈降過程が重要である．

学習課題

【課題1】動植物の多様性はどのように評価されているのだろうか．
【課題2】微生物多様性と生態系機能（例えば，食物連鎖，炭素循環，窒素循環など）はどのように関

連しているだろうか.

【課題3】微生物多様性の変動は生態系にどのような影響を及ぼすだろうか.

文　献

Whittaker, R.H. (1972): Evolution and measurement of species diversity. *Taxon*, 21, 213–251.

Magurran, A.E. (2004): Measuring Biological Diversity. Blackwell Publishing, Oxford.

Anderson, M.J. *et al.* (2011): Navigating the multiple meanings of beta diversity: a roadmap for the practicing ecologist. *Ecol. Lett.*, 14, 19-28.

Curtis,T.P., Sloan,W.T. and Scannell,J. W. (2002): Estimating prokaryotic diversity and its limits. *Proc. Natl. Acad. Sci., USA*, 99, 10494-10499

Dorigo. U, Volatier, L. and Humbert, J. F. (2005): Molecular approaches to the assessment of biodiversity in aquatic microbial communities. *Water Res.*, 39, 2207-2218.

Kunin, V., Engelbrektson, A., Ochman, H., and Hugenholtz, P. (2010): Wrinkles in the rare biosphere: pyrosequencing errors lead to artificial inflation of diversity estimates. *Environ. Microbiol.*, 12, 118-123

Huse, Susan M., *et al.* (2010): Ironing out the wrinkles in the rare biosphere through improved OTU clustering. *Environ. Microbiol.*, 12 (7), 1889-1898.

Lozupone, C. A., and Knight, R. (2007): Global patterns in bacterial diversity. *Proc. Natl. Acad. Sci., USA*, 104, 11436-11440.

Sogin, Mitchell L., *et al.* (2006): Microbial diversity in the deep sea and the underexplored "rare biosphere. *Proc. Natl. Acad. Sci.*, 103 (32), 12115-12120.

Stackebrandt, E and B. M. Goebel, B. M. (1994): Taxonomic note: a place for DNA-DNA reassociation and 16S rRNA sequence analysis in the present species definition in bacteriology. *IJSEM*, 44 (4), 846-849.

Zinger, L., Angelique, G. and Thomas, P. (2012): Two decades of describing the unseen majority of aquatic microbial diversity. *Mol. Ecol.*, 21 (8), 1878-1896.

Fierer, N. and Jay T. Lennon (2011): The generation and maintenance of diversity in microbial communities. *Am. J. Bot.*, 98 (3), 439-448.

Zinger, L. *et al.* (2011): Global patterns of bacterial beta-diversity in seafloor and seawater ecosystems. *PLoS One*, 6 (9), e24570.

Shade, A. *et al.* (2014): Conditionally rare taxa disproportionately contribute to temporal changes in microbial diversity., *MBio*. 5 (4), e01371-14.

Newton, Ryan J., *et al.* (2013): Shifts in the microbial community composition of gulf coast beaches following beach oiling. *PloS one*, 8 (9), e74265.

第6章 有機物を作り出す微生物

> Q1: 「藻類」とは，どのような生物群か？
> Q2: 光合成では，どのようにして酸素が発生するのか？
> Q3: 二酸化炭素は，どのようにして生体成分に変換されるのだろうか？

§0. 本章の目的

　生物の体の主要構成元素は，炭素，窒素，硫黄，リン，酸素，水素である．これら元素のうちすべての有機物の骨格となっているのが，炭素である．炭素を無機物である二酸化炭素から獲得し，有機物を作り出して生育している生物を独立栄養生物といい，その過程を独立栄養的炭酸固定と言う．緑の葉を広げる植物は光合成によって得たエネルギーを使って，二酸化炭素を有機物に変換し，生体成分を合成している．地球表面の多くを占める水圏では，藻類の光合成による炭酸固定が盛んであり，地球全体の二酸化炭素の50％以上を藻類が担っていると見積られる．藻類には，真核生物から原核生物まで多様な生物種が含まれ，その生き様も多様である．また，藻類の光合成は，高等植物の光合成と同じく，その過程で酸素を発生するのに対し，酸素発生を伴わない光合成を営み，炭酸固定する細菌も広く水圏に分布している．これら光エネルギーを利用する微生物は，利用する光の波長も様々である．さらに，光エネルギーを利用せず，無機物の酸化によってエネルギーを獲得し炭酸固定する微生物も知られる．このように独立栄養微生物は多種多様であり，また炭酸固定を担う反応経路も一様ではない．本章では，独立栄養微生物の生き方およびその多様性を理解することを目的とする．

§1. 光合成微生物の多様性

　光合成は，光エネルギーを化学エネルギーに変換する過程である．広義には，獲得した化学エネルギーを使って二酸化炭素から有機物を合成する過程までを含める．水圏における炭酸固定の大部分は，酸素発生を伴う「酸素発生型」の光合成微生物が担っているが，酸素発生を伴わない「酸素非発生型」の光合成微生物の寄与もある．光合成微生物には，図6-1に示すように，真核生物から細菌まで多様な微生物が知られる．本節では，光合成微生物の多様性と光合成の仕組みについて理解する．

1-1 藻類

　水圏における炭酸固定の大部分は，藻類（algae）が担っている．藻類とは，分類学上の名称ではなく，国際藻類・菌類・植物命名規約（International Code of Nomenclature for algae, fungi, and plants, ICN）によると，裸子植物，被子植物，コケ，シダを除く酸素発生型光合成生物の総称とされ

ている．シアノバクテリア（*Cyanobacteria*）も，藻類に分類され，かつてはラン藻（藍藻）と呼称されていたが，細菌，すなわち原核生物であり，他の真核藻類とは明らかに異なる．

藻類の多くは，淡水域から海水域を含む水圏に分布するが，土壌や，さらには岩表面など水の少ない場所（気生藻類と呼ばれることもある）に生息するものもある．また，様々な生物（菌類，サンゴ，ホヤ，他の原生生物など）の表面または内部で生育するものも知られている（共生藻と呼ばれることもある）．

1）シアノバクテリア

シアノバクテリアは，門レベルで他の細菌と区別される細菌の分類群であり，他には酸素発生型の光合成をする細菌および古細菌は知られていない．シアノバクテリアは，27億年以上前に出現した最初の酸素発生型光合成生物であり，太古の地球に酸素をもたらしていたと考えられている．また，植物細胞内の光合成器官である葉緑体の起源はシアノバクテリアであり，真核生物の進化の過程で，シアノバクテリアが真核生物の細胞内に取り込まれて（細胞内共生），葉緑体になったと考えられている．シアノバクテリアは，陸上温泉や雪上まで幅広い温度域からみつかっており，海水から淡水に至る水圏を主として，土壌や動植物表面にも分布している．シアノバクテリアの中には，光合成によって獲得したエネルギーによる炭酸固定だけでなく，窒素ガスをアンモニアに変換する窒素固定も行うものもあり，地球環境における炭素の循環だけでなく，窒素の循環にも重要な生物である．

シアノバクテリアには，65以上の属が報告されている．また，16S rRNA遺伝子塩基配列をもとにした分子系統解析では，14程度の系統に分けることが提案されている．ただし，原核生物の分類指針を示す国際細菌命名規約（International Code of Nomenclature of Bacteria）に従った命名・高次分類はまだ十分には整理されていない．そこで，汎用的に利用されている分類体系を表6-1に示す．細胞形態や増殖の特徴に基づいて，大きく5つのグループに分けられる．表6-1に示すように，単細胞性のものから，単細胞が集まって群体や糸状体を形成するものが知られる．糸状体を形成するシアノバクテリアには，グループⅣのように糸状につながった一部の細胞を休眠細胞（アキネート，akinete）

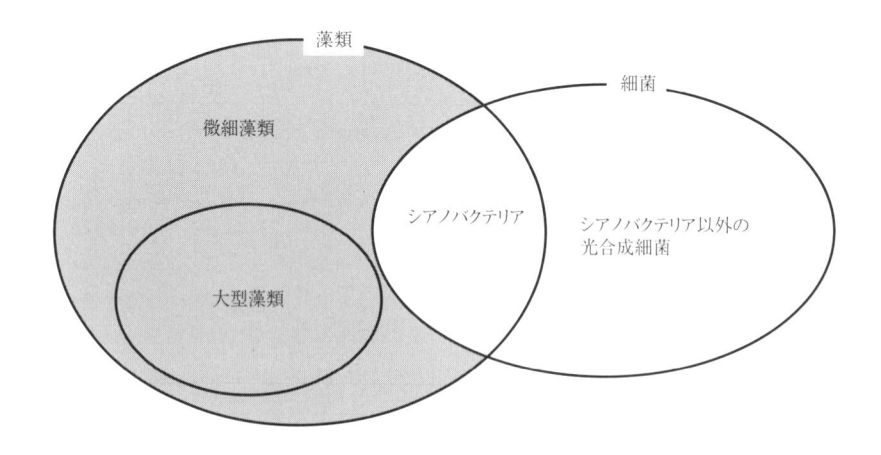

図6-1　光合成微生物の種類
灰色部は，真核生物を示す．藻類が酸素発生型光合成をするのに対し，シアノバクテリア以外の光合成する細菌は酸素非発生型の光合成を行う．

や異質細胞（ヘテロシスト，heterocyst）に分化させるものがある．異質細胞は，窒素固定に特化した細胞であり，この細胞では酸素発生型光合成を行わないことで，酸素に弱い窒素固定酵素（ニトロゲナーゼ）を酸素から保護している．一方，異質細胞を形成しないシアノバクテリアの窒素固定反応は，光がなく光合成しない夜間に限定するなど，酸素発生する時間と窒素固定する時間を分けて，ニトロゲナーゼの酸素による阻害を回避している．

シアノバクテリアは，一般に，植物と同じく光合成反応中心にクロロフィル a をもつ．光合成アンテナ色素としては，クロロフィル a に加え，シアノバクテリアに特徴的な色素タンパク質であるフィコビリン［フィコシアニン（青），フィコエリスリン（赤）］を有している．細胞の色は，これら色素の含有比率によって異なる（青緑，緑，褐色，赤紫，淡赤など）．さらに，反応中心にクロロフィル a ではなく，ジビニルクロロフィル a，クロロフィル d やクロロフィル f をもつシアノバクテリアがみつかるなど，異なる波長の光を使い分けることで，多様性を維持しているように思われる（各種光合

表6-1 シアノバクテリアの分類グループ

I	単細胞性／単細胞群体性	
	二分裂，出芽，外生胞子によって増殖する．	
	（例）	*Acaryochloris, Chamaesiphon, Chroococcus, Chroogloeocystis, Cyanobacterium, Cyanobium, Cyanothece, Dactylococcopsis, Euhalothece, Gloeobacter, Gloeocapsa, Gloeothece, Halothece, Microcystis, Prochlorococcus, Prochloron, Synechoccus, Synechocystis*
II	単細胞性／単細胞群体性	
	二分裂に加えて内生胞子を形成する．	
	（例）	*Chroococcidiopsis, Cyanocystis, Dermocarpella, Myxosarcina, Pleurocapsa-group, Stanieria, Xenococcus*
III	糸状性	
	分裂面は1つで，細胞が一次元的に繋がって糸状体となる．栄養細胞のみからなり，異質細胞や休眠胞子を生じない．	
	（例）	*Arthrospira, Borzia, Crinalium, Geitlerinema, Leptolyngbya, Limnothrix, Lyngbya, Microcoleus, Oscillatoria, Phormidesmis, Phormidium, Planktothrix, Prochlorothrix, Pseudanabaena, Spirulina, Starria, Symploca, Trichodesmium, Tychonema*
IV	糸状性	
	IIIと同じく糸状体を形成するが，異質細胞が見られる．また休眠細胞を生じるものもある．	
	（例）	*Anabaena, Anabaenopsis, Aphanizomenon, Brasilonema, Calothrix, Cyanospira, Cylindrospermopsis, Cylindrospermum, Nodularia, Nostoc, Rexia, Rivularia, Scytonema, Spirirestis, Tolypothrix, Trichormus*
V	糸状体	
	分裂面は1つではなく，T字，Y字型の分岐により枝分かれを生じる．または，折れ曲がったV字型の構造をとる．	
	（例）	*Chlorogloeopsis, Fischerella, Geitleria, Iyengariella, Nostochopsis, Stigonema*

Bergey's Manual of Systematic Bacteriology（2nd ed.）に基づく．これらの分類は，必ずしも進化系統を反映していないことに注意が必要である．また，同じ属名で呼称されるシアノバクテリアでも系統的に異なることもあり，命名規約に従う整理が待たれている．

成色素の吸収波長と化学構造は，それぞれ後述する表6-3と図6-4～6を参照）．

2）真核藻類

シアノバクテリアを除く藻類，すなわち真核藻類の分類群とその特徴を表6-2に示す．顕微鏡でしか観察できない主に単細胞性の微細藻類（小さいもので直径1μm以下）だけでなく，海藻に代表される大型藻類（真正紅藻，アオサ藻，褐藻など）も含まれる．植物は単一の系統（アーケプラスチダ）にしか見られないのに対し，真核藻類は，真核生物を大きく分ける6つの分類群のうち，オピコンストコンタ（動物や菌類など）とアメーボゾア（粘菌など）を除く複数の系統に分布している（表6-2）．真核藻類は，葉緑体の起源も一様ではない．シアノバクテリアを細胞内に取り込み，葉緑体化したグループ（一次共生）だけでなく，一次共生した真核藻類である緑藻類や紅藻類をさらに取り込んで葉緑体化したグループ（二次共生）がある．さらに，ハプト藻類や珪藻類は，二次共生した藻類を取り込み，三次共生によって葉緑体を獲得したと考えられる．一方，真核藻類と同一の系統群であっても葉緑体を保持せず，従属栄養的な生活を営む真核生物もみられ，それらは進化の過程で，獲得していた葉緑体を失った可能性もある．

真核藻類は，植物のようにセルロースからなる細胞壁をもつものばかりでなく，ケイ酸質，石灰質（炭酸カルシウム），有機質鱗片（ペクチン様多糖，タンパク質）など，特徴的な細胞外被をもつものが知られる．また細胞壁がなく細胞外被が細胞膜でアメーバ状の細胞もあれば，細胞膜を支える構造体（アンフィエスマ，ペリクルなど）も知られるなど，細胞形態の多様性は非常に高い．鞭毛をもち遊泳性を示すものも多いが，鞭毛の形態にも多様性が見られる．外環境の変化に対応して，細胞形態を変化させ，シスト（耐久性の休眠細胞）を形成する種も知られる．

真核藻類の葉緑体は，シアノバクテリアと同様に光合成反応中心にクロロフィルaをもつが，光合成アンテナ色素は種によって様々である．灰色植物門や紅色植物門の真核藻類のように，アンテナ色素としてシアノバクテリアにみられるフィコビリンをもつものもあるが，多くの真核藻類は，フィコビリンをもたず，クロロフィルaのほかに，クロロフィルb，クロロフィルcやカロテノイドを主要アンテナ色素として利用している（各種光合成色素の吸収波長と化学構造は，それぞれ後述する表6-3と図6-4～6を参照）．

真核藻類は生活環も多様である．微細藻類の多くは，二分裂や胞子または遊走子によって無性的に増殖するが，なかには有性生殖する種もあり，また，環境の変化によって無性生殖と有性生殖を使い分ける種もある．有性生殖にも，卵細胞と精子を形成し，受精するものだけでなく，同形配偶子接合するものもある．

1−2　酸素発生型光合成の仕組み

光合成による化学エネルギー合成の場は，膜である．原核生物であるシアノバクテリアでは，細胞膜で，真核生物では，葉緑体のチラコイド膜で一連の反応が進行する（図6-2）．光合成で合成される化学エネルギーの1つであるアデノシン三リン酸（ATP）は，ATP合成酵素によって，アデノシン二リン酸（ADP）とリン酸（H_3PO_4，無機リン酸Piと称される）から合成される．この過程は，生物のエネルギー獲得様式の1つである呼吸と類似している．すなわち，膜にある電子伝達系を使って，膜内外のプロトン（H^+）濃度を変化させ，膜を介したプロトン濃度勾配（膜内外のプロトン濃度差）

表6-2 真核藻類の分類(Adl et al., 2012に基づく)

分類群		主要アンテナ色素	葉緑体の起源	代表的な細胞外被	生態など
アーケプラスチダ, ARCHAEPLASTIDA					
灰色植物門 Glaucophyta	−	クロロフィルa, フィコビリン	シアノバクテリア（一次共生）	細胞壁（セルロース）	すべて淡水生の微細藻類 遊泳するものもある
紅色植物門* Rhodophyta*	イデユコゴメ綱* Cyanidiophyceae* ロデラ綱 Rhodellophyceae チノリモ綱 Porphyridiophyceae ベニミドロ綱* Stylonematophyceae* オオイシソウ綱* Compsopogonophyceae* ウシケノリ綱* Bangiophyceae* 真正紅藻綱* Florideophyceae*			細胞壁（セルロース） 細胞壁にセルロースだけでなく、寒天やカラギーナンをもつものもある	淡水から海水域に分布 イデユコゴメ綱は、温泉から見出されており、高温（50～55℃）、強酸性（pH 0.5～3.0）を好む 鞭毛はないが、固体表面を滑るように動く（滑走運動）ものもある
緑藻植物門 Chlorophyta	緑藻綱 Chlorophyceae トレボウキシア藻綱 Trebouxiophyceae マミエラ藻綱 Mamiellophyceae ネフロセルミス藻綱* Nephroselmidophyceae* ペディノ藻綱 Pedinophyceae クロロデンドロン藻綱 Chlorodendrophyceae ミクロモナス藻綱* Micromonadophyceae* アオサ藻綱 Ulvophyceae	クロロフィルa, クロロフィルb, βカロテン		細胞壁（セルロース） 有機質鱗片をもつものもある	海水から淡水に至る水圏から、土壌や動植物表面にも分布 遊泳するものもある
車軸藻植物門 Charophyta	クロロキブス藻綱* Chlorokybophyceae* メソスティグマ藻綱* Mesostigmatophyceae* クレブソルミディウム藻綱 Klebsormidiophyceae コレオケーテ藻綱 Coleochaetophyceae 接合藻綱 Zygnematophyceae 車軸藻綱 Charophyceae				主に淡水生 遊泳するものもある 車軸藻綱は淡水生で唯一の大型藻類
SAR（ストラメノパイル, STRAENOPILES）					
−	珪藻綱 Bacillariophyceae ラフィド藻綱 Raphidophyceae 黄金色藻綱 Chrysophyceae 黄緑色藻綱 Xanthophyceae ファエオタムニオン藻綱 Phaeothamniophyceae ディクティオカ藻綱 Dictyochophyceae ペラゴ藻綱 Pelagophyceae 真眼点藻綱 Eustigmatophyceae 褐藻綱 Phaeophyceae	クロロフィルa, クロロフィルc, フコキサンチン, ジアトキサンチンなどのカロテノイド	紅藻類（二次共生）	細胞膜またはセルロースやケイ酸質の細胞壁	淡水生から海水生を含む 遊泳するものもある 珪藻綱は、海域における重要な一次生産者と考えられている

分類群		主要アンテナ色素	葉緑体の起源	代表的な細胞外被	生態など
SAR(アルベオラータ, ALVEOLATA)					
渦鞭毛植物門 Dinoflagellata	渦鞭毛藻綱 Dinophyceae	クロロフィルa, クロロフィルc, ペリジニン	紅藻類,緑藻類(二次共生) ハプト藻類,珪藻類(三次共生)	細胞膜下にアンフィエスマ小胞と呼ばれるセルロースからなる袋状構造	淡水から海水域に分布 鞭毛をもち、回転を伴う遊泳性が知られる サンゴやイソギンチャクと共生する種が知られる
クロメラ類 Chromerida	−	クロロフィルa, βカロテン, ビオラキサンチンなどのカロテノイド	紅藻類(二次共生)	細胞壁	$Chromera$属, $Vitrella$属の2属からなる 遊泳性
SAR(リザリア, RHIZARIA)					
クロララクニオン植物門 Chlorarachniophyta	−	クロロフィルa, クロロフィルb, βカロテン	緑藻類(二次共生)	細胞膜または細胞壁	熱帯から温帯の海水域に分布 遊泳性
エクスカバータ, EXCAVATA					
ユーグレナ類 Euglenida	ユーグレナ藻綱 Euglenophyceae	クロロフィルa, クロロフィルb, βカロテン	緑藻類(二次共生)	細胞膜下にペリクルと呼ばれる板状のタンパク質	淡水から海水域に分布 多くが遊泳性
その他(分類学上の所属不明, Incertae sedis EUKARYOTA)					
ハプト植物門 Haptophyta	パブロボ藻綱 Pavlovophyceae プリムネシオ藻綱 Prymnesiophyceae	クロロフィルa, クロロフィルc, フコキサンチン, ジアトキサンチンなどのカロテノイド	紅藻類(二次共生)	有機質鱗片、石灰質(円石)	海水生 遊泳性のものには、鞭毛以外に長い毛状器官(ハプトネマ)が知られる 円石は炭酸カルシウムからなる丸い石で、複雑で多様な細胞形態を形作る
クリプト藻植物門* Cryptophyta*	クリプト藻綱 Cryptophyceae	クロロフィルa, クロロフィルc, フィコビリン		細胞膜の表裏がタンパク質からなる構造体に挟まれたペリプラストを形成する	淡水から海水域に分布 多くが遊泳性 他の原生生物に取り込まれ、一時的に宿主内で光合成することが知られる(盗葉緑体)

*は、未承認の名称を示す.
下線は、大型藻類を示す.
−は、該当する分類名がまだ提案されていないことを示す.

【参考】真核生物全体は、アーケプラスチダ(ARCHAEPLASTIDA), SAR, エクスカバータ(EXCAVATA), アメーボゾア(AMOEBOZOA), オピコンストコンタ(OPISTHONKOTA)とその他に分けられる. 表にもある藻類が含まれる分類群の特徴は以下の通り.
・アーケプラスチダ：一次共生した光合成生物からのみ構成される
・SAR：ストラメノパイル(S), アルベオラータ(A), リザリア(R)を統合した分類群
　　　ストラメノパイル：菌類や従属栄養性の原生生物を含む. 表中の藻類は、黄藻植物門(Ochrophyta)または不等毛植物門(Heterokontophyta)とも呼ばれていたが、高次分類は定まっていない.
　　　アルベオラータ：表中の藻類のほかに繊毛虫などが含まれる.
　　　リザリア：表中の藻類のほかに有孔虫, 放散虫などが含まれる.
・エクスカバータ：トリコモナスなどの従属栄養性の原生生物を含む.
・その他：ハプト植物門、クリプト植物門のほかに、太陽虫門、アプソゾアなどが含まれる.

A. 細菌の細胞

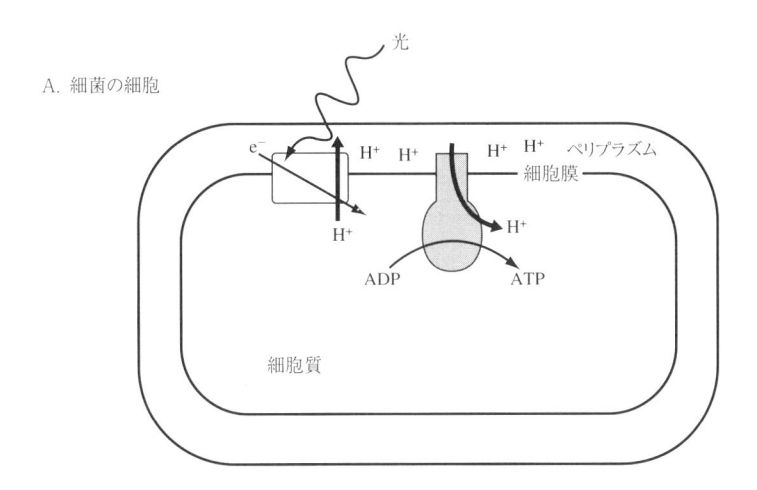

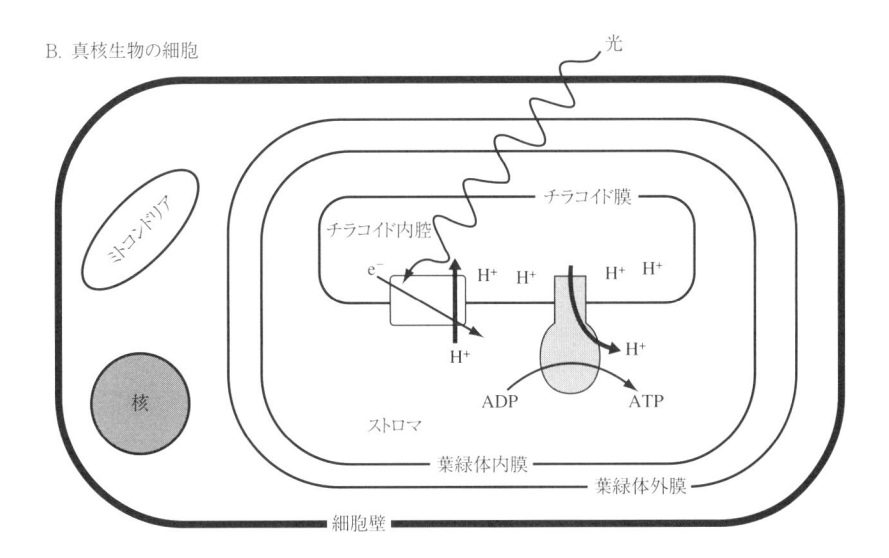

B. 真核生物の細胞

図6-2　光合成の電子伝達とATP合成酵素
　　　細菌の細胞膜，または真核生物の葉緑体のチラコイド膜にある電子伝達系による電子伝達の結果，細菌ではペリプラズム，葉緑体ではチラコイド内腔のプロトン濃度が高まり，膜内外でプロトン濃度差を生じる．これがプロトン駆動力となり，ATP合成酵素によってATPが合成される．

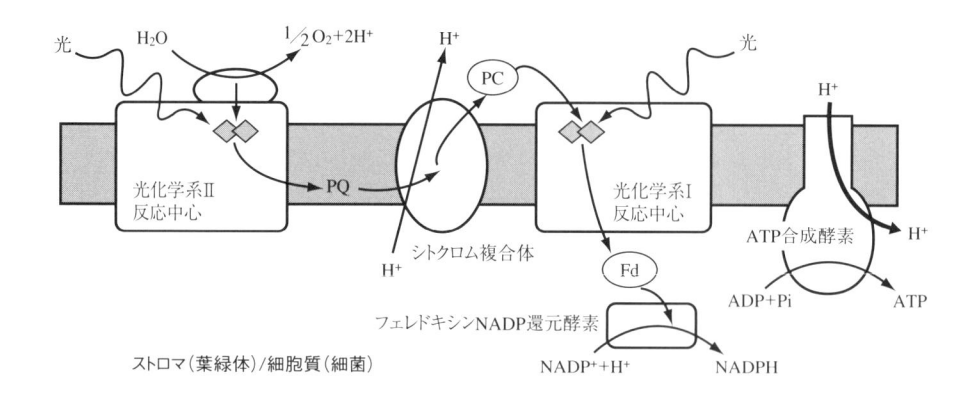

図6-3 酸素発生型光合成の電子伝達
PQ：プラストキノン，PC：プラストシアニン（プラストシアニンの代わりに可動性シトクロムcを使うものもある），Fd：フェレドキシン．光化学系内の灰色部は，反応中心クロロフィルを示す．フェレドキシンがNADPH生成に利用されず，シトクロム複合体へと戻る循環型の電子伝達もあり，その場合，還元力が生成されず，もっぱらプロトン濃度勾配の形成によるATP合成が起こる．

を形成する．そして，膜貫通型のATP合成酵素がプロトンを輸送することで，ATPが合成される．さらに光合成では，これらの過程と連動して，炭酸固定などに利用できる還元力を得る．すなわち，酸化型のニコチンアミドアデニンジヌクレオチドリン酸（$NADP^+$）を還元し，還元型のニコチンアミドアデニンジヌクレオチドリン酸（NADPH）を得る．このように光合成では，光エネルギーをATPと還元力という化学エネルギーに変換している．光の吸収に始まる酸素発生型光合成の一連の反応を図6-3に示した．

1）電子伝達とATPおよび還元力の生成

光合成の電子伝達系は，光化学系Ⅱ，プラストキノン，シトクロム複合体，プラストシアニン，光化学系Ⅰ，フェレドキシン，フェレドキシンNADP還元酵素から構成される（図6-3）．光化学系は，膜にある複数のタンパク質からなる複合体で，光を吸収する色素や電子伝達分子を含む．酸素発生型の光合成では，光化学系Ⅱの反応中心クロロフィルが光で励起されると，励起されたクロロフィルは強力な還元剤（電子供与体）として，その電子は，光化学系Ⅱに含まれる電子伝達体に順に受け渡され，膜内のプラストキノンを還元する．還元されたプラストキノン（プラストキノール）の電子は，シトクロム複合体（2種類のヘムタンパク質，シトクロムb_6，シトクロムfを含む）内の電子伝達経路を通って，水溶性タンパク質プラストシアニンに受け渡される．光化学系Ⅰの反応中心クロロフィルも光で励起され強力な還元剤として働くが，その放出した電子を補給するのが還元型のプラストシアニンである．励起された光化学系Ⅰの反応中心クロロフィルの電子は，光化学系Ⅰ内の電子伝達体に順に受け渡され，水溶性タンパク質フェレドキシンを還元する．還元されたフェレドキシンの電子は，フェレドキシンNADP還元酵素によって$NADP^+$に受け渡され，NADPHが生成される．なお，電子を放出した光化学系Ⅱの反応中心クロロフィルに電子を供給するのは，水の分子状酸素への開裂反応（$2H_2O \rightarrow O_2 + 4H^+ + 4e^-$）であり，そのためこの光合成は酸素発生を伴う．この一連の電子伝達によっ

表6-3 光合成色素が吸収する光の波長域の概要

		紫	青		緑	黄	橙	赤		赤外		
波長(nm)	350	400	450	500	550	600	650	700	750	800	850	900

【クロロフィル】
- クロロフィルa
- クロロフィルb
- クロロフィルc
- クロロフィルd
- クロロフィルf
- DV クロロフィルa
- DV クロロフィルb

【バクテリオクロロフィル】
- バクテリオクロロフィルa
- バクテリオクロロフィルb
- バクテリオクロロフィルc
- バクテリオクロロフィルd
- バクテリオクロロフィルe
- バクテリオクロロフィルg

【フィコビリンの色素】
- フィコシアノビリン
- フィコエリスロビリン
- フィコウロビリン
- フィコビオロビリン
- 15, 16-ジヒドロビリベルジン
- $18^1, 18^2$-ジヒドロビリベリジン
- ビリン618
- ビリン584

【カロテノイド】
- βカロテン
- αカロテン
- γカロテン
- ゼアキサンチン
- ビオラキサンチン
- 9'-シス・ネオキサンチン
- ジアトキサンチン
- ジアジノキサンチン
- フコキサンチン
- ルテイン
- ロロキサンチン
- シフォナキサンチン
- ペリジニン

生体から抽出した色素の吸収波長領域を濃灰色で示す。生体内での吸収波長領域を,淡灰色で示す。
生体内でタンパク質に含まれている場合,タンパク質の内部環境の影響を受けることがある。

て，膜内外でプロトンの濃度差が生じ，このプロトン濃度差を解消するように働く力（プロトン駆動力）を利用して膜貫通型の ATP 合成酵素が ATP を合成する．

2）光の捕集

光は光化学系の反応中心クロロフィルだけで受容しているわけではない．光化学系内や光化学系周辺にあるアンテナ色素（光捕集色素）を使って光を捕集し，その光エネルギーを反応中心クロロフィルに集めることで，効果的に，また広い波長域の光を利用している（表6-3）．アンテナ色素としては，クロロフィルも利用されるが，その他に，フィコビリンタンパク質やカロテノイドが知られる．各生

	M	R_1	R_2	R_3	R_4	R_5	R_6
クロロフィルa	Mg	CH=CH$_2$	CH$_3$	CH$_2$CH$_3$	CH$_3$	COOCH$_3$	H
クロロフィルb	Mg	CH=CH$_2$	CHO	CH$_2$CH$_3$	CH$_3$	COOCH$_3$	H
クロロフィルd	Mg	CHO	CH$_3$	CH$_2$CH$_3$	CH$_3$	COOCH$_3$	H
クロロフィルf	Mg	CH=CH$_2$	CH$_3$	CH$_2$CH$_3$	CHO	COOCH$_3$	H
DVクロロフィルa	Mg	CH=CH$_2$	CH$_3$	CH=CH$_2$	CH$_3$	COOCH$_3$	H
DVクロロフィルb	Mg	CH=CH$_2$	CHO	CH=CH$_2$	CH$_3$	COOCH$_3$	H
バクテリオクロロフィルa	Mg	COCH$_3$	CH$_3$	CH$_2$CH$_3$	CH$_3$	COOCH$_3$	H
バクテリオクロロフィルb	Mg	COCH$_3$	CH$_3$	CHCH$_3$*	CH$_3$	COOCH$_3$	H
バクテリオクロロフィルc	Mg	CH(OH)CH$_3$	CH$_3$	CH$_2$CH$_3$	CH$_3$	H	CH$_3$
バクテリオクロロフィルd	Mg	CH(OH)CH$_3$	CH$_3$	CH$_2$CH$_3$	CH$_3$	H	CH$_3$
バクテリオクロロフィルe	Mg	CH(OH)CH$_3$	CHO	CH$_2$CH$_3$	CH$_3$	H	CH$_3$
バクテリオクロロフィルg	Mg	CH=CH$_2$	CH$_3$	CHCH$_3$*	CH$_3$	COOCH$_3$	H
亜鉛-バクテリオクロロフィルa	Zn	COCH$_3$	CH$_3$	CH$_2$CH$_3$	CH$_3$	COOCH$_3$	H

*この場合，R$_2$とR$_3$が結合している炭素同士の結合は，二重結合ではなく，一重結合になる．
バクテリオクロロフィルでは，テトラピロール環の下に伸びる炭化水素鎖に多様性が見られる．

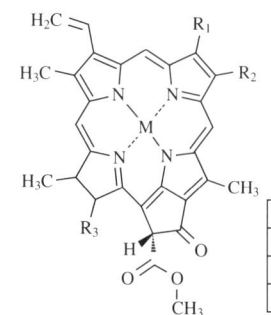

	M	R_1	R_2	R_3
クロロフィルc_1	Mg	CH$_3$	CH$_2$CH$_3$	CH=CHCOOH
クロロフィルc_2	Mg	CH$_3$	CH=CH$_3$	CH=CHCOOH
クロロフィルc_3	Mg	COOCH$_3$	CH=CH$_2$	CH=CHCOOH

図6-4 光合成に利用される色素の化学構造-クロロフィル類

物の色は，これら含有する色素の種類および構成比率の違いによる．

クロロフィルは，二重結合を多く含む平面環構造をもつ化合物で，4個のピロール環が環状につながってできるテトラピロール環に炭化水素鎖が結合し，また環の中心にはマグネシウムが配位している（図6-4）．自然界から，クロロフィル a，クロロフィル b，クロロフィル c，クロロフィル d，ジビニルクロロフィル a，ジビニルクロロフィル b が見つかっており，これらはテトラピロール環の側鎖が異なる．

フィコビリンは，ビリン類を色素として共有結合している色素タンパク質である．ビリン類は，4個のピロール環が直鎖上につながった構造をとる（図6-5）．フィコビリンは，色素やタンパク質のサブユニット構造の違いによって，フィコシアニン（フィコシアノビリン以外に，フィコエリスロビリンやフィコウロビリンなどを有するものがある），フィコエリスリン（フィコエリスロビリン，フィコウロビリン以外にジヒドロビリベルジンなどを有するものがある），フィコエリスロシアニン（フィコシアノビリン，フィコビオロビリンを有する），アロフィコシアニン（フィコシアノビリンを有する）に分けられる．

カロテノイドは，イソプレン $CH_2=C(CH_3)CH=CH_2$ 単位が8個，直鎖上につながった $C_{40}H_{56}$ を

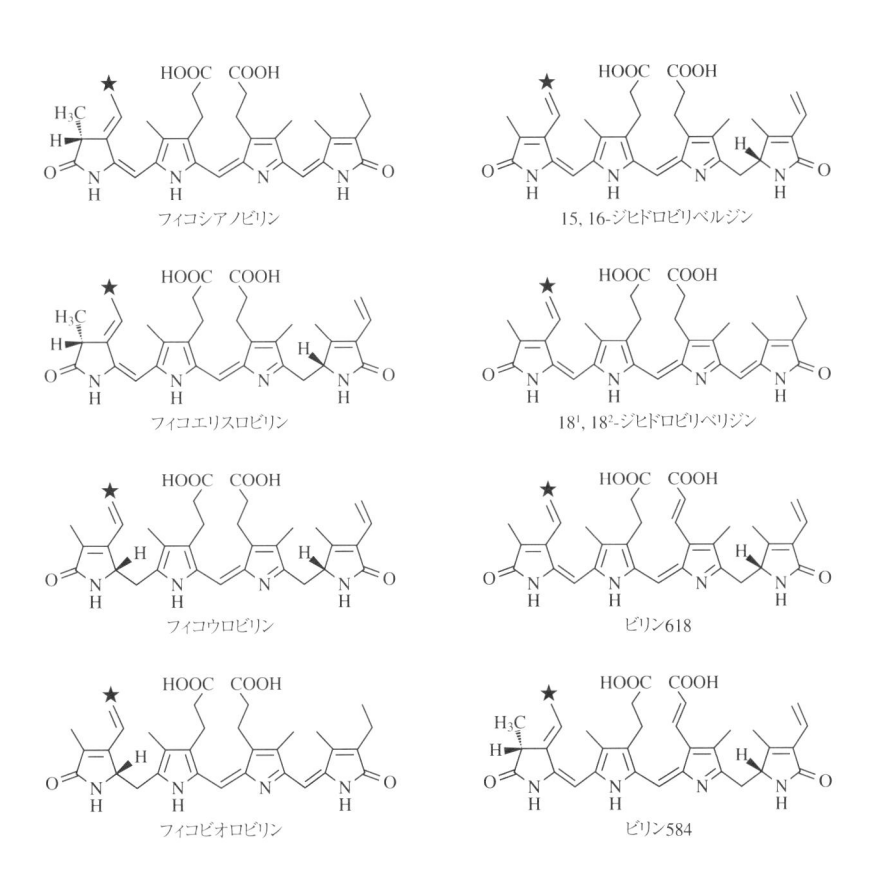

図6-5 光合成に利用される色素の化学構造−ビリン類
星印の部分でタンパク質のシステイン残基と共有結合する．

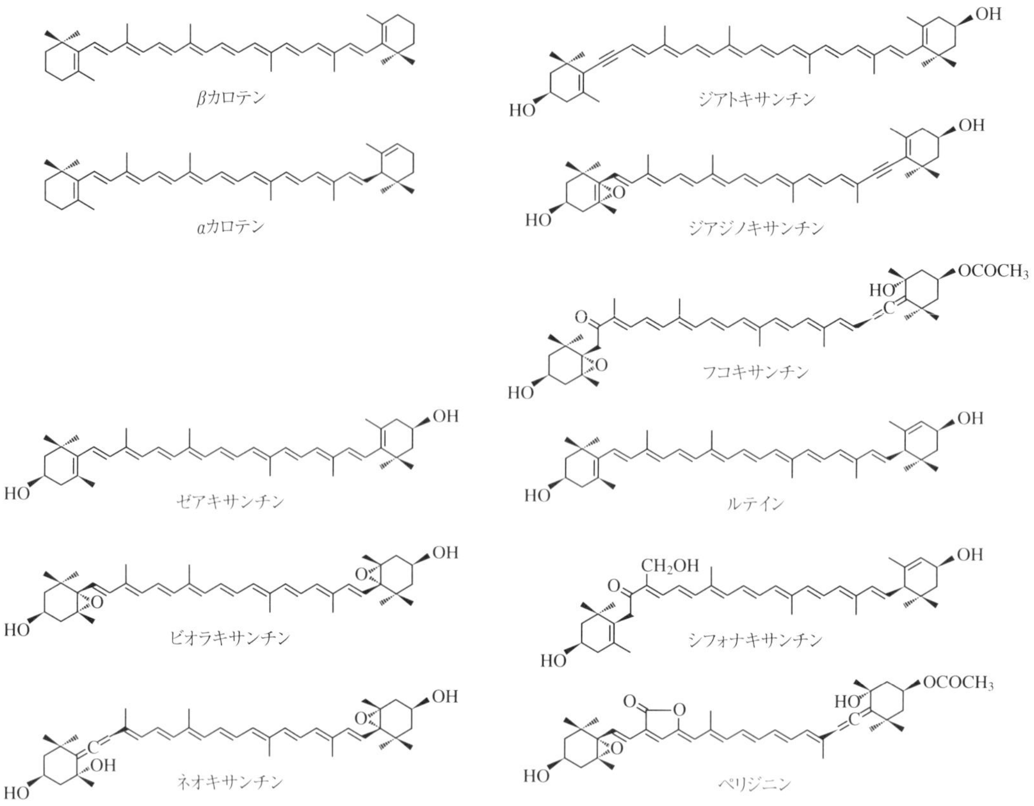

図6-6 光合成に利用される色素の化学構造-カロテノイド類

骨格とする（図6-6）. 多くは，色素タンパク質複合体として存在する. 炭素と水素だけからなる β カロテン，α カロテンをカロテン類，これらカロテンに水酸基（-OH）やカルボニル基 [-C(=O)-] などが結合したものをキサントフィル類，と称することがある. 光合成生物がもつカロテノイドには30種類以上が知られ，カロテノイドの組成は光合成生物の特徴づけや分類にも利用される. 光捕集としての機能以外に，強光からの保護作用も担う.

1-3 酸素非発生型光合成細菌

細菌には，シアノバクテリア以外にも光合成能を有するものが知られる. ただし，植物や藻類の光合成と異なり，酸素発生を伴わないため，酸素非発生型光合成細菌と呼称される. 酸素非発生型光合成細菌は，一般に光合成細菌と称されることがあるが，シアノバクテリアも光合成する細菌であることに留意したい.

酸素非発生型光合成は，光を受容し，細胞膜にある電子伝達系を利用して，光エネルギーを化学エネルギーに変換する点では酸素発生型光合成と同じであるが，電子源として，酸素発生型光合成における水の代わりに，水素や硫化水素などを利用する. そのため，酸素ガスは生成されない. 反応中心には，酸素非発生型光合成細菌に特徴的なバクテリオクロロフィルをもち，植物や藻類が利用できな

表6-4　酸素非発生型光合成細菌

	紅色細菌	緑色糸状性細菌	緑色硫黄細菌	ヘリオバクテリア
分類(門)*	*Proteobacteria*	*Chloroflexi*	*Chlorobi*	*Firmicutes*
光化学系	II型		I型	
反応中心バクテリオクロロフィル(Bchl)	Bchl *a*			Bchl *g*
主要アンテナ色素**	Bchl *a*／Bchl *b*	Bchl *a*／Bchl *c*／Bchl *d*	Bchl *c*／Bchl *d*／Bchl *e*	Bchl *g*
電子源	硫化水素などの硫黄化合物, 水素, 有機物	硫化水素などの硫黄化合物, 水素, 有機物	硫化水素などの硫黄化合物	有機物
独立栄養的炭酸固定経路	カルビン回路	3-ヒドロキシプロピオン酸回路／カルビン回路	還元型TCA回路	−
光合成以外のエネルギー獲得様式	好気呼吸, 嫌気呼吸, 発酵	好気呼吸	−	発酵
生態	淡水域から海水域, 土壌, 底泥, 廃水処理槽	主に温泉（アルカリ硫黄泉）	主に水圏	土壌, 水田

*細菌の門については, 図6-10も参照
**これら主要アンテナ色素のほかに, 他のバクテリオクロロフィルや多様なカロテノイドを利用している.

い波長域の光を利用できる（表6-3, 図6-4）．バクテリオクロロフィルは，酸素発生型の光合成生物がもつクロロフィルと基本構造は同じで，一部の側鎖が異なる．バクテリオクロロフィルには，バクテリオクロロフィル *a*, *b*, *c*, *d*, *e*, *g* の6種のほかにマグネシウムの代わりに亜鉛を配位した亜鉛-バクテリオクロロフィル *a* も見つかっている．アンテナ色素には，バクテリオクロロフィルだけでなく，様々なカロテノイドを有し，これらの色素により，緑色，黄〜橙色，赤色と種によって特徴的な色を示す．一部の酸素非発生型光合成細菌は，独立栄養的には生育できず，炭素源として有機物を必要とする（光従属栄養という）．また光合成だけでなく他のエネルギー獲得様式を併せ持つものも多い．これらの特性から，水圏だけでなく，土壌にも広く分布しており，地球環境の物質循環に幅広く関わっていると考えられる．

　酸素非発生型光合成細菌は，性質や系統の違いから，紅色細菌，緑色糸状性細菌，緑色硫黄細菌，ヘリオバクテリアの4つに分けられる（表6-4）．また光合成の反応中心の種類および電子伝達の様式から，紅色細菌および緑色糸状性細菌と，緑色硫黄細菌およびヘリオバクテリアに大別される．

　紅色細菌と緑色糸状性細菌の反応中心は，酸素発生型光合成の光化学系IIに類似しており，II型反応中心と呼ばれる．電子伝達経路の概要を図6-7に示す．光で励起された反応中心バクテリオクロロフィルの電子は，キノン，シトクロム複合体，可動性シトクロムへと受け渡されたのち，再び，バクテリオクロロフィルに戻ってくる．このように電子は電子伝達経路を循環する（循環型の電子伝達）．この過程で，細胞質からペリプラズム空間へとプロトンのくみ出しが起こり，形成されるプロトン濃

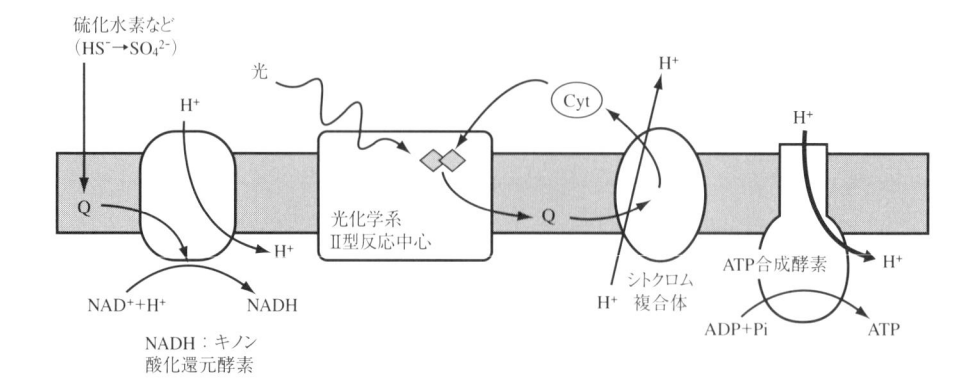

図6-7 Ⅱ型反応中心を利用する酸素非発生型光合成の電子伝達
　　Q：キノン，Cyt：シトクロムc（シトクロムcの代わりに鉄-硫黄タンパク質を使うものもある）．光化学系内の灰色部は，反応中心バクテリオクロロフィルを示す．電子伝達で形成されたプロトン濃度勾配が，ATP合成およびNAD$^+$還元（NADH生成）に利用される．NAD$^+$還元のための電子源には，硫化水素などが利用される．

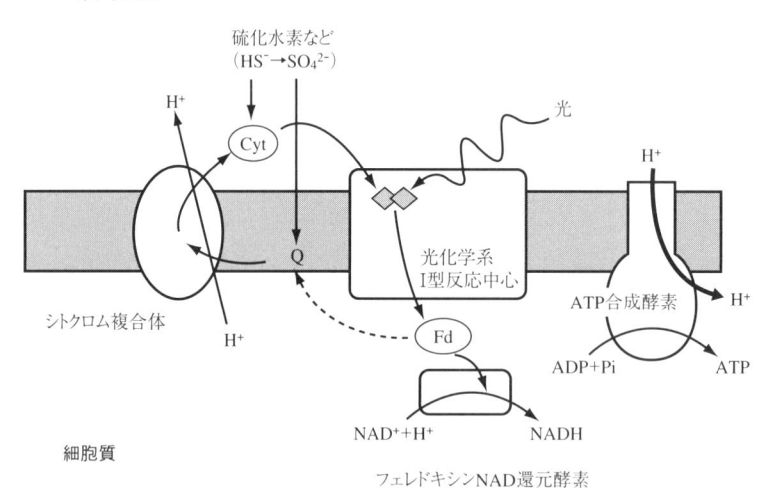

図6-8 Ⅰ型反応中心を利用する酸素非発生型光合成の電子伝達
　　Q：キノン，Cyt：シトクロムc，Fd：フェレドキシン．光化学系内の灰色部は，反応中心バクテリオクロロフィルを示す．フェレドキシンは，そのまま炭酸固定の還元力として利用されるほか，フェレドキシンNAD還元酵素によってNADH生産に利用される．また，点線で示した循環型の電子伝達もあると考えられている．

度勾配によってATP合成酵素がATPを生成する．還元力（還元型のニコチンアミドアデニンジヌクレオチド，NADH）もプロトン駆動力を利用して，NADH：キノン酸化還元酵素によって生産される．NAD$^+$（酸化型のニコチンアミドアデニンジヌクレオチド）を還元するための電子は，硫化水素から得る種ばかりでなく，単体硫黄，チオ硫酸，水素，二価鉄，亜硝酸，または亜ヒ酸から得る種も知られる．紅色細菌には窒素固定能を有するものも多い．

紅色細菌が属する系統群（*Proteobacteria* 門）には，バクテリオクロロフィルをもつが，光合成で獲得したエネルギーでは生育できず，もっぱら有機物を炭素源とした好気呼吸で従属栄養的に生育するものが知られる．これらは嫌気光合成条件で生育できないため，好気性（酸素非発生型）光合成細菌と呼ばれる．光合成による独立栄養的な生育は示さないが，特に湖や海水域などの水圏では多いところで細菌全体の20％以上を占めるという見積もりもある．

緑色硫黄細菌とヘリオバクテリアのⅠ型反応中心は，酸素発生型光合成の光化学系Ⅰに類似性がある．Ⅰ型反応中心を利用する酸素非発生型光合成の電子伝達経路を図6-8に示す．光で励起された反応中心バクテリオクロロフィルの電子は，フェレドキシンの還元に利用される．還元されたフェレドキシンの電子は，フェレドキシンNAD還元酵素によってNAD$^+$に受け渡され，NADHが生成される．緑色硫黄細菌のもつ炭酸固定経路である還元的TCA回路（後述）では，フェレドキシンをそのまま還元力として利用する反応もある．緑色硫黄細菌では，電子を放出した反応中心バクテリオクロロフィルは，硫化水素などの硫黄化合物から，キノン，シトクロム複合体，シトクロムを介して，電子を得る．この電子伝達の過程で膜内外のプロトン濃度勾配を形成し，ATP合成酵素によってATPが合成される．

1-4 光駆動型プロトンポンプ

上述してきたクロロフィルまたはバクテリオクロロフィルを反応中心として，電子伝達を伴う光合成とは，異なる仕組みをもつ細菌が見つかっている．レチナールという色素を有する膜タンパク質（プロテオロドプシン）が，光駆動型プロトンポンプとして働く．プロテオロドプシンは，光を受けると細胞質からプロトンを汲み出して，プロトン濃度勾配を形成し，膜貫通型のATP合成酵素がATPを合成する．490 nmまたは525 nm付近の波長の光を吸収するタイプが知られており，吸収する波長はロドプシンタンパク質のアミノ酸配列によって変化する．*Proteobacteria* 門（*Gammaproteobacteria* 綱）や *Bacteroidetes* 門に属する海洋細菌に見出されており，海洋表層では数十％の細菌がプロテオロドプシン遺伝子をもつという見積りがある．ただし，独立栄養的な炭酸固定は知られていない．

§2．化学合成独立栄養微生物

光合成では，光によって励起された（バクテリオ）クロロフィルのもつ高い還元力を使って，炭酸固定に利用できるNADPHなどの還元力およびATPを生成する．細菌や古細菌には，高い還元力をもつ無機物（還元剤）を酸素などの無機物（酸化剤）で酸化することによって還元力およびATPを生成し，独立栄養的な炭酸固定をするものがある．このような微生物は，化学合成独立栄養微生物と呼ばれ，細菌および古細菌の幅広い系統に分布する．次項（§3.）で述べるように炭酸固定経路も多

様である．本節では，化学合成独立栄養微生物のエネルギー獲得機構と生態について理解する．

2-1　無機物の酸化による呼吸

生物のエネルギー獲得様式には，光合成，呼吸，発酵がある．化学合成独立栄養微生物のエネルギー獲得様式は，呼吸である．図6-9に，呼吸と酸素発生型の光合成におけるATPと還元力の生成方法の概略を並べて示す．

呼吸と光合成はどちらも膜にある電子伝達系から得たプロトン駆動力を利用して，膜貫通型のATP合成酵素でATPを合成する．電子伝達では，電子を放出しやすい（酸化されやすい）物質から，電子を受け取りやすい（還元されやすい）物質へと電子が流れる（図6-9参照）．従属栄養生物の呼吸では，有機物を電子供与体として利用しているのに対し，独立栄養生物の呼吸では，一般に，有機物を利用せず，電子伝達系に電子を供給する電子供与体も，最後に電子を受け取る最終電子受容体も無機物である．ATPを合成する機構は同じであるが，有機物を電子供与体（エネルギー源）として利用できる場合，炭素源としても利用することが一般的であり，多くのエネルギーを消費する炭酸固定は必要ではない．

炭酸固定にはATPだけでなく還元力（NADHなど）も必要である．NADHよりも高い還元力をもった物質（水素など）を電子供与体として利用できる場合，その電子を使ってNAD$^+$を還元し，NADHを得ることができる．電子供与体の還元力が低い場合は，呼吸の電子伝達で得たプロトン駆動力をも

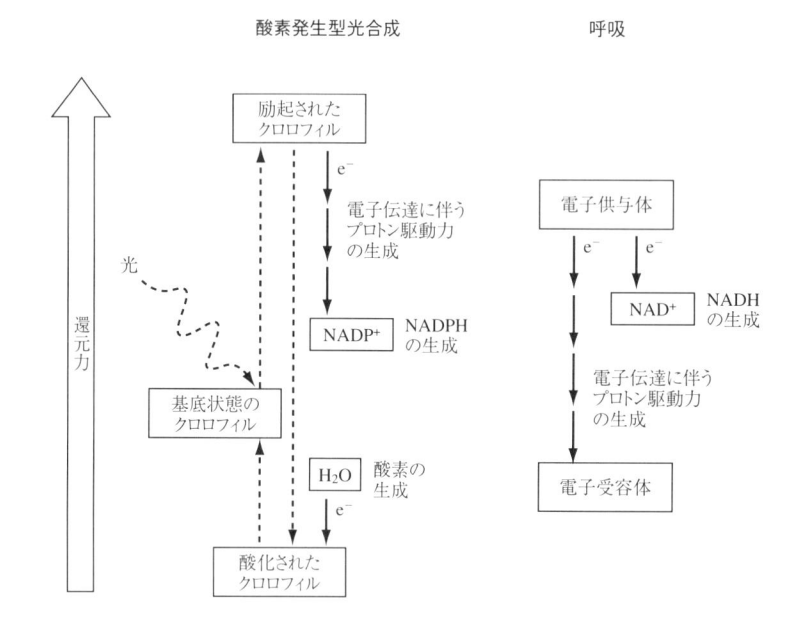

図6-9　光合成と呼吸における化学エネルギーの変換
高い還元力をもった物質（電子供与体）から，炭酸固定など生体内で利用しやすい還元剤（NADPH，NADH，フェレドキシンなど）を生成する．また，電子供与体（還元剤，電子を放出しやすい物質）から電子受容体（酸化剤，電子を受け取りやすい物質）への電子伝達によって生成したプロトン駆動力を利用してATPが合成される．プロトン駆動力を利用してNADHを生成するものもある．

表6-5 化学合成独立栄養微生物の呼吸様式

	電子供与体	→酸化産物	電子受容体	→還元産物
アンモニア酸化菌	NH_4^+	NO_2^-	O_2	H_2O
嫌気的アンモニア酸化菌*	NH_4^+	N_2	NO_2^-	N_2
亜硝酸酸化菌	NO_2^-	NO_3^-	O_2	H_2O
硫黄酸化菌	HS^-, S^0	S^0, SO_4^{2-}	O_2	H_2O
鉄酸化菌	Fe^{2+}	Fe^{3+}	O_2	H_2O
嫌気的鉄酸化菌**	Fe^{2+}	Fe^{3+}	NO_3^-	NO_2^-
水素酸化菌	H_2	H_2O	O_2	H_2O
一酸化炭素酸化菌	CO	CO_2	O_2	H_2O
硝酸還元菌	H_2	H_2O	NO_3^-	$NO_2^-／N_2$
鉄還元菌	H_2	H_2O	Fe^{3+}	Fe^{2+}
硫酸還元菌	H_2	H_2O	SO_4^{2-}	HS^-
メタン生成菌（二酸化炭素還元菌）	H_2	H_2O	CO_2	CH_4

*アナモックス（ANoxic AMMonia OXidation）
**硝酸還元ともいうことができる．

とに，NADH：キノン酸化還元酵素を使ってNADHを生成する．これは，Ⅱ型反応中心を有する酸素非発生型光合成の電子伝達で見た反応と同様である（図6-7）．

表6-5には，独立栄養的生育が知られる化学合成微生物の種類を，電子供与体および電子受容体の違いからまとめた．電子受容体として酸素を利用するものは，好気呼吸で，その他は嫌気呼吸である．一般に，好気呼吸の場合，酸化される電子供与体の名称から，○○酸化菌と称される．逆に嫌気呼吸の場合，還元される電子受容体の名称から，○○還元菌と呼ばれる．また，好気呼吸を酸素呼吸と呼ぶのに対応して，嫌気呼吸は，利用する電子受容体の違いから硝酸呼吸などと称される．

2-2 化学合成独立栄養微生物の生態系での分布

化学合成独立栄養微生物は，呼吸の電子供与体および電子受容体として利用できる物質の存在に応じた環境分布がみられる．二酸化炭素から有機物を合成する炭素循環だけでなく，環境中における様々な無機物の酸化還元に関わっている．

アンモニア酸化菌の電子供与体となるアンモニアは，動植物の遺体や排泄物に由来し，アンモニアの酸化産物である亜硝酸を電子供与体とする亜硝酸酸化菌とともに，自然界に広く分布している．酸素で酸化するものばかりでなく，亜硝酸を電子受容体としてアンモニアを酸化する嫌気的アンモニア酸化（アナモックス）菌は，特にアンモニアを窒素ガスに変換できることから，廃水処理分野で注目されている．硝酸（または亜硝酸）を電子受容体とし窒素ガスまで変換する硝酸還元菌（または亜硝酸還元菌）は，脱窒菌とも言われ，環境の窒素循環に大きくかかわっている．硫化水素（HS^-）や硫黄（S^0），水素は，生物の代謝によって生成されるばかりでなく，温泉（陸上温泉，海底温泉）など高濃度に供給されている環境もある．鉄は，陸地，海底など地球の地殻を構成する主要元素の1つで，様々

な酸化物や水酸化物として存在する．その酸化数は，2 または 3 である．Fe^{2+} は電子供与体として利用される一方，還元された Fe^{3+} を電子受容体とする嫌気呼吸もある．さらに，表 6-5 に示した物質以外にもマンガンなど多様な重金属を利用した呼吸が知られる．

§3. 微生物のもつ多様な炭酸固定経路

炭酸固定は，光合成や呼吸によって獲得したエネルギーを利用して，二酸化炭素を生体成分に取り込む反応である．これまでに知られている独立栄養的炭酸固定経路は，6 種類ある．本節では，各経路を比較しながら，それぞれの経路の特徴を理解する．

6 つの炭酸固定経路の概略を表 6-6 にまとめて示す．これらは基盤とする代謝物から，糖代謝，有機酸代謝，無機化合物代謝，の 3 つに分けられる．真核生物は，すべてカルビン回路であるが，原核生物には 6 種の経路がみられる（図 6-10）．系統的に特徴的な分布があるようにも思われるが，未解析の種もあることに留意が必要である．ごくまれに 2 つ以上の経路を併せ持つ種もあるが，一般に，どれか 1 つの経路を利用している．

3-1　糖代謝を基盤とする経路－カルビン回路（Calvin cycle）

光合成生物が広く利用している炭酸固定経路である．植物から藻類までを含む酸素発生型の光合成生物の独立栄養的炭酸固定経路はすべてカルビン回路である．Melvin Calvin 博士とともにこの回路を発見した Andrew A. Benson 博士の名前を併記し，カルビン - ベンソン回路とも呼ばれる（または共同研究者の James A. Bassham 博士の名前を加えた Calvin-Benson-Bassham 回路とも呼ばれる）．カルビン回路の一部は，NADPH の合成を担う（酸化的）ペントースリン酸経路の逆反応であることから還元的ペントースリン酸経路とも呼ばれる．リブロースなどの糖が経路の主たる反応に関わる．

表6-6　現在，見つかっている炭酸固定経路

	経路から得られる有機物	必要なエネルギー*
【糖代謝を基盤】		
① カルビン回路	$3CO_2 →$ グリセルアルデヒド3-リン酸	9ATP+12[H]
【有機酸代謝を基盤】		
② 還元的TCA回路	$4CO_2 →$ オキサロ酢酸	4ATP+10[H]
③ 3-ヒドロキシプロピオン酸回路	$3CO_2 →$ ピルビン酸	5ATP+10[H]
④ 3-ヒドロキシプロピオン酸／4-ヒドロキシ酪酸回路	$2CO_2 →$ アセチルCoA	4ATP+8[H]
⑤ ジカルボキシル酸／4-ヒドロキシ酪酸回路	$2CO_2 →$ アセチルCoA	3ATP+8[H]
【無機化合物代謝を基盤】		
⑥ アセチルCoA経路	$2CO_2 →$ アセチルCoA	ATP+8[H]

*[H]は，NADPHなどの還元力を表す．NADPHやNADHの場合，1分子あたり2電子の授受があるため，2[H]と示した．

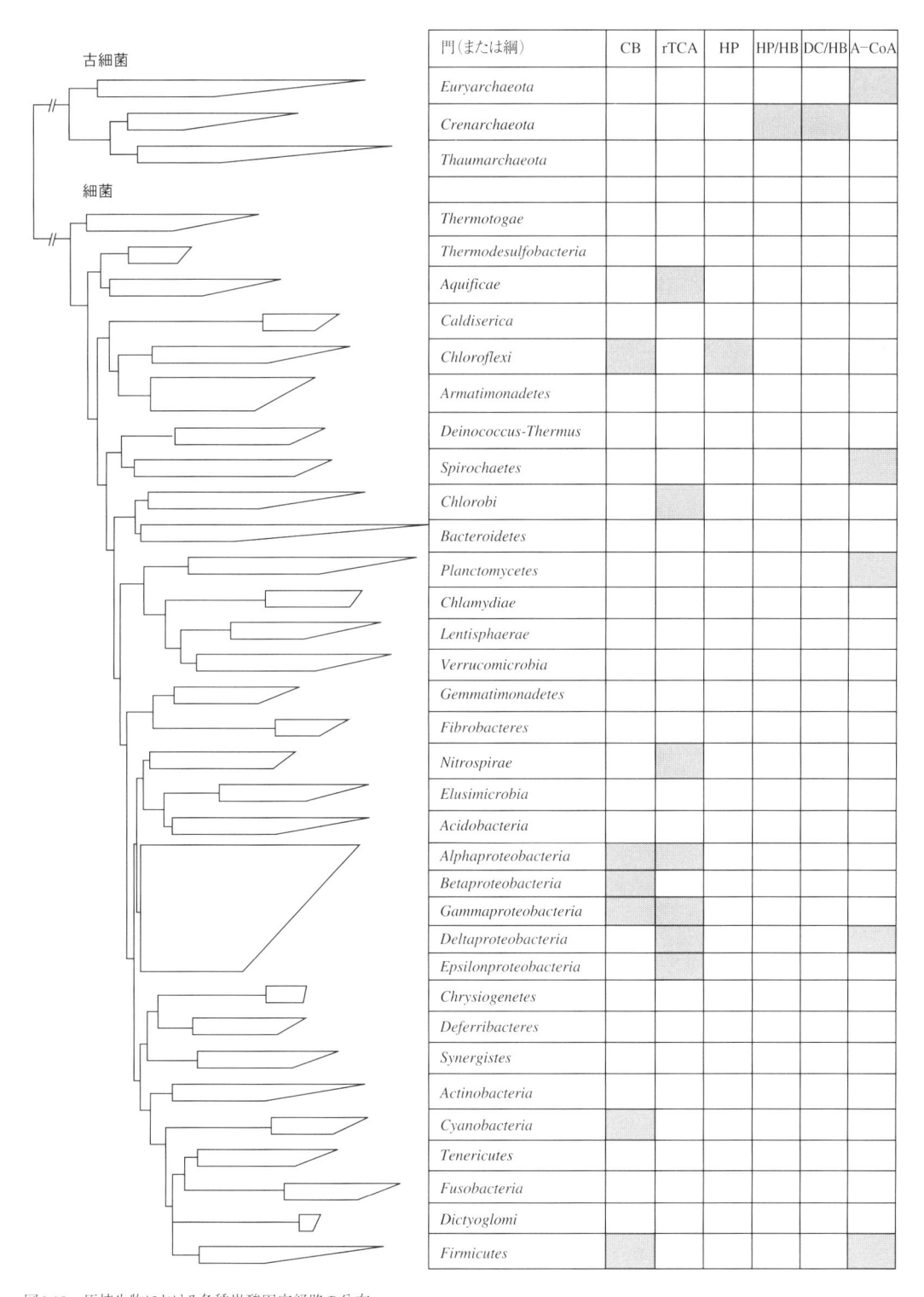

第6章 有機物を作り出す微生物　111

門（または綱）	CB	rTCA	HP	HP/HB	DC/HB	A-CoA
Euryarchaeota						■
Crenarchaeota				■	■	
Thaumarchaeota						
Thermotogae						
Thermodesulfobacteria						
Aquificae		■				
Caldiserica						
Chloroflexi			■			
Armatimonadetes						
Deinococcus-Thermus						
Spirochaetes						■
Chlorobi		■				
Bacteroidetes						
Planctomycetes						■
Chlamydiae						
Lentisphaerae						
Verrucomicrobia						
Gemmatimonadetes						
Fibrobacteres						
Nitrospirae		■				
Elusimicrobia						
Acidobacteria						
Alphaproteobacteria	■	■				
Betaproteobacteria	■					
Gammaproteobacteria	■	■				
Deltaproteobacteria						■
Epsilonproteobacteria		■				
Chrysiogenetes						
Deferribacteres						
Synergistes						
Actinobacteria						
Cyanobacteria	■					
Tenericutes						
Fusobacteria						
Dictyoglomi						
Firmicutes	■					■

図6-10　原核生物における各種炭酸固定経路の分布
　　　　CB：カルビン回路，rTCA：還元的TCA回路，HP：3-ヒドロキシプロピオン酸回路，HP/HB：3-ヒドロキシプロピオン酸／4-ヒドロキシ酪酸回路，DC/HB：ジカルボキシル酸/4-ヒドロキシ酪酸回路，A-CoA：アセチルCoA経路．

カルビン回路によって二酸化炭素が有機物に変換される反応を総合的に表すと，以下のように記述できる．

$$3CO_2 + 6NADPH + 9ATP \rightarrow グリセルアルデヒド3-リン酸 + 6NADP^+ + 9ADP + 8Pi$$

1）カルビン回路を構成する3つのステップ

全体として複雑な反応経路からなるが，次の3つに分けて考えることができる（図6-11）．

＜Ⅰ．炭酸固定＞

5個の炭素原子を含むリブロース1,5-ビスリン酸を解離し，その一方に二酸化炭素を結合させ，2分子の3-ホスホグリセリン酸（炭素数3）を生成する．リブロースビスリン酸カルボキシラーゼ/オキシゲナーゼ（通称ルビスコ，後述）によって触媒される．

＜Ⅱ．グリセルアルデヒド3-リン酸の生成＞

Ⅰで得られた3-ホスホグリセリン酸から，ATPとNADPHを消費する2つの反応を経て，グリセルアルデヒド3-リン酸を生成する．グリセルアルデヒド3-リン酸は，カルビン回路の生産物であり，糖など生体成分の生合成原料となる．カルビン回路で生成するグリセルアルデヒド3-リン酸の一部は，Ⅰの反応に必要なリブロース1,5-ビスリン酸の再生のために変換される．

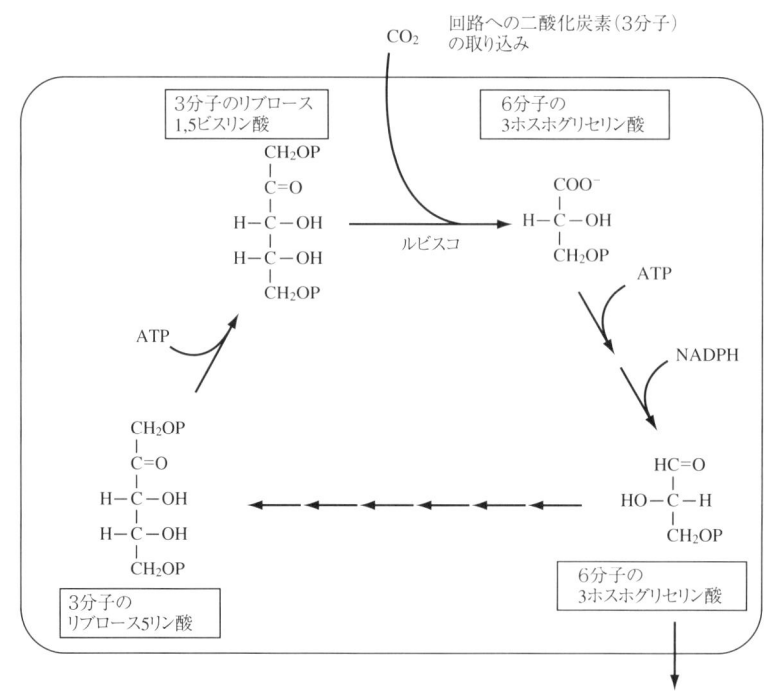

図6-11 カルビン回路の概要
ルビスコは，リブロース1, 5-ビスリン酸と二酸化炭素を基質として，2分子の3ホスホグリセリン酸を生成する．また回路で生成するグリセルアルデヒド3リン酸のうち，一部は，ルビスコの基質であるリブロース1, 5-ビスリン酸の再生に消費される．回路が3回転することで，3分子の二酸化炭素が固定され，1分子のグリセルアルデヒド3リン酸（炭素数3）が得られる．

<Ⅲ. リブロース 1,5- ビスリン酸の再生>

Ⅱで得られたグリセルアルデヒド 3- リン酸からリブロース 1,5- ビスリン酸を再生し，Ⅰの反応の材料を提供する．この再生反応があることから，回路と称される．この反応にも ATP が消費される．正味の反応では，3 分子のグリセルアルデヒド 3- リン酸（炭素数 3）から，5 分子のリブロース 1,5- ビスリン酸（炭素数 5）を生成しており，ここでの炭素の出入りはない．

これらの経路を炭素数に注目してまとめると，次のように説明される．1 回の反応で固定している二酸化炭素は 1 分子であるため，1 分子のグリセルアルデヒド 3- リン酸を生成するには，回路を 3 回転していることになる．3 回転の炭素収支をみると，3 分子の二酸化炭素（3 × C1）が取り込まれ，3 分子のリブロース 1,5 ビスリン酸（3 × C5）から 6 分子の 3 ホスホグリセリン酸（6 × C3）が生成する（3 × C1 + 3 × C5 = 6 × C3）．次いで，6 分子の 3 ホスホグリセリン酸（6 × C3）のうち，1 分子（1 × C3）は回路外に出て，残りの 5 分子（5 × C3）は，3 分子のリブロース 5 リン酸（3 × C5）を合成するのに使用される（6 × C3 = 3 × C1 + 3 × C5）．以上から，3 分子の二酸化炭素を原料に，1 分子のグリセルアルデヒド 3- リン酸を得ていることになる．

2）カルビン回路の鍵酵素

カルビン回路において二酸化炭素の取り込みを触媒し，回路全体の反応速度を制御する鍵酵素は，リブロースビスリン酸カルボキシラーゼ / オキシゲナーゼ（Ribulose 1,5-bisphosphate carboxylase/oxygenase）で，ルビスコ（RubisCO）と略される．ルビスコは，光合成生物の細胞に豊富に含まれ，地球上で最も多く存在するタンパク質と言われている．

ルビスコは，2 つの触媒機能を併せ持つ．上述したカルビン回路での反応として，リブロース 1,5 ビスリン酸に二酸化炭素を付加するカルボキシラーゼ反応を触媒するだけでなく，リブロース 1,5 ビスリン酸に酸素を付加する別の反応（オキシゲナーゼ反応）も触媒する．

カルボキシラーゼ反応
  リブロース 1,5 ビスリン酸　+　CO_2　→　2 × 3 ホスホグリセリン酸

オキシゲナーゼ反応
  リブロース 1,5 ビスリン酸　+　O_2　→　ホスホグリコール酸　+　3 ホスホグリセリン酸

これら 2 つの反応は競合するため，同時に起こることはない．言い換えると，オキシゲナーゼ反応が進みやすい場合，二酸化炭素の固定量は低下する．2 つの反応に対する特異性（比特異性）は，ルビスコの種類によって異なる．比特異性は，次式に示すように，カルボキシラーゼとオキシゲナーゼの反応の最大反応速度定数 $Vmax^{CO_2}$，$Vmax^{O_2}$ をそれぞれの基質に対する親和性定数 Km^{CO_2}，Km^{CO_2} で割った値（$Vmax/Km$）の比で示され，この値を，τ（タウ）値または Ω（オメガ）値という．

$$\tau = \frac{Vmax^{CO_2}/Km^{CO_2}}{Vmax^{O_2}/Km^{O_2}} = \frac{Vmax^{O_2} Km^{O_2}}{Vmax^{CO_2} Km^{CO_2}}$$

τ 値が大きいほど，カルボキシラーゼ反応がオキシゲナーゼ反応に比べ進行しやすいことを示す．

ルビスコは，構成するタンパク質の違いから，Ⅰ型，Ⅱ型，Ⅲ型の 3 つに大別される．

<Ⅰ型ルビスコ>

大サブユニット8個と小サブユニット8個からなるヘテロ16量体．全体の分子量は約550 kDaになる巨大タンパク質複合体である．カルビン回路をもつ生物に広くみられる．τ値は，高等植物由来のルビスコで80〜100程度．真核藻類のルビスコでは，低いもので50程度から，高いものでは240を示すものまである．シアノバクテリアを含む細菌由来のルビスコは，25〜75程度である．

<Ⅱ型ルビスコ>

Ⅰ型ルビスコの大サブユニットに相同なタンパク質2個のみからなるホモ2量体．渦鞭毛藻のほか，*Proteobacteria*門の細菌にみられる．一般にⅡ型ルビスコのτ値は，Ⅰ型ルビスコに比べ低い傾向があり，酸素非発生型光合成細菌のⅡ型ルビスコでは10〜40である．細菌のなかには，Ⅰ型ルビスコとⅡ型ルビスコを併せ持ち，二酸化炭素濃度に応じて使い分けているものもある．

<Ⅲ型ルビスコ>

一部の古細菌にみられるルビスコで，大サブユニットに相当するタンパク質のみからなる．古細菌の種によってホモ2量体やホモ10量体の構造を取ることが知られている．*Methanococcus jannaschii*から見つかったⅢ型ルビスコのτ値は知られているルビスコの中で最も低く，0.5であるのに対し，*Thermococcus kodakaraensis*のⅢ型ルビスコのτ値は310である．ただし，これらの古細菌においてカルビン回路が独立栄養的な炭酸固定経路として機能しているかどうかは明らかになっていない．

独立栄養生物のなかには，ルビスコのカルボキシラーゼ反応を効率化するため，細胞内への二酸化炭素の取り込み促進または濃縮機構を有するものがあり，それらによってカルビン回路による炭酸固定が補助される．

3-2 有機酸代謝を基盤とする経路

クエン酸，プロピオン酸，酪酸などの有機酸代謝を中心とした経路で，4つの経路が含まれる．これらは類似した経路を共有することから，図6-12のように整理することができる．これらの経路でみられるCoA（化学式$C_{21}H_{36}N_7O_{16}P_3S$）は，補酵素A（coenzyme A）ともいわれ，生体内で様々な有機酸と結合して，有機酸の運搬・変換中間体として働く．

1) 還元的TCA回路

幅広い系統の細菌が利用している炭酸固定経路で，酸素非発生型光合成細菌だけでなく，化学合成細菌（好気呼吸および嫌気呼吸）からも見つかっている．この回路は，多くの生物において有機物の酸化および脱炭酸を担うTCA回路（クエン酸回路）の逆向きの反応である．図6-12に示す経路1と経路4を通る回路で，ATPのほかに，還元力としてNADHおよびフェレドキシンを消費する．全体の炭素収支は，4分子の二酸化炭素から，1分子のオキサロ酢酸を生成する．

2) 3-ヒドロキシプロピオン酸回路

酸素非発生型光合成細菌である緑色糸状性細菌からのみ見つかっている炭酸固定経路．図6-12に示すように，経路2で生成するプロピオニルCoAの行方は2つある．プロピオニルCoAがグリオキシル酸と結合・解離し，アセチルCoAと生産物であるピルビン酸を生成する回路と，プロピオニルCoAがスクシニルCoAに変換され，アセチルCoAとともに他方の経路に必要なグリオキシル酸を

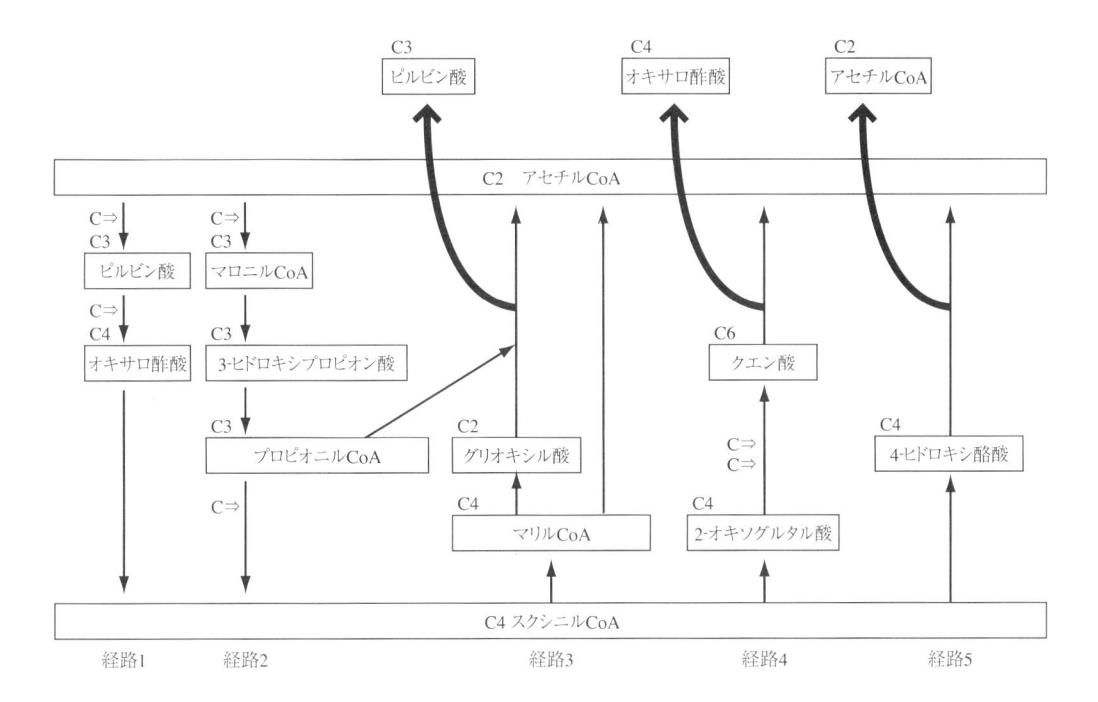

図6-12 有機酸代謝を基盤として炭酸固定経路の概要
C⇒は,二酸化炭素または炭素水素イオンが有機物に取り込まれることを示す.それぞれの化合物の炭素数を化合物名の左上に示す(ただしCoA部分の炭素数は含めていない).還元的TCA回路:経路1+経路4,3-ヒドロキシプロピオン酸回路:経路2+経路3,3-ヒドロキシプロピオン酸/4-ヒドロキシ酪酸回路:経路2+経路5,ジカルボキシル酸/4-ヒドロキシ酪酸回路:経路1+経路5.

生成する回路である.このように3-ヒドロキシプロピオン酸回路は,2つの回路を組み合わせた回路であり,3-hydroxypropionate bi-cycle とも呼ばれる.全体の炭素収支は,3分子の二酸化炭素から,1分子のピルビン酸を生成する.

3) 3-ヒドロキシプロピオン酸/4-ヒドロキシ酪酸回路

一部の古細菌にみられる炭酸固定経路.経路の一部は,上述の3-ヒドロキシプロピオン酸回路と類似している(図6-12).全体の炭素収支は,2分子の二酸化炭素から,1分子のアセチルCoAを生成する.

4) ジカルボキシル酸/4-ヒドロキシ酪酸回路

一部の古細菌にみられる炭酸固定経路.経路の一部は,上述の3-ヒドロキシプロピオン酸/4-ヒドロキシ酪酸サイクルと類似しており(図6-12),これら2つをまとめて4-ヒドロキシ酪酸回路と呼ばれることもある.炭素化合物に注目した全体の収支も,3-ヒドロキシプロピオン酸/4-ヒドロキシ酪酸回路と同じである.3-ヒドロキシプロピオン酸/4-ヒドロキシ酪酸回路に比べ,反応を担う酵素の酸素感受性が高く,嫌気性古細菌からしか見つかっていない.

3-3 無機化合物代謝-アセチルCoA経路

二酸化炭素から酢酸を生成する細菌(酢酸生成菌)から見つかった炭酸固定経路.一部の古細菌にもみられる.発見者にちなんでWood-Ljungdahl経路とも呼ばれる.二酸化炭素をメチル基(CH_3-)

```
              メチル基生成過程

        CO₂ ───▶───▶───▶───▶ [CH₃-]
                                    \
                                     ─▶ CH₃COSCoA
                                    /      ┌─────────┐
        CO₂ ──────────────▶ [CO-]          │アセチルCoA│
                                           └─────────┘
              カルボニル基生成過程
```

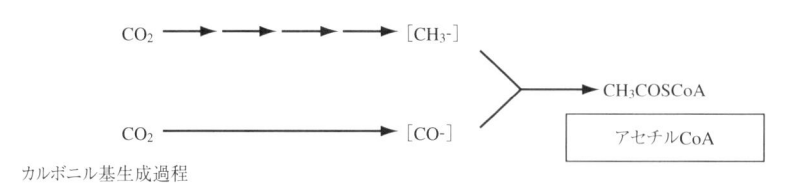

図6-13　アセチルCoA経路の概要

に変換する経路と，カルボニル基（-CO-）に変換する経路からなり，結果として，アセチルCoA（CH₃COSCoA）を生成する（図6-13）．

3-4　同位体分析を利用した炭酸固定経路の調査

炭素原子は自然界に，^{12}C だけでなく，その安定同位体である ^{13}C としても存在している（^{13}C の存在比は，1％程度）．生物の炭酸固定反応において，もっぱら ^{12}C の二酸化炭素が取り込まれるが，わずかに ^{13}C の二酸化炭素も取り込まれる．^{12}C と ^{13}C の二酸化炭素の取り込みやすさ（同位体分別効果）は，各炭酸固定経路によって異なる．炭素化合物の同位体比は，次式により標準物質の $^{13}C/^{12}C$ との差の千分率（単位 ‰）で示され，この値を $δ^{13}C$ 値という．

$$δ^{13}C = \frac{試料の\,^{13}C/^{12}C - 標準物質の\,^{13}C/^{12}C}{標準物質の\,^{13}C/^{12}C} \times 1000$$

$δ^{13}C$ 値が多種類の独立栄養生物について調べられ，それぞれの炭酸固定経路について，下記のような傾向があることがわかっている．

カルビン回路	－20 〜 －30‰程度
還元的TCA回路	－2 〜 －12‰程度
3-ヒドロキシプロピオン酸回路	－12 〜 －14‰程度
3-ヒドロキシプロピオン酸/4-ヒドロキシ酪酸回路	－0.2 〜 －3.6‰程度
ジカルボキシル酸/4-ヒドロキシ酪酸回路	－2.0 〜 －3.8‰程度
アセチルCoA経路	－30‰以下

この値を参考に，環境に生存する生物の $δ^{13}C$ 値を解析することで，その環境における主な炭酸固定経路や一次生産者を推測することができる．

3-5　二酸化炭素以外のC1化合物から有機物をつくる

原核生物にはメタン（CH₄）を炭素源として生育するメタン酸化菌が知られる．メタンも二酸化炭素のように炭素を1つしかもたない無機物である．メタンは天然ガスの成分であり，温室効果ガスの1つである．メタン生成古細菌によって生成され，自然界では，湿地や水田などの嫌気環境や反芻動

物が主な発生源である．メタン酸化菌は，メタンを電子供与体として酸素を呼吸の最終電子受容体とする好気呼吸で ATP と還元力を生成する．有機物は，メタンの酸化過程で得られるホルムアルデヒド（CH_2O）を原料として合成され，その代謝経路にはリブロースリン酸経路とセリン経路の 2 つが知られている．リブロースリン酸経路では，ATP を利用し，3 分子のホルムアルデヒドから 1 分子のグリセルアルデヒド 3-リン酸を生成する．セリン経路では，ホルムアルデヒドと二酸化炭素を原料とし，ATP と還元力を利用して，アセチル CoA を生成する．メタン酸化菌と類似の酸化過程および有機物合成過程を利用する細菌に，メタノール酸化菌も知られる．メタノールは自然界で植物遺体の分解によって生成しており，メタノール酸化反応も地球の炭素循環にも重要である．

　これらメタン酸化菌やメタノール酸化菌は，グラム陰性菌からグラム陽性菌にわたる多様な系統からみつかっている．特に *Proteobacteria* 門の細菌が多く報告されている．台所，風呂場など家庭の水場でよく観察されるピンク色のぬめりは，主に *Alphaproteobacteria* に属するメタノール酸化菌である *Methylobacterium* 属細菌によるものである．

まとめ

　本章では，独立栄養微生物の多様性について，系統，エネルギーの獲得様式および炭酸固定経路を中心に述べてきた．本章の整理のため，表 6-7 に，様々な独立栄養生物のエネルギー獲得様式と炭酸固定経路をまとめた．

Q1：「藻類」とは，どのような生物群か？

　酸素発生型の光合成によって独立栄養的な炭酸固定をする生物のうち，裸子植物，被子植物，コケ，シダを除く生物．広く水圏に分布しており，地球全体の炭酸固定に大きく寄与している．細菌に分類されるシアノバクテリアと真核藻類に分けられる．真核藻類は，真核生物を大きく分ける 6 つの分類群のうち，4 つの分類群に分布しており，葉緑体の起源が異なるなど多様な進化をとげている．微細藻類と呼ばれる微生物だけでなく，海藻などの大型藻類も含まれる．藻類の光合成の反応中心は一般にクロロフィル *a* であるが，アンテナ色素の多様性は高く，それにより利用する光の波長域にも違いがある．

Q2：光合成では，どのようにして酸素が発生するのか？

　光合成では，光によって励起したクロロフィルのエネルギー，すなわち高い還元力を使って，生体で利用しやすいエネルギー物質である ATP や NADPH を生成している．励起されたクロロフィルの電子は，電子伝達系に受け渡されていき，その過程で形成される膜内外のプロトン濃度勾配が ATP 合成の駆動力となる．このとき電子を失ったクロロフィルに電子を供給するために，水を酸化して水から電子を奪う場合，その副産物として酸素が生成する．これは光合成する真核生物やシアノバクテリアに共通してみられる酸素発生型光合成である．一方，酸素非発生型光合成細菌では，電子の供給源が水ではなく，硫化水素や水素であるため，酸素の発生を伴わない．呼吸においても水を電子供与体にできれば酸素発生するが，水を酸化するだけの強い酸化剤を呼吸の電子受容体とする生物は知ら

表6-7　独立栄養生物のエネルギー獲得様式と炭酸固定経路

生物（門／綱）	エネルギー獲得様式 （電子供与体→電子受容体）	炭酸固定経路*
【真核生物】		
植物，真核藻類など	酸素発生型光合成	CB
【細菌】		
Hydrogenobacter（*Aquificae*）	呼吸（水素／硫黄→酸素）	rTCA
Chloroflexus（*Chloroflexi*）	酸素非発生型光合成	HP
Oscillochloris（*Chloroflexi*）	酸素非発生型光合成	CB
*Treponema***（*Spirochaetes*）	呼吸（水素→二酸化炭素）	A-CoA
緑色硫黄細菌（*Chlorobi*）	酸素非発生型光合成	rTCA
Anammox bacteria（*Planctomycetes*）	呼吸（アンモニア→亜硝酸）	A-CoA
Leptospirillum（*Nitropirae*）	呼吸（鉄→酸素）	rTCA
Nitrospira（*Nitropirae*）	呼吸（亜硝酸→酸素）	rTCA
紅色光合成細菌（*Alpha-, Beta-, Gamma-proteobacteria*）	酸素非発生型光合成	CB
Magnetooccus（*Alphaproteobacteria*）	呼吸（硫黄→酸素）	rTCA
Nitrobacter（*Alphaproteobacteria*）	呼吸（亜硝酸→酸素）	CB
Nitrosomonas（*Betaproteobacteria*）	呼吸（アンモニア→酸素）	CB
Hydrogenovibrio（*Gammaproteobacteria*）	呼吸（水素/硫黄→酸素）	CB
Desulfobacter（*Deltaproteobacteria*）	呼吸（水素→硫酸）	rTCA
Desulfobacterium（*Deltaproteobacteria*）	呼吸（水素→硫酸）	A-CoA
Sulfurimonas（*Epsilonproteobacteria*）	呼吸（硫黄／水素→酸素／硝酸／亜硝酸）	rTCA
シアノバクテリア（*Cyanobacteria*）	酸素発生型光合成	CB
Sulfobacillus（*Firmicutes*）	呼吸（鉄／硫黄→酸素）	CB
*Moorella***（*Firmicutes*）	呼吸（水素→硝酸／二酸化炭素）	A-CoA
【古細菌】		
Acidianus（*Crenarchaeota*）	呼吸（水素→硫黄，水素／硫黄／鉄→酸素）	HP
Sulfolobus（*Crenarchaeota*）	呼吸（水素／硫黄／鉄→酸素）	HP
Nitrosopumilus（*Crenarchaeota*）	呼吸（アンモニア→酸素）	HP／HB
Metallosphaera（*Crenarchaeota*）	呼吸（鉄→酸素）	HP／HB
Stygiolobus（*Crenarchaeota*）	呼吸（水素→硫黄）	HP／HB
Ignicoccus（*Crenarchaeota*）	呼吸（水素→硫黄）	DC／HB
Pyrolobus（*Crenarchaeota*）	呼吸（水素→硫酸）	DC／HB
Thermoproteus（*Crenarchaeota*）	呼吸（水素→硫黄）	DC／HB
Archaeoglobus（*Euryarchaeota*）	呼吸（水素→硫酸）	A-CoA
Ferroglobus（*Euryarchaeota*）	呼吸（鉄/水素／硫黄→硝酸）	A-CoA
メタン生成古細菌（*Euryarchaeota*）	呼吸（水素→二酸化炭素）	A-CoA

*CB：カルビン回路，rTCA：還元的TCA回路，HP：3-ヒドロキシプロピオン酸回路，HP／HB：3-ヒドロキシプロピオン酸／4-ヒドロキシ酪酸回路，DC／HB：ジカルボキシル酸/4-ヒドロキシ酪酸回路，A-CoA：アセチルCoA経路
**アセチルCoA経路を主要なエネルギー生産代謝(呼吸)にも使用する．

れていない.

Q3：二酸化炭素は，どのようにして生体成分に変換されるのだろうか？

　独立栄養生物が利用する炭酸固定経路には6種類ある．そのうち，地球の炭酸固定の99％以上を担う酸素発生型光合成生物が利用しているのはカルビン回路である．カルビン回路を含め，どの経路でも，二酸化炭素を生体がもつ何かしらの有機物に結合することで，生体成分に炭素を取り込んでいる．二酸化炭素を結合させる有機物の種類によって，6種類ある炭酸固定経路は，糖を利用するカルビン回路，CoA（または関連物質）を利用するアセチルCoA経路，そして有機酸を利用するその他の経路に分けられる．ATPや還元力は，二酸化炭素を有機物に結合する反応に直接，利用されるとは限らず，多くの場合，経路全体を進めるために必要とされる．炭酸固定経路から取り出される有機物は，経路によって異なる．カルビン回路では，炭素数が3のグリセルアルデヒド3-リン酸である．炭酸固定経路から得た有機物を原料にして，様々な生体成分が合成される．

学習課題

【課題1】真核生物と原核生物の光合成の類似点と相違点は何だろうか．光合成反応の仕組みおよびそれら一連の反応が進行する場に注目すること．

【課題2】利用できる光の波長の違いは，多様な光合成生物の分布（棲み分け，共存）にどのように影響しているだろうか．

【課題3】図6-9にならうと，酸素非発生型光合成はどのように示されるだろうか．

文　献

Adl, S. M., A. G. B. Simpson, C. E. Lane, J. Lukeš, D. Bass, S. S. Bowser, M. W. Brown, F. Burki, M. Dunthorn, V. Hampl, A. Heiss, M. Hoppenrath, E. Lara, L. le Gall, D. H. Lynn, H. McManus, E. A. D. Mitchell, S. E. Mozley-Stanridge, L. W. Parfrey, J. Pawlowski, S. Rueckert, L. Shadwick, C. L. Schoch, A. Smirnov and F. W. Spiegel (2012)：The Revised Classification of Eukaryotes. *J. Eukaryot. Microbiol.*, 59, 429-514.

Castenholz, R. W.（2001）：Bergey's Manual of Systematic Bacteriology（2nd ed.），vol. 1. Springer, New York, pp. 473-599.

井上勲（2007）：藻類30億年の自然史．第2版．東海大学出版会

Madigan, M. T., J. Martinko, D. Stahl, and D. Clark（2012）：Brock Biology of Microorganisms（13th edition）. Pearson.

日本光合成研究会（2003）：光合成事典．学会出版センター．

大島泰治，荒井基夫，駒形和男，杉山純多，中瀬崇，本田武司，宮道慎二（2010）：IFO微生物学概論．培風館．

東京大学光合成教育研究会（2007）：光合成の科学．東京大学出版会．

渡邉信（2012）：藻類ハンドブック．NTS.

第7章 微生物による有機物分解

> Q1: 微生物は有機物をどのように分解するか？
> Q2: どのような微生物がどこでどのような有機物を分解しているか？
> Q3: どのような要因が有機物の微生物分解速度を左右するのか？
> Q4: 化学汚染物質も微生物に分解されるのか？

§0. 本章の目的

　第6章で述べたように，無機物から有機物を合成する生物を独立栄養生物といい，多くの植物および光合成または化学合成をする微生物がそれにあたる．一方，他の生物体を食べて有機物源にする生物を「従属栄養生物」といい，全ての動物がそうである．微生物にも従属栄養のものが多くあり，彼らは生物体そのものや生物体に由来する有機物を食べて生きている．しかし，微生物とくに原核微生物には口がなく，いわゆる"食べる"という行為はできない．微生物の場合は有機物の分解・取り込み・利用という言い方をする．生物に由来する有機物のうち，タンパク質や多糖類などは高分子であり，従属栄養微生物は高分子のままでは大きすぎて細胞に取り込めない．では，微生物が有機物を取り込んで利用する過程はどのように進むのだろう？　本章では，様々な有機物が生物的に分解される機構，その分解がどのような環境でどのような微生物によって行われるのか，そして，分解速度に影響を与える環境要因などを理解することを目的とする．また，人工的な化学汚染物質を分解する微生物についても理解する．

§1. 微生物による有機物の分解

　川や海に浮かぶ死んだ魚を想像しよう．屍骸は小さな魚や甲殻類などに食われて形がなくなる．つまり捕食者によって物理的に細かくされ，食べられ，消化を受けて低分子化して捕食者に吸収される．そして捕食者の体を作る有機物に再編され，活動エネルギーにも使われる．微生物の世界でもほぼ同様の過程で有機物は利用される．ただ，先に述べたように，微生物には口がなく，分解過程は酵素反応によるところが大きい．つまり，個々の細胞が有機物を分解・利用する場面では生化学的反応が重要なのだ．本節では，従属栄養微生物の異化作用と，分解される有機物の種類ごとに分解の仕組みについて理解する．

1-1 異化作用

　微生物には光合成や化学合成などによって，自分で無機物から有機物を作る「独立栄養微生物」と，

第7章　微生物による有機物分解　　121

他の生物由来の有機物を利用して自己の有機物を再構築する「従属栄養微生物」があることはすでに述べた．図7-1にはエネルギー源と炭素源で生物を分類したものを示す．どちらの栄養形態にしても，獲得した有機物から細胞の構成や増殖に必要な様々な有機物分子を再合成し，また，化学エネルギーであるATPを産生することが必要である．図7-2には生物の栄養代謝の概略を示す．光合成独立栄養微生物では二酸化炭素と水から光エネルギーを使って生合成（同化）を行い，さらに様々な高分子とATPを合成する．一方，従属栄養微生物では多少複雑で多様なシステムで外来有機物を「分解（異化）」し，分解産物から同化を行う．光合成をするシアノバクテリアでも，いくつかの種では有機物を取り

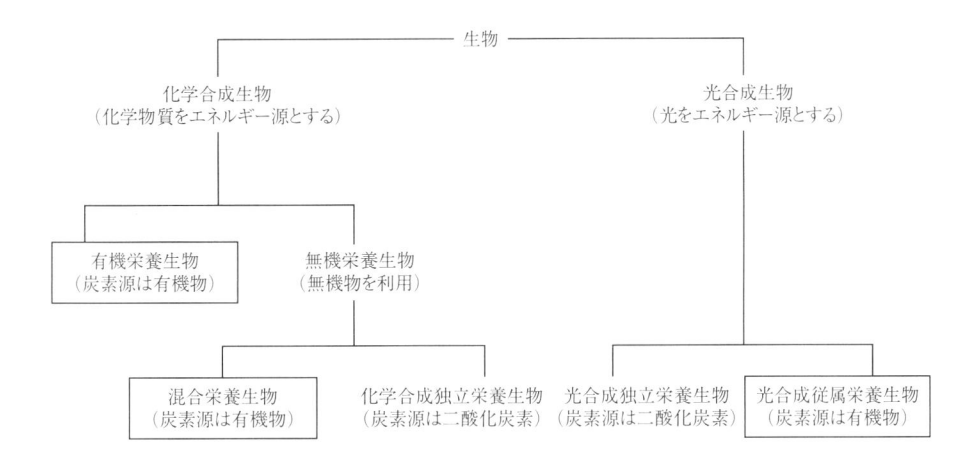

図7-1　生物のエネルギー源と炭素源
　　　　四角で囲んだ生物が従属栄養生物．

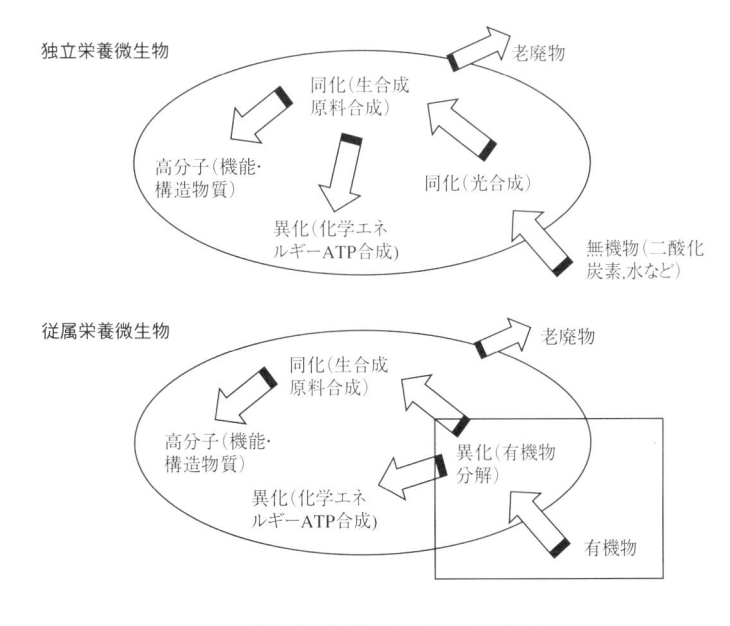

図7-2　微生物の物質とエネルギーの代謝概略
　　　　四角部分を本章で扱う．

込んで従属栄養的にも増殖できる．分解産物からはATP合成も行なわれる．くわえて，どちらの代謝系であっても，細胞内に老廃物ができるので，それを処理するシステムがある．細胞内での異化と同化には様々な生化学プロセスがある（Madigan et al., 2000）．それらについては成書に譲り，ここでは環境中の有機物の微生物分解に焦点をあてる．分解という言葉は，基質有機化合物の変化でみると，高分子を低分子化して行き，最終的に二酸化炭素とアンモニアへ無機化することを意味する．

　第6章において独立栄養微生物の同化については述べたので，ここでは，従属栄養微生物が外来有機物を分解する最初の異化プロセスを述べる．図7-2では四角で囲んだ部分である．

　微生物に限らず，全ての生物の細胞は高分子と水分子からなる（第1章）．従属栄養生物が栄養を得るために有機物分解を行なうということは，細胞内で高分子を合成するための原料である低分子を栄養物質として得ることを意味する．ヒトであれば食事をして肉や野菜を噛み砕いたあと胃や腸で消化し，低分子化した有機物を腸管から細胞内へ取り込んで栄養物質とする．しかし，微生物の場合は物理的そしゃくも，高分子をそのまま取り込むこともできない．したがって，まず細胞外で高分子有機物を低分子化するところから始まる．

　ここでは水圏の微生物生態系のマクロな視点での有機物分解に焦点をあてるが，私たちの身近でも水圏に生息する細菌による有機物分解を知ることができる例は多い．例えば，魚が腐って腐敗臭を放つとき，まず，魚自身のもつ酵素によって自己分解が起こり，高分子タンパク質は低分子に分解される．同時に魚の表面や消化管内の細菌も分解に関与する．中程度の分子量のオリゴペプチドや低分子のアミノ酸へ分解されると，これらは細菌が利用できる分子サイズなので，細胞に取り込まれて各種生合成やエネルギー産生に使われる．一方，分解過程では，副産物としてアミノ酸が脱炭酸したアミンや，最終的に無機化したアンモニアが生成する．これらアミンやアンモニアが異臭の原因物質となる．同様に硫黄化合物や有機酸も生成され，臭いの原因となる．細菌のこのような細胞外高分子有機物の分解反応は，ほとんどが酵素反応によるものである．ポリアミンを含むアミン類の定量値は生鮮魚介類の鮮度判定の指標にもなる．

　細菌をはじめ，酵母なども含めた微生物の分解反応では，上記のような腐敗とともに人間の役に立つ反応があり，これは腐敗と極めて類似した反応であるが，腐敗ではなく発酵と呼ばれる．なお，酵母などは真核生物なので，基本的には好気性生物であるが，一部のプロセスでは嫌気発酵も行う．嫌気環境下では，発酵と脱窒のほか，硫酸還元菌による硫酸イオンを電子受容体とした有機物の分解過程もある．嫌気性細菌の代謝については第11章で述べる．

1−2　水圏の有機物量

　水圏環境の特徴は第1章に述べられたとおりである．地球上の水のほとんどは海洋に存在するので，ここでは便宜的に水圏のうち主に海洋に焦点を当て，量的視点で見てみよう．有機物の種類については次の1-3項で触れる．

　海水中の有機物濃度は通常3 mg/L以下と低く，有機物には生物体由来有機物と非生物態の有機物がある．有機物の起源は，農薬として作られたDDTや絶縁体に利用されたPCBといった人工化学汚染物質や非意図的に生成するダイオキシンなどの有機汚染物質を除けば，環境中有機物のほとんどは生物合成が起源である．有機物の量では，生物体を形作る有機物が全海水中に3 Pgなのに対し，非

生物態有機物は 700 Pg である．実に，海の有機物全体の 99％以上は非生物態である．海水中の有機物をサイズで分けると，0.7 µm のフィルターを通過するサイズの溶存態有機物（Dissolved Organic Matter, DOM）とそれ以上のサイズの懸濁態有機物（Particulate Organic Matter, POM）になる．場合によっては 0.2 µm 以下を DOM と言うこともある．また，この中間としてサブミクロン粒子と呼ばれる有機物も知られている（Koike *et al.*, 1990）．量的には上記の 700 Pg 中，DOM が炭素換算で 680 Pg であり，POM は 10〜20 Pg である．地球上の全海洋水中に存在する有機物の 95％以上は DOM として存在し（山下ら，2006），DOM のほとんどは非生物態である．図 7-3 には DOM の海洋での深度別濃度を示す．水圏の DOM は，生物分解の受けやすさの順に，易分解性，準易分解性，難分解性の 3 つのカテゴリーに分けられる．このうち，難分解性 DOM が海洋表層から深海にいたるまで DOM の主要な部分を占める．これは，微生物から排泄されたものや非生物的化学反応（地球化学的反応）で生成するが，微生物による分解は極めて受けにくく，年代測定の結果から 1,000 年以上も分解せずに存在すると考えられている．一方で，海洋表層の DOM では植物プランクトンとシアノバクテリアが光合成によって産生した新しい有機物が多く，このような有機物は易分解性 DOM と呼ばれ，即座に微生物に利用される．また，準易分解性 DOM は表層水中で季節的な蓄積と減少を示すことから，このように呼ばれている．水の鉛直的な混合に伴って表層から深層へと運搬されるため，有機物の下方への鉛直輸送に寄与しているとされている（Nagata, 2008）．DOM は量的には難分解性

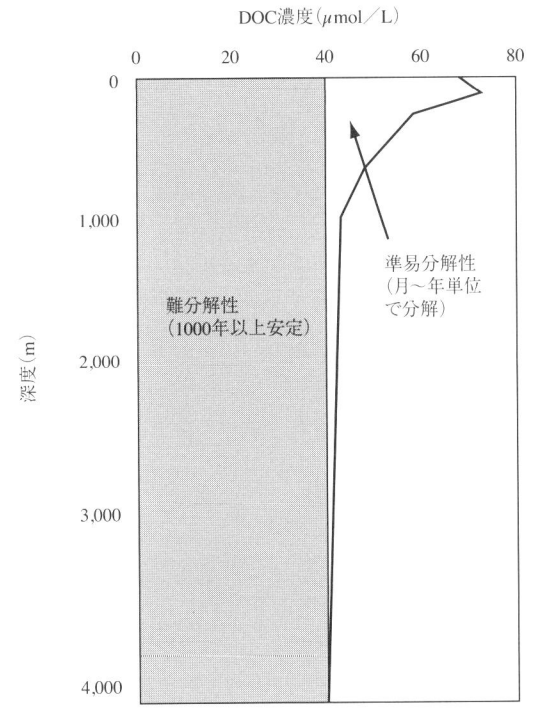

図7-3 溶存態有機物（DOM）の深度分布
　　　図では炭素として測定しているのでDOMをDissolved Organic Carbon, DOCと表記．様々な海域の結果から統合して概略図を作成したもの．易分解性DOC（時間〜日で分解）は1µmol/L以下なので，図には現れない．（Nagata, 2008を改変）

の物質が多いものの，従属栄養細菌にとっては有機物源とエネルギー源であり，したがってその増殖をコントロールする要因となる．従属栄養細菌によって消費されたDOMは，第9章で学ぶ微生物ループを介して食物連鎖へ転送されるため，その化学的性質や微生物利用性を明らかにすることは，生態系における物質循環を理解する上で極めて重要である．

同じ海であっても，沿岸では植物プランクトンなどの基礎生産者が光合成で作る有機物のほかに，陸地起源の有機物も河川などから流入する．また，かつて1960年代以降の高度成長期において，瀬戸内海では人為起源の無機・有機物質が大量に流入したために栄養塩が過多になる富栄養状態になり，植物プランクトンが大発生して赤潮が発生した．このような場合には海域の有機物生産量は増加する．ところで，瀬戸内海の微生物生態系の従属栄養細菌群集が，外洋由来，陸由来および現場で光合成される有機物，それぞれにどの程度依存しているかについては不明である．

堆積物表層では，海洋表層からの沈降粒子によって有機物が供給される．Deuser and Ross（1980）によると，表層からのフラックス量は季節変動があり，それは表層での一次生産変化に類似していた．深海底では化学合成による有機物生産も行なわれるが，一般的にいうと，海底堆積物表層の有機物は海洋表層で生産されたものが起源と言える．有機物濃度をみると，砂漠のような無機物主体の環境から，養殖場の底泥のように有機物過多で還元的な環境まで様々である．また，海底の熱水噴出孔周辺では化学合成に依存した有機物生産系があり，独立した物質循環が起こっている．

1－3　有機物の種類と分解過程

18世紀の化学者ベルゼリウスは化学物質を塩や水のような生物のない世界の化学物質を無機物，生き物から派生した化学物質を有機物と呼んだ．その後，ベルゼリウスの弟子のヴェーラーによってシアン酸アンモニウム（無機物）から尿素（有機物）が化学反応でできることが見いだされ，有機物は生物体以外でも形成されることが証明された．現在では，二酸化炭素や炭酸塩などの簡単な炭素化合物は無機物とされる以外は，炭素を含む化合物を扱う分野を有機化学と呼んでいる．生体の有機物は，炭素を中心として炭素以外の生元素である水素，酸素，硫黄，リン（C,H,O,N,S,Pを筆者は"チョンスピ"と呼んでいる）を含む化合物である．水圏には光合成によって直接できる有機物（主に炭水化物）と生物体由来の有機物が存在する．また，陸圏や大気圏からの供給もある．ここでは水圏の微生物ループの主役である従属栄養細菌が栄養源として分解，利用する有機物とその分解過程について述べる．

Smith et al.（1992）は海洋において，有機物凝集体が酵素活性を有し，この「酵素反応容器」が有機物を分解し，DOM，コロイド，沈降粒子類を形成すると述べている（図7-4）．彼らの「酵素反応容器」は凝集体の付着細菌を想定している．最近では細菌のエクト酵素（細胞膜に付着しているが細胞膜外で活性をもつ酵素）以外にも，細胞から放出される多様な酵素が知られている．近年ではこのコンセプトをAzam and Malfatti（2007）が付着細菌の有機物センサーによる走化性と凝集体（マリンスノーなど）周辺でおこる化学変化を加えてモデル化している．湖沼での研究では，様々な有機物を加水分解する酵素を細胞内酵素，エクト酵素および放出酵素に分けた例があり，図7-5のようにエクト酵素が多いとされている（Chrost and Siuda, 2002）．生物工学などで使う培養菌では細胞外に酵素を放出することは常識的に知られているが，水圏環境のように貧栄養の環境では，せっかく生合成した酵素を外へ出すような"もったいない"ことを生物はあまりしないのはうなずけることであろう．

海洋の有機物分子の同定は，分解される基質および分解過程を知るうえで必須の項目である．1970年代までは元素レベルの研究が多かったが，1980年代に ^{1}H-, ^{13}C-NMR の導入で残基レベルの同定が可能になり，フミン物質の全構造が明らかにされ，分子レベルでの研究が進んだ．しかし，タンパク質のような生体に由来する高分子については，1990年代後半の電気泳動とウェスタンブロッティングの導入および2000年代の液体クロマトグラフィー質量分析法（LC-Ms/Ms）の登場を待つ．

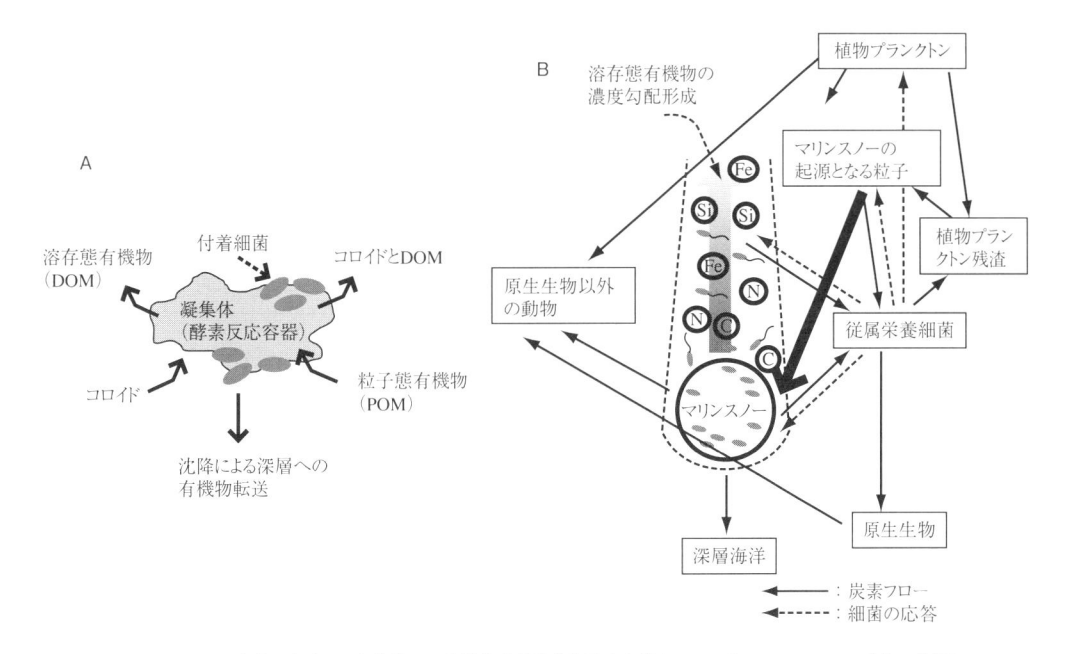

図7-4　A，1990年代に想定された海洋での有機物分解「酵素反応容器」モデル，(Smith *et al*., 1992を基に作図) および B，詳細な最近のモデル（Azam and Malfatti, 2007を基に作図）．

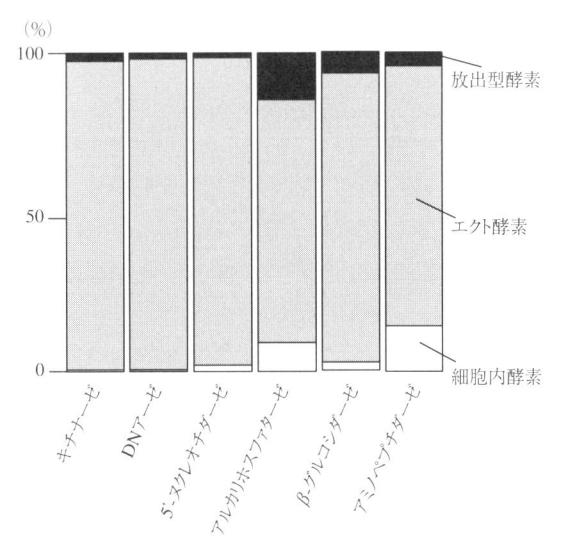

図7-5　湖沼における様々な有機物水解酵素の細胞内外での比率
（Chrost and Siuda, 2002を改変）

1）タンパク質

　タンパク質は生物体を代表するもっとも種類と量の多い高分子である．タンパク質分子の一般的構造を図7-6に示す．基本的にアミノ酸がペプチド結合で連なった重合体（ポリマー）であり，強い共有結合であるペプチド結合はタンパク質の構造形成に最も重要である．ついでペプチド鎖は分子内水素結合によってαヘリックス（らせん）構造をとったり，隣り合ったペプチド鎖間での水素結合によってβシート（平面）構造をとったりする．さらにペプチド鎖間での水素結合・ジスルフィド結合・疎水結合などの弱い化学結合によって折り畳まれ，三次構造を形成する．タンパク質によっては，さらに三次構造体どうしがファンデルワールス引力などによってサブユニット構造を作って機能するものもある．これらの結合様式は，タンパク質の分解過程を理解するうえで必要な基礎知識である．

　タンパク質を分解する酵素はタンパク質分解酵素（広義のプロテアーゼ）であり，その作用機序によっていくつかの酵素群に分かれる．表7-1にタンパク質分解酵素の種類を示す．分解位置によって大きく2種に分けられる．末端のアミノ酸を1つずつ水解するペプチダーゼと分子内部のペプチド結合を水解するエキソペプチダーゼである．一般には後者を狭義のプロテアーゼと呼ぶこともある．また，ペプチダーゼ，プロテアーゼともに触媒機構や切断するアミノ酸の違いによって様々な呼び名がある．いずれの酵素も，図7-6に示すアミノ酸どうしのペプチド結合形成の逆，つまり水解する反応によってペプチド鎖を切断する．

　従属栄養細菌のプロテアーゼに関しては，古くから発酵産業や医薬品生産で培養できる有用菌についてよく研究されてきた．また，医学分野でも細菌の定着因子や溶血因子などの病原因子として多くの研究がある．一方，海洋細菌では現場海洋でのタンパク質分解は1906年から研究されている（Fermi, 1906）．タンパク質の分解が細菌の作用であることも初期から知られており，POMからDOMへの分解，さらに植物プランクトンのブルーミングの消滅にも関連することが報告されている．しかし，海

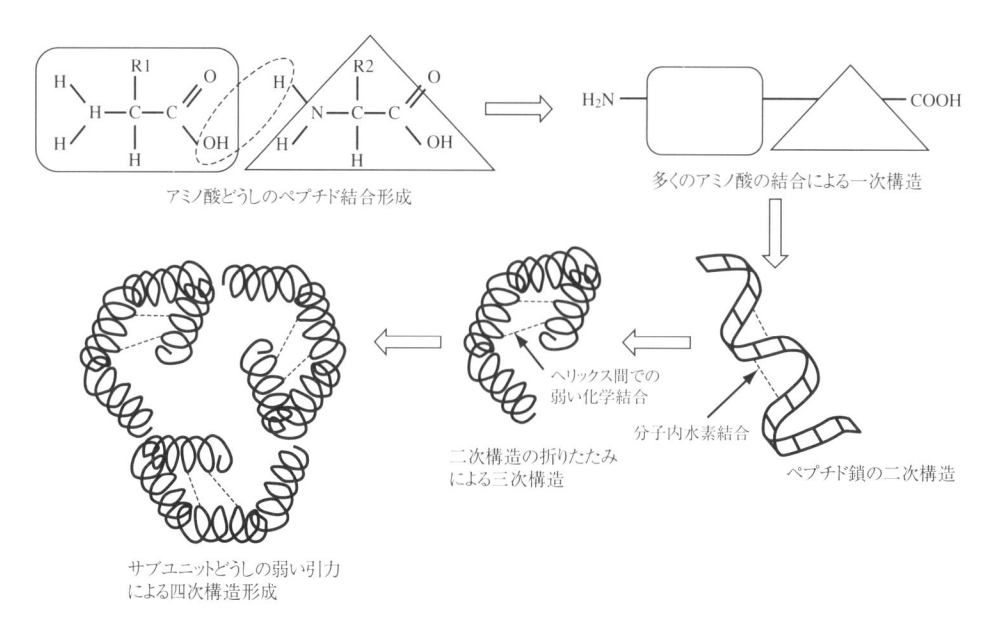

図7-6　タンパク質の構造形成

表7-1 タンパク質分解酵素(プロテアーゼ)の種類

プロテアーゼ	切断部位
Exopeptidases (エキソペプチダーゼ類)	
Aminopeptidase (アミノペプチダーゼ)	
Dipeptidylpetidase (ジペプチジルペプチダーゼ)	
Tripeptidylpeptidase (トリペプチジルペプチダーゼ)	
Carboxypeptidases (カルボキシペプチダーゼ類)	
Serine type peptidase (セリン型プロテアーゼ)	
Metalloprotease (金属プロテアーゼ)	
Cysteintype protease (システイン型プロテアーゼ)	
Peptidyldipeptidase (ペプチジルジペプチダーゼ)	
Dipeptidase (ジペプチダーゼ)	
Omegaptidases (オメガペプチダーゼ類)	
Endopeptidases (プロテアーゼ類)	
Serine protease (セリンプロテアーゼ)	
Cysteinprotease (システインプロテアーゼ)	
Aspartic protease (アスパラギン酸プロテアーゼ)	
Matalloprotease (金属プロテアーゼ)	
Others (その他)	

N:アミノ末端,C:カルボキシ末端,B:ブロックされた末端

洋細菌群集の高い多様性,および培養できない種がほとんどであることからも,実際にどのような細菌群がどのような機構で分解しているのかは1990年代までは知られていなかった.

　海洋でのタンパク質の分解と残存の研究を一気に進めたのは純日本産となる田上らの研究である (Tanoue, 2000).多くの自然科学研究が欧米発祥でアジア諸国が後を追うパターンが多いなか,海洋のタンパク質分解と残存の研究は日本がリードした.分解される側の基質であるタンパク質については,現在まで海洋の溶存態として数種が同定されている.ヒトの日和見感染菌として医学的にも重要な緑膿菌(*Pseudomonas aeruginosa*)の外膜ポーリンであるOprP (Tanoue et al., 1995),*Acinetobacter* 属細菌のOmpA-likeタンパク質(Yamada and Tanoue, 2000),*Vibrio* 属細菌のポーリンOmp35La(Suzuki et al., 1997)などの細菌外膜に由来するもの,および糖鎖のついたタンパク質も知られている.タンパク質は容易に分解し再利用されるものと,髪の毛(ケラチン)のように,何千年も変質せずに残るものがある.海洋中のタンパク質については,長い間前者のイメージと思い込まれていたが,実はかなり長期間,まったく分解も修飾も受けずに水中の溶存態有機物の一部として残存するものが見つかったのである.現在までにタンパク質分子が残存する機構については,①膜脂質とともにリポソーム様構造のピコペレットを形成するために安定(Nagata, 2008),および②付加した糖鎖によってタンパク質分解酵素から守られているために安定(Yamada and Tanoue, 2003 など),の2つが推察されている.2000年代初期までは,海水から濃縮したタンパク質分子のN末端アミノ酸配列や抗原性に基づく同定手法による研究が多かったが,2010年以降ではLC-Ms/Msの発達

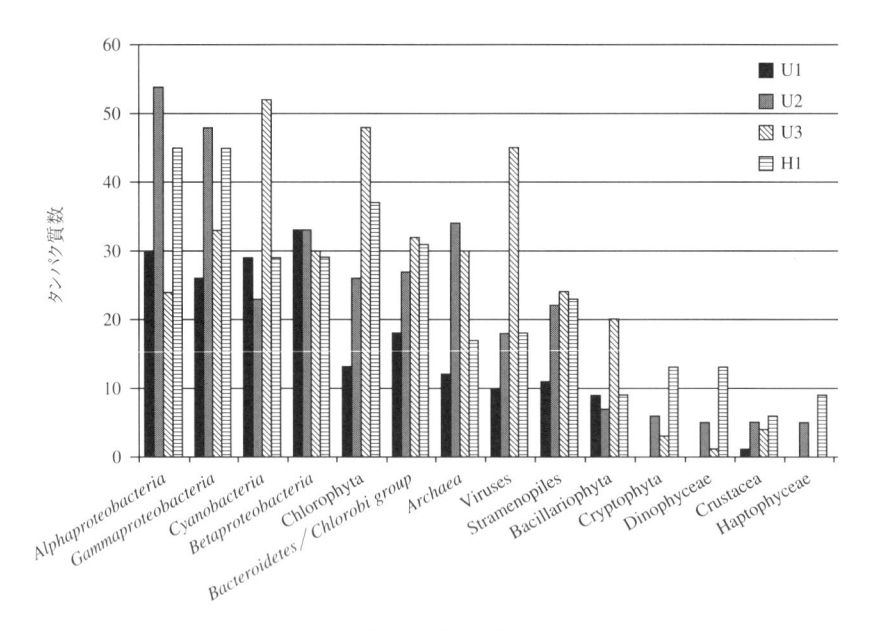

図7-7 日本沿岸の4地点(U1～H)の溶存態タンパク質の由来生物(Yoshida, *et al*., 2014を基に作成)

によってプロテオミクス解析が進み，多くの生物起源のタンパク質の存在が明らかになりつつある．外洋のPOMを形成するタンパク質ではシアノバクテリア，プロテオバクテリア由来のタンパク質が多いが，筆者らが沿岸のDOM中のタンパク質を調べたところ，これら以外にも葉緑体，古細菌，ウイルスに由来するものも検出され（図7-7），タンパク質種では炭水化物やアミノ酸の代謝系タンパク質が多くみられている（Yoshida *et al*., 2014）．このように，海水中には様々なタンパク質が生物から放出され，多くは容易に分解されるものの，上記の細菌外膜由来タンパク質のように準易分解性となって海水中に残存するものがある．

　では，海洋でタンパク質を分解する酵素（プロテアーゼ）はどのような性質をもつのだろうか．歴史的に，多くのタンパク質分解活性の研究ではロイシンに（Leu）のC末端に蛍光基質アミノメチルクマリン（AMC）を結合させた合成基質L-ロイシン-4-メチルクマリン-7-アミド（Leu-MCA）の水解活性を測っていた経緯がある．酵素がアミノ酸とAMCの結合を水解すると遊離したAMCが蛍光を発するので，蛍光分光光度計で蛍光を検出する(図7-8A)．本項を読んできた方にはわかるように，この基質ではアミノペプチダーゼのうちのロイシンを認識する酵素の活性しか検出できないことになる．そこで，Obayashi and Suzuki（2005）は多種のMCA基質を用いて海水中の酵素活性を測った．この方法は古くから筆者らが培養菌の酵素研究で使用してきたものである（Odagami *et al*., 1993など）．この方法を海水に適用し，沿岸の表層海水ではアミノペプチダーゼよりはトリプシン型のプロテアーゼ活性が高いことを初めて示した．また，分解する基質も多様であることから，たくさんの酵素が共存することがわかった（図7-8B）．海水の溶存態画分ではトリプシン型プロテアーゼが主要であり，基質選択性も多様で，様々な酵素がタンパク質分解に寄与していることがわかる．アミノペプチダーゼは有機物の豊富な沿岸環境では活性としては主要ではないが，外洋や深海では高い活性が検出される．またアミノペプチダーゼは細胞画分に主に検出され，酵素の半減期は長い．一方で，トリ

A

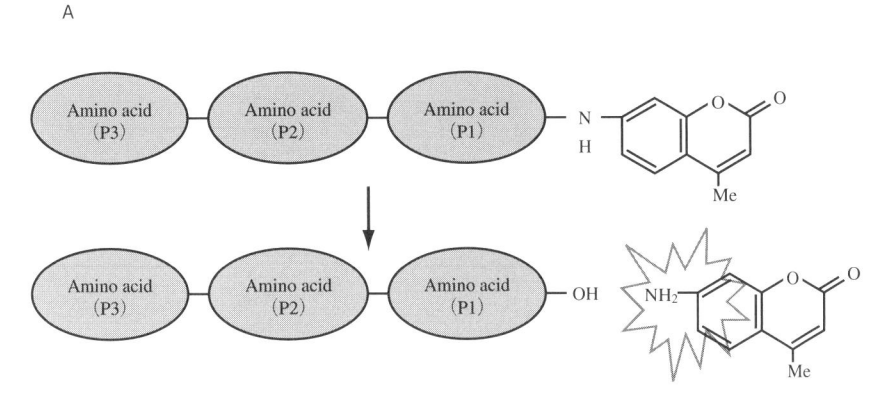

(図：ペプチド基質の加水解離によるメチルクマリンの蛍光発生)

水解後のメチルクマリンが蛍光を発する

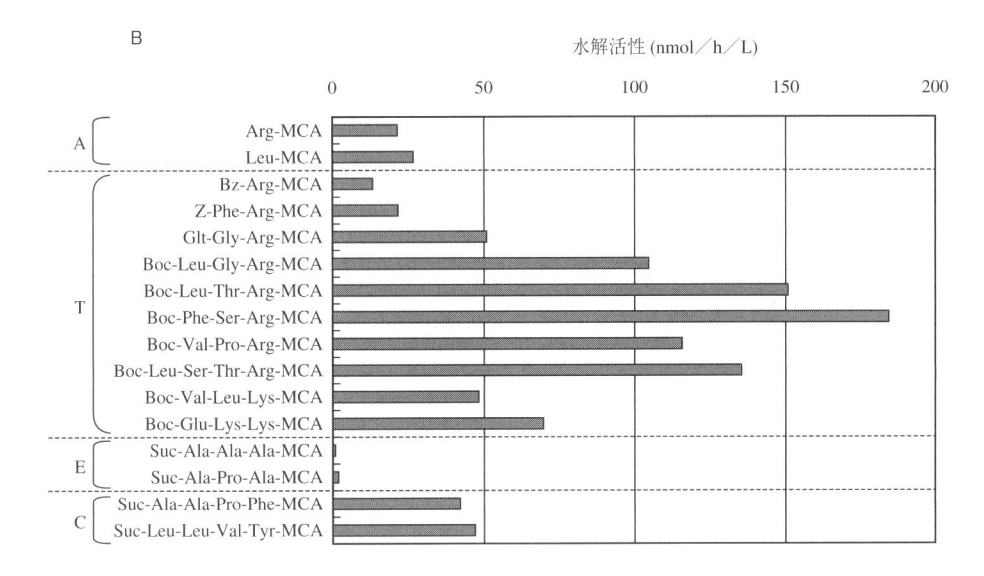

B

水解活性 (nmol／h／L)

分類	基質
A	Arg-MCA
A	Leu-MCA
T	Bz-Arg-MCA
T	Z-Phe-Arg-MCA
T	Glt-Gly-Arg-MCA
T	Boc-Leu-Gly-Arg-MCA
T	Boc-Leu-Thr-Arg-MCA
T	Boc-Phe-Ser-Arg-MCA
T	Boc-Val-Pro-Arg-MCA
T	Boc-Leu-Ser-Thr-Arg-MCA
T	Boc-Val-Leu-Lys-MCA
T	Boc-Glu-Lys-Lys-MCA
E	Suc-Ala-Ala-Ala-MCA
E	Suc-Ala-Ala-Pro-Ala-MCA
C	Suc-Ala-Ala-Pro-Phe-MCA
C	Suc-Leu-Leu-Val-Tyr-MCA

A：アミノペプチダーゼの基質，T：トリプシンの基質，E：エラスターゼの基質，C：キモトリプシンの基質

図7-8 プロテアーゼ活性を測定する原理（A），および沿岸海水での測定結果の例（B）（Obayashi and Suzuki, 2005）

プシン型酵素は比較的半減期は短いことが示唆されている．最近の研究から，海水中でのタンパク質分解過程では，まず細胞外（溶存画分）に放出されたトリプシンのようなエンド型プロテアーゼが高分子タンパク質をオリゴペプチドへ分解し，ついで細菌細胞の表面にあるエキソ型プロテアーゼ（ペプチダーゼ）がアミノ酸へ分解して利用される機構が明らかになってきた（図7-9）．これら多様な酵素群の起源については，細菌だけでなく細菌捕食者など多様なマクロビアルループ構成メンバー生物に由来すると考えられる．近い将来微生物生態系での高分子分解過程がさらに明確になるであろう．なお，海底堆積物中でのタンパク質分解ポテンシャルについては別途述べる．

過去における海洋の有機物研究の多くは元素レベルでの分析であり，分子レベルの研究になると低分子物質に限られていたが，上記のように近年では高分子物質の分解過程が分子レベルで見えてきた．

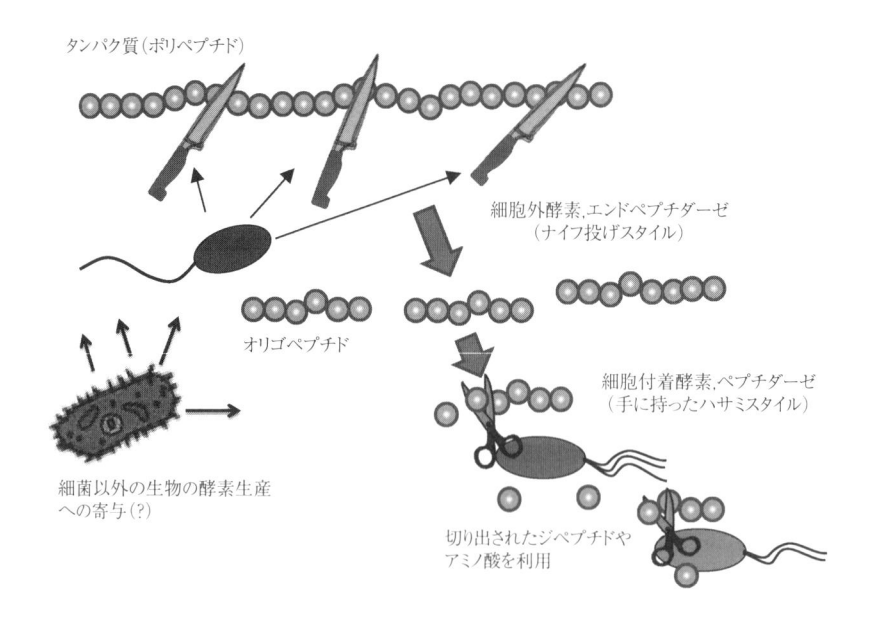

図7-9 海水中で高分子タンパク質が分解利用される過程
タンパク質→オリゴペプチド→アミノ酸への段階的(カスケード)分解

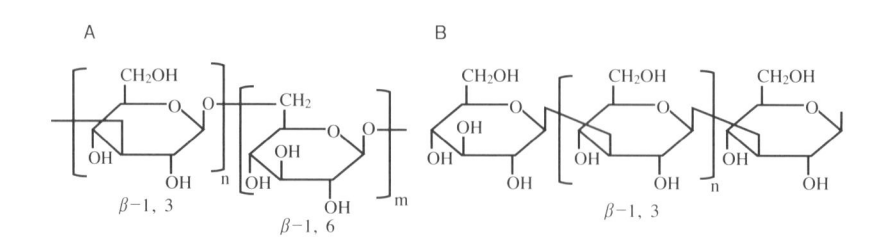

図7-10 藻類にみられるβ-1, 3-グルカン類
A：ラミナリン，B：パラミロン

2) 糖　質

C．H．O からなる有機物である糖質類は，光合成産物の主要なものである．陸上環境での光合成生物の主たるものは真核生物である草本・木本植物であり，貯蔵性有機物の主要なものはセルロース，デンプンをはじめとするグルコースの多糖類である．一方，水圏での主要な光合成生物は真核植物プランクトンと原核生物のシアノバクテリアであり，前者は沿岸や栄養塩の豊富な海域で生物量と有機物生産量が多く，後者は外洋域や貧栄養海域で主要な有機物生産者となる．真核でも原核でも植物プランクトン類は陸上植物と形態が異なり多くは単細胞であるため，種子にデンプンを蓄えることはなく，さらに水生の植物では大型藻類を含めてもリグニンのような疎水性の硬組織を作ることも知られていない．細胞内に貯蔵する糖類は多様であるが，真核・原核植物プランクトンは主にβ-1,3-グルカン多糖類を細胞質中に産生する（Falkowski and Raven, 2007）．β-1,4-グルカン類はセルロースと呼ばれるのに対し，β-1,3-グルカンは様々な名称で呼ばれる．例えば，海藻類が産生するラミナリンもその一種であり，ユーグレナでは近年健康食品で有名になりつつあるパラミロンである（図7-10）．

緑藻類では例外的にα-1,4-グルカンを成分とするデンプンを産生する．植物プランクトンではこのように多様な多糖類や，脂質として有機物を貯蔵するものもある．

　微生物による糖類の代謝分解（異化）では，グルコースからピルビン酸を得る反応は一般的なエムデン-マイヤーホフ経路（解糖系）とともに，原核生物のみにみられるエントナー-ドウドロフ経路がある．それに続くピルビン酸の酸化分解と，共役するエネルギー生産系（クエン酸回路から電子伝達系）については生化学の成書に譲る．ここでは海洋従属栄養細菌が環境中で行なう多糖類分解について述べる．

　シアノバクテリア，真核藻類の産生する多糖類は多様である．前述のラミナリンをはじめ，プルラン，キシラン，フコイダン，アラビノガラクタン，また動物からも由来する複合多糖にコンドロイチン硫酸があるが，これも海水中で検出される多糖である．環境での多糖類分解はグリコシド結合を加水分解する酵素群であるグルコシダーゼが行う．よく知られたグルコシダーゼにはセルロースを基質とするセルラーゼ，デンプンを基質とするアミラーゼなどがある．複合糖を分解するものではムコ多糖ヒアルロン酸を分解するヒアルロニダーゼがある．海水中のグルコシダーゼ活性については多くの研究がある．海洋表層において光合成で作られた多糖類は微生物にとって使いやすい栄養素となるので，表層では高い酵素活性で容易に分解され利用される．グルコシダーゼの基質特異性は，最近の研究でメキシコ湾ではコンドロイチン硫酸，ラミナリン，キシランなどの分解性は高く，アラビノガラクタンでは低いことが報告されている（図7-11）．低温のフィヨルドでもコンドロイチン硫酸の分解が速い（Arnosti and Steen, 2013）．しかし，海域や深度で分解活性と基質特異性は異なり，コンドロイチン硫酸が分解されない海域もあるので，海洋での多糖類分解はまだ一般論として論じられる段階ではない．

　細菌に特異的な複合糖高分子有機物としてペプチドグリカンがあり，これはアセチルグルコサミンとアセチルムラミン酸が交互に結合し，さらにペンタグリシンを架橋としたL-アラニン（Ala）-γ-D-グルタミン（Gln）-L-リシン（Lys）-D-Alaのテトラペプチドが Lys に結合した構造をしている．生物界のほとんどの分子にはL-アミノ酸が使われるが，例外的に細菌ではD-アミノ酸が作られ，ペプチドグリカンが形成される．海洋の溶存態有機物にD-アミノ酸がみられることから，難分解性 DOM の起源として古くから細菌のペプチドグリカンが疑われてきた（McCarthy et al., 1998）．ペプチドグリカンを分解する酵素はライソザイム（リゾチームとも言う）である．動物の涙，母乳，卵白にふくまれることはよく知られており，海洋の動物にも存在するが，海水中の酵素活性は検出できない程度である（Smith et al., 1992）．海水中でペプチドグリカンが難分解性 DOM になるのは，分解酵素活性が低いためであろうが，まだ明確な答えは得られていない．

　糖の分析では，かつては中性糖分析が主だったが，近年の高速液体電気化学検出装置の適用のおかげでアミノ糖の高感度分析が可能になった背景がある．これによって，DOM 中にN-アセチルムラミン酸の存在が明らかになった．これは上記のペプチドグリカンにのみ存在するので，DOM の起源として細菌がクローズアップされた．DOM に含まれる未同定有機物ではムラミン酸とD-アラニンの比が1:10であった．本来ペプチドグリカンでは1:1であることから，細菌細胞の分解過程では，ペプチドグリカンの構成成分のうちでも糖鎖部分が分解されやすいと考えられる．

　これまでの研究から，単糖を必要とするにもかかわらず多糖類を分解できない細菌が知られている．

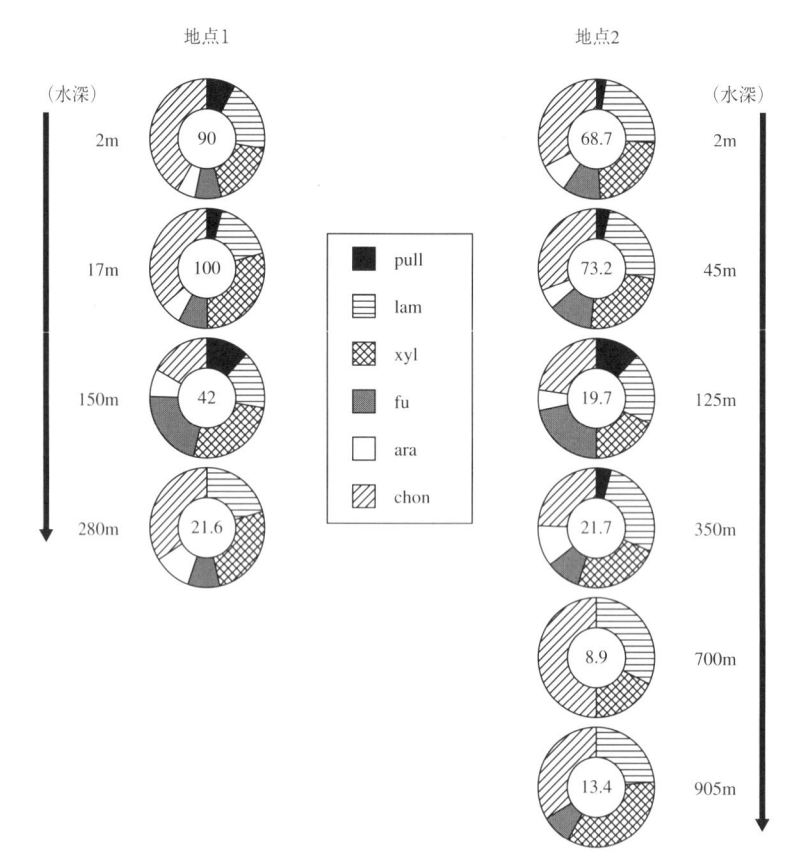

図7-11 メキシコ湾の2地点(左右のグラフ)で測定された多糖類分解活性
pull：プルラン，lam：ラミナリン，xyl：キシラン，fu：フコイダン，ara：アラビノガラクタン，chon：コンドロイチン硫酸．円内の数字は全水解活性合計値(単位/L/時間)
(Arnosti and Steen, 2013)

　類似の結果がタンパク質からアミノ酸へのカスケード分解の過程（図7-9）でも観察されることから，海洋環境で起こるタンパク質や多糖類などの高分子の分解過程は群集メンバー全体の共同作業で行なわれていることが示唆される．微生物による環境中での高分子分解・利用過程はまだ今後の研究を待つところが大きい．

3）脂　質

　脂質はアミノ酸や単糖のように重合して高分子を作ることはない．リン脂質は全ての生物の細胞膜を形成する重要な分子であり，海洋生物で知られるリン脂質と構成脂肪酸の例を図7-12に示す．これ以外の脂質としては，動物細胞では不ケン化物であるコレステロール類があるが，これは原核生物には存在しない．魚介類に特徴的な脂肪酸としてn-3系の高度不飽和脂肪酸［20：5（n-3），EPA；22：6（n-3），DHAなどのpolyunsaturated fatty acid, PUFA］が健康的な食品としてもてはやされており，海洋では植物プランクトン，細菌，原生生物などが生合成することが知られている．初期にはVibrioやShewanellaなどの従属栄養細菌が産生し（Yazawa et al., 1988），これが食物連鎖で上位栄養段階の生物へ生物濃縮されると考えられた．最近では鞭毛虫などでも類似のPUFA生合成経路が報告されて

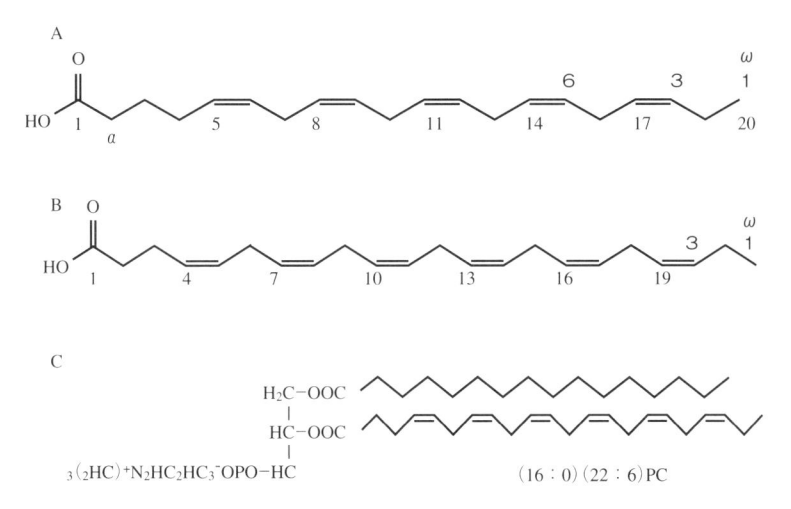

図7-12 海洋細菌にみられる高度不飽和脂肪酸（A：EPA，B：DHA）とDHAを脂肪酸にもつリン脂質（C：ホスファチジルコリン，PC）

いる．海洋細菌のなかでは，*Gammaproteobacteria*（ガンマプロテオバクテリア）でのPUFA生合成が遺伝子レベルで知られている．PUFAは膜の流動性を高め，高圧低温のような極限環境へ適応するために必要と考えられるが，このような環境に棲む多くの細菌群に存在するものか，あるいは極限環境以外の細菌でも保有する普遍的機構なのかはまだ明らかでない．最近のメタゲノム解析では海洋中に比較的多様な遺伝子が広く分布していることがわかりつつある（Shulse and Allen, 2011）．

海水中に供給される脂質の起源は，植物プランクトンの貯蔵物質が多いとされ，動物プランクトンによる捕食の際に物理的分解物として，また排泄物として環境に放出される．これがリパーゼでグリセロールと脂肪酸に分解され細菌に利用される．環境中の脂肪酸としては，溶存態画分にC_{12-20}，C_{10-18}の脂肪酸が検出され，これらはグラム陰性菌のリポポリサッカライド（LPS）に由来すると考えられる（Wakeman *et al*., 2003）．つまり，すでに述べた外膜タンパク質やペプチドグリカンとともに，脂肪酸分析によってもDOM起源はいったん細菌を経由した有機物であることが傍証された．

細胞構成リン脂質は，水圏生態系の細菌の増殖に必要なリン源として使われる．細菌は有機リンを細胞内に取り込めないので，まずリン脂質の分解が行なわれる．独立栄養細菌，従属栄養細菌および真核植物プランクトンが有機リンを無機態として利用するためにアルカリホスファターゼを産生することはよく知られている．この酵素はリン酸エステルからリン酸を水解し無機リンを得る．海洋での研究ではリン元素の定量的研究が多く，有機リンの分解過程に関する研究は少ない．アリカリホスファターゼは沿岸では40％以上が溶存態画分にあり，タンパク質や糖質の分解が粒子上で起こるのに対し，無機リンの放出反応は水柱で起こっているという（Allison *et al*., 2012）．様々な光合成生物がこの酵素を細胞外に放出しているためかも知れない．しかし，一方でLuoら（2009）は海洋細菌のメタゲノム解析から，アルカリホスファターゼPhoA, PhoD, PhoXを対象にすると，41％は細胞質に，30％は細胞外に，12％は外膜に存在することを明らかにしている（図7-13）．これは細胞内での低分子有機リンから無機リンを得る反応が主要な有機リン分解である可能性を示唆している．*Alphaproteobacteria*および*Gammaproteobacteria*はグリセロリン酸を取り込む遺伝子も持ち合わせ

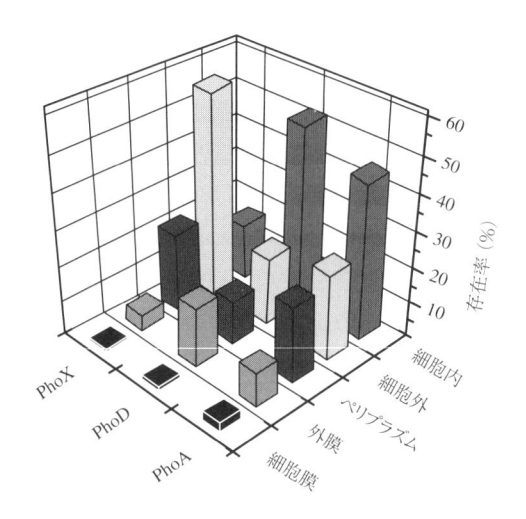

図7-13 グローバルオーシャンサンプリング(GOS)メタゲノムデータベースから得たアルカリホスファターゼの細胞での存在位置(Luo *et al.*, 2009).

ており，海洋表層の細菌は細胞外溶存態有機リンを取り込んだ後に細胞内で無機化しているのかもしれない．図7-5に示したこれまでの酵素の存在様式は今後のオミックス解析によって，どんどん変わってくる可能性がある．一方，脂肪酸はリパーゼで分解されるが，環境細菌でのリパーゼ活性と脂肪酸分解に関しては，培養可能な細菌，たとえば *Moritella* sp. などが低温活性型のリパーゼを産生することが知られており，バイオテクノロジーを目指した研究が多い．

4) 核 酸

核酸塩基と糖が結合したものをヌクレオシド(nucleoside)といい，それにリン酸が付いたものをヌクレオチド(nucleotide)という．これらは低分子であり，ヌクレオチドが3'-5'間のホスホジエステル結合で重合してDNAとRNAが形成される．言うまでもなく，DNAは遺伝情報の保存と伝達を行う物質であり，RNAはその遺伝情報を取り出す際に機能する．一方で，海洋，とくに外洋では光合成に使う無機リン酸の濃度は表層では数μM以下，深層でも60μM以下と欠乏状態にあるため，光合成生物を始め，従属栄養細菌も有機リンである核酸をヌクレアーゼで分解して無機リン酸として利用する．海洋細菌が細胞外へDNアーゼとRNアーゼを産生することは古くから知られている(Maeda and Taga, 1976)．エキソおよびエンド型のヌクレアーゼと，それに続いて5'-ヌクレオチダーゼとホスファターゼの反応でDNA(RNA)から無機リン酸が生成される．海水中での酵素活性を測ると，アルカリホスファターゼ活性は無機リン濃度に依存するのに対し，5'-ヌクレオチダーゼは依存しないことから，5'-ヌクレオチダーゼは細胞内ではコンスタントに産生されていると考えられる．ヌクレオチドからのリンの切り出しは，アルカリホスファターゼでも5'-ヌクレオチダーゼでも起こるので，コンスタントに産生されている酵素の方が重要なのかもしれない．これまでは核酸分解酵素類もエクト酵素が多いとされてきたが（図7-5），今後はアルカリホスファターゼでも述べたように，ゲノムからのアプローチによっては有機リン分解でのパラダイムシフトがあるかもしれない．

§2. 有機物分解の起こる環境

　水圏の微生物の生息場所は，河川や海洋のように流動する水のなかが主要であると考えられがちだが，水中以外にも極めて多くの生息場所がある．大きく分けて，水の中と，固体表面と堆積物中がある．固体表面と言う場合は，ほとんどの場合微生物は群集としてバイオフィルムを形成していると考えてよい（第2章）．堆積物中は嫌気状態であることが多く，低温，貧酸素，高圧の条件下である．本節では，水圏で微生物による有機物分解が行なわれる環境について理解を深めよう．

2-1　水中での有機物分解

　海洋で遊泳性の"フリーリビングバクテリア"の主要なものには，低栄養を好むSAR11と，高栄養を好む*Roseobacter*系統があり，ともに*Alphaproteobacteria*に属す．彼らは泳ぎながら直接有機物を利用可能な適度なサイズへ分解しつつ吸収することになるが，これは有機物濃度の低い海水中では困難であり，むしろ水中での有機物の微生物分解については図7-4に示したように，微小懸濁態粒子の上が有機物分解の主要な舞台と考えられる．つまり海洋（淡水でも同様）の有光層で光合成によってできた有機物および種々の生物体に由来する有機物が沈降する過程で凝集体をつくり，その表面に小さな微生物生態系ができて，そこで有機物の分子変換と無機化が起こる．遊泳性細菌にしても，化学センサーによる走化性で，より有機物濃度の高い方へ移動しようとする（図7-14）．

　従属栄養細菌のなかでは，*Alphaproteobacteria*とともに，寒天培地上で培養可能な種も多い*Gammaproteobacteria*が微小懸濁態粒子上での主要菌叢を形成しており，それらを捕食する原生生物も共存する．マリンスノー微粒子上では，細菌間でクオラムセンシングによってバイオフィルム形成，細胞外酵素産生および抗生物質産生などが制御されていることが示唆されている（Gram *et al.*, 2002）．有機物濃度の低い海水中での微生物の資源奪い合い合戦は懸濁態粒子の場の取り合いであり，

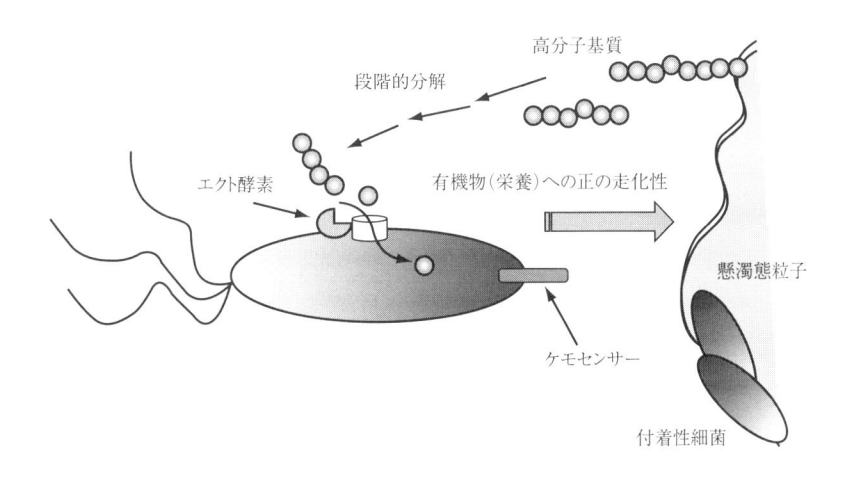

図7-14　遊泳性細菌の有機物への走化性と有機物獲得の模式図

付着性細菌と遊泳性細菌のせめぎ合いの場でもある．抗生物質を産生してニッチを取り合う過程では，薬剤耐性能を獲得すると有利に立てるため，薬剤耐性遺伝子の水平伝達による獲得も起こる．薬剤耐性は臨床医学では世界的な問題になっているが，自然界とくに水圏環境でも私たちの目の届かないところで薬剤耐性遺伝子の発生と拡散が起こっている可能性が高い．

2-2　バイオフィルムでの有機物分解

環境水中であれば，海洋，河川，地下水，下水，水道管および風呂桶内など，どんな場所でも固体基質上に細菌のバイオフィルムが形成される（第2章）．よく知られているのは液体-固体界面でのバイオフィルム形成だが，気体-固体，液体-液体界面でのバイオフィルムも存在する．液体-固体界面でのバイオフィルムの変遷模式図を図7-15に示す．水圏であれば植物プランクトンと細菌が多糖類を細胞外へ産生し，これがバイオフィルムの構成材料（マトリクス）になる．多糖類バイオフィルムは有機物のたまり場（シンク）である．したがって，バイオフィルムは群集構成生物の栄養物にもなり，外部からの薬剤や阻害物質から細菌を守るバリアともなる．バクテリアのバイオフィルムは，多糖類のほか，プロテオグリカン，タンパク質およびDNAなどで構成される．沿岸や河川の岩の表面などにできるバイオフィルムでは，光合成生物，細菌および原生生物が混在し，多様な生物種からなる生態系が形成される．一方，高温の温泉マットでは古細菌，硫酸還元細菌およびシアノバクテリアの共生生態系が見られる．

バイオフィルムはある程度成長すると，ちぎれて他の場所へ転移して拡散・成長を続けるので，この過程ではバイオフィルム内の細菌によってマトリクス有機物の分解が行なわれていることは容易に想像できる．口腔や土壌のバイオフィルム内と表面での有機物水解酵素や農薬分解酵素の研究は進んでいるが，自然水圏における研究は手法の困難さもあって，あまり進んでいない．現時点ではまだ種々の条件下での現象を記述している段階であろう．本章の§1.に述べたように，タンパク質，多糖類，脂質，核酸などの有機物は多様な酵素反応で分解されるが，バイオフィルム内およびその表面での生

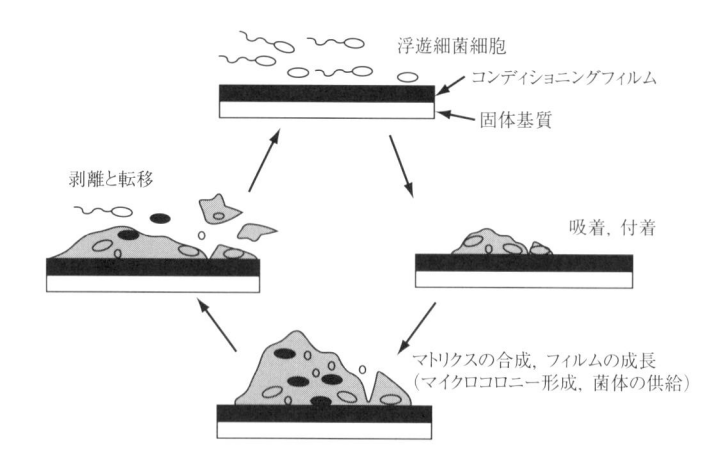

図7-15　液体-固体界面でのバイオフィルム形成と変遷
（Jass *et al.*, 2002を改変）

物間相互作用は複雑なので，分解過程もケース・バイ・ケースである．

海洋環境でバイオフィルムがよく研究されている例は船舶のバイオファウリングであろう．船底への無脊椎底生生物の付着は船舶の運航上の問題とともに，外来生物の越境運搬にもなり，バイオファウリング阻害剤として使われた有機スズ化合物が使用禁止になってからは，代替化合物が試されているが，根本的対策はまだ確立されていない．船底バイオファウリングの初期に発生する細菌のバイオフィルムには様々な細菌が含まれ，バイオフィルム形成初期（数時間）では *Gammaproteobacteria* がパイオニアとして優占的に付着し，その後2～3日たつと *Alphaproteobacteria* が増加する（Lee *et al.*, 2008）．また，グラム陽性菌や腸内細菌も検出されることから，陸起源の細菌も多く含まれることが示唆される（Inbakandan *et al.*, 2011）．陸起源細菌と海洋細菌群集との相互作用については，今後の研究進展を待たねばならない．ましてマトリクス内での有機物分解についてはほとんど明らかになっていない．

このようなバイオフィルム中での有機物分解・代謝は，微生物相互作用とともに環境保全の見地からも興味深く，重要なテーマである．

2−3 堆積物中での有機物分解

深海の還元的条件にある堆積物中での有機物分解は，最近実態が見え始めている．Lloyd *et al.* (2013) は，世界中の海底で優占する非培養性で雑多な古細菌グループ（miscellaneous crenarchaeota, MCG）と底生古細菌グループD（MBG-D）のそれぞれのゲノム解析とMCA基質を使ったプロテアーゼアッセイから，これらのグループが細胞外システインペプチダーゼ（ジンジパイン，クロストリパイン，パパイン，ピログルタミルペプチダーゼなど）をもち，エンド型とエキソ型両方

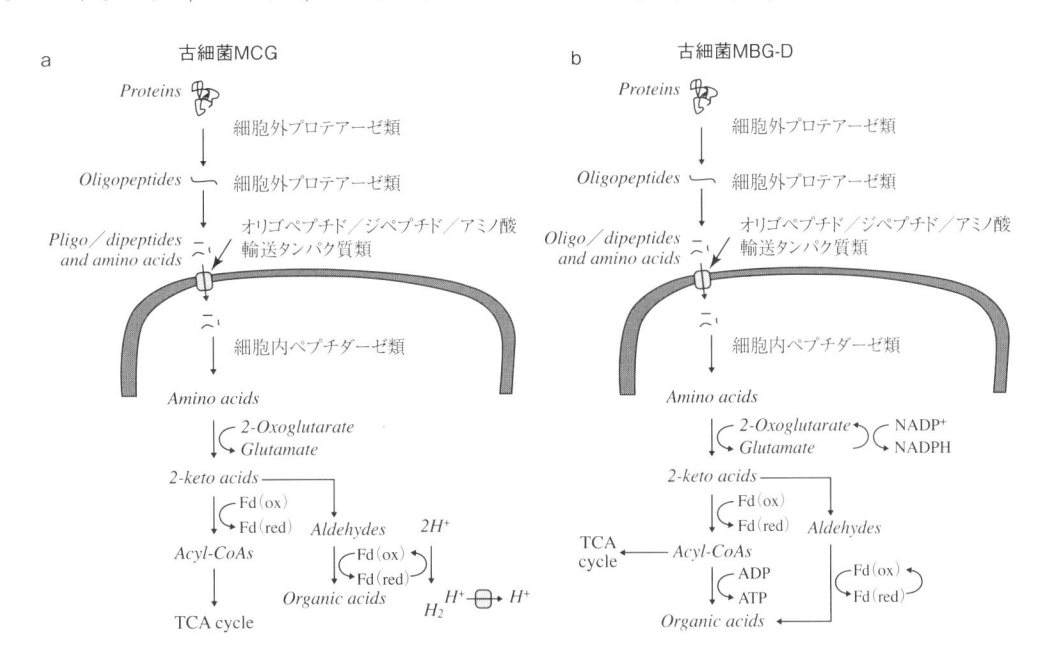

図7-16 深海堆積物中の古細菌（a：MCG，b：MBG-D）によるタンパク質分解と異化過程の推定（Lloyd *et al.*, 2013を改変）

があることを示した．彼らは，海洋表層からデトリタスとして由来する高分子タンパク質を図7-9で示したように段階的に分解し，その後アミノ酸として取り込み，図7-16のように細胞内で代謝する過程を提案している．最も酸化還元電位の低いフェレドキシンを使って異化作用が進み，電子の受け渡し過程では地殻にある酸化還元電位の低い金属であるタングステンを利用しているようである．海底でのタンパク質分解はかつての低温下でゆっくり進むというイメージとは異なり，盛んに行なわれているようである．

§3. 有機物分解に及ぼす環境要因

微生物による有機物分解は，これまで述べてきたように，主に酵素反応であり生化学的代謝過程である．したがって，酵素反応であれば温度やpHの影響が大きいことは容易に推察できる．また，基質−酵素レベルの触媒反応に影響があると，結果的に微生物の細胞レベルに影響が及び，細胞増殖速度が左右される．本節では，微生物の有機物分解を左右する要因について理解を深めよう．

3−1 温度

地球では陸地の気温が最高70.7℃から最低−89.2℃までと160℃もの差があるが，海表面水温では最高34℃，最低−2℃と温度差は36℃しかない．海表面の平均温度は17.26℃と言われており，深度ごとでみると水深50 mで15.09℃，深度が増すに従って下がり，3,950 mでは1.37℃である（Levitus et al., 1998）．実に，海の水柱のほとんどは4℃以下の低温の世界である．中温菌であるヒトの病原菌や腸内細菌の生育環境が37℃であることと比較すると，海洋細菌がいかに低温で代謝・増殖をしているかがわかる．酵素反応は一般的なタンパク質酵素であれば37〜40℃に至適活性を示し，多くの中温菌ではそのような酵素をもつ．しかし，海洋細菌のもつ酵素では低温に至適温度のあるものが知られている．

これまでに知られている低温活性酵素（以下好冷酵素）では，20℃に至適活性をもつ *Alteromonas haloplanktis* 株のトリプシンタイププロテアーゼ，およびアルカリチオールプロテアーゼがある（Odagami et al., 1993; Suzuki and Odagami, 1997）．これらの酵素は40℃ではほぼ完全に失活する（図7-17）．この株ではタンパク質分解酵素は低温に適応していると考えられる．ほかにもいくつかの海洋細菌で好冷酵素が知られている．好冷酵素は活性中心のフレキシビリティが高いために低温でも活性を示すと考えられる．一方で，好冷酵素の多くは熱安定性が低い．酵素反応の活性化自由エネルギーΔGは活性化エンタルピーΔHと活性化エントロピーΔSとの間に次のような関係をもつ．

$$\Delta G = \Delta H - T\Delta S \quad (Tは絶対温度)$$

ここでΔGが小さくなれば反応速度は速くなる．好冷酵素の多くでは初発反応系から遷移状態への移行過程で切断される結合の数が少なく，これによってΔHが小さくなっている．これは活性部位のフレキシビリティが高いことを示すが，一方で熱安定性を下げることにもなる．栗原ら（2009）は好冷酵素の構造的特徴として次の9点をあげている．①表面に負電荷をもつアミノ酸残基が多い．これにより水分子との相互作用によるフレキシビリティは増大するが，同じ電荷をもつ残基間の反発によ

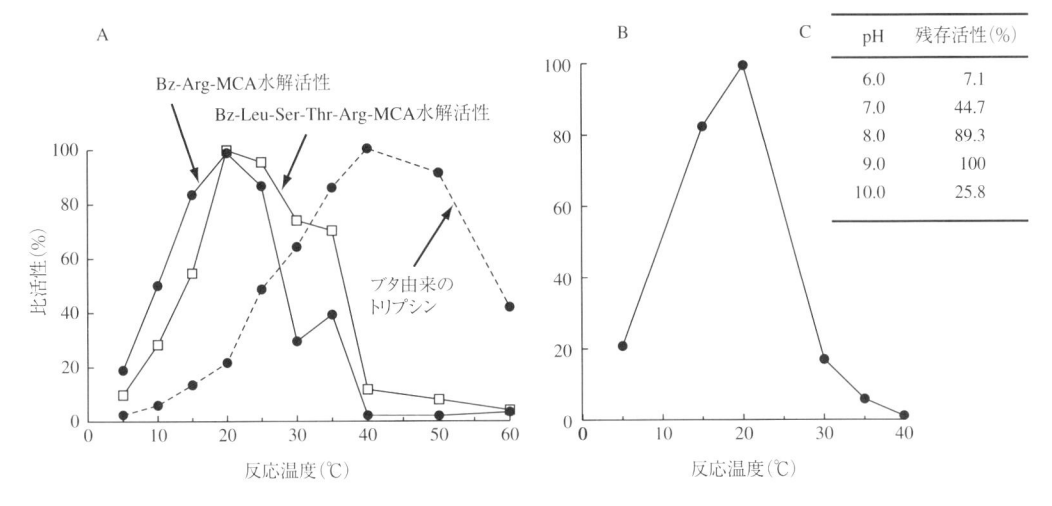

図7-17 海洋細菌*Alteromonas haloplanktis*の低温プロテアーゼ
トリプシンタイププロテアーゼ(A)とアルカリチオールプロテアーゼ(B)活性の温度依存性.
C:酵素BのpH依存性.　　　(Odagami *et al.*, 1993 ; Suzuki and Odagami, 1997)

り不安定化をもたらす．②アルギニン/リシン/アルギニン値が小さいものが多い．アルギニンはグアニジノ基を介することでリシンよりも周辺残基との塩橋形成，水素結合形成が多くなる可能があり，これによる構造安定化が起こる．フレキシビリティの高い低温酵素ではアルギニン比率が低い傾向にある．③芳香環−芳香環相互剤用や芳香環−アミノ基相互作用が少ない．④αヘリックスが形成する双極子とそこに含まれるアミノ酸残基の電荷どうしの作用が弱い．⑤αヘリックス中にプロリンが多く，これにより構造が不安定化する．⑥ループ内ではプロリンが少なく，グリシンが多い．これによりループが長くなる．⑦メチオニン数が多い．メチオニンは電荷間や双極子間の相互作用に関与しない．⑧金属イオンによる二次構造間やドメイン間の架橋が少ない．⑨三次構造を維持するジスルフィド結合が少ない．以上の9つの特徴のうち，いくつかをもつとフレキシビリティが高くなるので低温で高い活性をもち，一方で熱安定性は低くなる．

　海洋細菌はしばしば水産物の腐敗を起すが，図7-17のような場合，冷蔵（0〜5℃）でもプロテアーゼ活性が至適温度の20℃のときの20%程度の残存活性をしめすため，このような菌は低温での腐敗菌となる．

　化学反応は温度が高いほど速く進む．温度が10℃上がると生物の増殖は2〜4倍になる．しかし，低温環境である海洋（または水圏のほとんど）に生息し，適応するために，海洋細菌は有機物分解を低温でも行なえるように酵素レベルで適応進化したのだろう．一方で，熱水噴出孔や温泉のような高温水圏環境に適応した細菌，古細菌などは逆に高温で失活しない酵素（耐熱性酵素）をもつようになったと考えられる．

3−2　水素イオン濃度指数（pH）

　海洋のpHは通常7.8〜8.0程度である．極端な酸性や塩基性の温泉水，アオコが大量発生して強塩基性化したため池など，特別な環境を除けば海洋や淡水環境のpHはほぼ安定しており，細菌の酵

素も中性から塩基性側によった至適pHをもつものが多い．図7-17に示した *Alteromonas haloplanktis* のトリプシン，チオールプロテアーゼともに至適pHは9.0であった．これらは低温適応とともに，塩基性側に至適活性をもつようにシフトして適応した酵素と言えよう．

植物プランクトンや細菌の産生するアルカリホスファターゼもpHは7.6〜9.6に至適活性を示す．水圏に生息する微生物群は環境に合わせた適切な道具(酵素)を使って有機物利用をしているのである．

3-3 圧 力

細菌に圧力をかけると増殖がとまることは古くから知られていた．さらに，精製した酵素に圧力をかけても活性は失われる．海の平均深度は3,800 mであるから，水圧の平均は380気圧である．酵素は100気圧程度で失活するものもあり，さらに高圧になると多くの酵素は活性を失う．もちろん，耐圧酵素をもつような深海環境に適応した細菌では1,000気圧下でも平気なものもある．イソプロピルリンゴ酸脱水素酵素はロイシン生合成で重要な酵素であり，耐圧酵素研究のモデルとして有名である．圧力をかけると，通常の酵素であれば水分子が酵素タンパク質内部まで入り込んで活性を阻害するが，好圧細菌 *Shewanella* 属菌では変異があり，水分子が酵素分子内部のアミノ酸残基と水素結合を作れないために圧力耐性になっている(Nagae *et al.*, 2012)．この酵素の他，RNAポリメラーゼのサブユニットタンパク質の耐圧化および圧力での発現に関する研究は多いが，有機物分解関連の酵素ではあまり知られていない．

かつて1960年代に米国の潜水調査船アルビン号が事故で海底に沈んだことがあり，乗務員は無事だったが，船体は深海底に放置され，1年後に引き上げてみると船内に残された食品はほとんど腐敗していなかった．このことから，当時は深海底での微生物活性は低いと信じられた．しかし，その後の深海での現場培養実験などの結果から，そして上記のような低温適応酵素，耐圧酵素の発見などから考えて，実は深海底でも有機物分解はかなり盛んに行なわれていると考えた方がよい．すでに2-3で述べたように，深海堆積物中でのタンパク質分解に古細菌が貢献している姿が見えてきた例もあるように，今後の"深海生化学"の発展を祈らずにはいられない．

同じ圧力でも，細胞膜内外の浸透圧も微生物の物質分解・代謝では重要な要因である．大腸菌の高温で発現するプロテアーゼHtr-Aは低浸透圧では発現が抑制されることが知られており，海洋細菌でも類似の酵素の存在は想定されるが，まだ明らかではない．海洋の塩分はほぼ35であり，ほとんどの従属栄養海洋細菌はこの塩分下で有機物を利用して増殖する．また，人間は海洋の好塩細菌の性質を利用した食品を太古の昔から作ってきた．陸由来の腐敗菌では高い塩分下では生育できないので，海水の中では好塩細菌の物質分解能を選択的に利用できる．東南アジアの魚醤や日本のくさやなどはこのような高い塩分環境で魚類のタンパク質を分解する細菌を利用した発酵食品である．海洋細菌のエクト酵素にはナトリウムイオンを必要とする酵素も多く，また低分子に分解したものを細胞へ取り込む際のポンプにはナトリウムイオンを必要とするものも多い．

3-4 金 属

海洋でも陸水でも多くの地殻由来の金属が溶解している．金属によっては，微生物に対して必須のものもあり，毒性になるものもある．亜鉛は生物に必須の元素であり，金属プロテアーゼに必要な要

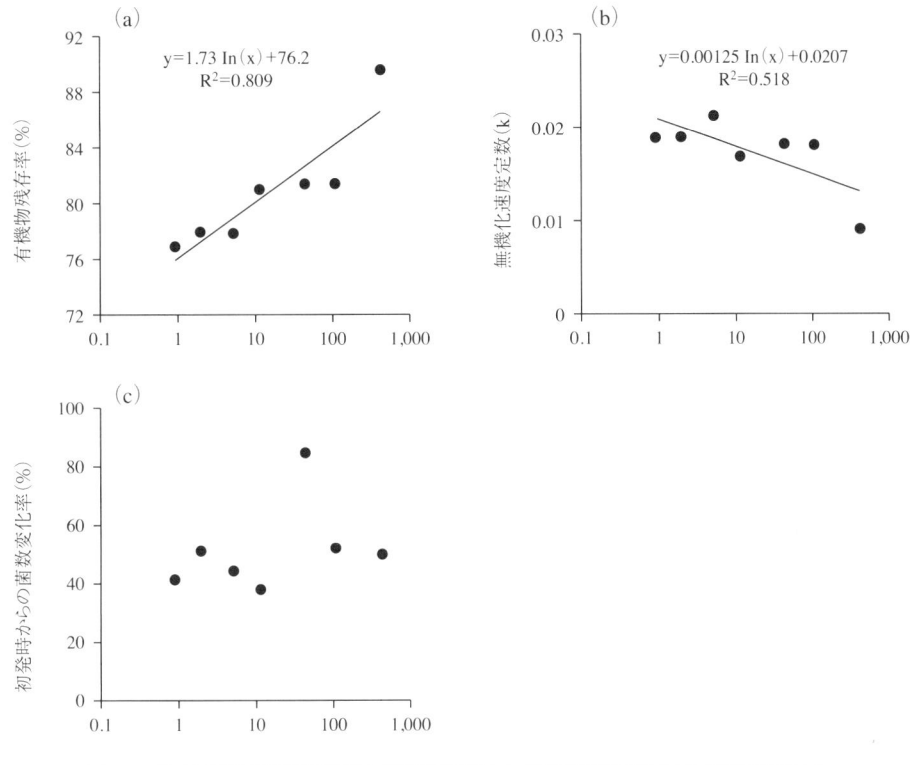

図7-18 海水に亜鉛を添加後2週間の有機物残存%(a), 無機化速度定数(b)および細菌数%(c). 横軸は亜鉛濃度(μg/L)(Wada and Suzuki, 2011)

素であるが，高濃度では毒性を示す．亜鉛が微生物生態系での有機物分解に及ぼす影響を調べた研究では，環境基準濃度の 86 μg/L でも微生物による有機物の無機化が阻害を受けることが報告されている（図 7-18）(Wada and Suzuki, 2011). 細菌数への影響はほとんどないが，有機物の種類によって分解性への影響が異なることから，亜鉛は酵素レベルで影響していると考えられる．外洋では亜鉛のほとんどは有機物に結合しているが，沿岸海水ではイオンで存在する率が上がるため，微生物や酵素への影響も複雑になる可能性がある．

§4. 化学汚染物質の分解

環境中には人工有機化学物質が意図的，非意図的に放出され，これらによる環境汚染は産業革命以来絶えることのない大きな社会問題である．微生物はほとんどの有機物を分解でき，化学汚染物質についても例外ではない．一般的な微生物による化学汚染物質の分解については成書（鈴木, 2009）に詳しいが，本節では水圏微生物による化学汚染物質の分解について理解を深めよう．

4−1 原油分解

海洋汚染で衝撃をあたえる事例はタンカー事故や油田噴出事故による原油汚染であろう. 1997 年 1 月の日本海でのナホトカ号事故では日本海沿岸の広い範囲に重油汚染が起こった．最近では，2010

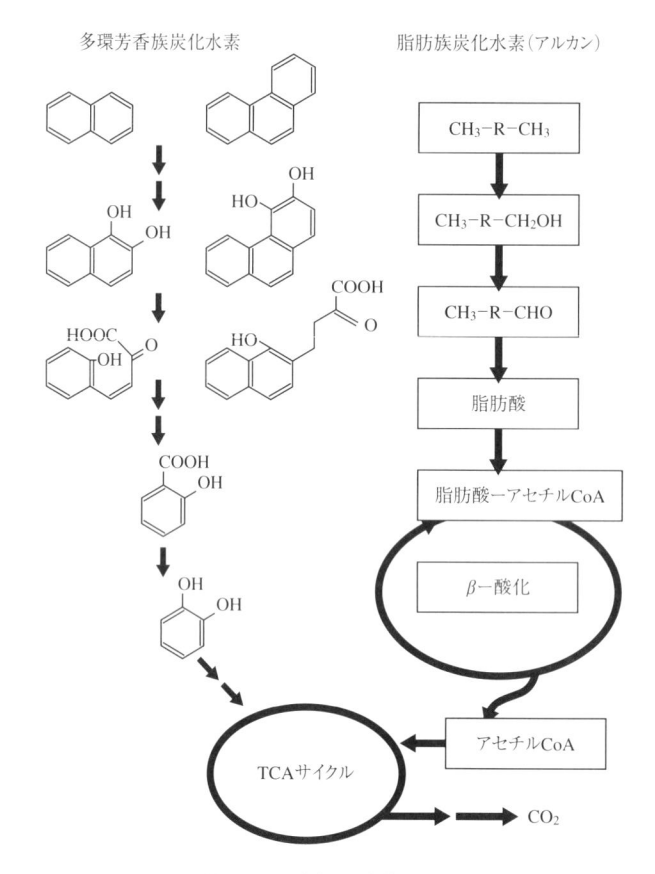

図7-19 原油成分の好気性下での分解

年4月のメキシコ湾の石油掘削施設「ディープウォーター・ホライズン」での天然ガス爆発に端を発する原油パイプの破損流出事故が記憶に新しい．

　海で原油汚染が起こると，軽い成分は揮発するが雨によって再び地上へ戻る．重い成分は沈降して海底に蓄積する．また，水面に浮かぶ油成分は水面を覆って海域が酸素欠乏になり生物の大量死が起こる．生物の鰓（えら）への付着によっても魚介類は窒息死する．

　原油成分には脂肪族炭化水素と芳香族炭化水素などからなる500種以上の分子が含まれる．飽和型脂肪族が58%，芳香族が28%およびレジン，アスファルテン類が14%を占める（製品評価技術基盤機構, 2009）．脂肪族炭化水素を分解して利用（資化）する海洋細菌では，*Pseudomonas*, *Acinetobacter*, *Alcanivorax* などが分離されている．好気的条件下での分解過程では，まずモノオキシゲナーゼが触媒して分子状酸素（O_2）の酸素原子1個が取り込まれて酸化型炭化水素となる．その後アルデヒド，カルボン酸を経てアセチルCoAになり，TCAサイクルに入って最終的には二酸化炭素と水に無機化される．

　一方，芳香族炭化水素では，ジオキシゲナーゼによって2個の酸素原子が取り込まれて酸化型になり，さらに酸化が進んでベンゼン環の開環が起こる．最終的にはTCA回路で完全無機化される．図7-19は脂肪族と芳香族の炭化水素の好気的分解過程をまとめたものである．

原油成分の脂肪族炭化水素を資化できる細菌では図7-20Aのように基質となる炭化水素量が減ずるとともにこれを利用した細菌の増殖が起こるが，シクロヘキサンを添加した場合などでは，図7-20Bのように基質濃度はある程度下がるものの菌の増殖が起こらない．これは，共代謝という現象であり，アルカンモノオキシゲナーゼの基質特異性が広いために，本来の基質であるアルカン以外にシクロヘキサンなども酸化する場合である．シクロヘキサンの酸化物シクロヘキサノールはこれ以上の酸化分解は起こらないため，資化されない．しかし，自然環境であれば群集中の他の細菌が利用できる場合は分解がさらに進むことになる．環境中では様々な細菌が種々の基質を利用できるために原油分解が進むのである．原油分解の研究は，バイオレメディエーション（生物修復）技術の開発を目的として進んでいるため，分離・培養可能な細菌についてのものがほとんどである．しかし，実際の水圏環境では培養できない細菌種が原油分解と環境保全にかかわっていることが十分推察される．

　嫌気的条件下では酸素以外の物質が酸化剤として使われる（図7-21）．硝酸イオン，3価鉄イオンおよび海洋に豊富にある硫酸イオンなどである．上記のようなオキシゲナーゼ反応ではなく，脱窒，硫酸還元の過程で分解される．脂肪族炭化水素では鎖長が短いほうが分解は進み易く，ヘキサンの例が脱窒細菌で知られている（Widdel and Rabus, 2001）．ヘキサンの2位にTCAサイクルでできるフマル酸が付加し，1メチルペンチルコハク酸になる．酸素原子を受け取った化合物はその後の嫌気反応に進み，アセチルCoAが付加されたあとβ酸化とフマル酸再生が行なわれて完全酸化が起こる．この時にできる電子が電子受容体として硝酸，硫酸イオンに受け渡され，硝酸イオンは分子状窒素（N_2）に，硫酸イオンは硫化水素（H_2S）に還元される．

　芳香族炭化水素でも，たとえばトルエンであれば初期反応でメチル基にフマル酸の付加が起こり，上記のヘキサンの場合と同様にベンジルコハク酸ができる．しかし，ナフタレンの場合ではカルボキシル基が付く．いずれの場合でも，その後カルボキシル基にアセチルCoAが付き還元的に環が開いて最終的にTCAサイクルで異化される．嫌気の場合は，好気に比べて分解速度は遅く，培養菌が得られても培養や扱いが難しい．このような炭化水素の嫌気分解能をもつ細菌は多くはないものの，古細菌と*Vibrio*，*Pseudomonas*，*Halomonas*などの海洋菌を含むProteobacteriaに広く見いだされている．

4-2　ハロゲン化有機物の分解

　ダイオキシンに代表される残留性有機汚染物質（Persistent Organic Pollutants, POPs）は難分解性で生物蓄積性が高いため，2004年に発効したストックホルム条約（http://www.unep.org/）に12種が指定された．近年新しいPOPsとして，臭素化難燃剤（Broninated Flame Retardants, BFRs）が問題になってきている．BFRsの水圏微生物分解と分解産物の毒性についても知られているが（Betts, 2006），ここではポリ塩化ビフェニル（PCB）分解を例にあげて述べる．ハロゲン化有機物による環境汚染はこれからも大変重要な問題であり，その分解除去技術確立が切望されている．一部ではこれらの化合物に対して微生物技術によるバイオレメディエーションの実用化試験が行われている．

　PCBは極めて安定な化学物質であり，1,100℃以上での燃焼分解が必要である．しかし，処理過程でのダイオキシンの発生が指摘されており，廃PCBの処理問題は解決されていない．PCBは多塩素体のままでは微生物分解が起こりにくいことから，紫外線で脱塩素をし，それから微生物に環分解させる技術が検討されている．PCBの微生物分解は，好気性過程と嫌気性過程で行われる．北米のハド

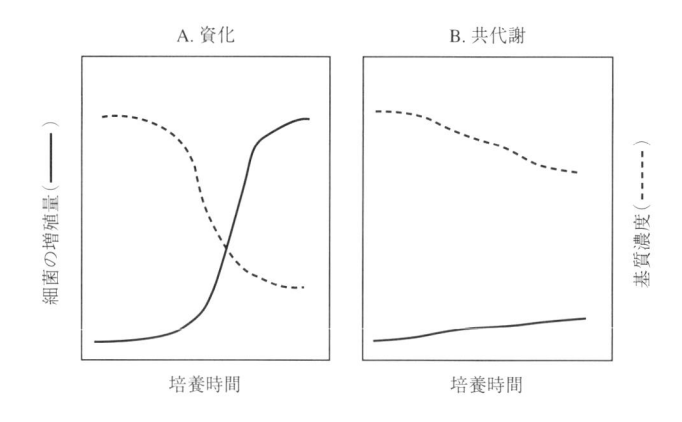

図7-20　原油成分の資化分解と共代謝分解
　　　　アルカン分解菌を本来の基質アルカン(A)またはシクロヘキサン(B)を基質
　　　　とした場合

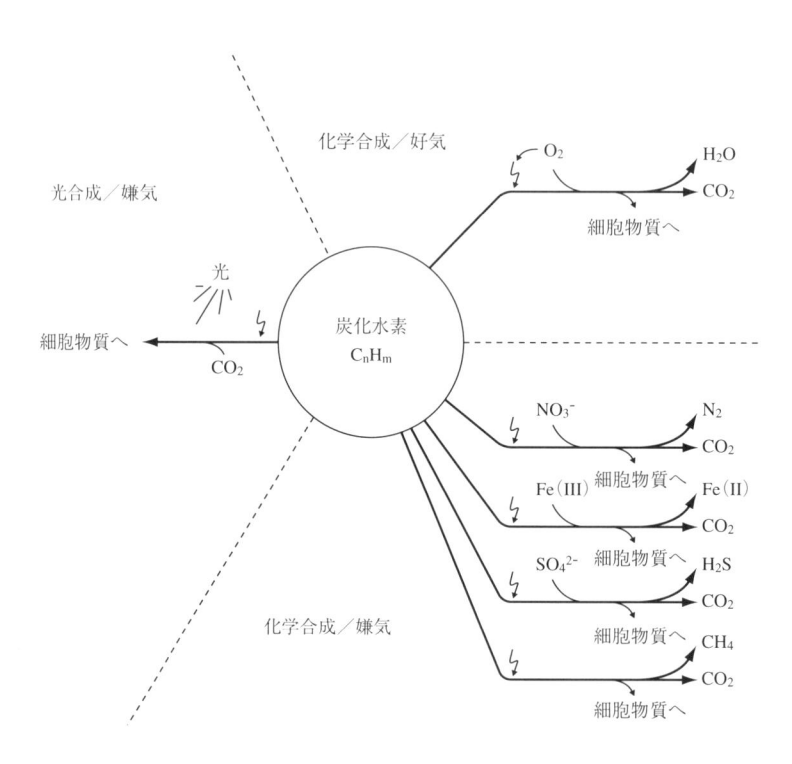

図7-21　好気および嫌気条件下の様々な過程で起こる炭化水素分解(Widdel and Rabus, 2001)

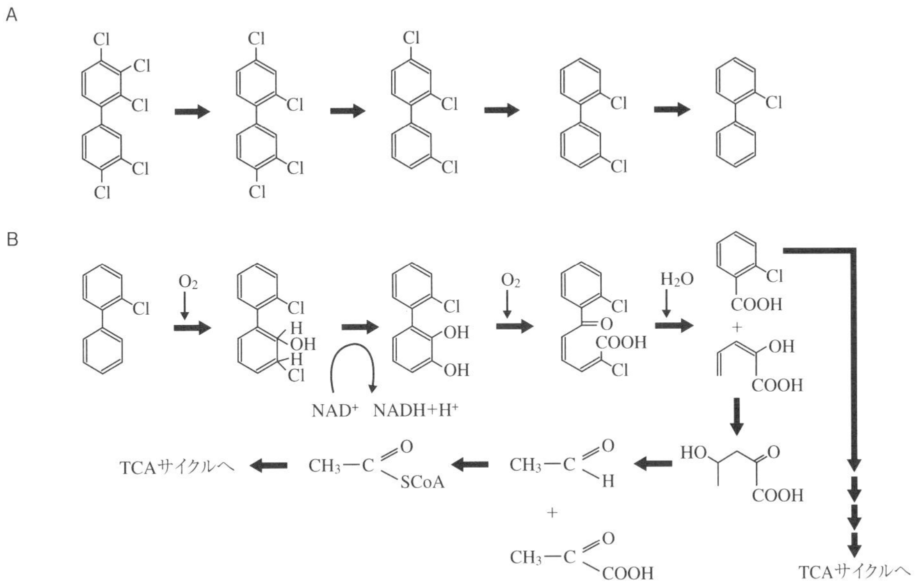

図7-22 PCBの嫌気条件での脱塩素（A：Abramowicz *et al.*, 1993）と好気条件での
PCB開環分解経路（B：Furukawa *et al.*, 2004）．

ソン川のフィールド研究では嫌気的に5塩素化体PCBから図7-22Aに示すように塩素が脱離され，1～2塩素化体に変化していることが報告され（Abramowicz *et al.*, 1993），この現象は実験でも証明された．脱塩素反応では開環は起こらず，最後にビフェニル骨格は残る．高塩素化ビフェニルでは塩素で酸化されているため安定であり，好気的には微生物分解は受けにくい．しかし，脱塩素還元反応ではPCBが電子受容体として利用されるため，*Dehalococcoides*，*Chloroflexi* など，河川・エスチュアリー堆積物中の嫌気性菌によるPCBの脱塩素は比較的起こりやすいと考えられる．この時，同じく電子受容体である鉄，硫酸，硝酸などがあるとPCBからの脱塩素反応は阻害されることになる．PCB脱塩素細菌は河川底泥に普遍的に生息していると考えられる．

一方，好気的なPCB分解では古くから分解菌が環境水から分離されている．例えば，*Pseudomonas pseudoalcaligenes* KF707はビフェニル環を図7-22Bのような経路で分解し，エネルギー源として利用する．PCB分解遺伝子群 *bph* は1986年にクローニングされている（Furukawa and Miyazaki, 1986）．ビフェニルを利用する菌は環境中に広く分布し，PCBはビフェニルとの共代謝によって分解が進む．PCBの共代謝分解では，塩素数の少ないフェニル環にフェニルオキシゲナーゼという酵素が酸素を導入し，さらに開環，加水分解を経て塩化安息香酸と2-ヒドロキシペンタ-2,4-ジエン酸となり，前者は蓄積され，後者はTCAサイクルへ取り込まれてエネルギー産生に使われる．塩化安息香酸を分解する菌も知られているので，これらを混合培養すれば最終的にPCBは完全分解される．

ここでは，ダイオキシンについては触れないが，PCBと同様に考えることができる．微生物による有機ハロゲン化合物の分解では共通性があり，つまり，ハロゲン化（塩素化）化合物は，嫌気的条件下では脱塩素反応で電子受容体として使われ，好気的分解ではTCA回路へ取り込まれてエネルギー

産生に使われる．臭素化化合物など，今後新規のハロゲン化有機汚染物質の環境中での分解を考える時には，「汚染物質は多様であっても，微生物代謝系はシンプルであり，分解は可能」であるという基本原理を頭に置くと解決策は見いだせる．ただし，分解を受けても，その分解産物がさらなる毒性物質になる場合もあるので（Betts, 2006），バイオレメディエーション開発では注意が必要である．

まとめ

Q1：微生物は有機物をどのように分解するか？

　酵素反応によって，高分子は取り込めるサイズのオリゴマーや低分子にされる．タンパク質はペプチドやアミノ酸に，多糖類はオリゴ糖や単糖に，DNA はヌクレオシド，塩基，糖，無機リン酸などに分解される．生体膜のリン脂質は無機リン酸や脂肪酸になって利用される．それぞれの分解には様々な酵素が働くが，酵素の由来は，微生物自身が産生するものや他の生物から放出されるものなど，多様である．

Q2：どのような微生物がどこでどのような有機物を分解しているか？

　地球上の全ての環境で，有機物は微生物分解を受けると考えてよい．水中であればマリンスノーなどの懸濁粒子上，バイオフィルム内，あるいは鉱物団粒内でさえ微生物は単独または他生物との相互作用で有機物分解を行う．分解基質としては，生物体由来の有機物およびそれらが化学修飾された有機物などがある．たとえ，高温，低温，嫌気などの環境でもそこに従属栄養微生物が生息していれば，ほとんどの有機物は分解される．高分子はまず取り込み可能なサイズに酵素分解され，利用される．

Q3：どのような要因が有機物の微生物分解速度を左右するのか？

　有機物分解を細胞レベルで見ると，基本的には酵素反応なので，温度，pH，共存金属などが分解速度に影響を与える．また，圧力によって活性が調節される酵素も知られている．低温下にある海洋環境の細菌では，低温に至適活性をもつ酵素をもつものが知られており，またナトリウム濃度が高い環境ではそれを利用する酵素もある．

Q4：化学汚染物質も微生物に分解されるのか？

　分解される．ダイオキシンや PCB に代表される POPs や類似ハロゲン化物質は，嫌気的に脱ハロゲン化され，ついで好気的に分解されて ATP 合成に使われる．嫌気条件と好気条件の共存は矛盾していると思われるかもしれないが，1 粒の 1 mm 程度の土壌粒子であれば，表面には好気性細菌が，団粒内部には嫌気性細菌がたくさん生息可能である．このような微環境では両方の反応が起こることが可能である．

学習課題

【課題1】タンパク質にはどうして易分解性と難分解性のものがあるのだろうか．

【課題2】 なぜ細菌は高分子物質をそのままでは取り込めないのだろうか.
【課題3】 ハロゲン化有機汚染物質の微生物分解に共通する機構はどのようなものか.

文　献

Abramowicz, D. A., Brennan, M. J., Van Dort, H. M. and Gallagher, E. (1993)：Factors influencing the rate of polychlorinated biphenyl dechlorination in Hudson River sediments. *Environ. Sci. Technol.*, 27, 1125-1131.

Allison, S. D., Chao, Y., Farrara, J. D., Hatosy, S. and Martiny, A. C. (2012)：Fine-scale temporal variation in marine extracellular enzymes of coastal southern California. *Front. Microbiol.*, 3, article 301, doi:10.3389/fmicb.2012.00301.

Arnosti, C. and Steen, A. D. (2013)：Patterns of extracellular enzyme activities and microbial metabolism in an Arctic fjord of Svalbard and in the northern Gulf Mexico: contrasts in carbon processing by pelagic microbial communities. *Front. Microbiol.*, 4, article 318, doi:10.3389/fmicb.2013.00318.

Azam, F. and Malfatti, F. (2007)：Microbial structuring of marine ecosystems. *Nat. Rev. Microbiol.*, 5, 782-791.

Betts, K. (2006)：Bacteria may break down popular flame retardant to produce toxics. *Environ. Sci. Technol.*, 15, 4329-4330.

Chrost, R. J and Siuda, W. (2002)：Ecology of microbial enzymes in lake ecosystems. In Enzymes in the environment, eds. R. G. Burns and R. P. Dick, Marcel Dekker, NY.

Deuser, W. G. and Ross, E. H. (1980)：Seasonal change in the flux of organic carbon to the deep Sargasso Sea. *Nature*, 283, 364-365.

Fermi, C. (1906)：Entalbatt fur Bacteriologie und Parasitenknde. 26, 330-334.

Falkowski, P. G. and Raven, J. A. (2007)：Aquatic Photosynthesis, 2nd ed., Princeton University Press, 484pp.

Furukawa, K. and Miyazaki, T. (1986)：Cloning of a gene cluster encoding biphenyl and chlorobiphenyl degradation in *Pseudomonas pseudoalcaligenes*. *J. Bacteriol.*, 166, 392-398 (1986)

Gram, L., Grossart, H-P., Schlingloff, A. and Kiørboe, T. (2002)：Possible quorum sensing in marine snow bacteria: production of acylated homoserine lactones by Roseobacter strains isolated from marine snow. *Appl. Environ. Microbiol.*, 68, 4111-4116.

Hansell, D. A. and C. A. Carlson (2002)：Biogeochemistry of Marine Dissolved Organic Matter, Academic Press, pp. 774.

Hama, T. (2000) : Production and turnover of organic compounds through phytoplankton photosynthesis. In Dynamics and Characterization of Marine Organic Matter, Eds. Handa, N., E. Tanoue and T. Hama, TERRAPUB, 1-38.

Inbakandan, D., Murthy, P. S., Venkatesan, R. and Khan, S. A. (2011)：16S rDNA sequence analysis of culturable marine biofilm forming bacteria from a ship's hull. *Biofouling*, 26, 893-899.

Koike, I., S. Hara, K. Terauchi and K. Kogure (1990)：Role of sub-micron particles in the ocean. *Nature*, 345, 242-244.

栗原達夫，川本純，江崎信芳 (2009)：好冷性細菌の低温適応に関わるタンパク質とリン脂質. 生化学, 81, 1072-1079.

Jass, J., Roberts, S. K. and Lappin-Scott, H. M. (2002)：Microbes and enzymes in biofilms. in Enzymes in the environment, Eds. Burns, R. G. and Dick, R. P., Marcel Dekker, NY. p. 307-326.

Lee, J-W., Nam, J-H., Kim, Y-H., Lee, K-H. and Lee, D-H. (2008)：Bacterial communities in the initial stage of marine biofilm formation on artificial surfaces. *J. Microbiol.*, 46, 174-182.

Levitus, S., Boyer, T. P., Conkright, M. E., O'Brien, T., Antonov, J., Stephens, C., Stathoplos, L., Johnson, J. and Gelfeld, R. (1998)：World Ocean Database 1998. Vol. 1, Introduction, pp. 346. NOAA NESDIS, Washington DC.

Lloyd, K. G., Schreiber, L., Petersen, D. G., Kjeldsen, K. U., Lever, M. A., Steen, A. D., Stepanauskas, R., Richer, M., Kleindienst, S., Lenk, S., Schramm, A. and Jørgensen, B. B. (2013)：Predominant archaea in marine sediments degrade detrial proteins. *Nature*, 496, 215-219. doi:10.1038/nature12033.

Luo, H., Benner, R., Long, R. A. and Hu, J. (2009)：Subcellular localization of marine bacterial alkaline phosphatases. *Proc. Natl. Acad. Sci. USA*, 106, 21219-21223.

Maeda, M. and Taga, N. (1976)：Extracellular nuclease produced by a marine bacyerium. II. Purificatin and properties of extracellular nuclease from a marine *Vibrio* sp. *Can. J. Microbiol.*, 22, 1443-1452.

Madigan, M. T., J. M. Martinko, and J. Parker (2000)：Brock Biology of Microorganisms, 日本語版．Brock 微生物学, 室伏きみ子，関　啓子　監訳，オーム社，1047pp.

Mansou, M. P., Volkman, J. K., Holdsworth, D. G., Jackson, A. E., Blackburn, S. I. (1999)：Very-long chain (C28) highly unsaturated fatty acids in marine dinoflagellates. *Phytochem.*, 50, 541-548.

McCarthy, M. C., Hedges, J. I. and Benner, R. (1998): Major bacterial contribution to marine dissolved organic nitrogen. *Science*, 281, 231-234.

Nagae, T., Kawamura, T., Chavas, L. M. G., Niwa, K., Hasegawa, M., Kato, C. and Watanabe, N. (2012): High-pressure-induced water penetration into 3-isopropylmalate dehydrogenase. *Acta Crystallographica Section D*, 68, 300-309.

Nagata, T. (2008): Organic matter-bacteria interaction in seawater. In Microbial Ecology of the Ocean, 2nd edition, Ed. Kirchman, D. L., Wiley, p. 207-241.

Obayashi, Y. and Suzuki, S. (2005): Proteolytic enzymes in coastal surface seawatr: significant activity of endopeptidases and exopeptidases. *Limnol. Oceanogr.*, 50, 722-726.

Odagami, T., Suzuki, S., Takama, K., Azumi, K. and Yokosawa, H. (1993): Characterization of extracellular protease produced by the marine putrefactive bacteria, *Alteromonas haloplanktis* S5B. *J. Mar. Biotechnol.*, 1, 55-58.

Ogawa, H., Amagai, Y., Koike, I., Kaiser, K. and Benner, R. (2001): Production of refractory dissolved organic matter by bacteria. *Science*, 292, 917-920.

Smith, D. C., Simon, M., Alldredge, A. L. and Azam, F. (1992): Intense hydrolytic enzyme activity on marine aggregates and implications for rapid particle dissolution. *Nature*, 359, 139-142.

Shulse, C. N. and Allen, E. E. (2011): Diversity and distribution of microbial long-chain fatty acid biosynthetic genes in the marine environment. *Environ. Microbiol.*, 13, 684-695.

製品評価技術基盤機構 (2009): 石油汚染とバイオレメディエーション. http://www.bio.nite.go.jp/nbdc/bioreme2009/bacteria_1.html

鈴木 聡 (編著) (2009): 分子で読む環境汚染. 東海大学出版会, pp. 252.

Suzuki, S., Kogure, K. and Tanoue, E. (1997): Immunochemical detection of dissolved proteins and their source bacteria in marine environments. *Mar. Ecol. Prog. Ser.*, 158, 1-9.

Suzuki, S. and Ogadami, T. (1997): Low-temperature-active thiol protease from marine bacterium *Alteromonas haloplanktis*. *J. Mar. Biotechnol.*, 5, 230-233.

Tanoue, E. (2000) Proteins in the sea –synthesis. In Dynamics and Characterization of Marine Organic Matter, Eds. Handa, N., Tanoue, E. and Hama, T., TERRAPUB/ KLUWER, Tokyo, Japan, p. 383-463.

Tanoue, E., Nishimura, S., Kamo, K., Tsugita, A. (1995): Bacterial membranes: possible source of a major dissolved protein in seawater. *Geochim. Cosmochim. Acta*, 59, 2743-2648.

Wada, S. and Suzuki, S. (2011): Inhibitory effect of zinc on the remineralisation of dissolved organic matter in the coastal environment. *Aquat. Microb. Ecol.*, 63, 47-59.

Wakeman, S. G., Pease, T. K. and Benner, R. (2003): Hydroxy fatty acids in marine dissolved organic matter as indicators of bacterial membrane material. *Org. Geochem.*, 34, 857-868.

Widdel, F. and Rabus, R. (2001): Anaerobic biodegradation of saturated and aromatic hydrocarbons. *Curr. Opin. Biotech.*, 12, 259-276.

Yamada, N, and Tanoue, E. (2003): Detection and partial characterization of dissolved glycoproteins in oceanic waters. *Limnol. Oceanogr.*, 48, 1037-1048.

山下洋平, 山田奈海葉, 田上英一郎 (2006): 海洋における有機物の代謝. 海洋生物の連鎖 (木暮一啓編), 東海大学出版会, p.266-281.

Yazawa, K., Araki, K., Okazaki, N., Watanabe, K., Ishikawa, C., Inoue, A., Numao, N. and Kondo, K. (1988): Production of eicosapentaenoic acid by marine bacteria. *J. Biochem.*, 103, 5-7.

Yoshida, M., Yamamoto, K. and Suzuki, S. (2014): Metaproteomic characterization of dissolved organic matters in coastal seawater. *J. Oceanogr.*, 70, 105-113.

第8章 微生物の捕食者

> Q1: 増えた微生物はどうなるのか？
> Q2: 微生物は誰にどのように食べられるのか？
> Q3: 水圏でのウイルスの役割は何か？

§0. 本章の目的

　単細胞の微生物にも様々な形の死が訪れる．それらはウイルスの感染，他生物による捕食といった現象により引き起こされるが，このような見方をすれば私たち，陸上の哺乳動物でも見られる現象と大きな違いはない．しかしながら微生物の「食う-食われる」の関係は，被食される微生物自体の"微小さ"や，水の粘性など微生物をとりまく環境の物理的な特性，さらに捕食者が視覚以外の情報で被食者を認識するという特性により，特異なものとなっている．微生物の死滅過程が生態系内で果たす役割については次章以降に譲るものとして，本章では主要な死滅過程と，それらが微生物群集全体に与える影響について理解することを目的とする．

§1. 微生物の死滅要因

　二分裂を繰り返し，指数関数的に増加する微生物群集の細胞数は最終的にどのようになるのだろうか？　増殖が無限に続くわけではない，ということを多くの読者が想像するのではないだろうか？　本章までで述べられているように，微生物は様々な環境に適応し，水圏環境に留まらず，いたるところに存在しているが，かといって空間内に隙間なくギッシリと微生物が詰まっているわけではなさそうである．では彼らの数は増減しているのか？　見た目上，数が変動していなかったとしても，それは本当に静止した状態なのだろうか？　もし微生物数がほぼ一定であるにも関わらず，彼らの増殖に必要な資源が盛んに利用され，分裂が盛んに行われているのであれば，同時に何らかの作用により，微生物群集が盛んに死滅していなければならないことになる．本節では，水圏に生息する微生物の死滅過程について理解を深めよう．

1-1 死滅要因としての4つの過程

　1970年代には，微生物群集による溶存態有機物（Dissolved Organic Matter, DOM），懸濁態有機物（Particulate Organic Matter, POM）の分解量が，植物プランクトンを主体とする植物群集による一次生産量の50%以上にも上る可能性が様々な角度から示されるようになった（第9章参照）．水圏環境の微生物群集の倍加時間が数時間～数日程度であるならば，彼らを環境中から除去する速度も同

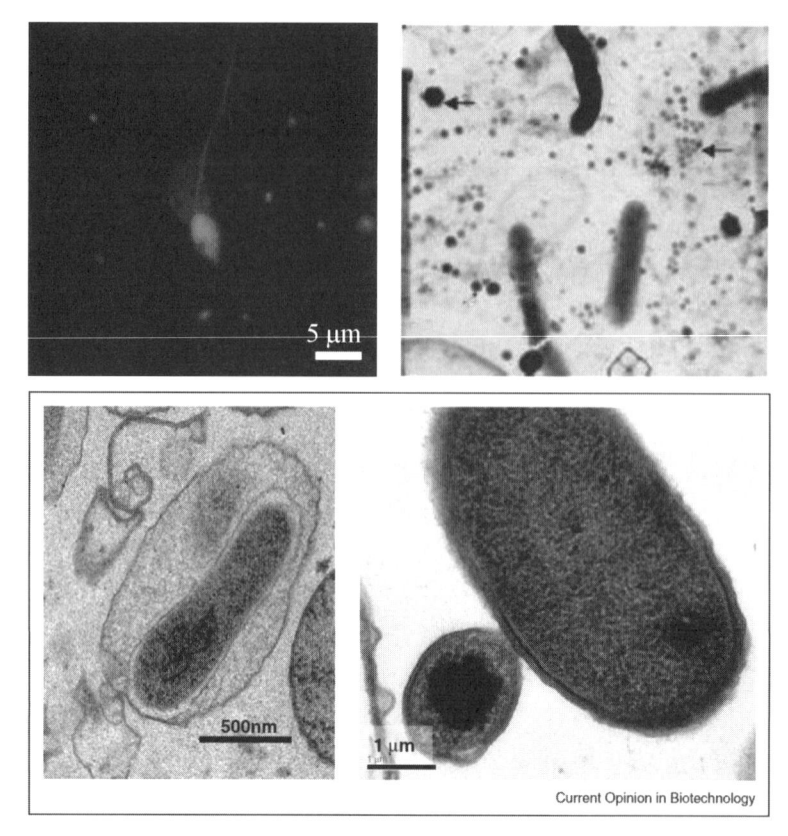

図8-1 微生物群集を捕食的に除去するプランクトン群集
(左上)襟鞭毛虫類の蛍光像(fluorescein isothiocyanate:FITCで染色:著者撮影).
(右上)北部アドリア海の水中に生息するウイルスおよび細菌の電子顕微鏡像.ウイルスおよび細菌は酢酸ウランで染色されている.矢印は異なるサイズをもつウイルスを示している.写真右上隅の大型のウイルスは直径約150 nmの頭部をもっている.(Weinbauer, 2004).
(左下)*Escherichia coli* 内のペリプラズム捕食者*Bdellovibrio bacteriovorus*.(右下)*Caulobacter crescentus* の表面に付着するエピバイオティック捕食者*Bdellovibrio exovorus*.
下部の2つの写真はJohnke *et al.* (2014)より転載.

程度のものになる必要がある．微生物群集の単離培養株や自然群集に対する観察から，彼らの死滅要因として以下の4つの過程が広く認識されていた．①自然的な死，溶菌，②原生生物（図8-1 左上）をはじめとする微生物群集自体よりも大型の生物による捕食，③ウイルス（図8-1 右上：細菌に感染するものは特にファージと呼ばれるが，古細菌を含む，微生物群集全般を扱う本書では，表記が煩雑となるため，ウイルスとのみ表記する）の感染に伴う溶菌・溶解，④ *Bdellovibrio*（デロビブリオ）属の細菌（図8-1 下部）など（これらの細菌は *Bdellovibrio* and like organisms として，BALOs などと呼称される）の感染に伴う溶菌（Johnke *et al.*, 2014）.

1−2 食物連鎖と死滅要因

1983年にAzamらにより，微生物群集が捕食者に捕食されることでDOM・POMと上位の栄養段階を結びつける新たな食物連鎖と，従来の生食食物連鎖を統合した微生物ループ（Microbial loop：

詳細と生態系における役割は次章を参照）という概念が提唱されたが，微生物群集の捕食者として，直径数 μm の従属栄養性鞭毛虫類に焦点が当てられた（第9章参照）．しかし野外調査での知見が蓄積されるにつれ，微生物群集の死滅要因としてのウイルスの重要性が明らかになり（Breitbart *et al.*, 2012, Wilhelm and Mattenson, 2008），また BALOs による死滅もまだ知見は乏しいものの，環境中で普遍的に見られる現象であるとの認識が高まっている（Johnke *et al.*, 2014）．

　原生生物の行動様式も微生物群集に対するウイルスや BALOs による感染も顕微鏡下での観察で確認されてからの歴史は長いが，近年では後述するように，以前から知られていた現象を物質レベルで理解する段階に入りつつある．また近年，急速に発達してきた分子遺伝学的な手法により，環境中の微生物群集の分類が飛躍的にすすみ，これまで「細菌」，「従属栄養性鞭毛虫類」，「ウイルス」などと一括りにされてきた生物群集も，より細かくグループ分けされ，グループごとの分布や動態が検討される時代に入っている．

　一方で，本章で紹介する様々な知見は水圏の中でも私たちに身近な表層部で得られたものが中心であり，低温かつ高圧条件に置かれている海洋深層部は微生物群集の動態解明が遅れている環境である．近年の微生物群集の分布や原核生物群集の代謝速度の測定結果から，原核生物群集の平均回転時間は，表層部では数日程度であるのに対して，水深数千 m ではその百倍以上の数百日から千日程度なることが明らかになっている（Nagata *et al.*, 2010）．このような超貧栄養かつ希薄系においても，従属栄養性鞭毛虫類とウイルスは存在していることが観測されているが（図8-2），これらの動態に対する理解は進んでいない．原核生物群集の代謝速度は放射性物質で標識した有機物の取り込み速度より算出しているが，このような増殖速度の低い環境では，通常の時間スケールでの培養実験や顕微鏡下の観察などから細胞数の変化を検出することは現状では難しく，何ら

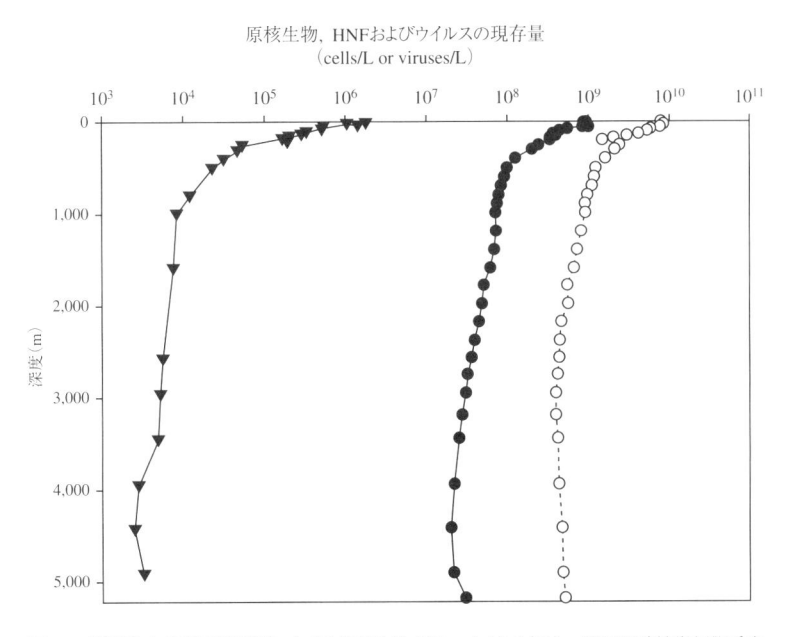

図8-2　西部北太平洋亜寒帯域における原核生物（●），ウイルス（○），従属栄養性微細鞭毛虫類（HNF：▼）の現存量の水柱全体を通じた鉛直プロファイル（福田ほか，未発表）．

かの技術的なブレークスルーが必要とされる．この水圏環境に残された最後の秘境が，私たちに残された課題の1つであるが，本章で紹介する微生物群集に対する捕食過程は地球上のあらゆる水圏環境で見られる現象であるとの認識が固まりつつある．

次節から原生生物をはじめとする大型の捕食者による捕食，ウイルスおよびBALOsによる感染に伴う溶菌のそれぞれの特徴と微生物群集に与える影響について詳述する．

§2. 原生生物をはじめとする大型の捕食者による捕食

微生物群集の捕食者として，既に前節で直径数μmの鞭毛虫類をあげたが，この鞭毛虫類は従属栄養性微細鞭毛虫類（Heterotrophic nanoflagellate, HNFと略される）とも呼ばれる．この呼称のうち，「微細」（英文ではnanoに相当）はプランクトン群集を大きさで分類する際に用いられる接頭辞であり，各接頭辞とプランクトンの大きさの関係は表8-1のようになっている．

細菌，古細菌を中心とした原核生物はピコプランクトンである．水圏環境では，被食-捕食関係などの生態的地位が体サイズの大きさに強く影響を受けることから，サイズによる分類がなされることが多い．この区分は表8-1にあるように個体（細胞）長で10倍の間隔で変化しているが，これは体積に換算すると1,000倍の間隔となっており，国際単位系（SI）における接頭辞と同様の関係となっている．被食者―捕食者の関係は，寄生的なものを除いて，個体長の比でおおよそ10倍程度であることが多い．これを単純に適用すると，ピコプランクトンはナノプランクトンに，ナノプランクトンはマイクロプランクトンに，マイクロプランクトンはマクロプランクトンに捕食されることになるが，植物プランクトンが，動物プランクトンに捕食されるという関係も，おおよそこの関係の中に入っていることになる．本節では，原生生物をはじめとする大型の生物による捕食について理解を深めよう．

2-1 原生生物の分類

最初に微生物食性を含む原生生物全般の分類上の位置づけについて述べる．初期の分類体系では，従属栄養性の原生生物は，移動や捕食の際に用いる器官の違いにより，①1つまたは複数の鞭毛を用いる鞭毛虫類，②繊毛を用いる繊毛虫類，③仮足を用いるアメーバ類の3つのグループに大別されていた．これらは形態的特徴に基づくおおまかな分類であるが，近年では分子遺伝学的な手法が発達し，

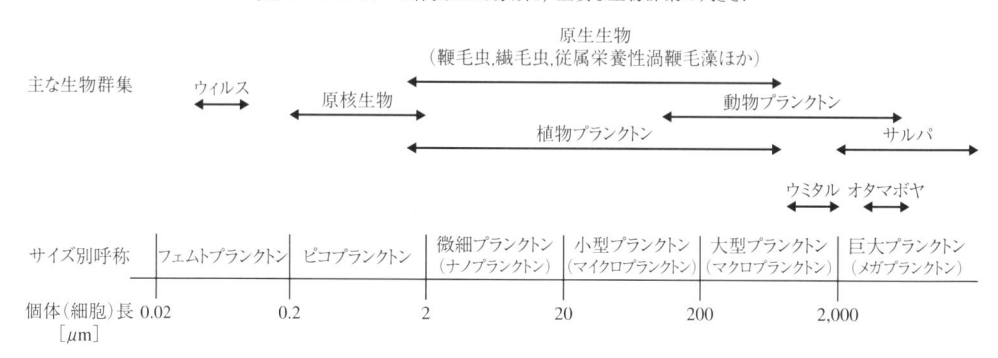

表8-1 プランクトンの体長による分類と，主要な生物群集の大きさ．

主な生物群集	ウイルス	原核生物	原生生物（鞭毛虫,繊毛虫,従属栄養性渦鞭毛藻ほか） 植物プランクトン	動物プランクトン ウミタル オタマボヤ	サルパ
サイズ別呼称	フェムトプランクトン	ピコプランクトン	微細プランクトン（ナノプランクトン）	小型プランクトン（マイクロプランクトン）	大型プランクトン（マクロプランクトン）	巨大プランクトン（メガプランクトン）
個体（細胞）長 [μm]	0.02	0.2	2	20	200	2,000

図8-3のような系統関係が示されているが，これらの関係の妥当性は現在でも議論の途上にある（Adl *et al.*, 2012）．

繊毛虫類は直径10μm未満のものから，直径1mm以上の大きさに及ぶものまでが報告されており，繊毛虫の中には単細胞の藻類を共生させているものもあるが（Fenchel, 1987），分類学上のSupergroup（スーパーグループ）SAR（Supergroupに含まれるStramenopilies, Alveolata, Rhizariaの3つの頭文字をとったもの）に含まれる．Alveolataには，他に微生物食性ではないが，水圏生態系で重要な生物である渦鞭毛藻類も含まれている．原生生物の分類には，電子顕微鏡などによる観察が必要となる場合があるが，近年の分子遺伝学的な手法の発達に伴い，環境中から抽出した18S rRNAの配列を調べることにより，顕微鏡による同定を行わずに原生生物の種組成や分布とその生態を調べる動きが活発になりつつある．海洋ではこのAlveolataに属するものが生態学的に重要な役割を果たしていることから，Marine Alveolates（MALV）と呼ばれ，精力的に調べられている（Massana, 2011）．

アメーバ類は直径10μm程度のものから直径数mmのものが報告されている（Fenchel, 1987）．繊毛虫類が図8-3の系統樹内の比較的狭い範囲に集中している一方で，アメーバ類はSupergroup Amoebozoa, Supergroup SARのRhizaria，さらにSupergroup Opisthokontaに含まれるものがある．

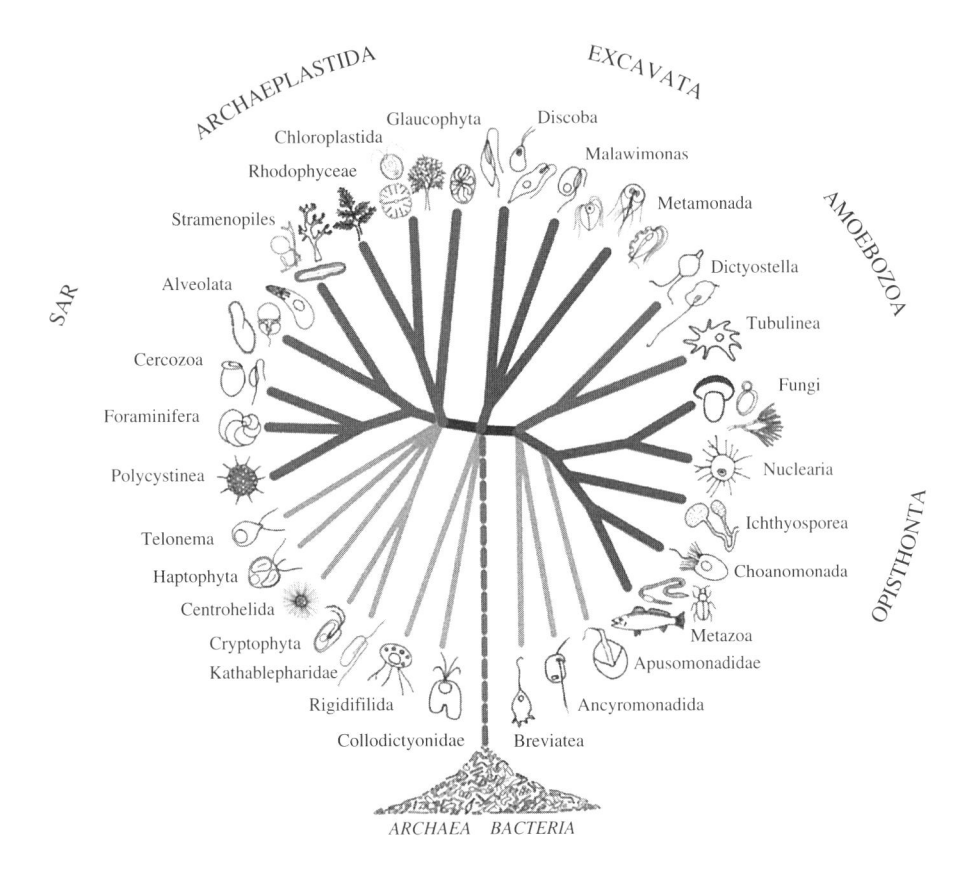

図8-3 真核生物の系統樹（Adl *et al.*, 2012）

Rhizaria には微生物食性ではないが有孔虫や放散虫といった海洋で広くみられるものも含まれている.

最後に鞭毛虫類は上記の2つのグループ以上に，多様な上界にわたって存在しており，形態は似ていても系統的に全く異なる進化史を経た生物の群集であることがわかっている. 鞭毛虫類のうち，Opisthokonta の襟鞭毛虫類は，他の鞭毛虫類とは異なり，細胞の後方についた1本の鞭毛で進むという特徴をもち，鞭毛周囲のロリカと呼ばれる襟上の構造物で餌資源を捕集する（図8-4左上）. 他の鞭毛虫類は襟鞭毛虫類とは異なり，細胞の前方にもっている1本または複数の鞭毛で移動するが，Supergroup SAR に含まれる Stramenopiles には2本の長さの異なる鞭毛をもつ様々な鞭毛虫類が含まれている. この Stramenopiles には従属栄養性ではないものの，水圏生態系の主要な一次生産者である珪藻類も含まれている. この Stramenopiles に属する海産の原生生物も重要な生物群集として Marine Stramenopiles（MAST）と呼ばれ，分子遺伝学的なアプローチからその分布や生態が精力的

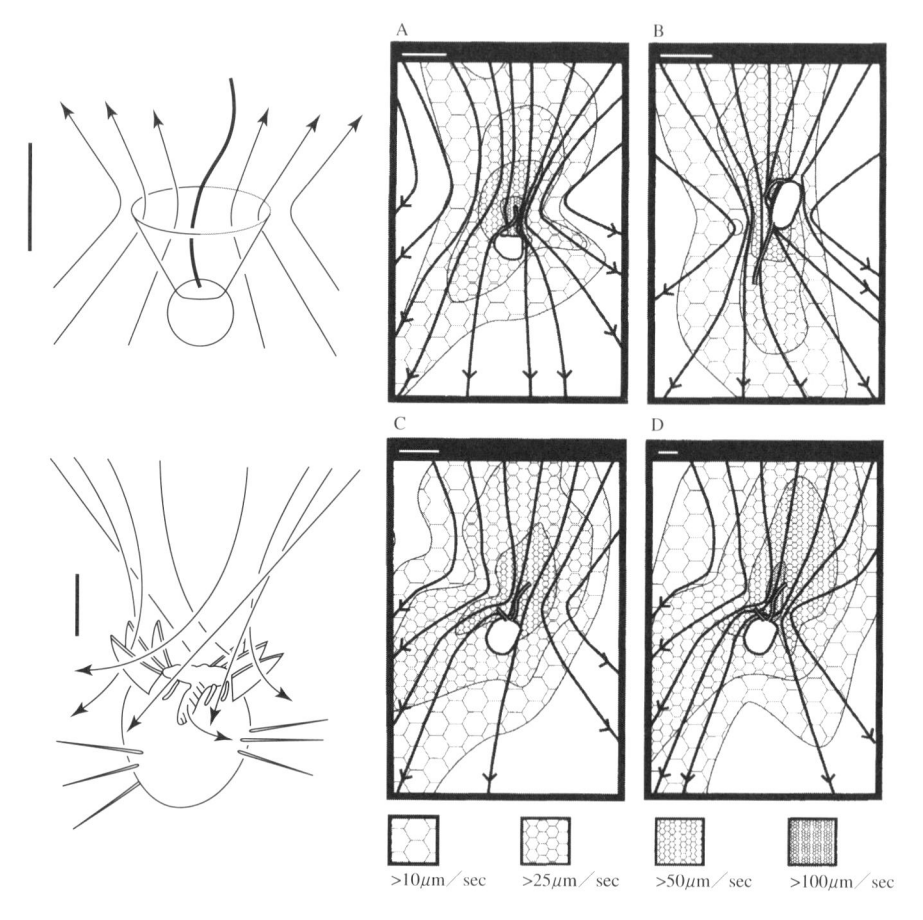

図8-4 原生生物周辺の餌粒子の動き
（左上）襟鞭毛虫 *Diaphanoeca*：餌粒子は触手上の襟の外側に捕獲される. （左下）少毛類 *Halteria*：餌粒子は小膜（Membranelle）の内側に捕獲される. 以上2点はFenchel（1987）より転載.（A）〜（D）4種の従属栄養性微細鞭毛虫類によるFeeding current と流路内の餌粒子の速度（μm/s）.（A）：*Cafeteria rornhergensis*，（B）：*Bodo sultans*，（C）：*Spumella* sp.，（D）：*Ochromonus* sp. スケールバーは5μm.（Boenigk and Arndt, 2000）

に調べられている（Massana, 2011）．また Supergroup Excavata，また Supergroup に含まれていないが，Cryptophyta にも微生物食性鞭毛虫類が含まれる．

これらの原生生物は自由遊泳生活および水中内の固体の表面に付着する固着生活の一方または両方を送るものがある．

2-2 原生生物の摂食様式

原生生物の形態的な特徴による分類，分子系統学的な分類について簡単に述べてきたが，彼らが浮遊している微生物群集に対する捕食行動は，①濾過摂食（filter feeding），②捕獲摂食（raptorial feeding，interception feeding ともいわれる），③拡散摂食（diffusion feeding）の3種類の様式に大別される．

濾過摂食とは，鞭毛や繊毛により Feeding current と呼ばれる水流を発生させ，この発生した水流を繊毛や触手の間を通過させることにより，流れてきた餌資源を捕獲する捕食様式である（図8-4）．捕獲摂食は遊泳などを行いながら接触・捕獲した餌資源を捕食する行動様式であるが，固着性のものには，濾過摂食と同様に，鞭毛や繊毛で発生させた Feeding current により，微生物群集や餌粒子との遭遇率を高め，接近してきたものを捕食するものもある（図8-4）．固体に付着している場合の Feeding current の流速は，原生生物自体が抵抗を受ける自由遊泳している場合の細胞周囲の水の流れの速さよりも，速くなるとされている（Fenchel, 1987）．これは多くの原生生物が固体表面に付着しながら固体表面の微生物群集ではなく，自由遊泳している微生物群集を捕食している理由であると考えられている．3番目の摂食様式である拡散摂食は，捕食者側が積極的に運動することなく，餌資源側の運動や水の動きに伴う相対速度に依存するものであり，図8-3の左側中央よりやや下にある Centrohelida のような，多数の針状の仮足を放射状に配した形態をとるもので見られる．

図8-5は被食者と捕食者の間の体長の関係を表したものである（Fenchel, 1987）．前節で被食者—捕食者の関係は，寄生的なものを除いて，個体長の比でおおよそ10倍程度であることが多いとしたが，図8-5が示すように実際にはこの10倍の関係にも時には2桁近い幅があることがわかる．さらに個体長で被食者：捕食者が1：10になるラインより上側に捕獲摂食者が，下側には濾過摂食者が集中していることがわかる．この傾向から濾過摂食は，自身の体長よりも小型の餌を捕食するのに適した摂食様式であると考えられている．微生物群集のようなピコプランクトンを効率的に捕食できるのはナノサイズの鞭毛虫類と，マイクロサイズの濾過食性の繊毛虫類を中心とした生物群集であることがわかる．

図8-4で示したように濾過摂食・捕獲摂食の両者ともに，単位時間当たりの餌資源の摂食量（以下摂食速度とする）は，原生生物が濾水部の断面，あるいは捕獲可能な範囲の断面を通過する水の体積にある程度比例することになる．一方で原生生物の摂食行動は捕獲した餌資源を細胞内の膜小胞内に取り込む食作用（phagocytosis）とそれに続く消化，さらに消化に適さないものの排出といった処理も含まれる．餌資源の量が乏しい場合には，原生生物の捕食行動の大半が餌資源の探索で占められることになり，摂食速度は餌資源が見つかる頻度に支配されることになるが，餌資源の量が豊富になると頻繁に餌資源に出会える状況となり，捕食行動の大半は食作用をはじめとする餌資源の処理作業で占められることから，摂食速度は餌資源が見つかる頻度ではなく，餌資源の処理時間に支配されるよ

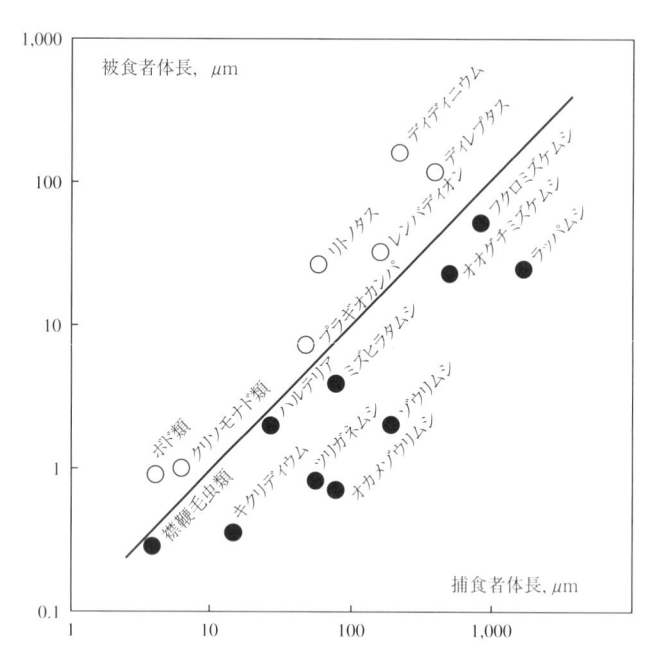

図8-5 餌粒子の平均粒径と濾過摂食者(●)および捕獲摂食者(○)の細胞長の関係
図中の実線は細胞長の比で餌粒子：捕食者の比が1：10となる場合を示している．(Fenchel, 1987を改変)

うになる．この観測的事実から，原生生物の摂食速度 V（cells/s）は餌資源濃度 P（cells/m^3）を用いて，酵素反応の反応速度と基質濃度の関係を表すのに用いられる Michaelis-Menten kinetics（ミカエリス・メンテン式）で表されることが多い．

$$V = \frac{V_{max}P}{K_m + P} \quad (1)$$

ここで，V_{max} は単位体積当たりの餌資源密度 P が無限大のときの最大摂食速度である．また，K_m は半飽和定数と呼ばれ，$V = V_{max}/2$（最大摂食速度の半分の速度）を与える餌資源密度を表す．原生生物の単離株や天然群集を用いて，増殖速度 V や増殖速度を記述するための最大速度や半飽和定数を求める研究が1980年代から1990年代にかけて精力的に行われた（Eccelton-Parry and Leadbeater, 1994）．HNFに対して報告されている細菌の半飽和密度は多くの場合 $1 \sim 10 \times 10^6$ cells/ml の範囲に入るが，図8-6左にあるように多くの海洋環境では細菌数はこれら未満であるのに対して，陸水環境ではこの範囲以上の場合が見られ，捕食後の処理能力も摂食速度を決める重要な要因になることがわかる．

2-3 環境中でのHNF群集による細菌群集の摂食速度

水圏環境におけるHNFと細菌の数の関係は図8-6左にあるように2桁程度の幅はあるがおよそ細菌 1,000 細胞に対してHNF1 細胞という比率を維持しながら，HNFは様々な水圏環境で見られるこ

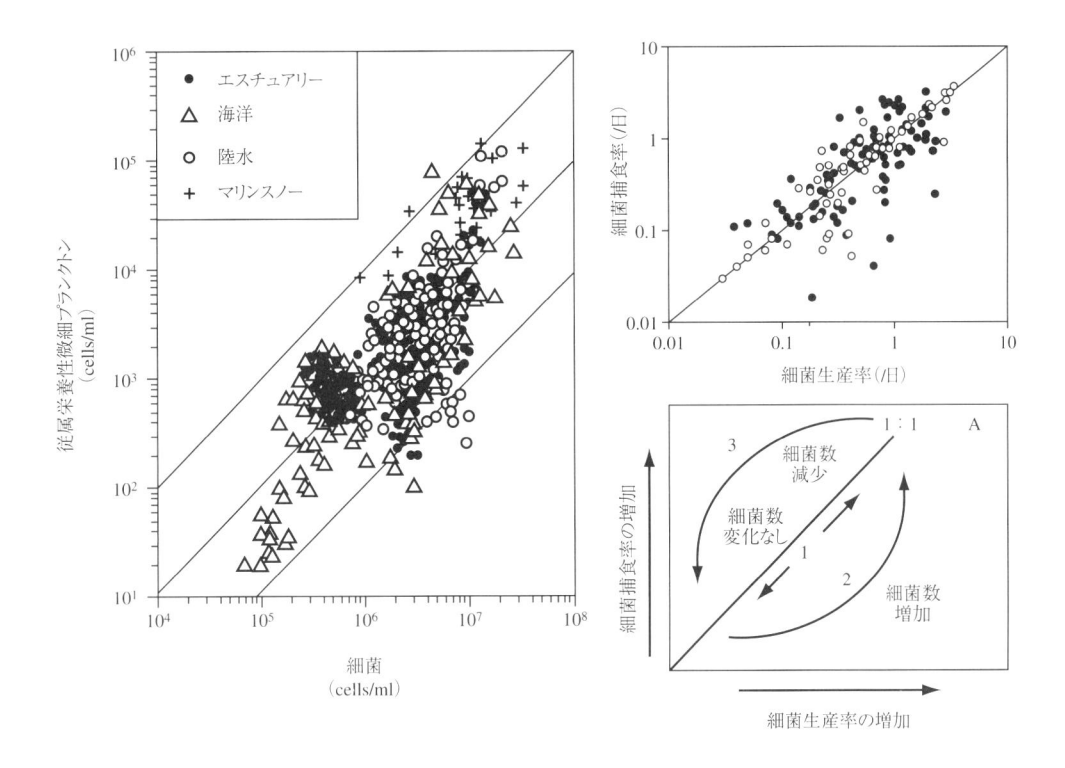

図8-6 (左)様々な環境における細菌と従属栄養性微細プランクトンの間の現存量の関係(n=600) 図中の実線は細胞数の比で細菌:従属栄養性微細プランクトンが1:10², 1:10³, 1:10⁴となる場合を示している. (右上)陸水および海洋での細菌群集全体での比捕食速度と比生産速度の関係. ○は陸水, ●は海洋. 実線は生産と捕食の関係が1:1で釣り合っている関係を示している. (右下)細菌の生産と捕食による除去の間の関係の概念図. 図中の各数字が示すシナリオ. 1:生産と除去が釣り合っている場合, この状態では細菌数に変化はない. 2:生産の増加に対して除去の対応が遅れる場合, 細菌数は生産:除去が1:1になる新たな平衡点になるまで増加する. 3:生産の低下に除去の応答が遅れる場合, 細菌数は生産:除去が1:1になる新たな平衡点になるまで減少する. これらの3つの図はSanders et al. (1992)を改変.

とがわかる. (Sanders et al., 1992). 上記の Michaelis-Menten kinetics の各パラメータが調べられる一方で, 環境中での HNF の摂食速度も盛んに調べられた. 採取した試水中の餌生物の量の時間変化は, 餌生物の増殖と除去の両速度差で決まる正味の変動でしかないため, その増殖速度および除去速度の一方, または両方を知るために大きく分けて2種類の実験操作が行われる. 一方は濾過などにより捕食者を取り除いた試水を用意し, これらで未濾過の試水を様々な希釈率で希釈することにより捕食者の数を操作する「希釈法」と呼ばれるもので, もう一方は, 蛍光色素で標識した細菌 (Fluorescent Labeled Bacteria:FLB) を捕食させる FLB 法である (Landry, 1994;Sherr and Sherr, 2002). これら改良したものなどや, これらの操作を行うことなく, 試水中の原生生物の酵素活性から摂食速度を見積もる手法なども提案されている (González et al., 1993). 図8-6 右上は様々な水圏環境での細菌の増殖率と HNF 群集全体での捕食による細菌の除去率の関係を表している. 多くの環境でほぼ1:1になることがわかる. このことから HNF が細菌群集の主要な捕食者として重要であると考えられているが, 同図は縦軸, 横軸ともに対数表示であり, 関係にはかなり幅があることには注意が必要である. また, 図8-6 右下は, 細菌の生産と捕食による除去の間の関係の概念図を示している. 図中の

各数字が示すシナリオは次のようなものである.
 1：生産と除去が釣り合っている場合，この状態では細菌数に変化はない.
 2：生産の増加に対して除去の対応が遅れる場合，細菌数は生産：除去が1：1になる新たな平衡点になるまで増加する.
 3：生産の低下に除去の応答が遅れる場合，細菌数は生産：除去が1：1になる新たな平衡点になるまで減少する.

2-4　原生生物による微生物群集の選択的捕食

捕食者の体長と，彼らが効率的に捕食できる被食者の体長の間の関係について述べたが，この関係は逆の見方をすると，ある捕食者にとっては効率的に捕食できない体長をもった対象があるとも見ることができる．効率的に捕食できない体長とは，上で述べたように最適な体長よりも極端に小さいものと，逆に極端に大きいものとが有り得る．微生物の単離株や，野外より採取した混合群集を捕食者となる原生生物ともに培養した場合，培養後期に微生物群集が細胞長の短いものや長いもの，糸状や螺旋状といった特定の形態，あるいは多数の細胞で巨大な凝集物のような形態をとるもの（図8-7），細胞外有機物を周囲に纏うことで，捕食を忌避することができるもので占められることが数多く報告されている（Jousset, 2012；Jürgens and Matz, 2002）．これらのサイズ構成や形態における変化は，表現型の変化である場合と種組成の変化である場合の一方または両方であることが報告されており，原生生物による捕食が微生物群集の特定の遺伝子の発現や種の動態に影響を与えることを示している（Jousset, 2012；Jürgens and Matz, 2002）．

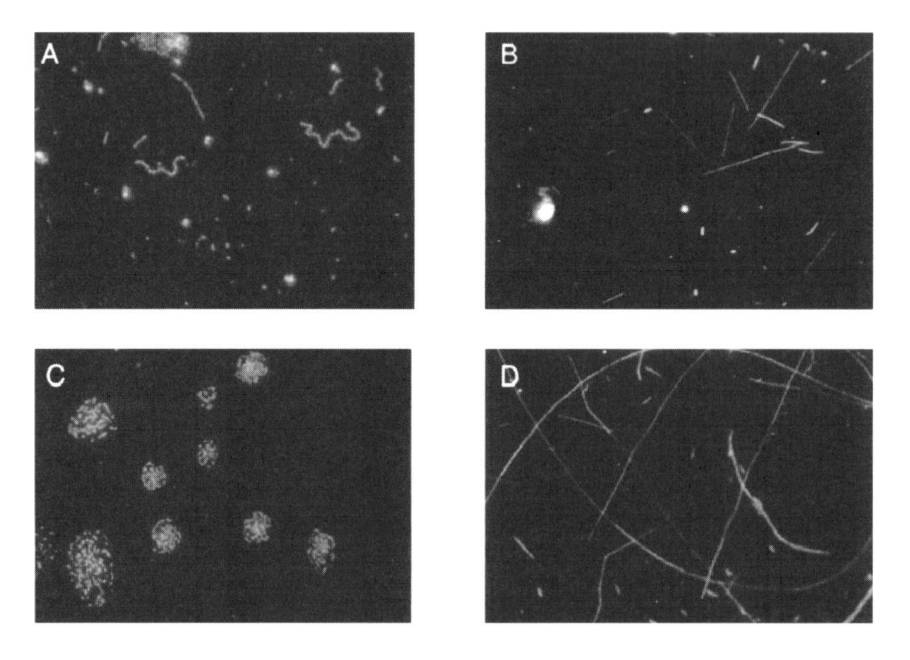

図8-7　陸水における捕食に対して耐性を持つ細菌の形態の蛍光像の例（4',6-diamidino-2-phenylindole：DAPIでの染色）
(A)原生生物の混合群集の存在下でのDOM分解実験，(B)中栄養湖Schöhseeにおけるメソコスム実験で生じた糸状細菌のブルーミング，(C)微細鞭毛虫類の存在下で出現した，陸水単離株Pseudomonas sp.のマイクロコロニー，(D)陸水中で増殖させた捕食に対して耐性をもつ糸状細菌の混合群集．（Jürgens and Matz, 2002）

第 8 章 微生物の捕食者　159

　本書の他の章では様々な資源や物理的環境に適応した微生物群集の生態が紹介されているが，これら利用可能な資源の現存量や組成のように，栄養段階が対象となる生物群集より下位に位置する要素が与える影響はボトムアップコントロールと呼ばれている．一方，捕食や寄生的な宿主による溶解など，上位の栄養段階から受ける影響はトップダウンコントロールと呼ばれている．環境中の微生物群集の動態を理解するためには，このボトムアップコントロールとトップダウンコントロールの両者を理解することが不可欠であり，原生生物による選択的捕食の理解は，微生物群集の動態を理解するうえで重要な位置を占める．被食者の体長・形態以外にも原生生物による摂食の際に，被食者に対して選択的に作用する要素が知られている．図8-8 に化学物質を介した被食者と捕食者の相互作用を示し

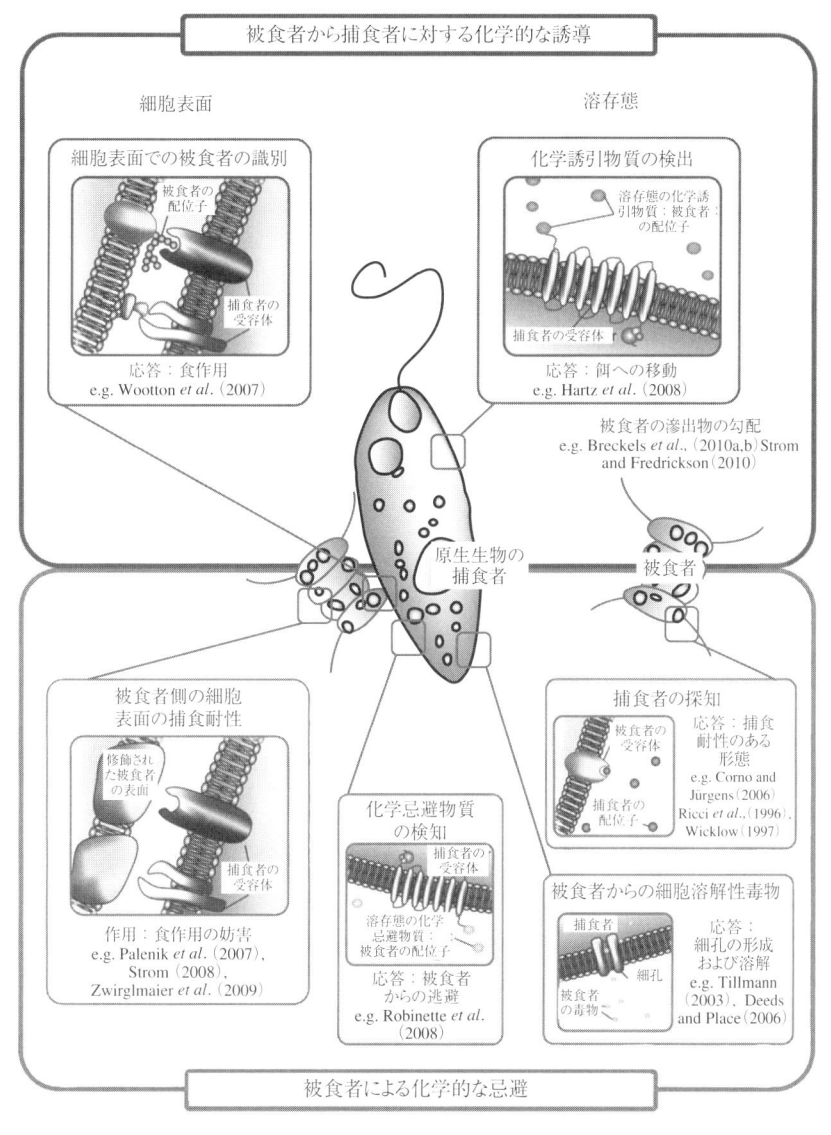

図8-8　原生生物の捕食者と彼らの餌との間に生じる化学物質を介した相互作用の仕組み
　　　　（Roberts et al., 2011）．図中の文献はRoberts et al.（2011）に一覧が掲載されている．

た（Roberts et al., 2011）．これらは捕食者による探索時に捕食者を誘引，あるいは忌避させる作用や餌資源の捕獲時，そして膜小胞内への取り込み時の成否に影響を及ぼすものである．これらは既に顕微鏡下での観察から既にその存在が知られていたものであるが，近年，これらの現象を支配する物質の特定が進んでおり，物質の特定から，それをコードする遺伝子の特定，さらにそれらの遺伝子をもつ微生物群集の特定へと発展するものと思われる．今後はこのような方向から捕食者による選択的捕食に対する理解と微生物群集の動態に対する理解が進むものと思われる．この他に原生生物の消化の段階でも，胞子を形成することや特殊な細菌外皮をもつことで消化に対する耐性をもつ微生物が存在し，また食胞内で積極的に致死性の毒物を放出する種が存在することも報告されている．これらはMontagnes et al.（2008），Roberts et al.（2011）およびJousset（2012）の総説に詳しく述べられている．

2-5 原生生物以外の捕食者

図8-5では被食者：捕食者の体長の比は，1：10を中心とはするものの，かなり幅があることを示した．微生物群集の捕食者として，原生生物よりも体長の大きなものはあるだろうか？　実際のところ，微生物群集の中には長大な糸状の形態や凝集体のようなコロニーを形成するもののほか，懸濁粒

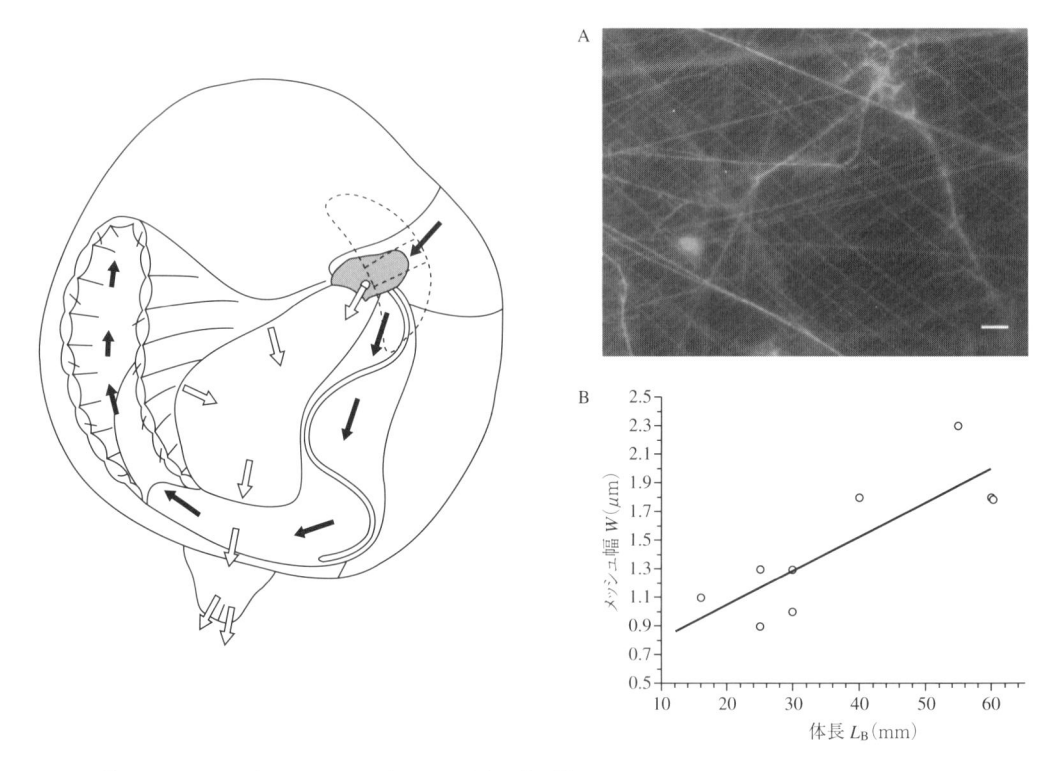

図8-9　（左）ワカレオタマボヤ（*Oikopleura dioica*）のハウス内部の水の循環
　　　　黒い矢印および白い矢印はそれぞれ濾過前の粒子を含む水と濾過され粒子が取り除かれた水の流れの向きを表している．（Fenaux, 1986）．（右上）モモイロサルパ（*Pegea confoederata*）の濾過器官の落射蛍光像．スケールバーは5 μm．（右下）濾過器官のメッシュ幅Wと個体長L_Bの関係．図中の線は$W = 0.02L_B + 0.58$（n = 9; $r^2 = 0.70$）を示している．これら2つの図はSutherland et al.（2010）を改変．

子や他の生物の体表などに付着するものもあり，これらも含めると，ほぼ全ての生物群集に捕食されるとも考えられる．しかしながらここではこのような大型の微生物や付着態のものを除いて，ピコサイズのものだけを考える．図8-5では体長の比が10倍以上となるものについては濾過摂食者が中心となることを紹介したが，脊索動物のうちオタマボヤ綱に含まれるオタマボヤの仲間はピコプランクトンを捕集することができるメッシュ構造をもったハウスと呼ばれる泡のような構造物（図8-9左）を作り出し，メッシュで捕捉した微生物群集を捕食出来ることが知られている（Flood and Deibel, 1998）．またタリア綱に含まれるサルパやウミタルの仲間は同様の構造をもった捕食器官をもち（図8-9右），やはりピコプランクトンを捕食できるものがある．オタマボヤやサルパでは被食者：捕食者の体長比は1：10,000にも及ぶことになる（表8-1）．これらの尾索動物の海洋での分布は多くの場合，離散的なパッチ状であり（Fenaux *et al*., 1998），彼らの摂食過程が微生物群集の動態へ与える影響は，多くの水圏環境で普遍的に見られる原生生物の摂食過程に比べて，場所ごとに大きく変動すると考えられている．

§3. ウイルスおよびBALOsによる感染に伴う溶菌

　ウイルスは直径20〜200 nmの大きさで，核酸とそれを包むタンパク（一部のウイルスは脂質）でコートされた構造をもち，自己複製機能を有していないことから，生物とはされないが，サイズの分類上はフェムトプランクトンに分類される．微生物群集を含む全ての生物群集は何らかのウイルスに感染されると考えられている．一方でBALOsは微生物群集のグラム陰性菌に感染する生物群集の総称であるが，デロビブリオ属はグラム陰性菌である．ウイルスと*Bdellovibrio*属の細菌の生活史をそれぞれ図8-10，図8-11に示す．微生物群集の死滅要因として，この節では微生物群集と同じか，それよりも小さなものとしてウイルス（図8-1右上）と*Bdellovibrio*属の細菌（図8-1下部）を含むBALOsなどによる感染とそれに伴う溶解について理解を深めよう．

3−1　ウイルスの生活史
　ウイルスは大きく分けて3つの異なる生活史をもっている．図8-10左側の溶菌的な（lytic）サイクルでは，感染したウイルスはホスト内の代謝機構を利用して子孫ウイルスを産生させる．これらがある段階に達すると，ホストは崩壊し，子孫ウイルスが放出される．ホストが崩壊することから溶菌的とされ，このタイプの感染は微生物群集の死滅要因となる．またこの時放出される子孫ウイルスの数はバーストサイズと呼ばれ，ウイルスおよび微生物群集の動態を考える上で重要なものとなるが，陸水では海洋に比して大きくなる傾向にある（Wilhelm and Mtterson, 2008）．図8-10中央の溶原的な（lysogennic）サイクルでは，溶原ウイルス（temperate virus）と呼ばれるウイルスより注入された核酸はプラスミドやホストのDNAの一部として，ホストを崩壊させることなくホストの増殖とともに複製されるが，何らかの刺激により誘導され，溶菌的なサイクルへ移行する場合もある．溶菌的なサイクルへの移行を誘引する刺激に関しては，知見が乏しいが，薬剤（マイトマイシンC）や紫外線によるDNAにより誘発されることがわかっている．溶原的なサイクルが続く場合はホストの死滅要因とはならない．図8-10右側の慢性的な（chronic）なサイクルでは，子孫ウイルスはホストを崩

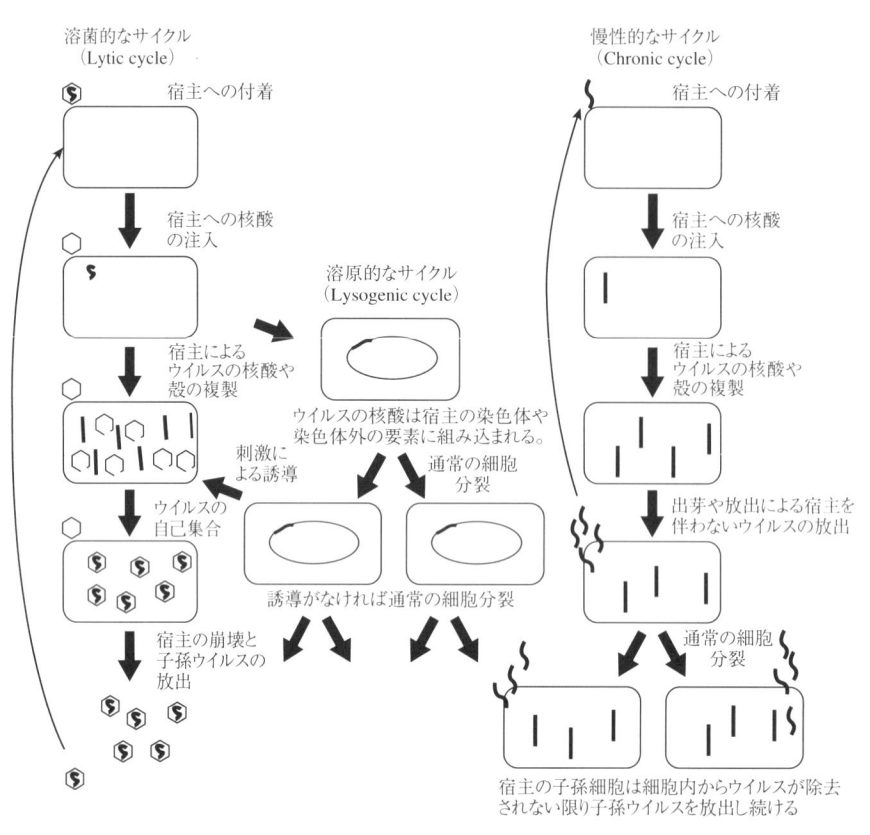

図8-10 ウイルスの生活史（Furman, 1998を改変）

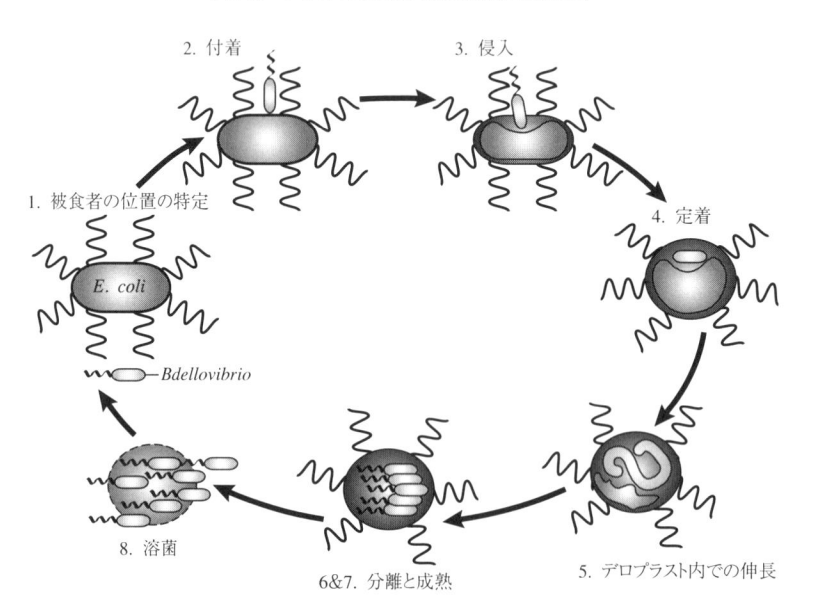

図8-11 *Escherichia coli* を被食者とした場合の *Bdellovibrio* 属の細菌による捕食的な生活史
被食者の密度が高い場所に走化性で移動すると考えられている（ステージ1）. 被食者の細胞は球形になり, この被食者と捕食者の複合体はブデロプラストと呼ばれる（ステージ5）.（Sockett and Lambert, 2004を改変）

壊させることなく，表面から放出される．この慢性的なサイクルもホストの死滅要因とはならない．

3−2 BALOs の生活史

Bdellovibrio 属の細菌は遊泳により餌となる他のグラム陰性細菌に接触し，図 8-11 のように対象の外膜上に穴をあけた後にペリプラズム内に侵入する（Sockett and Lambert, 2004）．ペリプラズムに侵入後，酵素反応により侵入した際の穴を補修するが，餌となったのが大腸菌の場合，宿主内は球形の Bdelloplast（デロプラスト）と呼ばれる状態になる．その後，宿主側の有機物を分解しながら，*Bdellovibrio* 属の細菌の細胞は伸長していく．宿主細胞の栄養が使い果たされると，*Bdellovibrio* 属の細菌は多数の細胞に分裂し，崩壊した宿主の外に放出される．BALOs については河川などに存在していることが知られていたが（Johnke *et al.*, 2014），近年海洋環境からも単離されている（Crossman *et al.*, 2013）．しかしながら環境中での分布および微生物群集の除去過程に対する寄与は明らかにされていない（Johnke *et al.*, 2014）．

3−3 環境中の微生物群集に対するウイルスが果たす機能

図 8-12 に水圏環境におけるウイルスと細菌の関係を示す．ウイルスは数にして 2 桁程度の幅はあるものの細菌の約 10 倍存在し，1 ml の環境水中に 10^9 個以上，存在している．数の上では地球上でもっとも多いプランクトンである．細菌群集のうち，海洋では 5 〜 25％が，陸水では 22 〜 47％が常にウイルスに感染されていると考えられている（Weinbauer, 2004；Weinbauer and Höfle, 1998）．環

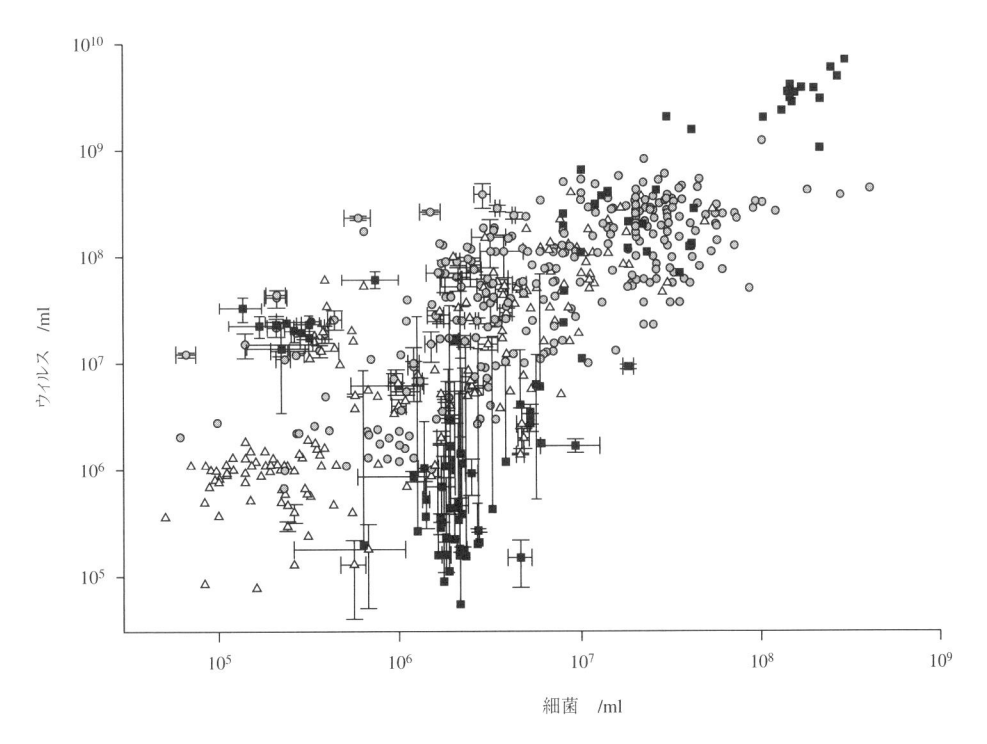

図8-12 様々な環境におけるウイルスと細菌の現存量の関係
■：陸水，●：海洋沿岸域，△：海洋外洋域．(Wilhelm and Matteson, 2008)

境中におけるウイルスの生産速度の見積もりは原生生物による摂食速度と同様に，希釈法と蛍光色素で標識したウイルス（Fluorescent Labeled Virus, FLV）を用いた方法により見積もられる．希釈法については，濾過を用いて試水中より宿主となる微生物群集を取り除いたものを用意し，宿主数が異なるように調整した複数の培養系中でのウイルス数の変化の様子から，ウイルスの生産速度を見積もるのに対し，FLV 法は試水に添加した FLV と FLV 以外のウイルスの比率の時間変化からウイルスの生産速度を見積もる．その他，放射性物質で標識した DNA の前駆物質であるチミジンを試水中に添加し，ウイルスサイズの画分に取り込まれたチミジンの量に対し，ウイルスの平均塩基長や塩基対の組成を仮定しながらウイルスの生産方法を見積もる方法も用いられている［これらの方法については Weinbauer（2004）の総説の文献を参照］．細菌群集の除去過程に対するウイルスの寄与はおおむね 10 ～ 40％の範囲に入るが，嫌気的な環境では 90％程度に達するとされている（Wilhelm and Mtterson, 2008）．

　またウイルスによる溶菌は微生物群集の種組成にも影響を与えると考えられている．ウイルスの感染は特定の宿主あるいはその近縁のグループに対してのみ起こりやすいと考えられており，環境中で盛んに増殖し優占している種は，感染してくるウイルスの爆発的な増加にもよりさらされる可能性が高い．したがって環境に適応し，優占できる種（勝者，Winner）ほどウイルスに除去されやすくなるという「Kill the winner」仮説（図 8-13）が提示されており，微生物群集の多様性を増加させる機能をもつと考えられているが，様々な研究例がこの仮説と矛盾しない結果を報告している（Breitbart, 2012）．またウイルスの他の機能として，DNA の断片を運ぶことで微生物間の水平的な遺伝子の伝播

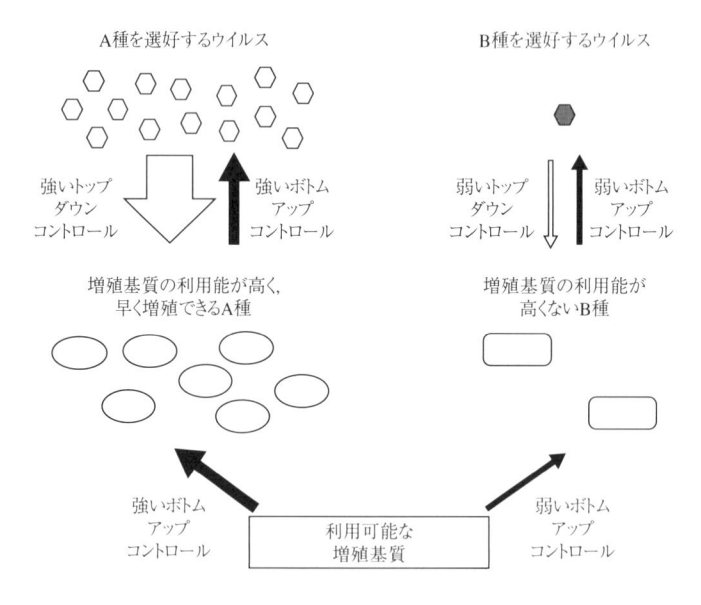

図8-13　Kill the Winner仮説の概要
　　　　ボトムアップコントロールは黒の矢印で，トップダウンコントロールは白色の矢印で表しており，両効果の強さは矢印の太さで表している．本図は被食者の個体数にトップダウンコントロールをもたらすものとしてウィルスをあげているが，被食者に対する選択性が強い場合には原生生物などの捕食者でも当てはまる．

を仲介することで形質転換を促進すると考えられている．近年，その存在が明らかになった，海洋の *Alphaproteobacteria* により産生されるウイルス様粒子である gene transfer agents（GTAs）はランダムに切り取った宿主のゲノムの一部（〜 4.5 kb）を感染相手に伝達しうると考えられており，海洋環境での遺伝子の水平的な伝播を促進することで，微生物群集の動態に影響を与えていると考えられている（Breitbart, 2012）．

まとめ

Q1：増えた微生物はどうなるのか？

　水圏における微生物は 1）自然的な死，溶菌のほか，2）HNF をはじめとする原生生物などの自身よりも大きい体長をもつ生物による捕食，3）ウイルスなどの自身より小さい体長をもつ粒子の感染に伴う溶菌・溶解，4）細菌の場合は自身と同程度の大きさをもつ *Bdellovibrio* 属の細菌をはじめとする BALOs の感染に伴う溶菌などの 4 つの過程により死滅する．

Q2：微生物は誰にどのように食べられるのか？

　微小な微生物を捕食するためには，これらを効率的に捕集する器官をもつ必要がある．微生物群集の 10 倍程度の体長をもつ HNF をはじめとする原生生物は，鞭毛などの器官により周囲の微生物を捕獲するが，それ以上の体長をもつものは微生物を効率的に捕集できる濾過器官をもつものが多く，原生生物のほか，オタマボヤのように微生物群集の体長の 10,000 倍程度の大きさのものもある．実際の水圏環境において，微生物群集の主要な死滅要因となる生物には，微生物群集を効率的に捕集できる器官をもっているという条件のほか，さらにその環境に数多く存在しているという条件が必要となる．

Q3：水圏でのウイルスの役割は何か？

　ウイルスの感染とそれに続く細胞の溶解は，一般的に特定の宿主群に対して起こると考えられているが，あるウイルスの環境中での増減は，それに感染される特定の微生物群集の環境中での増減に繋がる．「Kill the winner」仮説のように，増殖能の高い微生物による優占を抑制し，環境中の微生物群集の多様性を高める働きがある可能性があると考えられている．またウイルスの中には宿主の遺伝子の一部をランダムに切り取った断片を保持し，次なる感染対象の遺伝子にこの断片を組み込むことで，遺伝子の水平的な伝播を促進するものもある．

学習課題

【課題 1】

　水圏環境では微生物の「自然な死」については主要な死滅要因として通常，考慮されないが，どんな理由が考えられるだろうか？

【課題 2】

　Feeding current を発生させ，接近してきた微生物を捕集することができる濾過器官をもつ捕食者（A

種)が,生存できる最低限の餌資源濃度 P' (cells/m^3) とはどんなものだろうか? また,この捕食者を捕食する高次捕食者 (B 種) が存在する条件下で,A 種が絶滅せずに存在できる最低限の餌資源濃度 P'' とはどんなものだろうか? A 種の摂食速度 V_A (cells/s) は式 (1) よりも単純に比例定数 k_A (m^3/s: 通常,濾水率と呼ばれる) を用いて餌資源濃度 P に比例する ($V_A = k_A P$) ものとし,生命を最低限維持するために単位時間当たりに必要とする資源量を R (cell/s),最低限維持するために必要な資源を差し引いた余剰は全て増殖に配分されるものとする.また A 種が 1 回分裂するために必要な資源量を E (cell),B 種による捕食率を D_A (/s) とする.

さらに捕食者の体重を M とし,R が M の 3/4 乗に比例して変化する [$R = \alpha M^{3/4}$:α は比例定数;参考 本川 (1992)] ものとし,E は体重に比例する ($E = \beta M$:β は比例定数) とした時,P',P'' はどのようになるか? また,A 種とは異なる体重,濾水率をもち,さらに異なる高次捕食者をもつ C 種が A 種と同じ P',P'' をもつ場合,その濾水率 (k_C),捕食率 (D_C) を C 種の体重 M_C と A 種の対応する各種変数 (M_A, k_A, D_A) で表し,HNF とオタマボヤのように大きく体サイズ (体重) が異なる生物が同じ餌資源濃度で共存するための必要条件について考えよう.ただし α と β は A 種と C 種で共通のものとする.

【課題 3】

図 8-13 にあるように「利用可能な増殖基質」,「微生物 A 種,B 種」,「A 種を選好するウイルス」,「B 種を選好するウイルス」が存在する時に,A 種,B 種の両者が絶滅せずに増減するためにはそれぞれのウイルスはどのように変動しなければならないだろうか? ウイルスも微生物群集の細胞外酵素など,様々な要因により死滅するとされている (Weinbauer, 2004).ウイルスを課題 2 の捕食者と捉え,捕食率 D を何らかの要因によるウイルスの死滅率と考え,課題 2 のようなモデルで単純化してもよい.

文 献

Adl, S. M., et al. (2012): The Revised Classification of Eukaryotes. *J. Eukaryot. Microbiol.*, 59, 429-493.
Boenigk, J. and Arndt, H. (2000): Particle handling during interception feeding by four species of heterotrophic nanoflagellates. *J. Eukaryot. Microbiol.*, 47, 350-358.
Breitbart, M. (2012): Marine viruses: truth or dare. *Annu. Rev. Mar. Sci.*, 4, 425-448.
Crossman, L. C. et al. (2013): A small predatory core genome in the divergent marine *Bacteriovorax marinus* SJ and the terrestrial *Bdellovibrio bacteriovorus*. *ISME J.*, 7, 148-160.
Eccleston-Parry, J. D. and Leadbeater, B. S. C. (1994): A comparison of the growth kinetics of six marine heterotrophic nanoflagellates fed with one bacterial species. *Mar. Ecol. Prog. Ser.*, 105, 167-177.
Fenaux, R. (1986): The House of *Oikopleura-Dioica* (Tunicata, Appendicularia), Structure and Functions. *Zoomorphology*, 106, 224-231.
Fenaux, R., Q. Bone and Deibel, D. (1998): Appendicularian distribution and zoogeograpgy. The biology of pelagic tunicates, Q Bone (ed) Oxford University Press, Great Britain, 259-264.
Fenchel, T. (1987): Ecology of Protozoa: The Biology of Free-living Phagotrophic Protists. Science Tech./Springer, Berlin, 197 pp.
Flood, P., Deibel, D. and C. Morris (1998): The appendicularian house. The biology of pelagic tunicates Oxford University Press, Great Britain, pp. 105-124.
Fuhrman, J. (2000): Impact of viruses on bacterial processes. In: Kirchman D (Ed) Microbial Ecology of the Oceans. Wiley-Liss, New York, pp. 327-350.

González, J. M., Sherr, B. F. and Sherr, E. B.（1993）：Digestive enzyme–activity as a quantitative measurement of protistan grazing – The acid lysozyme assay for bacterivory. *Mar. Ecol. Prog. Ser.*, 100, 197-206.

Johnke, J., Cohen, Y., Leeuw, M. de, Kushmaro, A., Jurkevitch, E. and Chatzinotas, A.（2014）：Multiple micro-predators controlling bacterial communities in the environment. *Curr. Opin. Biotechnol.*, 27, 185-190.

Jousset A.（2012）：Ecological and evolutive implications of bacterial defenses against predators. *Environ Microbial.*, 14, 1830-1843.

Jürgens, K. and Matz, C.（2002）：Predation as a shaping force for the phenotypic and genotypic composition of planktonic bacteria. *Antonie Leeuwenhoek*, 81, 413-434.

Landry M. R.（1994）：Methods and controls for measuring the grazing impact of planktonic protists. *Mar. Microb. Food Web*, 8, 37-57.

Massana, R.（2011）：Eukaryotic Picoplankton in Surface Oceans. *Annu. Rev. Microbiol.*, 65, 91-110.

Montagnes, D. J. S., Barbosa, A. B., Boenigk, J., Davidson, K., Jürgens, K., Macek, M., Parry, J. D., Roberts, E. C. and Simek, K.（2008）：Selective feeding behaviour of key free-living protists: avenues for continued study. *Aquat. Microb. Ecol.*, 53, 83-98.

本川達夫（1992）ゾウの時間 ネズミの時間―サイズの生物学，中央公論社

Nagata, T., *et al.*（2010）：Emerging concepts on microbial processes in the bathypelagic ocean - ecology, biogeochemistry, and genomics. *Deep-Sea Res. Part II*, 57, 1519-1536.

Roberts, E. C., Legrand, C., Steinke, M. and Wootton, E. C.（2011）：Mechanisms underlying chemical interactions between predatory planktonic protists and their prey. *J. Plankton Res.*, 36（6）, 833-841.

Sanders, R. W., Caron, D. A. and Berninger, U, -G.（1992）：Relationships between bacteria and heterotrophic nanoplankton in marine and fresh waters: An inter-ecosystem comparison. *Mar. Ecol. Prog. Ser.*, 86, 1-14.

Sherr, E. B. and Sherr, B. F.（2002）：Phagotrophy in aquatic microbial food webs. Manual of environmental microbiology II, ASM Press, pp. 409-418.

Sockett, R. E. and Lambert, C.（2004）：*Bdellovibrio* as therapeutic agents: a predatory renaissance? *Nat. Rev. Microbiol.*, 2, 669-675.

Sutherland, K. R., Madin, L. P. and Stocker, R.（2010）：Filtration of submicrometer particles by pelagic tunicates. *Proc. Natl. Acad. Sci. U. S. A.*, 107, 15129-15134.

Weinbauer, M. G.（2004）：Ecology of prokaryotic viruses. *FEMS. Microbiol. Rev.*, 28, 127-181.

Weinbauer, M. G. and Höfle, M. G.（1998）：Significance of viral lysis and flagellate grazing as factors controlling bacterioplankton production in a Eutrophic Lake. *Appl. Environ. Microbiol.*, 64, 431-438.

Wilhelm, S. W. and Matteson, A. R.（2008）：Freshwater and marine virioplankton: a brief overview of commonalities and differences. *Freshwat. Biol.*, 53, 1076-1089.

第9章　食物網の中の微生物

> Q1：　微生物は単なる分解者か？
> Q2：　微生物ループはリンクかシンクか？
> Q3：　微生物を魚の餌に使えるか？

§0. 本章の目的

　食物網の土台となるのは，光エネルギーを利用して二酸化炭素と栄養塩類から有機物を合成する光独立栄養生物による一次生産である（6章）．沖合域では植物プランクトンが一次生産者として重要な役割を果たす．一次生産者が生産した有機物は植食者に消費され，さらに肉食者に食われるという形で，様々な生き物の増殖を支える．このことを単純な模式図として表わしたのが図9-1Aである．植物プランクトンから動物プランクトンを介して魚類へとつながる経路は，海洋生態系の骨格を成す重要な食物連鎖として，19世紀後半以降，活発に研究が行われてきた（Steele, 1974）．

　では，沖合食物網の中で，微生物群集はどのような役割を果たしているだろうか？　この問いに答えるためには，水圏環境中における微生物群集の生物量や生産速度あるいは食物連鎖関係についての

A　古典的食物連鎖

植物プランクトン ──→ 動物プランクトン ──→ 魚類

B　古典的食物連鎖+微生物ループ

植物プランクトン ──→ 動物プランクトン ──→ 魚類
　　　　　　　　↘　　　↓　　　↑
　　　　　　　　溶存有機物　原生生物捕食者
　　　　　　　　↓　　　↑　　　↑
　　　　　　　　ウイルス ←── 細菌

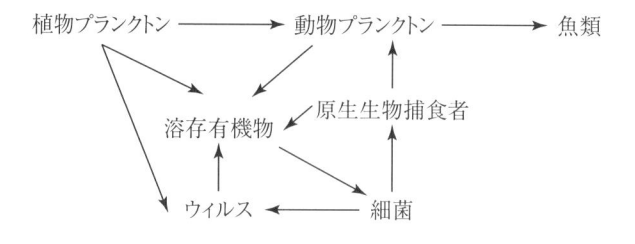

図9-1　沖合食物連鎖の模式図
　　　Aは植物プランクトンから動物プランクトンを経て魚類へとつながる古典的食物連鎖を表す．Bは古典的食物連鎖に微生物ループを加えたもの．

定量的な評価が不可欠であるが，これに関する研究が本格的に始まったのは比較的最近のことである（Azam *et al.*, 1983）．古典的な食物連鎖に比べるとその研究の歴史はまだ浅いといえるだろう．

研究が始まった当時，水圏微生物群集の生物量や増殖速度を定量的に把握するための重要な手法があいついで開発された．いや，むしろそのような新手法が開発されたことが，食物網の中での微生物の役割に関する研究を活発化させる大きなきっかけになったのだといえよう．そのような手法の1つが，落射蛍光顕微鏡法である．これは，微生物細胞を蛍光色素で染色したのちにフィルター上に捕集し，落射蛍光顕微鏡下で計数する直接計数法である．この方法で海水中の細菌数を計数したところ，平板法で求められた細菌数に比べて，100倍以上も高い値が得られた．さらに，沖合環境では，細菌群集の生物量（炭素換算）が，植物プランクトンの生物量に匹敵するか，場合によってはそれを上回るほど大きいということも示されたのである（図9-2）．

もう1つの重要な手法は，放射標識トレーサー法である．これは放射性同位元素である ^{14}C や ^{3}H で標識したチミジン（DNA の前駆体）やロイシン（タンパク質の前駆体）が，細菌細胞の高分子画分に取り込まれる速度を測定し，それをもとに細菌の増殖速度や生産速度を推定する方法である．この手法を用いた研究の結果，細菌群集の生産速度が一次生産速度と比べて無視できないほどの規模である（平均的には10〜20％に相当する）ことが明らかとなった（図9-3，表9-1）．以上の知見やその他の情報を総合し，水圏食物連鎖における微生物群集の役割を示す概念枠組みとして提案されたのが「微生物ループ」という考え方である（図9-1B）．すなわち微生物ループとは，溶存有機物を起点とし，それを従属栄養細菌が消費し，さらに，この細菌を原生生物やウイルスが消費することによってつな

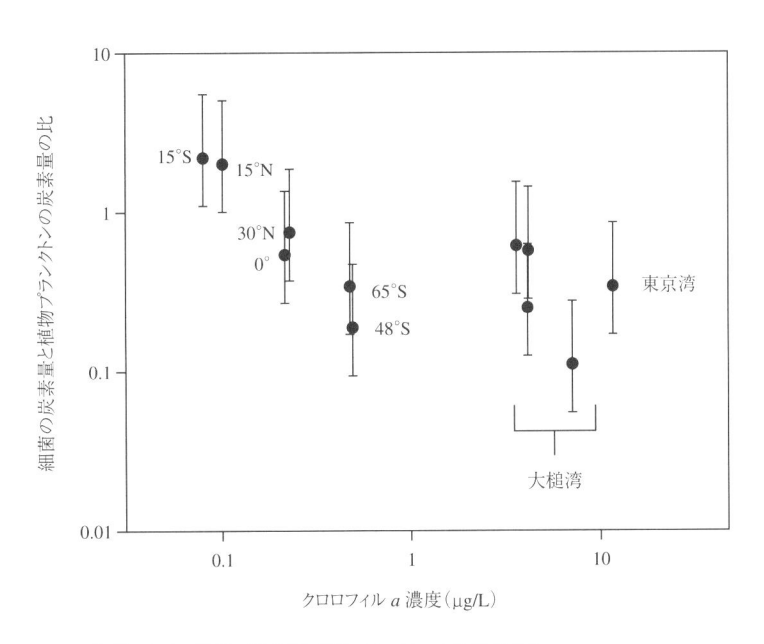

図9-2 海洋における細菌の炭素量と植物プランクトンの炭素量の比
　　　緯度を付しているものは外洋域（南北太平洋および南大洋），それ以外は，大槌湾（岩手県）と東京湾のデータである．クロロフィル量が低い貧栄養な外洋域では，細菌炭素量は，植物プランクトン炭素量に匹敵するかそれを上回る場合もある．富栄養な湾においても，その比は0.1から0.5と高い値を示す．（Fukuda *et al.*, 1998を改変）

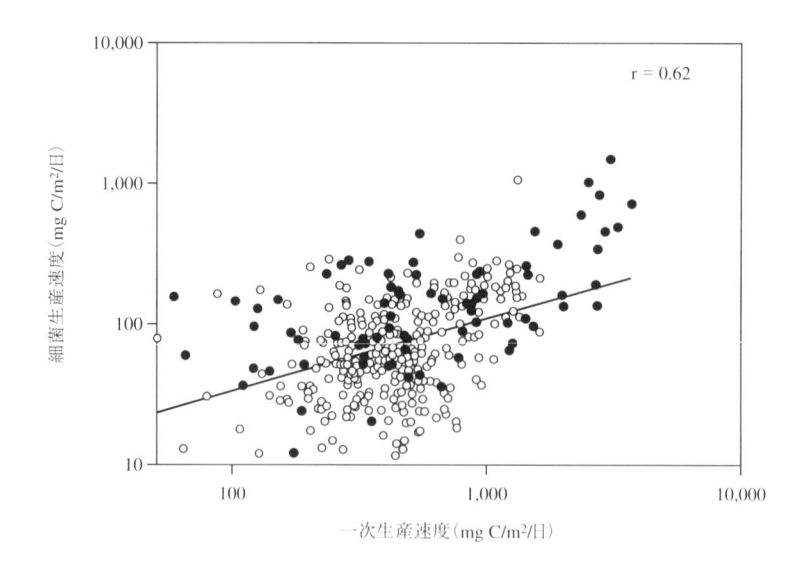

図9-3 海洋および淡水環境における一次生産速度と細菌生産速度の関係
　　　一次生産速度が高くなると細菌生産速度も高くなる傾向があるが，ばらつきも大きい．黒丸は淡水，白丸は海洋のデータ．(Kirchman, 2011を改変)

表9-1 海洋および淡水における一次生産速度（PP）と細菌生産速度（BP）の平均的な値
(Kirchman, 2011のデータを基に作成)

環　境	PP (mg C/m²/日)	BP (mg C/m²/日)	BP：PP
海洋（外洋域）	1000	98	0.10
海洋（沿岸域）	780	179	0.23
淡水湖沼	1385	224	0.16

がる食物連鎖のことである．なお，溶存有機物は，動植物プランクトンや原生生物による排出，また，ウイルス感染が引き起こす細胞破壊によって環境中に放出される（Nagata, 2000）．

　このような概念枠組みの提唱以来，世界中の様々な海域で微生物群集を水圏食物網の中に位置づけるための研究が活発に行われた．その結果，細菌群集による溶存有機物の消費（第6章）や細菌の死滅過程（捕食やウイルス溶菌：第8章）を介しての，エネルギーの転送や物質循環についての理解が大きく深化した．本章ではこれらの知見を整理し，主に沖合生態系を念頭において食物網の中での微生物の役割について理解することを目的とする．

§1. 従属栄養細菌による有機物の分解と菌体生産のバランス

　私たちが食事をすると，食物を構成する有機物の一部は分解されて二酸化炭素に変換される．この際に生成される化学エネルギー（ATP）を使って，私たちは運動をし，また，脳を活動させることができる．一方，消化された有機物の一部は，私たちの身体を構成する成分（筋肉，血液，脂肪）へと変換され，これらは成長や身体の維持のために不可欠な素材となる．大雑把にいうと，従属栄養微生

物の場合でも，このような事情は変わらず，消費した有機物の一部は分解されて二酸化炭素へと変換されるが，残りは微生物細胞（菌体）に作り変えられるのである．ここで問題になるのは，この「分解される有機物」と「細胞に変わる有機物」の割合である．この割合によって，微生物が主に「分解者」として働くのか，あるいは「粒子状の餌資源」を提供する役割を果たすのかということが決まるのである．興味深いことに近年の研究の結果，微生物の生息環境によってこの割合は大きく変動し，したがって，微生物が食物網の中で果たす役割というのも環境によって異なりうることが明らかになり始めている．本節では，従属性栄養細菌を例として，この分解と生産の割合について理解を深めよう．

1−1 異化代謝と同化代謝

　従属栄養細菌は，環境中の様々な有機物を取り込み，それを呼吸に関わる生化学反応，すなわち，異化代謝（catabolism）の基質として利用する．その結果，取り込まれた有機物は無機物（二酸化炭素やアンモニウム）へと変換される．このように細菌群集は，異化代謝を通して有機物を構成する生元素（炭素，窒素，リンなど）の無機化を促進するため，生態学の教科書においては，生態系における「有機物の分解者」としての細菌群集の役割がしばしば強調される．

　この認識は誤りではないが，細菌群集の働きには別の側面もある．すなわち，細菌は異化代謝により獲得したエネルギー（ATP）を使って，外界から取り込んだ有機物や無機栄養塩類から，自らの菌体を生合成（生産）することができるのである．このような生合成に関わる生化学的プロセスのことを同化代謝（anabolism）と呼ぶ．これにより，細菌は自らの細胞を細胞分裂で倍化させ増殖することができるのである．

　このように，異化代謝と同化代謝という互いに密接に関連する2つの代謝システムが備わっているということは，実は，すべての従属栄養生物に共通することである．その意味では，従属栄養細菌は，魚類，貝類，哺乳類などの大型動物となんら変わるところはない．いいかえると，すべての従属栄養生物（大型生物も微生物群集も）は，分解者であり，同時に，生産者であるということができる．

　従属栄養細菌の食物網における役割を理解するうえでは，異化代謝（呼吸）と同化代謝（生産）のバランスを知る必要がある．今，100gの有機物が細菌によって利用され，さらに，細菌が捕食者に消費されるという単純な経路を想定し，次のような2つのケースを考えてみよう（図9-4）.

　ケース1）：細菌が利用した100g（炭素換算）の有機物のうち，95gが異化代謝によって分解され，5gが同化代謝によって菌体に変換される場合．この場合，捕食者が利用できる菌体量（餌）は，この食物連鎖の土台となっている有機物量のわずか5％である．

　ケース2）：細菌が利用した100gの有機物のうち，40gが異化代謝によって分解され，60gが同化代謝によって菌体に変換される場合．この場合，捕食者が利用できる菌体（餌）は，消費した有機物の60％に相当する．

　有機物という資源を，捕食者に転送するという役割，つまり，食物連鎖上の鎖環（link）としての役割から見ると，ケース2の細菌のほうがケース1の細菌と比べて，明らかにそのパフォーマンスにおいて勝っている．

　では，利用した有機物のうちのどれだけが分解され，どれだけが菌体生産に使われるのか，という「比率」は，実際にはどの程度なのだろうか．ケース1に近いのか，あるいはケース2に近いのだろうか？

ケース1

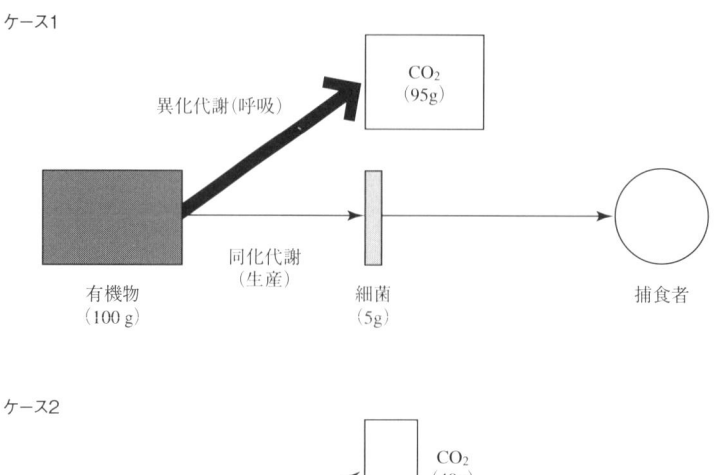

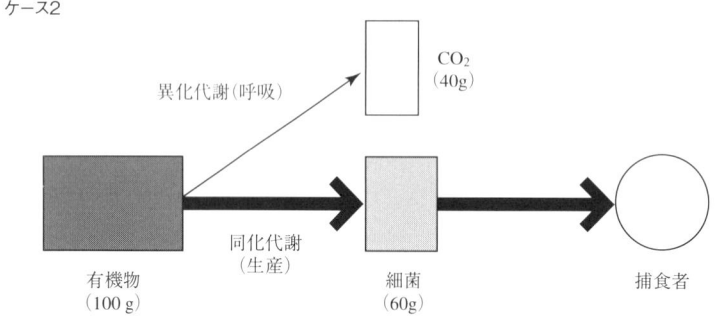

ケース2

図9-4 仮想的な有機物→細菌→捕食者系を通しての炭素転送に対する異化・同化バランスの影響を表わす模式図
基盤となる有機物の量が等しくても，細菌の異化代謝と同化代謝のバランスが異なると，捕食者がありつける餌量（菌体量）は大きく変化することに注意．ケース2は，ケース1に比べて捕食者にとっては有難いシステムである．

　また，その比率は水圏環境中でどのように変動し，そこにはどのような要因が関与しているのだろうか？　以下にこれらのことについて考えてみるが，その前に，1つの指標を導入することで問題の所在を整理することにしよう．

　有機物の一部は，異化代謝によって酸化され，その過程でATPが生成される．好気性従属栄養細菌の場合，この異化代謝にあたるのは酸素呼吸であり，代謝終産物として二酸化炭素が発生する．グルコースの好気的な分解の式は以下のとおりである．

$$C_6H_{12}O_6 + O_2 \rightarrow CO_2 + H_2O + 38ATP \qquad 式1$$

　一方，呼吸に使われなかった残りの有機物は，菌体を生合成するための同化代謝の基質として使われ，その際に異化代謝で生成されたATPが使われる（図9-5）．

　今，細菌によって消費された有機物の総量をC，生産された菌体量をP，呼吸によって発生した二酸化炭素量をRとすると，以下の関係式が導かれる（なお，以下，特に断らない限り，C，P，Rは炭素量換算）．

$$C = P + R \qquad 式2$$

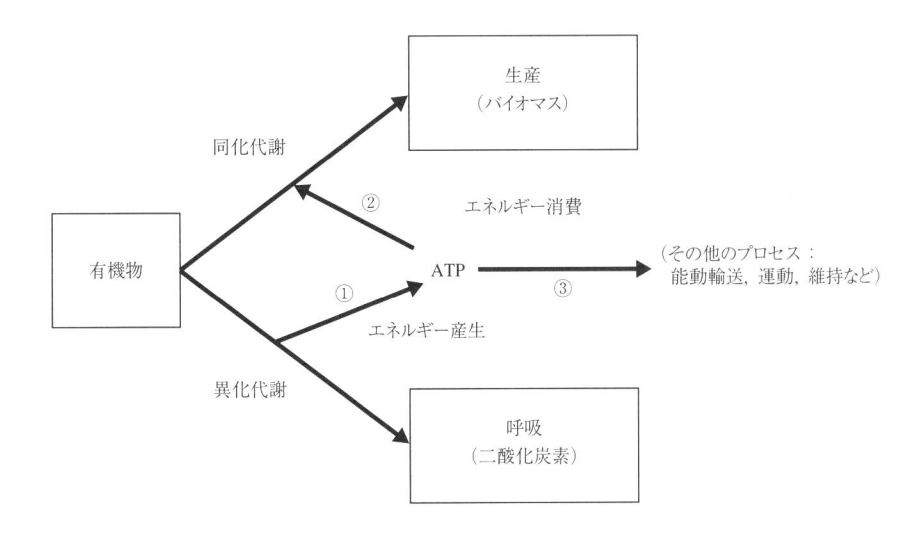

図9-5 異化代謝と同化代謝
異化代謝により合成されたATP（①）を使って，菌体の生成（同化代謝）が駆動される（②）．ATPは同化代謝以外の目的（能動輸送，運動，維持など）にも利用される（③）．（del Giorgio and Cole, 2000を一部改変）

ここで，細菌の増殖効率（Bacterial Growth Efficiency, BGE）は，次式で定義される．

$$BGE = P/C = P/(P+R) \quad 式3$$

BGE は，細菌が消費した有機物のうち，どの程度の割合が菌体に変換されたのかを示す重要な指標である．BGE が大きいほど，細菌が「食物連鎖の鎖環として果たす役割」は大きくなる．逆に，BGE が小さいほど，「分解者としての役割」がより重要になってくる．つまり，「細菌は単なる分解者か？」という疑問に対する単純な答え方は，「いや，単なる分解者ではなくて，同時に生産者でもある」ということになるのだが，この疑問をより深く考え，定量的な考察を加えるためには，BGE がどのように変動し，またそれがどのような要因によって支配されているのか，ということを知る必要がある．

1-2 海水中での細菌の増殖効率

BGE に関して，1つの研究例を紹介しよう（Goldman and Dennett, 2000）．この研究では，2L の人工海水培地（有機炭素源としてグルコースとグルタミン酸を用いた）に，米国マサーチューセッチュ州の沿岸で採取した海水の濾過水を少量添加し，スターラーで撹拌しながら24℃，暗条件で培養した．培養開始後，一定時間ごとに菌体を回収し，菌体量（粒子状有機炭素量）を元素分析装置で測定した．同時に，培地中の炭素基質濃度（グルコースとグルタミン酸）を測定した．得られた結果の一例を図9-6 に示す．このデータをみると，培養開始時に，約 4 mmole/L（炭素換算で 48 mg C/L）の濃度であった有機炭素基質が，約半日の培養後にはほぼ使いつくされていることがわかる．一方，その期間中に，菌体量（粒子態有機炭素量）は，最大で約 2.5 mmole/L（30 mg C/L）に達している．式3に従って，この結果を解釈すると，C = 48 mg C/L，P = 30 mg C/L であるから，BGE は 0.62 ということになる．つまり，上述（図9-4）の，ケース1の場合に近く，海洋細菌群集は比較的高い効率で，溶存有機物（グ

ルコースとグルタミン酸)を菌体に変換することができたと判断される．なお，海洋細菌群集に限らず，様々な環境から単離された好気性従属栄養細菌を，実験室内で好適な条件下で培養すると，BGE は一般的に 0.5～0.6 程度になることが知られている．

では，このような結果は，実際の海洋環境中の細菌群集にもあてはまるのだろうか．ここで注意してほしいのは，培地中の有機物の濃度である．図9-6 の実験では，48 mg C/L の溶存有機炭素が与えられているが，一般的に，海水中の溶存有機物濃度はこの 1/10 以下（1～3 mg C/L），つまり，はるかに希薄である（第7章）．さらに，グルコースやグルタミン酸のように微生物に利用しやすい化合物（易分解性溶存有機物）に関しては，その海水中の濃度は極めて低いレベルである（通常数 nmole/L のオーダー）．第7章で見たように，溶存有機物の大部分は微生物にとって利用しにくい難分解性溶存有機物なのである．つまり海洋環境中の細菌群集は，図9-6 の実験や，一般的な室内培養実験で設定される条件に比べて，はるかに有機物濃度の低い，貧栄養な条件下で生息しているのである．このような厳しい貧栄養環境中で暮らす細菌群集と，有機物に富んだ環境中で増殖した細菌群集では，BGE が大きく異なるという可能性はないだろうか？

この可能性を調べるためには，有機物に富んだ人工培地を用いるのではなく，できるだけ自然環境条件に近い海水中で，細菌群集の BGE を測定する必要がある．しかしながら，有機物濃度が低い，海洋環境中の BGE の測定においては，図9-6 に示したアプローチを使うのが困難である（自然環境中では，細菌の消費による溶存有機物濃度の減少が極めて緩慢であるため，それを正確に測定することは技術的に難しい．また，菌体の増加を粒子態有機炭素量として計測することも，同様な理由から，自然環境条件に適用するのは困難である）．そこで，P を放射トレーサー法により求め，R を溶存酸素

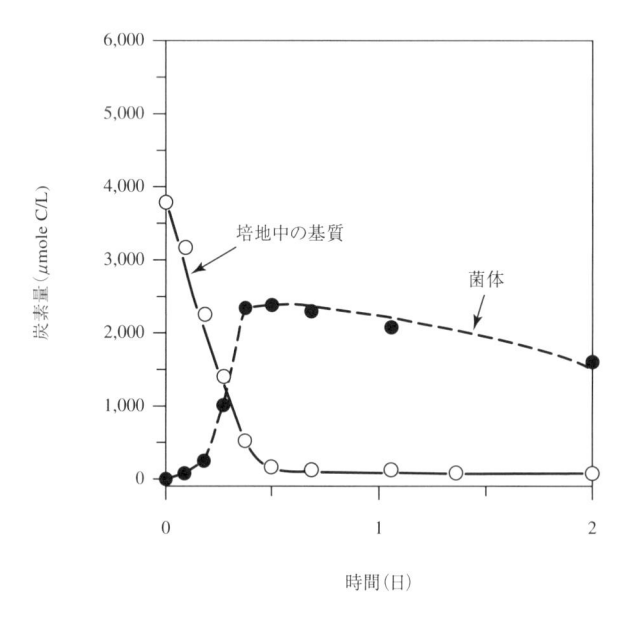

図9-6　人工培地中における海洋細菌群集の菌体炭素量と有機基質濃度の経時的変化
　　　　有機基質としてはグルコースとグルタミン酸を用い，ここに NH_4^+ を添加することで培地のC：N比を10：1に調整している．なお，この研究では，培地のC：N比を変化させ，細菌の増殖効率の変化を調べているが，ここでは，説明のために，一例のみの結果を示す．（Goldman and Dennett, 2000を改変）

濃度の減少から求めるということが一般的に行われる．PとRが求められれば，式3からBGEを求められるのである．

様々な海洋環境中で計測されたBGEの値を，海域別に整理してグラフ化したのが図9-7である．このグラフを見ると，次のような興味深い事実が読み取れる．まず，有機物濃度の高い人工培地を用いた条件下で求められたBGE（0.62）と比べて，天然の水圏環境中では，細菌群集のBGEがずっと低いということ．また，環境によってBGEが異なるということである．有機物の供給量が比較的大きい富栄養な汽水域や沿岸海域では，平均的なBGEは0.3前後であるが，これに対して，貧栄養の外洋域では，平均的なBGEは0.15である．なお，この図では示されていないが，より貧栄養な環境である，外洋の中深層水（水深500～1,000m）では，BGEは0.01～0.1と，さらに低くなることが知られている．

1-3 細菌の増殖効率を決める要因

なぜ，海洋環境中での細菌群集のBGEは，室内で培養した細菌のBGEより低いのか？ とりわけ，貧栄養な環境であるほどBGEが低いのはなぜか？ ここでは，3つの主要と思われる要因について考察を加えよう（より詳細についてはdel Giorgio and Cole, 2000を参照）．

1）有機物濃度あるいは供給量の影響

異化代謝によって生成されたエネルギー（ATP）の一部は，タンパク質やその他の細胞構成成分を生合成するのに必要なエネルギーとして用いられるが，それ以外に，細胞の機能を維持するためにもエネルギーが必要である（図9-5）．後者のことを，維持エネルギー消費（maintenance energy consumption）と呼び，ここには，細胞内のpHや浸透圧の調整，高分子のターンオーバー，膜の活性化，あるいは運動（遊泳）のために用いられるエネルギーが含まれる．今，異化により生成された総ATP量をR_t，同化によるエネルギー消費をR_p，維持エネルギー消費をR_mとすると，以下の式が成り立つ．

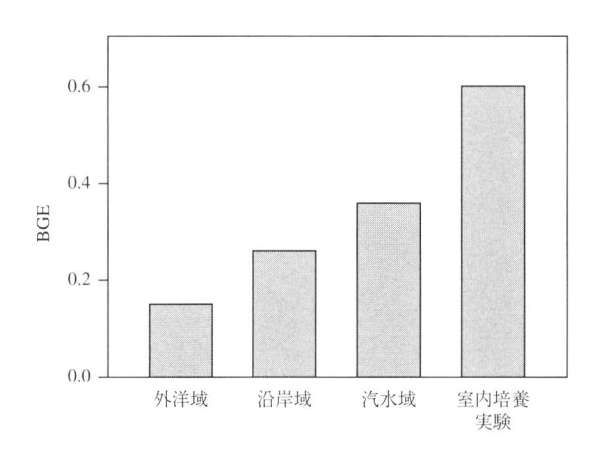

図9-7 海洋環境中(外洋域，沿岸域，汽水域)における細菌群集のBGE
多くの研究例をもとにして導いた平均的な値を示す．比較のために，室内培養実験において好適な基質条件下で得られる典型的なBGE値も示す．（del Giorgio and Cole, 2000を改変）

$$R_t = R_p + R_m \qquad 式4$$

一般に，細菌の増殖速度が低下すればするほど，全エネルギー消費に占める R_m の割合は大きくなる．室内の培養条件下あるいは有機基質の供給量が大きい富栄養な環境中では，細菌の増殖は活発であり，R_t に占める R_m の割合は低い．これに対して，有機物濃度の低い貧栄養環境中では，細菌の増殖は緩慢であり，R_t に占める R_m の割合は高くなる．つまり BGE は低下するのである．

2) 有機物の質の影響

式1で示したように，1モルのグルコースを好気的に異化すると38モルの ATP が生成されるが，この基質の単位炭素量あたりのエネルギー生成量は，化合物の種類によって異なる．海洋環境中の溶存有機物の中には，単位炭素量あたりの ATP 生成量が低い，いわば「質の悪い」有機物が多く含まれていると考えられている．細菌は，グルコースのような「質の良い」有機物が存在する場合には，それを選択的に利用するだろうが，高品質の有機物が枯渇した貧栄養環境中では，「質の悪い」有機物を利用するしか選択肢はない．つまり，貧栄養環境中では，取り込んだ有機物の単位炭素量あたりの ATP 生成量が低くなり，このことが BGE を低下させる原因となりうる．

3) 有機物の元素組成の影響

細菌にとって有機物は炭素源であると同時に，窒素やリンといった栄養元素の供給源でもある．異化代謝と同化代謝のバランスは，利用する有機物を構成する炭素と窒素（あるいはその他の栄養元素）の量比（ストイキオメトリー）の影響を受けて変化しうる．例えば窒素に着目すると，C：N 比が高い（窒素が乏しい）有機物を基質として増殖する場合，細菌は，菌体生産に必要な十分な窒素を得るために，炭素の無機化率を高める．したがって，有機物の C：N 比が高くなればなるほど，BGE は低下する．一般に，貧栄養環境中の溶存有機物の C：N 比は高く，このことが，BGE の低下の原因になりうる．

4) その他の要因

以上にあげた，有機基質の供給量，質，ストイキオメトリーという3要因に加え，BGE は，その他の物理的環境要因（水温，光，圧力）の影響を受けるという指摘もある．特に，大きな時空間スケールで見たときには，水温と BGE の間に負の相関が見られるという報告もあるが（Rivkin and Legendre, 2001），そのような関係が現れる理論的な根拠は今のところ不明である．今後，BGE の変動要因をより詳細に明らかにするためには，貧栄養環境中に生息する非培養細菌（海洋細菌の大部分はまだ培養がなされていない）のエネルギー収支の解明を進めることが不可欠である．近年，光従属栄養細菌（photoheterotroph）が海洋環境中に広く分布することが明らかになってきたが，これらの細菌においては，光エネルギーを利用した ATP の生成が，BGE に影響を及ぼしている可能性も十分に考えられる．海洋細菌群集の生体エネルギー論（bioenergetics）に関しては，今後検討すべき課題が多いといえるだろう（Kirchman and Hanson, 2012）．さらに，海水中の溶存有機物の化学的な組成や化学量論，また，微生物利用性（bioavailability）についての解明を進めることも，BGE の変動要因についての理解を深化させるうえで重要な課題である．

§2. 食物連鎖による炭素の転送

前節では，従属栄養細菌が消費した有機物のうち，どの程度の割合が菌体に変換されるのかについて考察を加えた．本節では，菌体に含まれる炭素が，どのような経路で食物連鎖の上位の生物に転送されるのか，また，その効率はどの程度であるのかについて理解を深めよう．なお，この転送効率が高い場合は，食物網のリンク（炭素の流れが上位生物につながっているという意味）としての役割が大きく，一方，転送効率が低い場合は，食物網のシンク（有機炭素の多くが無機化されて上位生物につながらないという意味）としての役割が大きいということになる．

2−1 ウイルスによる溶菌を介した炭素流

第8章で学んだように，水圏生態系における細菌の主要な死滅要因は，原生生物による捕食（捕食系）と，ウイルスによる溶菌（溶菌系）である．上位栄養段階への炭素や栄養元素の転送効率は，捕食系を通るのか，あるいは溶菌系を通るのかによって異なる．溶菌系の場合，ウイルスにより破壊された菌体や，放出された子ウイルスは，溶存態有機物あるいはコロイド状の有機物として環境中に放出される．放出された有機物は再び細菌に消費されるため，溶菌系は，物質循環の観点からみると，有機物→細菌→ウイルス→有機物という循環的な経路であるということがわかる（図9-8の⑤，⑥，⑦）．つまり，溶菌系は，上位の栄養段階への炭素や資源の転送を強く阻害する要因として働くのである（Motegi *et al.*, 2009）．このことは，逆の言い方をすると，溶菌系は，有機物を無機化する経路として効率のよいシステムであるということになる．

2−2 典型的な微生物ループ

細菌から，原生生物捕食者を経て，魚にまでいたる捕食系（図9-8の①，②，③，④の経路）の転送効率を考えてみよう（この経路は，多くの水圏環境において見られる典型的な微生物ループである）．捕食者が摂取した餌の炭素の一部は捕食者の生物体に変換されるが，残りは二酸化炭素や溶存有機物として環境中に放出される．前節で述べたBGEの場合と同様，摂取した餌の総量に対する，生物体に変換された炭素量の割合を，捕食者の増殖効率と呼ぶが，一般的に原生生物や動物プランクトンの増殖効率は約0.3である．そこで，この食物連鎖の各ステップの転送効率を0.3とすると，微生物ループを経由する，細菌から魚までの炭素の転送効率は，$0.3 \times 0.3 \times 0.3 = 0.027$ となる．つまり，細菌が生産した有機炭素のうち，魚にまで転送されるのは，約3%にしかすぎないということになる．つまり，典型的な微生物ループは，菌体という資源を，魚類にまでつなげる転送システムとしては非常に効率の悪いシステムであるということがわかる．

2−3 微生物ループのバイパス

細菌を基盤とする食物連鎖の中には，いくつかのバイパスが存在することも知られている．第1のバイパスは，繊毛虫による細菌の捕食である（図9-8の⑧）．一般に，細菌のような小型の粒子の捕食においては，細胞サイズの小さい鞭毛虫のほうが大型の繊毛虫よりも有利であるとされるが，汽水

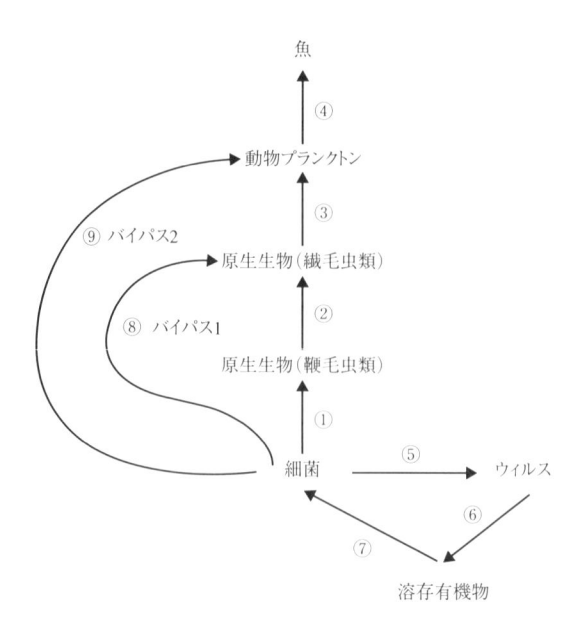

図9-8 細菌が生産した有機物が，どのような食物網の経路を経て魚にまで転送されるのかを示した模式図

域や富栄養な湖沼では，繊毛虫による細菌捕食が卓越する場合も知られている．その場合，細菌から魚までの炭素の転送効率は約9％にまで増加する（0.3 × 0.3 = 0.09）．さらに，細菌を直接捕食する大型動物プランクトンが存在することも知られている（バイパス2，図9-8の⑨）．海洋の場合は，幼生類（オタマボヤなど），また，淡水湖の場合は，枝角類（ミジンコなど）の一部が，効率的に細菌を捕集し，摂餌するのである（図9-8）．この経路を通過する場合，細菌生産の30％近くが，魚類に転送されることになるから，その効率はかなりよいといえるだろう．

§3. 微生物と魚類生産

　前節で考察を加えたように，水中に浮遊する小型の細菌の生産が，魚類のような大型生物の生産につながるためには，通常，その間に何段階もの食物連鎖が介在しなくてはならない．したがって転送効率は低くなる．しかし，水圏環境中では，有機物が凝集し，バイオフロックと呼ばれる凝集体が形成され，そこに高密度の微生物群集が発達することがある．本節では，バイオフロックを魚類生産につなげる試みを紹介しよう．

3-1　バイオフロックの利用

　水圏環境中では，フロックあるいは凝集体と呼ばれる大型の有機物の塊（デトリタス）が形成され，その表面や内部で微生物群集が活発に増殖する．このような凝集体のサイズは，目視できるほどの大きさ（ミリメートルからセンチメートルのスケール）にまで達することがあるため（海洋では，この

ような大型の凝集体はマリンスノーと呼ばれる），これらが魚類によって直接的に摂餌される可能性は十分にある．水産養殖場では，このような凝集体をバイオフロック（bio-flocs）と呼び，魚類や甲殻類の餌資源として利用する試みもなされている（Crab *et al.*, 2012）．

3−2　凝集体の構成要素と生成過程

　凝集体は，水中に存在する多糖類，タンパク質，脂質膜といったポリマーが，自発的に会合することで生成する（Verdugo, 2012）．凝集体の構成要素となるポリマーは，植物プランクトンや細菌のような微生物のほか，大型藻類や様々な水産生物の排出物として環境中に放出される．ポリマーの物理化学的性状は様々であるが，環境条件（pH, 塩分，水温，せんだん力など）に応じて，イオン結合や疎水性相互作用によってゆるく結合することで，不定形の凝集体が形成される．さらに，凝集体同士が衝突し，結合することで，大型化が進み，上述のように，目視できるようなサイズにまで成長する．海洋環境では，凝集体の多くが，通常の透過型光学顕微鏡下では観察が困難であることから，透明細胞外ポリマー粒子（Transparent Exopolymeric Particles, TEP）と呼ばれる（Passow and Alldredge, 1994）（図9-9）．TEPは，酸性多糖類を含み，アルシャンブルーで染色されることから，この色素を使った分光アッセイにより定量化されることが多い．TEPは，細菌にとって利用のしやすい有機物成分を多く含むため，その表面や内部には，細菌が活発に増殖する．最近の研究によれば，ある種の海洋細菌は，凝集体同士の結合（凝集体の大型化）を著しく促進する（Yamada, 2015）．また，TEPは空隙の多い構造をしており（空隙率は，95％以上），その内部に，アミノ酸などの利用効率の高い溶存有機物が高濃度で保持される場合もある（Simon *et al.*, 2002）．そのため，凝集体とその内部に保持された有機成分，あるいは，そこに発達した多量の微生物群集は，魚類の餌として重要な働きをしている可能性が十分に考えられる（図9-10）．

　実際，水産養殖分野におけるバイオフロックの研究では，バイオフロックの細菌群集が，窒素に富んだ餌資源として，魚類のタンパク質生産に対して無視できない寄与をしていることが指摘されている（Crab *et al.*, 2012）．ただし，凝集体は極めて壊れやすいことから，その化学的あるいは微生物学的な性状については不明の点が多く，凝集体が水圏食物網において果たす役割の定量的な評価はまだ十分に行われていない．今後の重要な検討課題であるといえよう．

まとめ

Q1：微生物は単なる分解者か？

　従属栄養微生物は，異化代謝により有機物を無機化する一方で，同化代謝により菌体を生産する．異化代謝と同化代謝のバランスは，増殖効率（消費した有機炭素量に対する菌体生産量の割合）という指標を使って評価することができる．増殖効率が低い場合，微生物は主に分解者としての役割を果たし，逆にこの値が高ければ，食物網のリンクとしての重要性が高いと判断される．従属栄養細菌の場合，一般に，貧栄養な環境中では増殖効率が低く，富栄養な環境中では高いことが知られている．ただし，自然環境中での増殖効率の変動支配要因についてはまだ不明の点も多い．

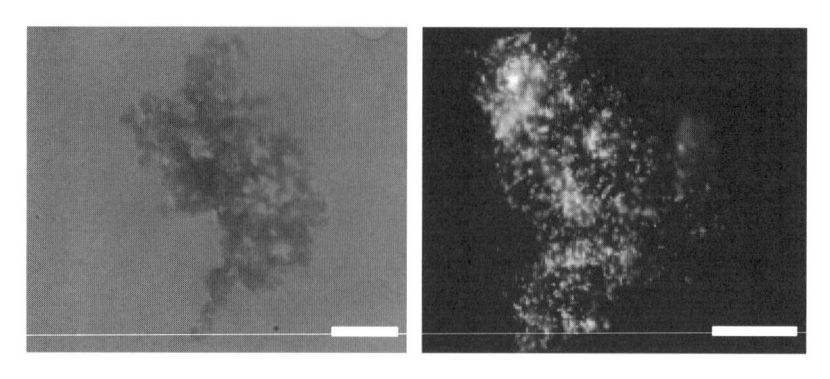

図9-9 凝集体(TEP)に付着して増殖した細菌群集
海藻由来の多糖類であるフコイダンと，キチンの部分的分解産物であるキトサンを混合して調製した人工凝集体を海水中で培養したのちに顕微鏡観察したもの．左図は透過型顕微鏡像(アルシャンブルー染色)，右図は落射蛍光顕微鏡像(サイバーグリーンI染色)．右図で白く見えるのが細菌である．大きさのスケールは50μm．(写真はYamada(2015)より著者の許可を得て転載)

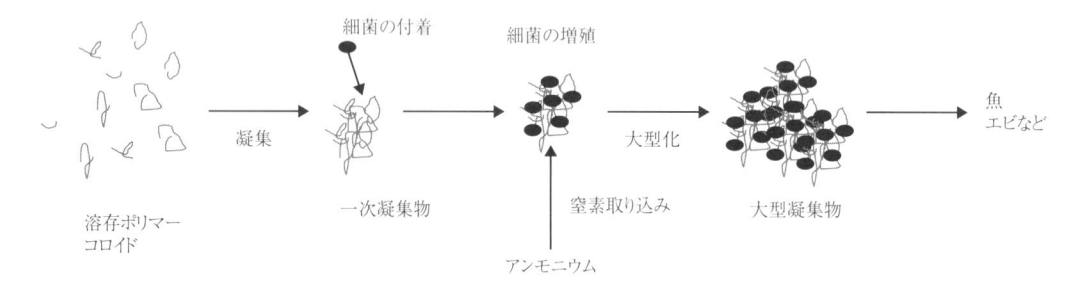

図9-10 海洋環境における凝集体の形成過程と，魚類や甲殻類の餌としての凝集体の利用可能性を示した仮説的な模式図
最近の研究の結果，ある種の付着性細菌は凝集体の大型化を促進することが示されている．また，凝集体上で増殖する細菌群集は，魚類や甲殻類が排出するアンモニウムを取り込むことで，水質の浄化と，餌量としての凝集体の価値の向上(C：N比の低下)に貢献する可能性がある．Yamada(2015)およびCrab et al. (2012)を参考にした．

Q2：微生物ループはリンクかシンクか？

多くの水圏環境において典型的に見られる，細菌→鞭毛虫→繊毛虫→動物プランクトンという経路は，炭素転送経路として極めて効率の悪い経路である．典型的な微生物ループは，食物網のリンクとしてよりも，有機物の無機化系（シンク）として，より重要な働きをしていると考えられる．ここにウイルス（溶菌系）が介在する場合，その転送効率はさらに低減する．逆に，大型の動物プランクトン（幼生類や枝角類）が直接的に細菌を捕食する場合には，効率的な炭素の転送が期待される．

Q3：微生物を魚の餌に使えるか？

有機物の凝集体とそこに発達した微生物群集から成るバイオフロックは，魚類や甲殻類にとって，栄養に富んだ餌資源としての役割を果たしている可能性がある．水産養殖においては，バイオフロックを餌として用いる試みがなされている．

> 学習課題

【課題1】 従属栄養細菌の増殖効率とはなにか．またそれは環境条件によってどのように変動するか．
【課題2】 水圏生態系において，ウイルスによる溶菌が活発化すると，有機炭素の転送効率が低減するが，その理由を説明せよ．
【課題3】 バイオフロックとは何か．

文 献

Azam, F., Fenchel, T., Field, J.G., Gray, J.S., Meyer-Reil, L.A. and Thingstad, F. (1983): The ecological role of water-column microbes in the sea. *Mar. Ecol. Prog. Ser.*, 10, 257-263.

Crab, R., Defoirdt, T., Bossier, P. and Verstraete, W. (2012): Biofloc technology in aquaculture: Beneficial effects and future challenges. *Aquaculture*, 356/357, 351-356.

del Giorgio, P.A., and Cole, J.J. (2000): Bacterial energetics and growth efficiency. In Microbial Ecology of the Oceans (ed. D.L. Kirchman), Wiley-Liss, pp. 289-325.

Fukuda, R., Ogawa, H., Nagata, and I. Koike, I. (1998): Direct determination of carbon and nitrogen contents of natural bacterial assemblages in marine environments. *Appl. Environ. Microbiol.*, 64, 3352-3358.

Goldman, J.C. and Dennett, M.R. (2000): Growth of marine bacteria in batch and continuous culture under carbon and nitrogen limitation. *Limnol. Oceanogr.*, 45, 89-800.

Kirchman, D.L., and T.E. Hanson, T.E. (2012): Bioenergetics of photoheterotrophic bacteria in the oceans. *Environ. Microbiol. Rep.*, 5, 188-199.

Motegi, C., Nagata, T., Miki, T., Weinbauer, G., Legendre, L. and R. Rassoulzadegan, R. (2009): Viral control of bacterial growth efficiency in marine pelagic environments. *Limnol. Oceanogr.*, 54, 1901-1910.

Nagata, T. (2000): Production mechanisms of dissolved organic matter. In Microbial Ecology of the Oceans (ed. D.L. Kirchman), Wiley-Liss, pp.121-152.

Passow, U. and Alldredge, A.L. (1994): Distribution, size and bacterial colonization of transparent exopolymer particles (TEP) in the ocean. *Mar. Ecol. Prog. Ser.*, 113, 185-198.

Rivkin, R.B. and Legendre, L. (2001): Biogenic carbon cycling in the upper ocean: effects of microbial respiration. *Science*, 291, 2398-2400

Simon, M., Grossart, H.-P., B. Schweitzer, B. and Ploug, H. (2002): Microbial ecology of organic aggregates in aquatic ecosystems. *Aquat. Microb. Ecol.*, 28, 175-211.

Steele J.H. (1974): Structure of marine ecosystems. Harvard University Press

Verdugo, P. (2012): Marine microgels. *Ann. Rev. Mar. Sci.*, 4, 375-400.

Yamada Y. (2015): Dynamics and bacterial control of organic aggregates in marine environments. Doctoral thesis, The University of Tokyo.

第10章　微生物による生元素循環

> Q1:　微生物は水圏における有機物の生産と分解にどのように寄与しているのか？
> Q2:　微生物は水圏の窒素循環にどのように寄与しているのか？
> Q3:　微生物は水圏のリン循環にどのように寄与しているのか？

§0. 本章の目的

　生元素とは生物を構成する様々な元素のことである（表10-1）．このうち主要なものは，炭素，窒素，リン，硫黄の4元素である．ただし珪藻類などの一部の微生物は，珪酸塩でできた被殻を形成するため，以上に加えて珪素も主要元素に含める場合がある．主要元素のうち，炭素はすべての有機物に含まれるため，生物の骨格を形づくる元素といっても過言ではない．通常，炭素は微生物細胞の乾燥重量の約半分を占めている．一方，窒素とリンは，タンパク質，核酸あるいは脂質の構成成分として不可欠である．微生物は，細胞機能の維持や増殖のために，これらの元素を環境中から取り込み，様々な代謝を介して細胞の構成成分を合成する．その一方で，代謝産物の排出や死滅過程を介して，これらの生元素は再び環境中に放出される．このようにして，生元素は環境中のプールと生物体の間を行き来することになるが，これが，微生物群集が駆動する生元素の循環にほかならない．本章では，炭素，

表10-1　微生物を構成する元素（生元素）　（Kirchman, 2011を改変）

元　素	元素が含まれる細胞成分または元素の機能
主要元素	
炭素（C）	すべての有機物
窒素（N）	タンパク質，核酸
リン（P）	核酸，リン脂質
硫黄（S）	タンパク質
珪素（Si）	珪藻の被殻
微量元素	
鉄（Fe）	電子伝達系
マンガン（Mn）	スーパーオキシドジスムターゼ
マグネシウム（Mg）	クロロフィル
ニッケル（Ni）	ウレアーゼ，ヒドロゲナーゼ
亜鉛（Zn）	炭酸脱水酵素，プロテアーゼ，アルカリ性ホスファターゼ
銅（Cu）	電子伝達系，スーパーオキシドジスムターゼ
コバルト（Co）	ビタミンB_{12}
セレン（Se）	ギ酸デヒドロゲナーゼ
モリブデン（Mo）	ニトロゲナーゼ
カドミウム（Cd）	炭酸脱水酵素
ヨウ素（I）	電子受容体
タングステン（W）	超好熱性酵素
バナジウム（V）	ニトロゲナーゼ

窒素，リンを中心に，水圏生態系における生元素の循環とそこでの微生物の役割について理解することを目的とする．

§1. 有機物の生産と分解およびそのストイキオメトリー

水圏環境における，主要生元素（炭素，窒素，リン）の循環を表す最も基本的な反応式を以下に示す．

$$106CO_2 + 16HNO_3 + H_3PO_4 + 122H_2O \rightleftarrows (CH_2O)\,106\,(NH_3)\,16\,(H_3PO_4) + 138O_2 \quad \text{（式1）}$$

この式で，左辺から右辺への反応は，環境中に存在する無機態の炭素（CO_2），窒素（NO_3^-），リン（PO_4^{3-}）が，光合成（一次生産）によって生物体に変換され，それに伴い酸素が発生することを意味している．一方，右辺から左辺への反応は，酸素呼吸によって，生物体を構成する有機物が酸化（分解）され，無機態の炭素，窒素，リンが環境中に放出されることを示している（ただし，後述するように，有機物の分解によって生成される無機態窒素は実際にはアンモニウム（NH_4^+）であるが，式1には，NH_4^+がNO_3^-に酸化される反応（硝化）が暗に組み込まれているのである）．すなわち，式1は，水圏生態系における有機物の生産と分解という，最も基本的な生元素循環を簡潔に表した化学式である．本節では，この化学式の生態学的意味について理解を深めよう．

1-1 水圏生態系におけるストイキオメトリー

水圏環境中の一次生産者として最も重要な役割を果たすのは植物プランクトン（光合成独立栄養微生物）である（第6章を参照）．一方，分解過程においては，従属栄養性の細菌群集や原生生物などの微生物群集が主要な役割を果たしている（ただし水域や季節によっては，動物プランクトンによる分解が重要になる場合もある）．実際，サイズ分画をした海水中での呼吸速度（酸素消費速度）を測定した研究によれば，全呼吸速度の70%が，20μm以下の画分に含まれる微生物群集によるものであった（図10-1）．微生物群集は，水圏生態系の生元素循環の制御のうえで極めて重要な役割を果たしているといえよう．

式1には，水圏生態系における炭素，窒素，リンの存在比（ストイキオメトリー）に関する重要な情報が隠されている．それは，生物体を構成する炭素，窒素，リンの存在比（C：N：P比）が，106：16：1であるということだ（重量ではなくてモル比である点に注意せよ）．この比は，海洋の植物プランクトンや懸濁態有機物の元素組成を広範に調べて得られた平均的な値（経験値）であり，このことを最初に発見した米国の研究者の名前をとって，レッドフィールド比と呼ばれる（Redfield, 1958）．海洋の様々な環境条件下で増殖する植物プランクトンの元素比が，ある一定の比に収斂する傾向を示すという現象は，それ自体が大変興味深いものであるが，それに加えて，レッドフィールドは次のような驚くべき現象も見出した．すなわち，海洋の深層水中の硝酸イオンとリン酸イオンの濃度の比（モル比）が，16：1（つまりレッドフィールド比）になるということである．このことは，地球上で最大の水圏環境である中深層水（地球上の全海水の70%は，水深が1,000m以深の層にある）の化学的特性（窒素：リン比）が，微生物群集が駆動する生元素循環によって強く支配されていることを意味している．いいかえると，海洋の表層における有機物の生産と，中深層における有機物の分

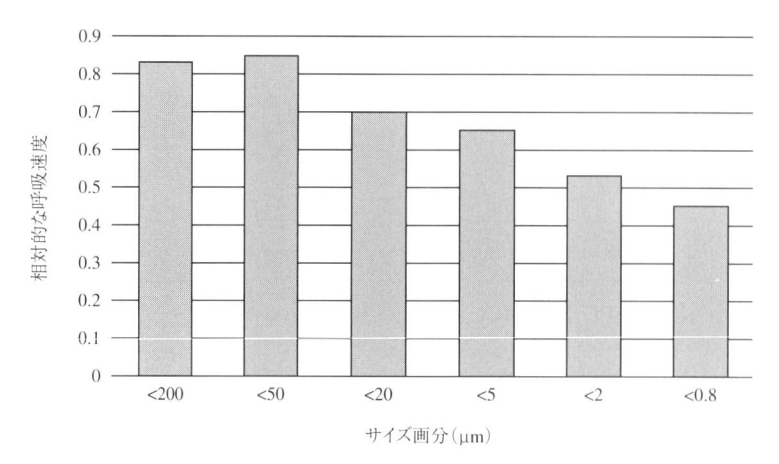

図10-1 海水をサイズ分画したのちに、それぞれの画分中での呼吸速度の測定した結果の例。縦軸は、全サイズ画分での呼吸速度を1としたときの相対値。様々な海域での測定結果をもとに、その平均値が示されている。大部分の呼吸(70%)は、20μm以下の画分(つまり、微生物が含まれる画分)に見られる。(Williams, 2000を改変)

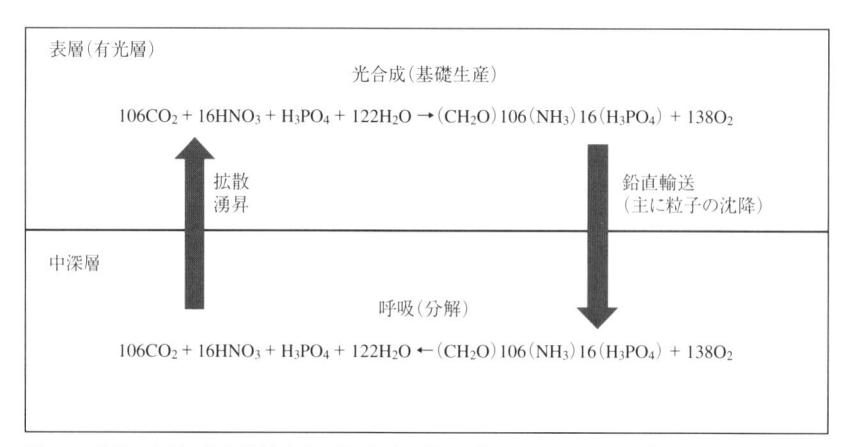

図10-2 海洋の表層の有光層(光合成に必要な光が届く、約50〜200mまでの水深)において生産された有機物は、粒子の沈降などにより中深層に輸送される。中深層において有機物は分解され、二酸化炭素や栄養塩類(NO_3^-やPO_4^{-3})に変換される。栄養塩類は、湧昇や拡散により海洋の表層に輸送され、再び、光合成生産のための材料として使われる。

解は、式1に示されたストイキオメトリーのもとに、密接に繋がっているといえるのである(図10-2)。

1−2 有機物の無機化過程におけるストイキオメトリー

全海洋規模といった大きなスケールにおいて、有機物の生産と分解はレッドフィールド比に従って進むが、局所的な生元素の循環が、常にレッドフィールド比に従うとは限らない。ここでは、従属栄養細菌群集による有機物の分解過程における炭素と窒素のストイキオメトリーを例として、このことについて考察を加えよう。まず注意すべきなのは、細菌群集が基質として利用する有機物の生化学的な多様性である。例えば、魚や動物プランクトンの遺骸を細菌群集が分解するといった局所的な場面

を想定すると，少なくとも分解の初期過程においては，細菌群集は，タンパク質に富んだ（したがって，C：N 比の低い）有機物を主要な栄養基質として利用することが想像できるであろう．一方，植物プランクトンのブルーム期には，水中に細胞外多糖類が大量に放出されることが知られているが，このような環境中では，細菌群集は，炭水化物を主成分とする，C：N 比の高い有機物を基質として利用するであろう．このように，環境条件によって，細菌群集が利用できる有機基質の C：N 比は大きく変動する．そのことは，無機態窒素（NH_4^+）の循環に大きな影響を及ぼすのである．

細菌群集の菌体の C：N 比を C：N_{bac}，有機基質の C：N 比を C：N_{org}，細菌の増殖効率を BGE とすると，有機基質の炭素消費速度（F_c mole C/L/h）と，NH_4^+ の取り込み速度（F_n mole N/L/h）の関係は，以下の式で表すことができる（Kirchman, 2011）．

$$F_n = F_c \times [BGE/(C:N_{bac}) - 1/(C:N_{org})] \quad \text{（式2）}$$

ここで，BGE は，細菌が消費した総炭素量のうち，細菌の菌体に変換された炭素量の割合を示す重要な生理学的パラメータである（9 章）．今，C：N_{bac} = 6，BGE = 0.2 と仮定したときに，有機基質の C：N 比を変化させると，F_n（ここでは，F_c に対する相対値として示す）がどのように変化するのかを見てみる．図 10-3 から，C：N_{org} の増加とともに F_n が単調に増加すること，また，C：N_{org} が 30 を超えると，F_n が正の値を示すことがわかるだろう．F_n が正であるということは，有機基質の分解に伴って，環境中の NH_4^+ が細菌によって取り込まれることを意味し，負であるということは，NH_4^+ が放出されることを意味している．つまり，C：N_{org} がどのような値であるのかによって，細菌が NH_4^+ を放出するのか，あるいは，逆に取り込むのかが決まるのである．直感的な説明の仕方をすれば，有機基質に十分な量の窒素が含まれているときには，細菌は必要なだけの窒素を同化し，それ以外は環境中に放出する．逆に，有機基質に含まれる窒素が乏しければ，環境から無機態窒素（NH_4^+）

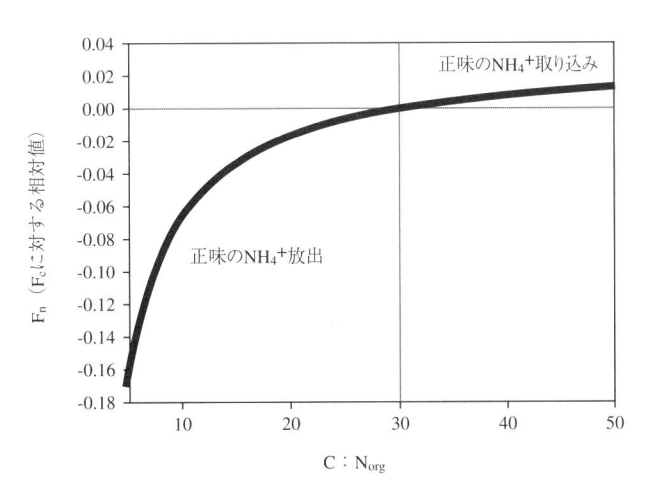

図10-3 式2に示したモデルから導かれるC：N_{org}とF_nの関係（C：N_{bac} = 6，BGE = 0.2と設定した場合）．
F_nの符号が切り替わるC：N_{org}の閾値は約30である．C：N_{bac}とBGEの設定を変えると，この閾値は変化する．

を取り込んで補充するということである．このような，有機基質の元素組成が窒素循環に及ぼす影響は，生態学的に重要な意義をもっている．細菌がNH_4^+を放出する場合（$F_n<0$），細菌は植物プランクトンにとって不可欠な無機態窒素を供給する「栄養塩の再生者」としてふるまうが，逆に，NH_4^+を取り込む場合（$F_n>0$）には，栄養塩という貴重な資源をめぐって植物プランクトンとしのぎを削る「競争者」としてふるまうことになるのである．なお，ここでは有機基質の炭素と窒素の元素比を例に説明をしたが，同様なことは，炭素とリンの元素比についてもあてはまる．

図10-3のモデルは，有機基質の元素比が，栄養元素の循環に及ぼす影響を理解するうえでの概念枠組みとして有用である．しかし，現実の水圏環境中に存在する有機物プールに対してこれを単純に適用することはできない．なぜなら，天然環境中の有機物プールには，微生物が簡単には利用することができない難分解性の成分が多く含まれているため，有機物全体としての元素比が，ただちに細菌にとって利用可能な有機基質（易分解性有機物）の元素比を反映しているとは限らないからである．この問題は，特に海洋の溶存有機物において顕著に表れる．海洋の表層海水中に含まれる溶存有機物の大部分は難分解性の溶存有機物で占められており，その有機物プール全体としてのC：N比やC：P比は，細菌が利用する有機基質の元素比よりもずっと大きい値をとる（難分解性有機物は，一般に，窒素やリンのような栄養元素が乏しい）．

§2．微生物による窒素循環の駆動

水圏の一次生産速度は，しばしば窒素の利用性による制限を受ける．したがって，微生物群集による窒素循環の制御機構を正しく把握することは，水圏生態系の変動についての理解を深めるうえで極めて重要な課題である．窒素という元素は-3から$+5$までの酸化状態をとり，様々な生化学的な酸化還元反応に関与する．本節では，図10-4を参照しつつ，微生物が駆動する主要な窒素代謝について理解を深めよう．

2-1　窒素固定

植物プランクトンが自らの細胞を光合成によって生産するためには，二酸化炭素と水の他に，硝酸イオン（NO_3^-）やアンモニウム（NH_4^+）のような各種の栄養塩類が必要である．ところが，海洋や湖沼の表層では，しばしばNO_3^-やNH_4^+が枯渇するため，植物プランクトンの生産は窒素制限に陥りやすくなる．このような状態が長期間にわたって続くと，動物プランクトンや魚の生産も低下し，生態系全体の生産性が，窒素不足によって低下することになりかねない．しかし，このような時には窒素固定を行う微生物が出現し，N_2ガスを栄養塩（NH_4^+）に変換することで，窒素不足の緩和に一役かってくれることがある．窒素固定を表す反応式は以下のとおりである．

$$N_2 + 8H^+ + 8e^- + 16ATP \rightarrow 2NH_3 + H_2 + 16ADP \qquad (式3)$$

この反応式からわかるように，窒素固定とは，窒素分子を還元し，アンモニアを生成する反応である．この反応には，多量のエネルギー（ATP）が必要であるという点に注意しよう．これは，窒素分子を構成する2つの窒素原子が高い結合エネルギーをもつ三重結合により結びついており，それを切断す

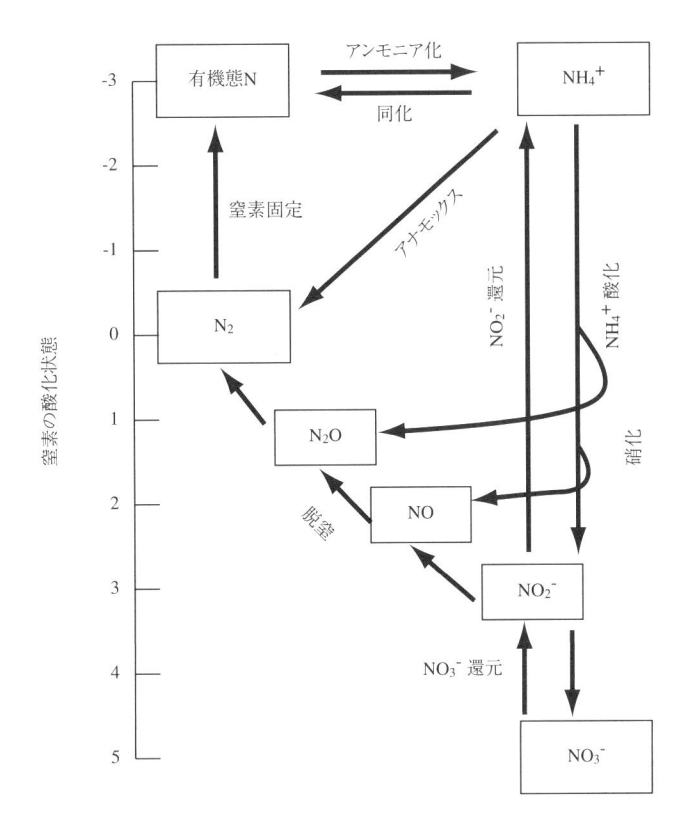

図10-4 水圏の窒素循環を表す模式図.（Kirchman, 2011を一部改変）

表10-2 ジアゾ栄養微生物（原核生物）の主なグループと生息場所

グループ	属名（または通称）	主な生息場所	付記
シアノバクテリア	*Anabaena*	淡水湖沼	ヘテロシストを有する
シアノバクテリア	*Nostoc*	河川礫上（付着微生物）	ヘテロシストを有する
シアノバクテリア	*Trichodesmium*	海洋（熱帯・亜熱帯海域）	
シアノバクテリア	小型単細胞球状シアノバクテリア（*UCY-A*）	海洋	遺伝子解析（非培養法）により検出された
シアノバクテリア	*Richelia*	海洋	珪藻に共生
細菌	*Chlorobium*	温泉など	
古細菌	*Methanosarcina*	淡水など	

るために多くのエネルギーが必要なためである．このように，窒素固定は，微生物にとって貴重なエネルギーを多量に消費する反応であるため，一般的に，NH_4^+ や NO_3^- などの窒素栄養塩類が多く存在する環境中ではほとんど進行しない．

　窒素固定を行う微生物のことをジアゾ栄養生物（diazotoroph；di- は 2 つ，azo- は窒素，troph は栄養の意味）と呼ぶ．今日までに知られているジアゾ栄養生物はすべて原核生物である（表10-2）．真核生物において窒素固定の代謝系をもつものは知られていないが，ジアゾ栄養原核生物を共生生物として取り込んでいる真核生物は多く見られる．上述のように，窒素固定には ATP が必要なので，ジアゾ栄養生物はなんらかの代謝によりエネルギーを獲得する必要がある．ジアゾ栄養微生物におい

て見られるエネルギー獲得代謝には，好気的および嫌気的な従属栄養（化学有機栄養），酸素発生型光合成，嫌気的酸素非発生型光合成，化学無機栄養と様々なものが知られている．水域の表層環境において最も一般的に見られるジアゾ栄養微生物は，酸素発生型の光合成を行うシアノバクテリアである．

式3に示した反応はニトロゲナーゼという酵素によって触媒される．ニトロゲナーゼは，ジニトロゲナーゼとジニトロゲナーゼ還元酵素という2つの酵素から成り，複数の金属元素（鉄，モリブデン，バナジウム）を含んでいる（表10-1）．ジニトロゲナーゼ還元酵素を構成する鉄タンパク質をコードする遺伝子（nifH）は，ジアゾ栄養微生物の多様性の解析に広く用いられている．ニトロゲナーゼは酸素の存在下で不可逆的に不活化する．そのため，水圏環境中のジアゾ栄養微生物は，ヘテロシストと呼ばれる特殊な細胞にニトロゲナーゼを格納し，酸素への暴露を最小限に抑えている（特に淡水ではこのタイプのジアゾ栄養微生物が多くみられる）（表10-2）．ヘテロシストを作らない海洋のシアノバクテリア（*Trichodesmium*）では，日中ではあっても，光合成活性の低下する時間帯にニトロゲナーゼ活性が高まること，また，ニトロゲナーゼ活性が細胞内の特定の部位に局在すること等が示されている．このことから，このシアノバクテリアでは，光合成と窒素固定を時間的および空間的に隔離することで，光合成によって発生する酸素から，ニトロゲナーゼを防御するための巧妙な仕組みが備わっていると考えられている（Berman-Frank *et al*., 2001）．

2−2 アンモニウムの同化と排出

微生物が環境中のアンモニウム（NH_4^+）を取り込み，それを有機物に変換（同化）する際には，以下の2つの経路が使われる．まず，NH_4^+の濃度が比較的高い時に使われるのが，グルタミン酸脱水素酵素（GDH）経路であり，以下の反応式で表される．

αケトグルタル酸 ＋ NH_4^+ ＋NAD(P)H → グルタミン酸 ＋ NAD(P)$^+$　　　（式4）

一方，NH_4^+の濃度の低い時には，GS-GOGAT経路が使われる．この経路は，グルタミン合成酵素（GS）が触媒する1段階目の反応（式5）と，グルタミン−αオキソグルタル酸転移酵素（GOGAT）が関与する2段階目の反応（式6）から成る．

グルタミン酸 ＋ NH_4^+ ＋ ATP → グルタミン ＋ ADP　　　（式5）

グルタミン ＋ α-オキソグルタル酸 ＋ NADPH → 2グルタミン酸 ＋ NADP$^-$　　　（式6）

GS-GOGATは，GDHに比べて，基質（NH_4^+）に対する親和性が高い反応経路である．

以上の経路により合成されたグルタミン酸を起点として，様々なアミノ基転移反応や脱アミノ反応を経由して，その他のアミノ酸や種々の有機化合物が合成される．微生物はこれらの材料を使って，タンパク質，核酸，リン脂質といった高分子を合成し，新たな細胞を作り上げ，増殖するのである．

微生物が死滅すると，細胞構成成分として取り込まれた窒素は，再び無機物（NH_4^+）に変換され，環境中に排出される．このプロセスをアンモニア化（ammonification）という．従属栄養細菌による

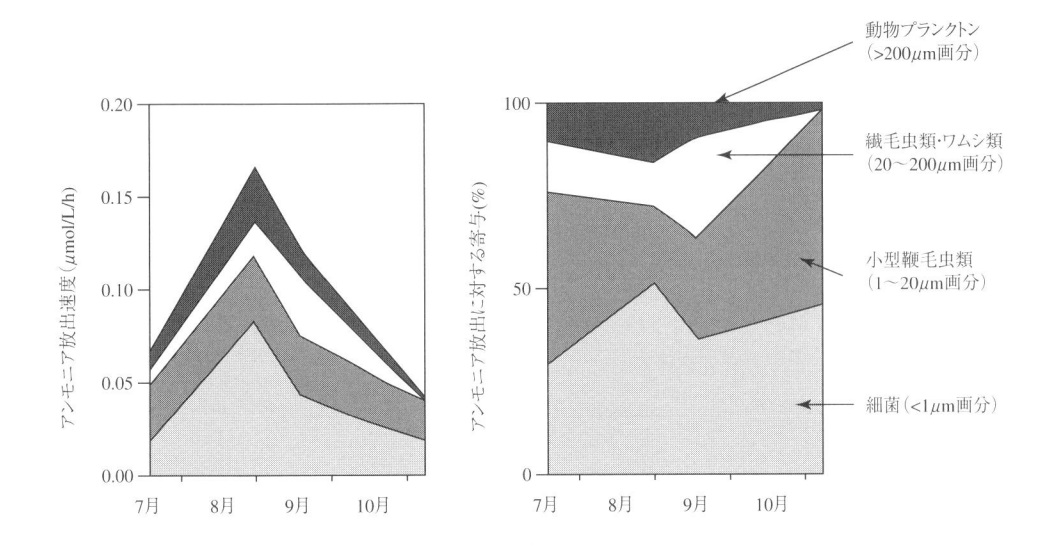

図10-5 琵琶湖の湖水中のアンモニウム放出速度の季節的変動
　　　左図は，異なるサイズ画分における放出速度を，右図は各サイズ画分の相対的な寄与率を示す．それぞれのサイズ画分に
　　　含まれる主要な生物グループは右図に示すとおりである．20μm以下の画分に含まれる，細菌群集と小型鞭毛虫類が，ア
　　　ンモニウムの放出において重要な役割を果たしていることがわかる．(Haga et al. 1995を一部改変)

　有機物の分解に伴うNH_4^+の放出のストイキオメトリーについてはすでに述べたとおりである（式3）．水圏環境中では，このような細菌による有機物分解に加え，捕食者による餌生物の摂取に伴う代謝終産物（NH_4^+）の排出も，環境中へのNH_4^+の放出メカニズムとして重要である．淡水湖沼において異なるサイズ画分中でのアンモニアの放出速度を調べた研究によれば，全アンモニア化速度の70〜90％以上が従属栄養細菌と従属栄養性鞭毛虫（第7章）によるものであったと報告されている（図10-5）．いずれのメカニズムの場合も，細胞構成成分であるタンパク質は，まず加水分解酵素（プロテアーゼおよびペプチダーゼ）によって単量体（アミノ酸）に変換され，最終的には脱アミノ反応の結果としてNH_4^+が生成されるのである．

2-3 硝化

　有機物の分解を表す基本式として示した式1では，無機態の窒素としてNO_3^-が左辺に示されている．実際，海洋の中深層水中の主要な溶存無機態窒素はNO_3^-であり，NH_4^+の濃度は一般的には極めて低い．これは，水圏環境中では，前項で述べたアンモニア化の結果として生じたNH_4^+が，NO_3^-に変換されるプロセスが速やかに進行するためである．このプロセスのことを硝化（nitrification）という．硝化には，NH_4^+をNO_2^-に変換する第1段階（式7）と，NO_2^-をNO_3^-に変換する第2段階（式8）があり，それぞれの段階は異なる種類の微生物によって駆動される．いずれの反応も，エネルギー生成反応であるため，これらの代謝経路をもつ微生物は，化学無機栄養的にエネルギーを獲得することができる．

$$NH_4^+ + 1.5O_2 \rightarrow NO_2^- + H_2O + 2H^+ \quad (式7)$$

$$NO_2^- + 0.5O_2 \rightarrow NO_3^- \qquad \text{(式8)}$$

　第1段階の反応は，アンモニア酸化とも呼ばれ，その触媒としてアンモニアモノオキシダーゼが重要な役割を果たす．この酵素をコードする遺伝子（*amoA*）は，アンモニア酸化微生物の系統分類学的な多様性を調べる際のマーカーとして広く用いられている．また水圏環境中での *amoA* 遺伝子の出現頻度から，アンモニア酸化微生物の生物量や分布パターンを推定することも広く行われている．従来，好気的環境中の主要なアンモニア酸化微生物は *Betaproteobacteria*（特に，*Nitorosomonas* および *Nitrosospira* 属）に属すると考えられてきたが，近年の遺伝子解析の結果，*Gammaproteobacteria* や古細菌の中にもアンモニア酸化微生物がいることが明らかになってきた．アンモニア酸化を行う細菌をAOB（Ammonia-Oxidizing Bacteria），同じく古細菌をAOA（Ammnonia-Oxidizing Archaea）と呼ぶことがある．AOAとAOBは生理的特性が異なり，したがって，水圏生態系の中で異なるニッチを占めていると指摘されているが，その実態についてはまだ不明の点が多い．特に，AOAについては，水族館の水槽から単離された例（Konneke *et al.*, 2005）を除いては，まだ水圏環境から培養株が得られておらず，その生理学的特性の詳細な究明は今後の課題である．なお，海洋の深層水中では，AOAがアンモニア酸化において中心的な役割を果たしているという報告がある．

　水圏の表層環境中において，アンモニア酸化活性は，光による阻害を受けることが知られている．また，海水のpHがわずかに低下しただけで，アンモニア酸化活性が低下する場合があるため，海洋酸性化がアンモニア酸化に影響を及ぼす可能性も指摘されている（pHが低下すると，プロトンが NH_3 に付加され，NH_4^+ と NH_3 の平衡が NH_4^+ の側に動く．つまり，アンモニア酸化反応の基質である NH_3 濃度が低下するのである）．

　アンモニア酸化によって亜硝酸イオン（NO_2^-）が環境中に放出されると，それに続いて式8に示す NO_2^- の酸化反応が速やかに進行する．硝化プロセス全体としての律速段階はアンモニア酸化の段階（式7）であるため，環境水中に NO_2^- が蓄積することは稀である．NO_2^- を酸化する微生物としては，*Alphaproteobacteria*（*Nitrobacter* 属），*Gammaproteobacteria*（*Nitrococcus* 属），*Deltaproteobacteria*（*Nitrospina* 属），*Nitrospira* 属などに属する細菌が知られている．これらの細菌については，培養株が得られている．天然水圏環境中の，まだ培養されていない細菌や古細菌による亜硝酸酸化の規模や分布，あるいは制御要因については知見が乏しい．

　以上に述べたのは，好気的な条件下において，酸素（O_2）を電子受容体とする NH_4^+ や NO_2^- の酸化反応についてであるが，NH_4^+ の酸化は，嫌気環境中でも進行する場合がある．これを嫌気的アンモニア酸化あるいはアナモックス（ANaerobic AMMonia OXidation）と呼び，その反応式は以下のとおりである．

$$NH_4^+ + NO_2^- \rightarrow N_2 + 2H_2O \qquad \text{(式9)}$$

　式9から明らかなように，アナモックスは NH_4^+ が NO_2^- によって酸化される反応であるが，その際にエネルギーが生成され，微生物はこれを利用することができる（化学無機栄養）．遺伝子解析の結果，アナモックス細菌は，プランクトミセテス目ブロカジアレス綱の5属において認められているが，まだ単離されたものはない．好気的な環境中で起こる硝化（式7，8）の最終産物が NO_3^- であるのに

対し，アナモックスの場合は，N_2 ガスが発生する．したがって，アナモックスの生態系における役割は，次項で述べる脱窒の役割と類似している．

2-4 脱窒および異化的硝酸還元による NH_4^+ の生成

脱窒（denitrification）は，NO_3^- を電子受容体とする嫌気的な有機物の酸化反応（嫌気呼吸）であり，この反応を介して，微生物は従属栄養的にエネルギーを獲得することができる．

以下にグルコースを有機基質とした場合の反応式を示す（実際には様々な有機化合物を基質として利用できる）．

$$5 \text{グルコース} + 24NO_3^- + 24H^+ \rightarrow 30CO_2 + 12N_2 + 42H_2O \quad (式10)$$

脱窒には4種類の酵素が関与するが，それぞれをコードする遺伝子は，nar, nir, nor, nos である（図10-6）．これらの遺伝子は，環境中の脱窒微生物の多様性や分布パターンの研究で広く用いられている．

脱窒反応速度は，環境中の NO_3^- の濃度により強く規定される．前項で述べたように，環境中への NO_3^- の供給は硝化に依存するため，しばしば，硝化と脱窒は一連の反応として捉えられる（硝化と脱窒の共役）．ただし，硝化が好気的な反応であるのに対し，脱窒は嫌気的な反応であるという大きな違いがある．このため，この2つのプロセスが最も効率よく共役するのは，好気的な層と嫌気的な層がとなりあっている酸化還元境界層においてである（図10-7）．なお，一般に好気的環境中では脱窒活性は抑制される．これは，電子受容体として O_2 を使うほうが，NO_3^- を使う場合よりも有機物の酸化によって得られるエネルギーが大きく，好気的環境中の微生物にとっては，電子受容体として NO_3^- を使うよりも，O_2 を使うほうが有利なためである．

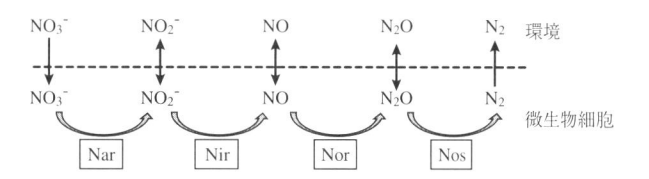

図10-6 脱窒に関与する4種類の酵素である，硝酸イオン還元酵素（Nar），亜硝酸イオン還元酵素（Nir），一酸化窒素還元酵素（Nor），亜酸化窒素還元酵素（Nos）が触媒する反応の模式図．

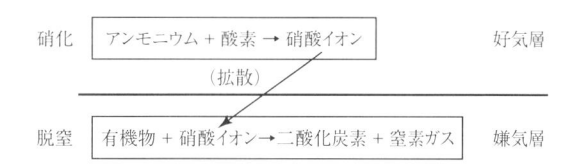

図10-7 酸化還元境界における硝化と脱窒の共役．

脱窒においては，NO_3^- が還元され，最終的に N_2 が生成されるが（式10），これとは異なり，NH_4^+ が最終産物として生成される場合もある．これを異化的硝酸還元による NH_4^+ の生成あるいはDNRA（Dissimilatory Nitrate Reduction to Ammnonium）と呼ぶ．グルコースを有機基質とした場合の，その反応式は以下のとおりである．

$$\text{グルコース} + 3NO_3^- + 6H^+ \rightarrow 6CO_2 + 3NH_4^+ + 3H_2O \quad (式11)$$

1モルのグルコースを酸化した時に得られるエネルギーは，脱窒のほうがDNRAよりも大きいため，

エネルギー効率的には，微生物にとってDNRAは不利な選択であるように見える．一方，1モルのグルコースの酸化に際して，脱窒の場合は4.8モルのNO_3^-が必要であるのに対し（式10），DNRAでは3モルで済む（式11）．したがって，DNRAは，NO_3^-が乏しい環境下では脱窒よりも有利な戦略なのかもしれない．

脱窒とアナモックスはいずれも生態系からの窒素の除去を担うという点では，その機能が同じである．N_2ガスの全生成量に対するそれぞれのプロセスの相対寄与は環境によって大きく異なるが，その変動要因には不明の点が多い．汽水域や海洋の堆積物中の脱窒とアナモックスを調べた研究によれば，全N_2ガス生成に対するアナモックスの寄与は0〜80％の範囲で変動した．また，水深が深く，有機物の供給量が少ない堆積物中では，アナモックスの寄与が大きくなる傾向が見られた（Thamdrup and Dalsgaard, 2008）．一方，東部南大西洋ベンゲラ湧昇域の低酸素層では，窒素除去を担う主要なプロセスはアナモックスであったと報告されている（Kuypers *et al*., 2005）．

§3. リンの循環と微生物

リンは核酸やリン脂質の合成に必要な元素であり（表10-1），また，ATPなど，微生物の機能を維持するうえで必要な様々な化合物の合成においても不可欠な元素である．水圏の表層環境中において，リンの濃度はしばしば極めて低いレベルにまで低下し，リンの利用性が，一次生産の制限要因になることも稀ではない．本節では，窒素と並ぶ重要な栄養元素であるリンの循環過程について理解を深めよう．

3-1 リン酸イオンと有機リンの加水分解

窒素が，様々な酸化状態をとりながら，その化学形態を変化させることで，いくつもの重要な酸化還元反応に関与するのとは対照的に，水圏環境中におけるリンの化学形態は，その大部分がリン酸イオン（PO_4^{3-}）とそれが有機物に取り込まれたものであり，リンの酸化状態は基本的に+5のみである．そのため，リンの循環に関わる過程は，窒素に比べると，一般的にははるかに単純である（図10-8）．

一次生産者である植物プランクトンにとって最も重要なのはリン酸態のリン（PO_4^{3-}）である．多く

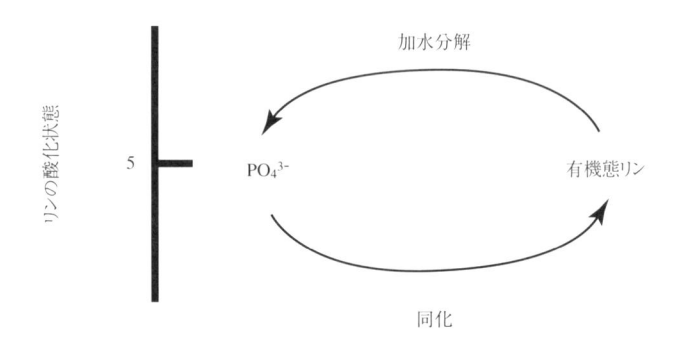

図10-8　水圏環境におけるリンの循環
　　　　窒素の場合（図10-4）と異なり，酸化状態の変化を伴わない点に注意せよ．

の水圏環境において植物プランクトンや細菌群集はPO_4^{3-}に対して極めて高い親和性をもった取り込みシステムをもっているため，表層環境中でのリン酸イオン濃度は極めて低いレベルに抑えられているのが普通である．また，この効率のよい取り込みのため，PO_4^{3-}の回転時間は極めて短くなりうる（数分から数時間以下のオーダー）．このようなPO_4^{3-}が枯渇した条件下では，植物プランクトンは，リン酸エステルを加水分解する細胞外アルカリ性ホスファターゼを生産することで，有機物に含まれるリンをPO_4^{3-}の形で切り離し，それを取り込み，同化する（Jannson et al., 1988）．細菌群集は，アルカリ性ホスファターゼに加えて，ヌクレオチダーゼなど，より多様な細胞外加水分解酵素を生産することで，様々な化学形態をもった有機態リンを利用することができる．ただし，細菌群集の場合，リン酸エステル結合を酵素で切断する目的は，リンの利用のためだけであるとは限らず，環境条件によっては，有機物に含まれる炭素や窒素を取り込むために，ホスファターゼを生産することもある．リン酸モノエステルの加水分解は以下の反応式で表される．

$$R\text{-}PO_4 + H_2O \rightarrow R\text{-}OH + HPO_4 \qquad (式12)$$

ただし，Rは有機物を表す．

3-2 リンの循環に関わる微生物プロセス

有機態リンとPO_4^{3-}の間の循環という意味では，リンの循環は極めてシンプルであるといえるが，実際に個々の反応に関わる微生物過程を考えると，必ずしも単純ではない（図10-9）．特に，リンを含んだ非生態態の有機リンの生成過程には，微生物の様々な死滅過程（自然死，捕食による死滅，ウィルスによる死滅）が関与してくる．今のところ，PO_4^{3-}の取り込み（同化）やアルカリ性ホスファターゼなどの加水分解酵素による有機リンの分解過程に関する理解はある程度進んでいるものの，環境中での有機リンプールの形成・変動に関わる微生物プロセスについては未解明の点が多く残されている．一般的には，リンが欠乏した水圏環境中では，有機物プールの炭素：リン比がレッドフィールド比に比べて著しく高くなるため，細菌群集は，11-2項で窒素を例にして紹介したストイキオメトリー上の制約のために，リンの再生者としてよりは，リンの取り込み者として振る舞うことが多い．細菌の菌体に取り込まれたリンは，原生生物による捕食過程を介して，PO_4^{3-}に変換されるか，または，非生

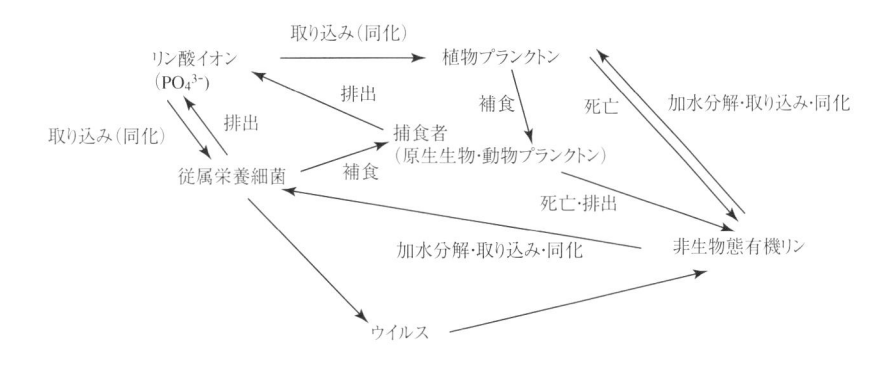

図10-9 リン循環に関わる微生物過程.

物態の有機リン（核酸も含まれる）として環境中に排出される．また，ウイルスによる溶菌を介して，細菌の菌体は細かく細断されるため，コロイド状の非生物態有機リンプールの生成が促進される．このように，原生生物とウイルスは，リン循環の駆動において重要な役割を果たしていることが予想されるが，その定量的な評価は今後の課題である．

3-3 堆積物からのリン酸イオンの溶出およびバイオミネラリゼーション

嫌気的な堆積物からは，しばしば PO_4^{3-} が溶出することが知られている．このプロセスは，リン制限の湖沼や海洋環境のリン循環を考えるうえで重要であるため，古くから研究の対象になってきた（Wetzel, 2001）．溶出のメカニズムは，主として，堆積物環境の酸化還元電位に依存した，PO_4^{3-} と鉄の無機化学的な相互作用であると考えられている．すなわち，淡水湖沼の表層のような好気的な環境中では，PO_4^{3-} は，鉄の酸化水酸化物（FeOOH）に吸着することで不溶解性凝集物（FeOOH-PO_4^{3-}）を形成し，速やかに沈殿・除去される．（この非生物的プロセスによる PO_4^{3-} の除去は，淡水湖沼の表層において PO_4^{3-} 濃度が低下する要因の1つになっている．）この沈殿物が湖底堆積物に溜まり，そこで嫌気的な条件にさらされると，鉄が還元溶解する．それに伴い，嫌気的な堆積物からは PO_4^{3-} が溶出する．一方，このような無機化学的なプロセスによる説明に対して，微生物プロセスの関与を指摘する研究もある（Gächter et al., 1988）．これによると，嫌気的な湖底堆積物から PO_4^{3-} が放出されるのは，微生物群集が細胞内に蓄積したポリリン酸が，嫌気的条件下において環境中に放出されるためであるとされている．また，堆積物中に含まれる潜在的に可溶性であるリンのプールの10～75％は，微生物により保持されているという知見もある．

一方，近年，海洋の嫌気的な堆積物において，リン酸イオンがカルシウムと結合し，リン灰石（リン酸塩鉱物）を形成するプロセスが，微生物の作用によって促進されるという新たな知見が報告されている（Goldhammer et al., 2010）．ベンゲラ湧昇域の嫌気的な堆積物を用いて放射トレーサー実験を行った結果，硫化物酸化細菌が存在する実験区では，^{33}P がリン灰石に取り込まれたが，この細菌が存在しない対照区においては取り込みが見られなかった．このことから，細菌細胞内のポリリン酸が環境中に放出され，カルシウムのキレータとして働くことで，リン灰石の形成が進んだものと推察された．一般に微生物が鉱物の形成を促進する現象は，バイオミネラリゼーションと呼ばれる．このようなプロセスは，長い時間スケールにおける炭素，リン，鉄などの生元素循環を制御するメカニズムとして重要である．

まとめ

Q1：微生物は水圏における有機物の生産と分解にどのように寄与しているのか？

水圏生態系における最も重要な一次生産者は光独立栄養微生物（植物プランクトン）である．光独立栄養微生物の増殖に伴い生産された有機物は，食物網を介して様々な変質を受け，その大部分は最終的に無機物（二酸化炭素）に変換される．従属栄養微生物は，この無機化プロセスにおいて重要な役割を果たしている．有機物の生産と分解に際しての主要生元素（炭素，窒素，リン）の量比は，レッドフィールド比（炭素：窒素：リン = 106：16：1）に従う．

Q2：微生物は水圏の窒素循環にどのように寄与しているのか？

窒素固定微生物は，大気中のN_2ガスをNH_4^+に変換することで，生態系に養分を供給する重要な役割を果たしている．NH_4^+は，アミノ酸に変換された後，様々な細胞構成成分となる．微生物の代謝や死滅を介して，細胞を構成する様々な窒素化合物は再びNH_4^+へと無機化され，環境中に放出される．NH_4^+の一部は，硝化微生物によってNO_3^-へと酸化される．さらに，NO_3^-は嫌気的環境中で脱窒菌によって還元され，N_2ガスに変換される．このようにして，大気と生態系の間の窒素の循環が成り立っているが，これに関わるすべてのプロセスにおいて，微生物は鍵になる役割を果たしている．

Q3：微生物は水圏のリン循環にどのように寄与しているのか？

水圏の一次生産はしばしばリンの利用性によって制限されるが，微生物が生成するアルカリ性ホスファターゼは，有機態のリンを，生物にとって利用のしやすいリン酸イオン（PO_4^{3-}）に変換するうえで重要な役割を果たしている．実際，リンが枯渇した水圏環境中では，アルカリ性ホスファターゼ活性が高くなることが知られている．嫌気的な堆積物からは，しばしば多量のPO_4^{3-}が放出され，水中の微生物にとっての重要な養分となるが，このプロセスには，リンと鉄の不溶性凝集物の還元溶解に加え，微生物によるリンの放出が関与する可能性が指摘されている．また，リンとカルシウムが結合して鉱物が形成されるプロセスにも，微生物が関与している可能性がある．

学習課題

【課題1】

脱窒が活発に起こる海域（たとえば東部北太平洋熱帯海域）では，海水中のNO_3^-とPO_4^{3-}の比がレッドフィールド比から系統的にずれることが知られているが，その理由を考えてみよう．

【課題2】

脱窒，アナモックス，DNRAは，いずれも窒素の酸化還元反応であり，微生物がこれを媒介するが，これらの反応を，次の観点から比較し，その違いと類似点を整理しよう．1）反応に使われる電子供与体と電子受容体は何か，2）反応が主に起こるのは，嫌気的環境であるか，あるいは好気的環境であるか，3）生態系の物質循環における役割．

【課題3】

従属栄養細菌は，一般的には有機物の分解者であり，無機栄養塩類を一次生産者（植物プランクトン）に供給する役割を果たしているとされるが，リンが極端に枯渇した水圏環境中（淡水湖沼の表層ではしばしばこのような状況がみられる）では，PO_4^{3-}をめぐって，従属栄養細菌と植物プランクトンが厳しい競争関係になることが予想される．一般に，同一資源をめぐって競争をすると，一方（強者）が他方（弱者）を駆逐するというのが生態学の一般則であるが，実際の水圏環境中では，従属栄養細菌と植物プランクトンの共存が安定的に維持されている．両者が共存している理由について考察を加えてみよう．

文 献

Berman-Frank, I., Pernilla, L., Yi-Bu Chen, Yi-Bu, Kupper, H., Kolber, Z., Bergman, B. and P. Falkowski, P. (2001): Segregation of nitrogen fixation and oxygenic photosynthesis in the marine cyanobacterium. *Science*, 294, 1534-1537

Gächter, R., Meyer, J.S. and Mares, A. (1988): Contribution of bacteria to release and fixation of phosphorus in lake sediments. *Limnol. Oceanog.*, 33, 1542-1558.

Goldhammer, T., Bruchert, V., Ferdelman, T. G. and M. Zabel, M. (2010): Microbial sequestration of phosphorus in anoxic upwelling sediments. *Nat. Geosci.*, 3, 557-561.

Haga, H., Nagata, T. and Sakamoto, M. (1995): Size-fractionated NH_4^+ regeneration in the pelagic environments of two mesotrophic lakes. *Limnol. Oceanogr.*, 40, 1091-1099.

Jannson, M., Hakan, O. and Petersson, K. (1988): Phosphatases; origin, characteristics, and function in lakes, *Hydrobiologia*, 170, 157-175.

Kirchman, D.L. (2011): Processes in Microbial Ecology, Oxford University Press.

Könneke M, *et al*. (2005): Isolation of an autotrophic ammonia-oxidizing marine archaeon. *Nature*, 437, 543-546.

Kuypers, M. M. M., Lavik, G., Wobeken, D., Schmid, M., Fuchs, B. M., Amann, R., Jorgensen, B. B., and Jetten, M. S. M. (2005): Massive nitrogen loss from the Benguela upwelling system through anaerobic ammonium oxidation. *Proc. Natl. Acad. Sci. USA*, 102 (18), 6478-6483.

Redfield, A.C. (1958): The biological control of chemical factors in the environment. *Amer. Scientist*. 205-221.

Thandrup, B. and Dalsgaard, T. (2008): Nitrogen cycling in sediments., IN. Microbial ecology of the oceans (2nd edition) (ed, D.L. Kirchman), John Wiley & Sons, pp. 527-593.

Wetzel (2001): Limnology – Lake and River Ecosystems. Third edition. Academic Press.

Williams, P.J.leB., (2000): Heterotrophic bacteria and the dynamics of dissolved organic material. In. Micribial Eoclogy of the Oceans, (ed.) D.L. Kirchman, Wiley-Liss.

第11章　嫌気環境の微生物

> Q1: 酸素がない環境で微生物はどのように生息しているのか？
> Q2: 酸素がない環境にはどのような微生物群が生息しているのか？
> Q3: 硫化水素やメタンはどう作られ，どう消費されるのか？

§0. 本章の目的

　嫌気環境とは，多くの生命の活動に必須である「酸素ガス」が存在しない環境を示す．地球上の酸素ガスは，約20億年前にシアノバクテリアが誕生してから，酸素発生型の光合成生物によって供給されてきた．つまり，地球に生命が誕生した38億年前から20億年前までの期間は，地球には酸素ガスがほとんどなく，嫌気環境微生物の世界であったといえる．現在でも，地球表面以外の多くの環境は，地球表層でのみ生産される酸素ガスが運搬されず，光が到達しないため光合成によるその場での酸素供給もできない嫌気的な環境である．つまり，嫌気反応の生じる生命圏は地球生命活動の存在範囲の大部分を占める．嫌気環境での微生物反応は，温室効果ガスであるメタンや一酸化二窒素の生成，クロムやヒ素などの有害金属の水圏への溶出や沈殿，硫化水素や有機酸など悪臭の原因物質生成など，環境問題に関わる様々な現象を直接的にも間接的にも引き起こしている．この他にも，微生物の大きな特徴である代謝の多様性，生命の起源にも密接に関わる進化的側面などからも，嫌気環境とそこに生息する微生物の理解は重要といえる．本章では，様々な水圏の嫌気環境およびそこに生息する微生物の特徴の理解を目的とする．

§1. 微生物のエネルギー代謝

　嫌気環境の微生物生態系は，エネルギー獲得や細胞体構成物質の獲得方法など代謝様式が極めて多様である．このことが，陸上の動植物からなる生態系と大きく異なり，微生物生態系を特徴付ける要素である．本節では，エネルギー源と栄養源それぞれから見た嫌気微生物生態系の特徴と用語を整理し，嫌気環境におけるエネルギー源とその基盤となる化学反応について理解を深めよう．

1-1　栄養とエネルギー

　生命の維持には，生物体を構成する炭素源，窒素源などの「栄養源」と，生命体の維持や構築に必要な「エネルギー源」が必要である．例えば，私たち人類を含む脊椎動物の場合，柔組織を構成する糖質・脂質・タンパク質などの有機物，硬組織を形成するカルシウム・リン酸などが「栄養源」であり，糖質，脂質，タンパク質などの有機物と酸素ガスが「エネルギー源」である．また，植物の場合は，

光合成の原料である水，二酸化炭素，窒素（アンモニア・硝酸・窒素ガス），リン酸，カリウム他ミネラル類が「栄養源」であり，太陽光が主な「エネルギー源」である．生態系の構成要員を表す用語に独立栄養生物と従属栄養生物がある．第6章で述べられているように，独立栄養と従属栄養という言葉は，生物体を構築するための炭素源や窒素源などの有機物の由来が，二酸化炭素や硝酸などの無機物であるか，独立栄養生物が作った有機物かを表す用語である．つまり，独立栄養と従属栄養は，エネルギー源と分けて考えなくてはならないが，しばしば有機物源とエネルギー源が混同されることがある．これは，生態学が，光合成により有機物を作り出す植物と，その有機物を用いる動物からなる生態系で発展してきたことの名残であり，代謝系の多様性が極めて高い微生物への適用に際しては，特に注意が必要である．つまり，従属栄養生物である動物は「エネルギー源」としての有機物も「栄養源」としての炭素源も植物が生産した有機物に依存（従属）している．一方で，植物は「エネルギー源」としての太陽光を用いて，「栄養源」としての炭素は無機物の二酸化炭素から生物体を構築する有機物を生産している．つまり，動植物を構成要員とする生態系では「栄養源」と「エネルギー源」が連動しているため，両者を分けて考える必要性が低い．実際に，「光合成」という用語も，光エネルギーを使って，有機物を合成するという意味なので，エネルギー源と有機物源を一緒に扱う用語である．しかしながら，微生物は多様な代謝経路をもち動植物のように単純に二極化することができないので，独立栄養，従属栄養，混合栄養（独立栄養も従属栄養もできる）からなる「栄養源」に加えて，「エネルギー源」を明確にすることで微生物の代謝反応の理解が容易になる（図11-1）．生物が外部から取り込むことのできる「エネルギー源」は，光エネルギーと化学エネルギーである．光エネルギー

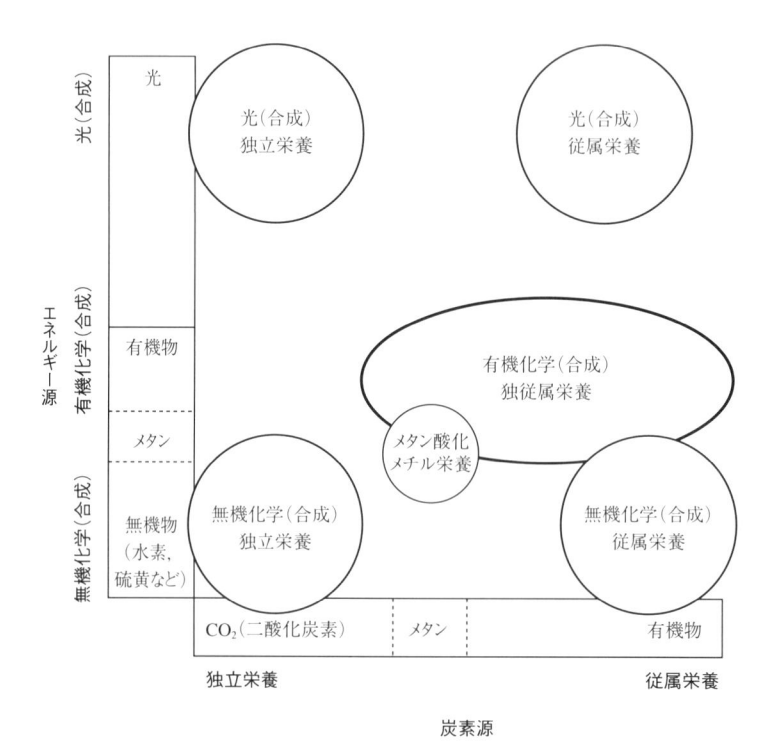

図11-1　栄養とエネルギー

は光合成で利用され，植物や微生物にとって重要なエネルギーである（詳しくは第6章参照）．化学エネルギーはすべての生命が利用するエネルギー源で，加水分解反応，酸化還元反応が知られる．生命のエネルギー通貨として用いられているATPは，アデニンに3つのリン酸が結合したものであり，加水分解反応を通じたリン酸の着脱を通じ，高エネルギーリン酸結合としてエネルギーの貯蔵と放出に用いられている．一方で，生命体外部環境に存在する化学物質を用いた化学エネルギー獲得には酸化還元反応が利用される．酸化還元反応はほぼすべての生命がエネルギー獲得に用いる反応である．「栄養源」と「エネルギー源」を別々に扱うことで，図11-1に示したように，生物は光エネルギーを用いて二酸化炭素を炭素源とする光合成独立栄養，光エネルギーを用いて有機物を炭素源とする光合成従属栄養，有機物をエネルギー源および炭素源の両方に用いる有機化学合成従属栄養，無機化学反応をエネルギー源，二酸化炭素を炭素源とする無機化学合成独立栄養，無機化学反応をエネルギー源，有機物を炭素源とする無機化学合成従属栄養生物に分けることができる．メタンは化学的には有機物に分類されるが，その単純かつ安定な分子構造のため，メタン酸化微生物は独特の酵素や代謝系を用いてエネルギー源（メタンモノオキシゲナーゼ，mmo：メチル補酵素M還元酵素，mcr）や炭素源（セリン経路，ランプ経路）として利用する．そのため，メタンやメタノールなど1つ炭素原子からなる有機物を利用する微生物はメチル栄養として従属栄養とは分けて扱うことが多い．一般に，エネルギー源は，栄養源として用いられる有機物に比べて多量に消費する．したがって，有機化学合成エネルギーを用いる完全独立栄養生物は，エネルギー効率の点からも不利であり，このカテゴリーに含まれる生物は知られていない．ただし，実際には独立栄養生物も有機物を一部炭素源として用いることはできるし，従属栄養生物でも少量の二酸化炭素からの有機物生産を行える微生物も存在する．つまり実際の環境中では，上記の微生物分類を端成分とする中間体の様式でエネルギーや有機物源を利用している．

1-2　酸化還元を通じたエネルギー獲得反応の多様性

酸化還元反応とは2つ以上の物質間で電子をやりとりする反応である．化学物質にはそれぞれ固有の酸化還元電位があり，異なる酸化還元電位をもつ物質同士を混ぜると，物質同士で電子を受け渡してより安定な状態に移行する．物質間での酸化還元電位の差が電子をやりとりする際の駆動力（エネルギー量と比例）となり，化学エネルギー源となる．身近な例では，炭素と水素からできている炭化水素（石油）と酸素ガスを燃やす反応があげられる．つまり酸化還元電位の低い炭化水素と酸化還元電位の高い酸素ガスが混合・反応すると，酸素から炭化水素へと電子が供給される．その結果炭化水素の炭素と水素からみると，より酸化還元電位が高く，酸素ガスの酸素からみるとより酸化還元電位が低い，二酸化炭素と水に変化する．この過程でエネルギーが発生する．

化学物質の酸化還元状態は，周辺環境の酸化還元状態，元素濃度などに従って，いずれは，よりエネルギー順位の低い平衡状態に達する．平衡状態にある化学物質はそれ以上の反応が見込めないので，化学反応エネルギーをとりだすことができない．つまり，反応を起こしうるために必要なことは，酸化還元反応を行いうる物質が非平衡状態にあることが重要である．このような非平衡状態は，物質の反応速度（反応のしやすさ＝平衡状態に達するまでの時間），物質の混合状態（物質同士が混ざる際の移動速度やまざりやすさ，酸化物質と還元物質の隔離状態），物質の周辺環境の変動（温度，圧力

表11-1 微生物学的に重要な還元電位

酸化還元物質(酸化状態/還元状態)	E_0' (V)	酸化還元物質(酸化状態/還元状態)	E_0' (V)
SO_4^{2-}／HSO_3^-	− 0.52	ルブレドキシン ox／red	− 0.057
CO_2／ギ酸⁻	− 0.43	アクリル−CoA／プロピオニル−CoA	− 0.015
$2H^+$／H_2	− 0.41	グリシン／酢酸⁻＋NH_4^+	− 0.01
$S_2O_3^{2-}$／HS^-＋HSO_3^-	− 0.4	$S_4O_6^{2-}$／$S_2O_3^{2-}$	0.024
フェレドキシン ox／red	− 0.39	フマル酸²⁻／コハク酸²⁻	0.033
フラボドキシン ox／red	− 0.37	チトクロームb ox／red	0.035
NAD^+／NADH	− 0.32	ユビキノン ox／red	0.113
チトクロム c3 ox／red	− 0.29	AsO_4^{3-}／AsO_3^{3-}	0.139
CO_2／酢酸⁻	− 0.29	ジメチルスルホキシド(DMSO)／ジメチル硫化物(DMS)	0.16
S／HS^-	− 0.27	$Fe(OH)_3$＋HCO_3^-／$FeCO_3$	0.2
CO_2／CH_4	− 0.24	$S_3O_6^{2-}$／$S_2O_3^{2-}$＋HSO_3^-	0.225
FAD／FADH	− 0.22	チトクロームc ox／red	0.23
SO_4^{2-}／HS^-	− 0.217	NO_2^-／NO	0.36
アセトアルデヒド／エタノール	− 0.197	チトクローム a ox／red	0.385
ピルビン酸／乳酸−	− 0.19	NO_3^-／NO_2^-	0.43
FMN／FMNH	− 0.19	SeO_4^{2-}／SeO_3^{2-}	0.475
ジヒドロキシアセトンリン酸／グリセロールリン酸	− 0.19	Fe^{3+}／Fe^{2+}	0.77
HSO_3^-／$S_3O_6^{2-}$	− 0.17	Mn^{4+}／Mn^{2+}	0.798
フラボドキシン ox／red	− 0.12	O_2／H_2O	0.82
HSO_3^-／HS^-	− 0.116	ClO_3^-／Cl^-	1.03
メナキノン ox／red	− 0.075	NO／N_2O	1.18
APS／AMP＋HSO_3^-	− 0.06	N_2O／N_2	1.36

(Thauer, R. K. et al., 1977)

注意事項：エネルギー量を計算するための熱化学方程式（例：$C_6H_{12}O_6+6O_2=6CO_2+6H_2O+686$kcal）は，物質濃度が1 mol/Lで温度25℃という条件で導き出される値である．物質の濃度が天然環境で1 mol/Lとなるのは非現実的（例えば，砂糖なら342 gつまりコーラの3倍以上に相当する．コーラで108 g）である．実際の環境中では化学物質の濃度はずっと低濃度であり，得られる熱量も変化する．なお，物質の濃度と熱量は比例しないため，濃度によっては発熱反応が吸熱反応になる場合もある．濃度以外にも，酸化還元反応で得られるエネルギーは，周辺の温度やpHによって大きく変化することがある．例えば，メタン生成は$4H_2 + CO_2 \rightarrow CH_4 + 2H_2O$の化学反応式で表される．水素と二酸化炭素からメタンと水を生成する反応（左から右に進む反応）であり，水素が1 mol/L，1気圧，25℃の条件ではメタン1モルあたり，約130 kJのエネルギーが得られる．しかしながら，系の圧力が低い，水素濃度が低い，メタン濃度が高いなどの条件下では，反応は左に進みメタンを酸化（消費）する方向（右から左）に反応が進むことになる．また，鉄やイオウなど酸やアルカリと反応する物質や酸やアルカリに変化する元素では，周辺のpHにより安定態が変化する．例えば，2価の鉄は酸性条件下では酸素が存在しても比較的安定に存在するが，アルカリ性では速やかに3価になる．詳しくは化学熱力学を学ぶこと．

条件の変化）により形成される．例えば，大気条件下にある石油は，徐々に大気中の酸素と酸化還元反応し，最終的には二酸化炭素と水に分解して大気条件下での平衡状態に達する（反応のしやすさ）．平衡状態に達するまでにはある程度の時間を要するので，平衡状態に達する前（石油が残っている状態）であれば酸素との反応で自由に酸化還元エネルギーを取得できる．また，石油は地下環境に存在している間は大気中の酸素がほとんど浸透せず，分解されない（物理化学条件の安定性，酸化還元物質の隔離）．これが大気中などの酸化的環境に移動すると，非平衡状態となり酸化還元エネルギーを

取り出すことができる．

　酸化還元状態を複数とりうる物質は，酸化剤にも還元剤にもなる可能性があり，酸化剤として働くか還元剤として働くかは物質の組み合わせにより決まる．例えば，硫黄には，硫酸，亜硫酸，チオ硫酸，元素状硫黄，硫化水素が存在し，それぞれ硫黄原子の価数は $+6$, $+4$, $+2$, 0, -2 をとる．強力な酸化剤である酸素ガスとの反応では，硫酸以外のすべての硫黄は還元剤として働くが，強力な還元剤である水素との反応では，硫化水素以外のすべての硫黄は酸化剤として働く．このように，酸化還元反応には多様な組み合わせがある．表 11-1 に様々な物質の酸化還元電位を記した．代表的な還元剤は，水素ガス，硫化水素，メタン，アンモニア，有機物，2 価鉄，一酸化炭素，元素硫黄，チオ硫酸，亜硝酸，などがあり，代表的な酸化剤としては，酸素，硝酸，3 価鉄，硫酸，過マンガン酸，などがあげられる．

　動物や植物の代謝経路は有機物を還元剤に，酸素を酸化剤とする酸化還元反応に特化している．酸素ガスは高い酸化還元電位を有するので，酸化剤に用いるとより多くのエネルギーを得ることができ，酸素呼吸の導入が生命の爆発的な進化をもたらしたと考えられている．一方，生命 38 億年の歴史の中で，微生物は多様な物質代謝経路の獲得で進化を積み重ねており，ここで示した多くの反応に微生物は関わっている．その中でも特に酸化剤に酸素ガスを用いないエネルギー代謝を嫌気的代謝と呼び，嫌気的代謝を行う微生物を嫌気性微生物と呼ぶ．嫌気性微生物は酸素ガスの利用能や耐性に応じて，さらに「通性嫌気性微生物」「偏性嫌気性微生物」「絶対嫌気性微生物」と分けることができる．通性嫌気性微生物は，酸素呼吸でも嫌気的代謝でもエネルギー獲得ができる微生物であり，酸素呼吸の他に，発酵，硝酸還元，鉄還元能をもつものが多い．一方，偏性嫌気性微生物は嫌気代謝経路しかもっていない微生物群であり，酸素呼吸能はもたない．絶対嫌気性微生物は嫌気代謝しかできないことに加え，酸素ガスの強力な酸化作用に対抗する術をもっていないため，酸素に極めて弱い．環境中では，酸化剤に有機物を用いるもの（発酵），硝酸呼吸（硝酸還元），硫酸呼吸（硫酸還元），鉄呼吸（鉄還元），二酸化炭素還元（メタン生成）がよく観察される．表に示された酸化還元電位からもわかるように有機物エネルギー代謝で最も多くのエネルギーが得られるのは酸素ガスを用いた場合である．同じ還元剤を使う場合は酸化剤の酸化還元電位が高いほど多くのエネルギーが得られるので，環境中の微生物活動ではより多くのエネルギーが得られる酸素との反応が最も優先的に生じ，二酸化炭素還元によるメタン生成は他のすべての酸化剤が消費されてから生じる反応といえる．

§2. 水圏の嫌気環境

　現在の地球表層は酸素に富んだ世界である．したがって，嫌気環境の形成や維持は，酸素の除去もしくは酸素浸透の制限によって制御されている．図 11-2 に水圏の様々な嫌気環境を示した．水圏環境に堆積物表層を含めると，代表的な嫌気水圏環境には，富栄養化した湖沼や内湾，水柱の鉛直混合が生じにくい成層構造の発達した湖沼や内湾，多量の有機物の供給がある環境，水の自由な動きが制限される堆積物，地下深部の嫌気的流体が供給される環境などが知られ，酸素の除去量（消費量）が酸素の供給量を上回ると，嫌気環境が形成される．酸素の除去は，微生物の呼吸による直接消費，嫌気呼吸の産物もしくは地球深部流体に由来する硫化水素や 2 価鉄による消費があり，酸素を消費できる

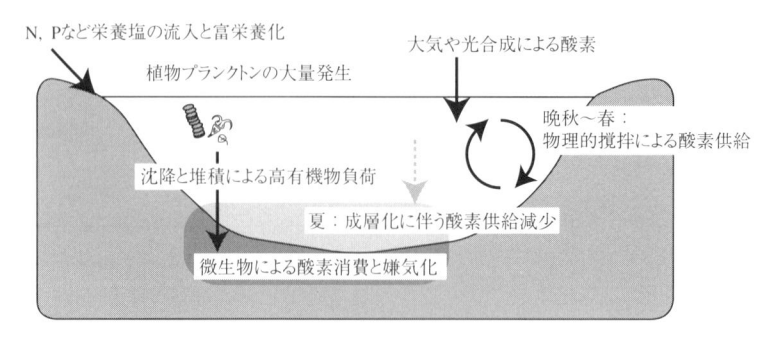

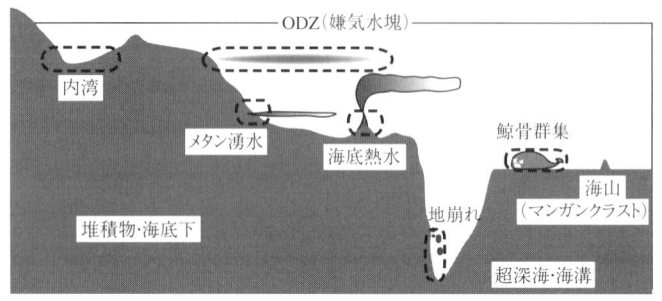

図11-2 水圏の嫌気環境

還元型物質の供給が重要となる．一方，酸素の大気からの浸透は，大気に直接触れている陸上と異なり，水圏では酸素は水に溶解して水の動きとともに供給されるため，酸素の運搬には水の動きが極めて重要である．本節では，水圏で見られる様々な嫌気環境について，形成される環境や形成要因について理解を深めよう．

2-1 内湾や湖沼の嫌気水塊

河川や地下水は，陸上の岩石や土壌から水を介して植物の栄養となる窒素やリンなどの栄養塩をとかし出す．さらに，都市部の河川では窒素やリンを多く含む生活排水のため，内湾や湖沼などの閉鎖もしくは半閉鎖水塊には栄養塩が多く流入し，植物プランクトンが増殖する条件が整う．これに加え，冬季に水塊の鉛直混合が生じる地域では，下層にたまった栄養塩が水塊の鉛直混合に伴って表層に供給される．栄養塩が十分に供給された水圏表層で光の照射量が十分にあると植物プランクトンが増殖する．増殖した植物プランクトンは，水の動きに関係なく凝集し沈降する．一方，太陽光による水圏表層の水温上昇や河川水の流入による表層の低塩分化が起こると，表層水の密度が低く下層水の密度が高くなり，水の鉛直混合が起こりにくくなる．このような水塊の鉛直構造を，成層と呼ぶ．水圏の成層が発達すると，酸素を十分に含む表層水が直接下層に運ばれなくなるため，下層への酸素供給は拡散のみに依存することとなり，下層への酸素供給量が減少する．つまり成層状態では，沈降による下層への有機物の供給とそれに伴う酸素消費量に比べ，酸素の供給量が不足するため，下層水塊の低酸素化さらには無酸素化が進行する．さらに，堆積物は水柱に比べると撹拌されにくいため，無酸素化しやすい．したがって，流れの少ない海域では，しばしば海底の堆積物から無酸素化した水が拡散し広がる現象がみられる．

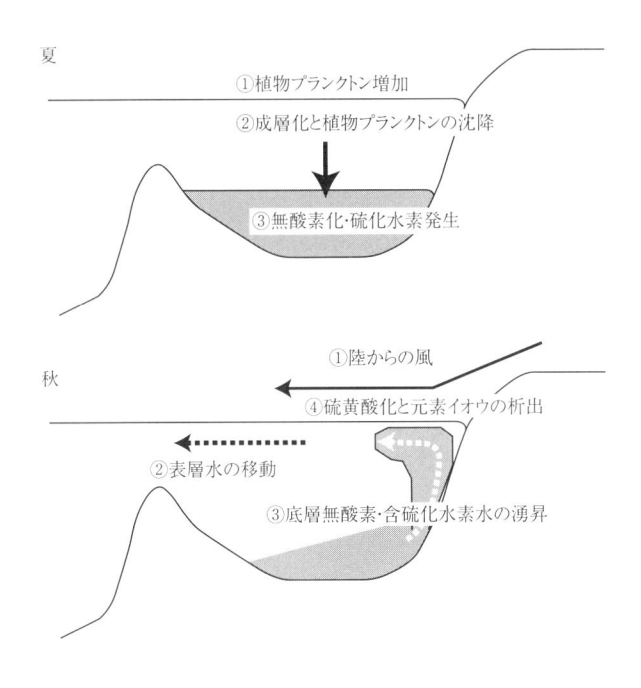

図11-3 青潮発生メカニズム

　内湾域での貧酸素水塊に関連する現象として，青潮が知られている（図11-3）．青潮は，半閉鎖水域の内湾で発生する．海水には約28mMの硫酸イオンが含まれるので，夏期に底層が無酸素化すると，堆積物表層や底層の海水で硫酸還元がおこり，湾内の底層海水には大量の硫化水素が蓄積される．夏から秋の昼間には，陸から海側に風が吹くためこの風により表層の海水が外洋に押し出され，その結果として硫化水素を大量に含んだ底層の無酸素水塊が湾奥部に湧昇する．この硫化水素は表層で酸素と反応し，元素状硫黄となってコロイド状に析出する．この元素状硫黄粒子による散乱光で海水が乳青から乳白色となる現象が青潮である．青潮が発生すると，沿岸域が硫化水素を含む貧酸素水塊で覆われるため，魚介類が大量に斃死し，悪臭が発生する．
　貧酸素水塊は，内水面の魚介類養殖場で大きな問題となってきた．近年では，大型魚類の養殖は，内湾域などの半閉鎖的水塊から，海流など流れの強い海域に移行しつつあり，細菌やウイルス性の伝染病の拡大を減らすとともに，養殖場での底質環境の悪化や貧酸素化の影響をほぼなくすことに成功している．つまり，貧酸素水塊の発生を抑えるには，水の撹拌による下層への酸素供給が極めて重要であると言える．これらの養殖場では，天然の海流を利用することで，貧酸素水塊形成を回避できるが，エビなどの養殖池や内湾域の養殖場，富栄養化した池などでは水質改善のためにポンプによる空気の循環などが行われている．

2-2　外洋での貧酸素水塊の形成

　貧酸素水塊や無酸素水塊は内湾域でよく知られた現象であるが，外洋域でも大規模な嫌気水塊が見られる場合がある．例えば，太平洋，大西洋の東側（特に南半球）やインド西部など大陸の西縁辺部には，数百～数千kmにわたるほぼ無酸素の嫌気水塊が分布する（図11-4）．この極めて大規模な嫌

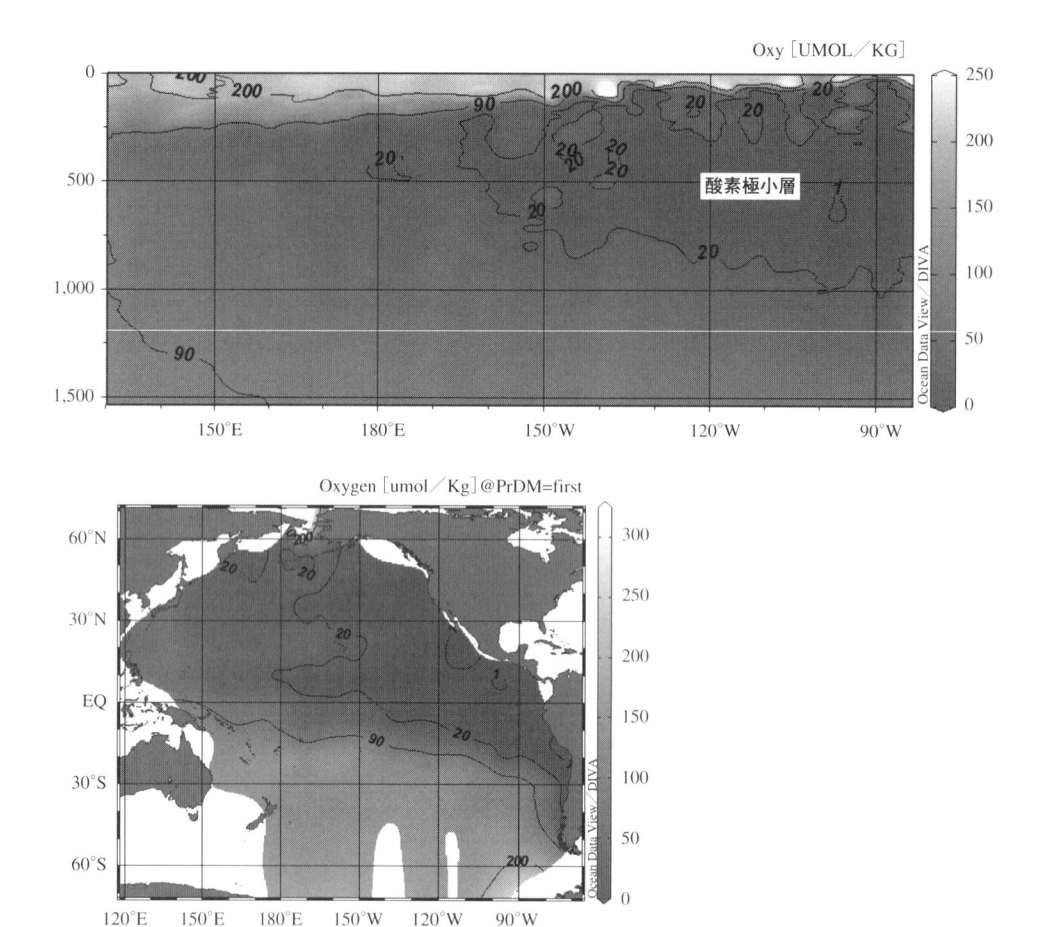

図11-4 海洋の嫌気水塊の広がり
上：北緯10度の酸素濃度の東西鉛直断面図．下：太平洋の酸素極小層の酸素濃度．(WOCEデータより宍倉竜樹氏作成)

気水塊は Oceanic Dead Zone（ODZ）と呼ばれている．この嫌気水塊は，ほぼすべての大洋で観察され，太平洋西部に存在する日本近海でも，500～1,000 m の水深に酸素濃度の低い酸素極小層（Oxygen Minimun Zone, OMZ）と呼ばれる水塊が広がっている．

OMZ は全球規模の大規模な貧酸素水塊であり，表層光合成の活発化，有機物の沈降速度増大，海洋中深層での酸素消費の増加に伴う現象である．その発生メカニズムは，次のように説明されている．まず，地球の自転に伴う西向きの風が，大陸西側における表層海水を西側に移動させる．移動した分の海水を補填するため，大陸の沿岸に沿って深層水が湧昇する．湧昇した深層水は栄養塩を多く含むので，栄養塩律速が解消され有光層内で植物プランクトンが増加する．湧昇深層水は西に広がるため，大洋東側域では広い範囲で植物プランクトンが増殖する．その後，増殖した植物プランクトンは，死骸や動物プランクトンの糞粒となって表層から下層に沈降する．沈降中に徐々に微生物によって酸素を消費しながら分解されるが，表層からの水の交換が少なく酸素が直接供給されにくい密度躍層の下

（水深数百 m 付近）では酸素が減少または枯渇する．酸素が消費されると，脱窒や硫酸還元も進行するので，特に ODZ では硫化水素などの嫌気ガスも生産される．この硫化水素ガスは，嫌気水塊上下の酸素−無酸素境界層で *Thioglobus* 属の硫黄酸化細菌により，脱窒や酸素消費を通じて無酸素水塊を拡大する．なお，深海域では，熱塩循環（海洋大循環）による深層の海流に伴う酸素供給が十分にあることと，表層からの有機物がほぼ消費されることから，深層では無酸素状態は解消される．つまり深層大循環が止まると，海洋全体の底層は無酸素化する．これが，P-T 境界（古生代ペルム紀〜中生代三畳紀）など過去の生物の大絶滅の主要な要因の 1 つと考えられている．このような嫌気水塊はこの 50 年のデータを用いた解析から，近年拡がりつつあることがわかっている．

2−3 微小嫌気環境

透明度や透過度は水質の 1 つの指標であり，高いほど水は清浄であるとされる．透明度や透過度を決める 1 つの要因に濁度があり，これは水中の懸濁物と呼ばれる微粒子によって変化する．懸濁物には砂や炭酸カルシウムなど鉱物粒子も含まれるが，植物プランクトンや動物プランクトンの糞などが凝集した粒子が主要な構成要素になっており，海洋で見られる大型の粒子はマリンスノーと呼ばれる．このような生物由来の懸濁粒子は，多糖類からなるゲル状の物質を多く含む場合には酸素の透過性が低くなり，さらに有機物含有量が高い場合は酸素消費速度も高くなるため，その内部が嫌気化しやすい性質をもっている（図 11-5）．懸濁粒子内の酸素分布は，極細の酸素や酸化還元電位を測定できる微小電極により測定されており，粒子の内部にいくほど酸素濃度が低くなっている観測例が報告されている．特に，一部の動物プランクトンでは，植物プランクトンなどの餌を食べて糞を排泄する際に，固めた糞粒の周囲を薄い膜で覆うため，糞粒内が外部の水塊から隔離され嫌気的になりやすい．

水中の懸濁粒子は，①採水器で採水してフィルターなどで濾過，②セジメントトラップと呼ばれる筒状の容器を水中に一定時間置く，③スキューバダイビングにより直接採取する，といった方法で採集される．水圏環境の懸濁物粒子調査では，スキューバダイビングができる水深の表層を除き，前者

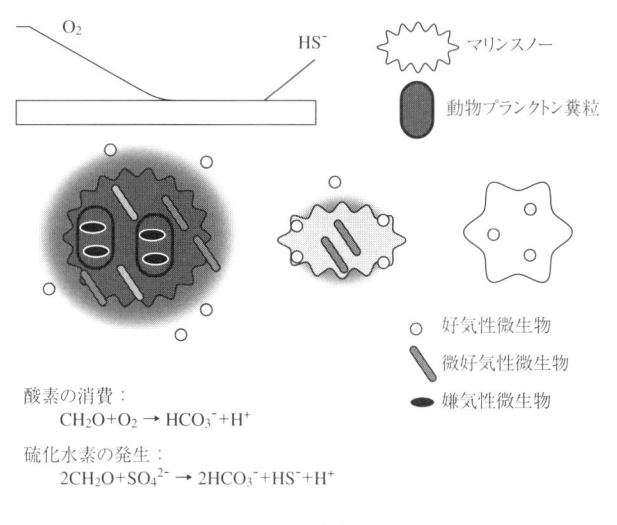

酸素の消費：
$CH_2O + O_2 \rightarrow HCO_3^- + H^+$

硫化水素の発生：
$2CH_2O + SO_4^{2-} \rightarrow 2HCO_3^- + HS^- + H^+$

図 11-5　嫌気環境図

の2つの方法がとられている．一般に①の方法で採集された試料が，懸濁物あるいは懸濁粒子と呼ばれる．また，②の方法で採集される試料は，水中に懸濁している粒子の中でも特に上層から下層に向かって沈降する粒子に限られることから，沈降粒子と呼ばれる．③の方法では，採集できる水深は限られるものの，①の方法では困難な壊れやすい粒子を採集できるなど，最も自然に近い状態の懸濁粒子を採集できる．

　懸濁粒子は，植物プランクトン遺骸，動物プランクトンの糞，鉱物粒子の比率によって，沈降速度や壊れやすさが異なるため，採集方法によって試料の質が大きく左右される．そのため，懸濁粒子や沈降粒子から，嫌気性微生物活性の指標となる硫化水素やメタンの生成，ビブリオのような通性嫌気性微生物の検出などが報告されているものの，粒子の種類による微生物組成の違いや，マリンスノーのような壊れやすい粒子中の微生物群集に関する研究はほとんど進んでいない．今後は，スキューバダイビングで採取できない深層からの効率的な懸濁粒子採取方法の開発，それらを用いた懸濁態粒子中の微生物生態系の解明が期待される．

2−4　堆積物中の嫌気環境

　海洋や湖沼の堆積物は，水中に比べて有機物を多く含み，同体積あたり1,000〜10,000倍以上ものはるかに高い微生物細胞密度が検出される．同時に，堆積物粒子の影響で水の物理的撹拌が生じにくい．酸素などの物質の交換は物理的拡散に依存するため，堆積物では酸化物質の供給量は水界に比べ少ない．つまり，堆積物中は多くの有機物と多数の微生物細胞により酸素消費が早く，一方で撹拌による酸素供給がほとんど見込めないため，水圏環境の中でも特に嫌気化が進行しやすく，また嫌気状態も保たれやすい環境であるといえる．堆積物の嫌気化は酸化的物質の消費と供給によって制御される．酸化的物質の消費には，堆積物中の有機物含量に依存した微生物活動による消費や地中からの還元物質との化学反応による消費があげられる．一方，酸化的物質の供給は，直上水の成層化と，嫌気化の有無に依存した堆積物表面の酸化物質濃度，堆積物の透水率や含水率に依存した拡散速度，堆積物中の大型生物による撹拌によって変動する．擾乱のない堆積物では，堆積物の上部から下部にかけて嫌気度およびそれに応じた微生物群集構造が層状に形成される（図11-6）．その層状構造は，表層から深度が増すにつれて下降する酸化還元電位に応じて，順に好気性微生物，微好気性微生物，硝酸還元微生物，鉄還元微生物，硫酸還元微生物，メタン生成微生物が分布する．水深が浅く，光が届く場合には表層に光合成微生物が分布する．また，嫌気化した堆積物の多くは，堆積物表層が酸化還元境界となっており，ここでは硫化水素などの還元型硫黄と水中の酸素が共存するため，堆積物表面に *Beggiatoa* 属の硫黄酸化細菌を中心としたバクテリアマットの形成が見られることがある．表層からの有機物供給が多ければ，嫌気化はごく表層で生じるが，外洋域など有機物供給が少ない場合は，硫酸などの酸化型物質が数十m以上深くまで消費されないで残っている．また，特殊な例として，動物の遺骸が腐敗して形成される嫌気環境が深海で観察されることがある．例えば，クジラの遺骸が海底面に到達し，腐敗する際の硫酸還元により生じた還元型硫黄をエネルギー源として用いる硫黄酸化を一次生産とする化学合成群集を伴う鯨骨群集が知られている．同様に，東北沖大地震時に地すべりにより埋没，もしくはより浅い海底面から運ばれ死亡したイソギンチャクなどの生物が腐敗して，水深3,000m以深の深海環境でも嫌気的なバクテリアマットを形成している観察事例がある．このよう

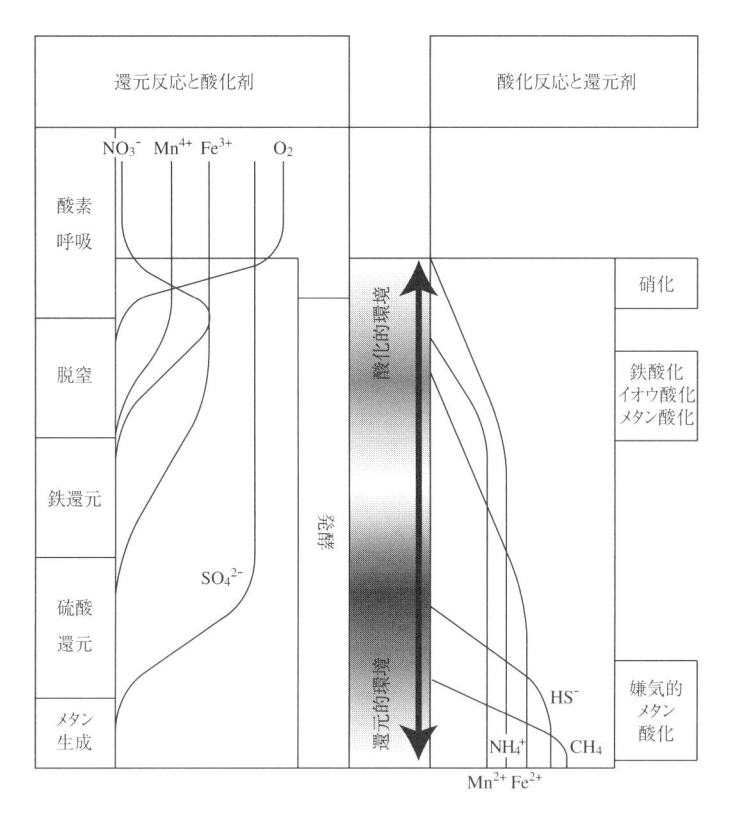

図11-6 海底面深さ方向の化学物質分布

な嫌気環境の場合は，有機物が表層のみに存在し，嫌気化は表層のみで進行するため，この有機物の影響を受けない堆積物の下部には硫酸や酸素などの酸化的物質が存在する．

2−5 地球深部の嫌気環境

地球生命の活動は，少なくとも酸化剤・還元剤のどちらかは光合成産物に依存している．光合成に全く依存しない可能性を秘めている生態系としては，水素と二酸化炭素を利用するメタン生成，および水素やメタンと火山ガスの不均化反応で生成する硫酸を用いた硫酸還元が想定されている．いずれにしてもこれらの反応では，強い還元剤である水素ガスが高濃度に存在することが生態系を維持する条件となる．地球内部の活動に伴う水素の発生機構には現在大きく分けて2つの反応が提案されている．1つは地球の深部岩石を構成するかんらん岩の蛇紋岩化反応である（次式）．

$$a(Mg_xFe_{1-x})_2SiO_4 + b\,H_2O \rightarrow c\,(Mg_yFe_{1-y})(OH)_2 + d\,(Mg_zFe_{1-z})_3Si_2O_5(OH)_4 + e\,Fe_3O_4 + f\,H_2$$

　　　　かんらん岩　　　　　　ブルーサイト　　　　　　蛇紋岩

これはかんらん岩中に含まれる2価鉄が，地球内部の反応の中では比較的低温である500℃以下で水により酸化され，水素を発生する反応である．この反応ではブルーサイト（水酸化マグネシウム）が大量に発生するため，水は高アルカリ化する．通常，かんらん岩は地球の深部を構成する岩石であるため，水循環が生じる地球表層ではほとんどみられないが，大西洋中央海嶺やインド洋中央海嶺な

ど中速から低速の海嶺（海洋底岩石ができる場所），大西洋の海嶺軸から少し離れたロストシティと呼ばれる低温熱水噴出域，オマーンなどで見られる海嶺軸の化石が陸上に保存されているオフィオライト，日本では白馬八方など通常地殻の下部（深部）に存在するかんらん岩が地表や海底面近くに露出している地質における水循環では，10mM を超える多くの水素を含む，最大で pH12 近くのアルカリ性の熱水が湧出するのが特徴である．これらの蛇紋岩化反応帯では，水素と二酸化炭素から微生物反応もしくは無機的反応（フィッシャー・トロプシュ反応）によって生じるメタンがしばしば高濃度で観察される．もう1つの水素発生反応は，地震活動などにより破砕された岩石表面における岩石ラジカル-水反応による水素発生である．この反応では，岩石の破砕に伴い，岩石中に含まれる石英（SiO_2）の結合が切れ，Si・のラジカルが生成，このラジカルが水と反応して Si-OH と H・（水素ラジカル）となり，水素ラジカルが反応して水素ガスが生成するとされている．水素ガスの生成は，地震のエネルギー量に比例することが観測や実験からも明らかになっており，地震の多い日本では，地震活動に伴って多くの水素や水素からのメタンが生成している可能性がある．地震活動域では，水素ガスを利用する微生物の存在が確認されるが，水素ガスは，一般的な土壌中でも生物活動などによって生産されるため，地震活動にともなう水素を利用している微生物生態系と見分けることが難しく，その直接証拠は得られていない．

§3. 嫌気環境における代表的な微生物反応

ここまで，嫌気環境でのエネルギー獲得反応となりうる様々な化学反応，および水圏に形成される嫌気環境を学んできた．本節では，様々な嫌気環境で，多様な化学反応に基づいてエネルギー獲得を行っている微生物反応と，それらの反応を担う微生物の種類について理解を深めよう．

3-1 非酸素発生光合成

光は地球生命体にとってもっとも重要なエネルギー源であり，嫌気環境においても，光が届く範囲では光化学反応系をもつ微生物は多い．光合成とは，光によって励起されたクロロフィルが，基底状態に戻る際に電子を放出し，その電子の受け渡し過程でエネルギーを得る反応であり，植物では，酸素を発生しない光合成系 I と水分子から電子を引き抜き酸素を発生する光合成系 II の経路が知られている．原核生物の光合成では，植物の葉緑体と近縁なシアノバクテリアは光合成系 I, II をもつので，酸素を発生するが，その他の原核生物による光合成は，バクテリオクロロフィルを用いた光合成系 I のみをもつため，酸素を発生しない非酸素発生型の光合成を行う．光合成細菌には，緑色非硫黄細菌，緑色硫黄細菌，紅色細菌（*Proteobacteria*），ヘリオバクテリア（グラム陽性），*Chloracidobacterium*（アシドバクテリア）が知られ，緑色硫黄細菌とヘリオバクテリアは偏性嫌気細菌である．詳しい光化学系はここでは述べないが，種類によってバクテリオクロロフィルの種類や電子供与体が異なり，水の代わりに元素状硫黄，有機物，水素などを利用することが知られている．また，第6章で述べられているが，水圏の原核生物は，クロロフィル系に基づいた光合成とは異なるロドプシンを用いた光ポンプにより，光エネルギーを利用しているとされ，古細菌の *Halobacterium* は嫌気条件下での光エネルギーからの ATP 合成を行っている．

3-2 発 酵

有機物を構成する生元素，炭素，水素，酸素，窒素，硫黄などのうち，特に炭素と水素は微生物のエネルギー源として重要である．好気環境での酸素呼吸は，有機物からとりだした電子（もしくは水素）を酸素で消費する反応である．これに対して，発酵は有機物自身で電子（もしくは水素）を消費する反応を指す．一方，発生した電子（もしくは水素）を酸素以外の無機化合物で消費する反応を嫌気呼吸と呼ぶ．一般には発酵は，アルコール発酵，乳酸発酵，酢酸発酵など人間にとって有益な反応を指し，ブタノール生成，酪酸生成，アンモニア生成など悪臭物質を伴う場合は腐敗と呼ばれるが，本質的には同じ反応系である．乳酸発酵は，動物の筋肉でも行われるエネルギー獲得形式である．発酵や腐敗の経路は多様であるが，有機物中の酸素比率を下げて炭素や水素の比率を上げる反応全般を指し，有機物を「蒸し焼き」にする反応といえる．発酵の結果として，酢酸，プロピオン酸，酪酸，乳酸などの低級脂肪酸や水素ガスなどが生じ，これらが発酵食品として利用される．発酵による最終的な代謝産物は，酢酸と水素ガスであり，その蓄積は発酵反応を阻害するため，発酵反応進行には，硫酸や硝酸などを用いた嫌気呼吸やメタン生成によって系から取り除くことが重要である．最終的にメタン生成古細菌によりメタンに変換されることは変わらないが，水素ガスは二酸化炭素との反応で酢酸生成に用いられる場合もある．発酵を行う微生物は真核生物では酵母（*Saccharomyces* 属：アルコール発酵など），コウジカビ（*Aspergillus* 属：醤油など），乳酸菌（*Lactobacillus* 属，*Bifidobacterium* 属：ヨーグルトなど），納豆菌（*Bacillus subtilis* var. *natto*），腸内細菌群（細菌群）など多様な分類群におよぶ通性嫌気もしくは偏性嫌気微生物が知られている．また，海洋堆積物から多く発見されるMarine Benthic Group B や Micellous Crenarcheaota Group など未培養の古細菌群は，ゲノム解析の結果から，タンパク質の発酵を行っている可能性が高いとされており，天然の嫌気環境において，発酵微生物は普遍かつ重要な微生物群であると考えられる（Lloyd *et al.*, 2013）．

3-3 鉄の酸化と還元

鉄還元は嫌気呼吸の一種であり，3 価の鉄イオンを電子受容体，有機物や水素を電子供与体として 2 価の鉄イオンに還元する反応である．陸水の環境では，しばしば酸素枯渇層の直下から，赤茶色のマット上の鉄さびが観察されるが，これらは嫌気環境で形成された 2 価の鉄を酸化する鉄酸化微生物の働きである．鉄酸化の独立栄養微生物としては，淡水では *Gallionella* や *Leptothrix* 属の細菌，海水では *Mariprofundus* 属の細菌が知られている．これらの微生物に用いられる 2 価の鉄は，地球深部由来の岩石の他に，有機物や水素を 3 価の鉄で酸化する鉄還元細菌により供給される．鉄酸化細菌としては，*Shewanella* 属や，*Geobacter* 属の細菌が有名であり，近年では田んぼ発電などで着目されている．一般に生物が関与する酸化還元反応において，酸化的物質と還元的物質の境界は酸化還元電位で規定されるが，鉄イオンでは，イオンの価数に pH が強く影響する．例えば，2 価の鉄イオンはアルカリ性の環境では極めて不安定で，速やかに 3 価に変換されることが知られる．つまり，pH8 程度のアルカリ環境である海洋中では 2 価の鉄は不安定であることから，海洋環境では鉄酸化微生物はエネルギー的に不利であるといえる．一方で，酸化還元境界においては，後述の硫酸還元菌によって生産された弱酸の硫化物イオンが酸化され，強酸の硫酸が生成することで，急激な pH の低下が生じるため，これらの影響で 2 価の鉄の安定性が増す．この反応は，硫化物を主体とする銅鉱山で，バイオリーチン

グ法として工業的に利用されている．つまり鉱石中に含まれる硫化鉄を *Thiobacillus ferrooxidans* という硫黄および鉄を酸化する微生物の働きにより酸化し，強酸水をつくり鉱石の溶解を促進することで鉱石から銅を効率的に回収する．

3-4 硝酸還元

硝酸は酸であると同時に，強力な酸化剤である．生物ポンプによって系外に除去される水圏表層と異なり，嫌気環境では栄養塩は豊富に存在することもあり，硝酸は生命が利用する酸化剤の中で酸素の次に重要な酸化剤である．硝酸の酸化力は強く，微量の酸素が存在する微好気環境とほぼ同じ環境で生じうる反応であり，多くの微好気性の微生物は，酸素呼吸と同様に，有機物，水素，後述するメタンなどの電子供与体を用いて硝酸還元を行うことができる．硝酸還元には後述の硫酸還元と同様に，異化的硝酸還元と同化的硝酸還元が知られる．同化的硝酸還元とは，アミノ酸の生合成に用いるアンモニアを硝酸還元から作成する反応であり，独立栄養生物の多くが有する反応である．一方，本章で扱う異化的硝酸還元は，酸素の代わりに硝酸を用いる反応であり，大量の硝酸を用いてエネルギーを生産することができる．異化的硝酸還元では，硝酸から窒素ガスを生成する経路とアンモニアを生成する経路が知られている．特に硝酸から窒素ガスを生成する経路は，脱窒と呼ばれ，水圏からの栄養塩除去の点から，下水処理などで用いられている重要な反応である．今世紀に入ってから，アナモックスと呼ばれる *Planktomycetes* 門の微生物が行う脱窒反応が発見されている．この反応は，アンモニアを電子供与体に，亜硝酸を電子受容体にしてヒドラジンを経由し，窒素ガスを発生することでエネルギーを得ており，エネルギー獲得反応に有機物を必要としないこと，脱窒の効率がよいことから下水処理などの産業上も着目されている．アナモックス反応は，陸水環境の堆積物で脱窒を通じた窒素循環に大きな影響を及ぼしていることが明らかになっている．窒素循環については，第10章を参照のこと．

3-5 硫酸還元

硫酸の酸化力は酸素や硝酸に比べると低いものの，海水は硫酸イオンを約28mM含む．つまり，硫酸イオンは海洋の嫌気環境で最も重要な電子受容体である．硝酸と同様に硫酸にも同化的硫酸還元と異化的硫酸還元があり，含硫黄アミノ酸の合成のために，海洋中で最も細胞数が多いとされる *Pelagibacter* 属細菌など，一部の海洋微生物は同化的硫酸還元を行っている．一方，異化的硫酸還元は，嫌気環境において，低分子有機物（酢酸，乳酸，プロピオン酸，酪酸など）や水素を電子供与体として，硫酸を電子受容体に酸化還元反応を行い，硫酸から硫化物を生産する代表的な嫌気呼吸である．硫酸還元微生物は *Archaeoglobus* などの古細菌，*Desulfovibrio* などの Deltaproteobacteria，*Desulfotomaculum* などのグラム陽性微生物（*Firmicutes* 門），*Thermodesulfovibrio* を含む *Nitrospirae* 門といった特定の微生物系統群に含まれる．硫酸還元の鍵酵素は異化的亜硫酸還元酵素（dsr）やアデニリル硫酸還元酵素（apr）がよく知られる．apr は前述の同化的硫酸還元や，一部の硫黄酸化微生物にも見られる酵素であるが，dsr は硫酸還元呼吸（異化的硫酸還元）のために用いられるので，硫酸還元の鍵酵素といえる．dsr 遺伝子は，過去に水平伝搬によってこれらのいくつかの硫酸還元始原微生物に分散したと考えられているが，今後のゲノムデータの蓄積を通じて，どの程度の

分類群への硫酸還元能の広がりがあるのか研究の進展が望まれる．また，火山活動域では，二酸化硫黄と水の反応から，硫化水素と硫酸が生じる不均化反応が知られ，硫酸イオンは還元的な環境下でも生産可能とされている．還元的と考えられている初期地球環境で，硫酸イオンを酸化剤として用いることのできる硫酸還元微生物は，初期生命研究でも注目されている．

3-6　メタン生成

　メタンは同体積あたり二酸化炭素の20倍以上の温室効果をもつ温室効果ガスであり，大気中に約2ppm含まれている．地球大気中メタンの90％程度は生物由来であり，そのほとんどがメタン生成古細菌の代謝活動の結果として生じている．メタン生成は微生物のエネルギー獲得反応の中でも，最も酸化還元電位の低い還元的環境で生じる反応である．硫酸や硝酸などの電子受容体の枯渇下でも反応が進行し，嫌気微生物生態系反応の進行阻害要因となる水素ガスや酢酸を消費できる唯一の反応であるため，メタン生成は嫌気環境の微生物生態系の最終段階を担う必須の反応である．メタン生成微生物は古細菌に属し，酸素に極めて弱く，-0.33 V以下の酸化還元電位でしか成育しない．メタン生成は大きく分けて3種類の基質から行われる．水素＋二酸化炭素またはギ酸，メチル化合物（メタノール，ジメチルサルファイド，トリメチルアミンなど），酢酸である．嫌気環境では，前述の発酵の過程で，水素および酢酸が蓄積する．水素ガスや酢酸は，化学平衡の側面から発酵反応を阻害するため，水素や酢酸をメタンに変えることで系から除去できるメタン生成古細菌は，系全体の反応を進めるために極めて重要である．多くのメタン生成古細菌は水素と二酸化炭素もしくはギ酸を基質として用い，*Methanomicrobiales*, *Methanobacteriales*, *Methanococcales*, *Methanopyrales* 目に属する古細菌は，これら以外の基質は用いない．*Methanosarcinales* 目のメタン生成古細菌は，水素以外の基質を利用可能であり，その中でも，*Metanosaeta* 科は酢酸のみを基質として用い，*Methanococcides* 属はメチル化合物のみを用いる．*Methanosarcina* 属は水素，酢酸，メチル化合物の全てを利用できる．16S rRNA遺伝子に基づいた系統樹の根に近く始原生命体に近いとされる超好熱性微生物の多くは，*Crenarchaeota* 界に属すが，*Euryarchaeota* 界のメタン生成古細菌にも，海底熱水系から発見された超好熱性微生物である *Methanocaldococcus* 属や *Methanopyrum* 属などが知られている．特に *Methanopyrum* は，122℃で増殖可能であり，現在知られている生命の中で最も高温で増殖できる超好熱性の微生物である．

　メタン生成は極めて低い酸化還元電位で反応が行われるため，酸素感受性が高く，かつ低い酸化還元電位での反応を可能にする特徴的な酵素や補酵素を多く有する．メタン生成に関わる酵素の中で全てのメタン生成に共通の酵素であるメチル補酵素M還元酵素（Methyl Coenzyme M Reductase, mcr）は，メチルコエンザイムMからメタンを切り離す際に用いられる酵素であり，メタン生成微生物の鍵酵素として環境のメタン生成微生物検出に用いられる．また，メタン生成反応は独特な反応系であり，特徴的な補酵素群をもっている．メタン生成に必須な水素の運搬媒体であるF420の細胞内含有量は，酸化型でUV励起による特徴的な強い青色蛍光を生じるのでメタン菌の識別に古くから用いられてきた．F420の細胞内含有量は，酢酸からのメタン生成では少ないため，メタン生成の活性指標として，近年メタン生成最終段階のメチルコエンザイムMの構成要素であるメタンF430が環境中のメタン生成活性の指標として用いられている．

3−7 嫌気的メタン酸化

メタンは地球で最も大量に存在する有機物であり，地中や海底下など嫌気環境に数テラトン存在するとされる．メタンは酸素の存在下ではメタン酸化細菌により好気的に酸化される．一方，地球化学的分析の結果から，海洋堆積物では堆積物深層に高濃度に存在するメタンは，堆積物表層ではほとんど検出することができず，堆積物中の酸素が枯渇した嫌気層でそのほとんどが嫌気的に酸化消費され，拡散を通じた大気への放出はほとんどないことが知られていた．これらの堆積物中のメタンは，嫌気環境では硫酸を用いて酸化消費されていることが観測からも明らかになり，メタン濃度が十分に高い場合は，嫌気的メタン酸化を硫酸還元で行うことでエネルギーが得られることも熱力学的に示されてきた．しかしながら，今世紀に入るまで，メタンを酸化する微生物は，*Proteobacteria* 門や *Verrucomicrobia* 門に属する好気的メタン酸化細菌しか知られておらず，嫌気的メタン酸化に関わる微生物は知られていなかった．嫌気的メタン酸化はメタンを分解する古細菌群 ANME（ANaerobic Methane oxidizing Euryarchaeota）と硫酸還元細菌の共生関係として海底のメタンハイドレート胚胎域で発見された．これまでに発見された ANME の系統群は，ANME1,2,3 が知られており，ANME1 は系統学的に *Methanomicrobiales* 目に近縁，ANME2 は，系統学的には *Methanosarcinales* 目に属し（図 11-7），メタンの生成・酸化の鍵酵素として前述のメチル補酵素 M 還元酵素（mcr）をもつことからも，メタン生成古細菌の仲間である．これらの ANME の種類は，メタン濃度や電子受容体および共生微生物の違いによって棲み分けていると考えられている．嫌気的メタン酸化には電子受容体の様々な組み合わせや共生パターンが発見され，硫酸還元菌やアナモックス菌と密接な共生体を構築する ANME2 グループ，硫酸還元菌との間に物理的な距離があり，密接な共生体は構築しない ANME1 などいくつかの ANME のタイプや，マンガン酸化型の ANME 共生微生物も報告されている．理論的な研究から予測され，初めに発見された ANME2 の存在様式から，水素を媒体として微生物共生体内での物質の受け渡しが行われていると考えられてきたが（図 11-8 a），その実態はまだ明らかになっていない．その後の多様なメタン酸化古細菌の存在様式の発見や遺伝子を含めた解析から，金属酸化物を用いる ANME 共生系（図 11-8b），硫酸還元や硝酸還元を通じて単独で嫌気的メタン酸化を行える ANME（図 11-8 d,e），また亜硝酸の分解から酸素を発生してメタンを酸化する嫌気的メタン酸化細菌（図 11-8c）が発見されている．この中で，硫酸還元型のメタン酸化古細菌は，硫酸から HS_2^- を生産しているとされ，ANME と硫酸還元菌間で物質（電子）伝達の有力な候補になっている．

海洋堆積物には多くの硫化鉄鉱物が含まれる．地質学の分野では，硫化鉄の多くを占めるパイライト（FeS_2）は，その軽い安定同位体組成から，過去の嫌気環境の指標や生命の痕跡として着目され，硫化鉄（FeS：実際には Fe_8S_9 などで存在）に硫化水素が付加することで形成されると考えられてきたが，その形成メカニズムの詳細は解明されていなかった．一方で，環境中に見られる生物由来と考えられている球状のパイライトであるフランボイダルパイライトの安定同位体組成は，硫酸還元微生物の培養を通じて得られる硫化物の安定同位体組成よりもさらに軽く硫酸還元菌の活性だけでは説明ができていない．今後，メタン酸化古細菌が生産する HS_2^- とパイライト形成との関係解明が待たれる．

3−8 元素循環と嫌気微生物反応

生体を構成する主要な元素は元素番号 20 の Ca までであるが，それよりも元素番号の大きい元素の

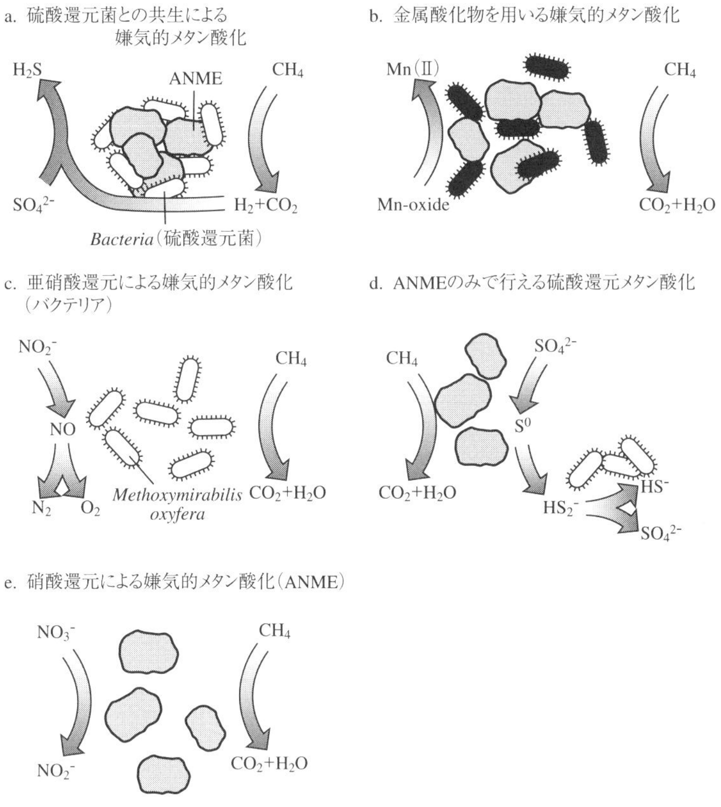

a. 硫酸還元菌との共生による嫌気的メタン酸化

b. 金属酸化物を用いる嫌気的メタン酸化

c. 亜硝酸還元による嫌気的メタン酸化（バクテリア）

d. ANMEのみで行える硫酸還元メタン酸化

e. 硝酸還元による嫌気的メタン酸化（ANME）

図11-7 嫌気的メタン酸化

循環にも微生物の関与が知られている．遷移金属などの金属元素は天然で，酸化還元電位やpHに応じて様々な価数をとる．これらの元素の水への溶解度や表面電位は，価数に応じて大きく変化することから，元素の価数（状態）は水を介した物質の移動や粘土や土壌など固相への吸着を考える上で重要な要素である．例えば，鉄の場合であれば，2価の鉄は中性付近でも水に溶けやすくイオンとして水圏に存在できるが，3価の鉄は水に溶けにくく水圏環境では酸化水酸化鉄としてコロイドや微小粒子の形態で存在するため，周辺に存在するイオン量などによって速やかに沈殿することもある．加えて，酸化水酸化鉄はリン酸や様々な重金属オキソ酸（クロム酸，セレン酸など）やレアアースなどを吸着し沈殿することで水圏環境から物質を除去しており元素の価数が水圏の物質循環に大きな寄与を果たしている．

微生物による重金属類の酸化還元には，大きくわけて3通りの方法がある．最も重要なものは，ヒ素，セレンなどオキソ酸を用いた呼吸である．微生物の代謝活動に関係するので多量の元素の酸化還元電位が変化する．異化的ヒ素還元ではarrABを中心とする代謝経路が知られている．一方，重金属類のイオンはタンパクなどに結合し毒性を示すものが多いため，酸化することで水酸化物や酸化物に変えて無毒化する酵素（マルチカッパーオキシダーゼ，mnxG）も知られている．この酵素は銅やマンガンなどの重金属の還元型イオンを酸化する役割をもっており，近縁の酵素としてヨウ素を酸化する

ioxA が知られている．これらに加え，クロム酸やバナジウム酸などの酸化還元に微生物が関わることが示されているが，関連する酵素群が特定されていないものもある．これらの場合は，微生物の代謝活動により生成される有機酸や硫化水素などと反応して間接的に微生物活動を通じた酸化還元反応が生じている可能性もある．

§4. エネルギー獲得をめぐる微生物間での競合関係

本章の1-2項や2-4項で学んだように，嫌気環境では得られるエネルギー準位に応じて様々な化学反応が順に生じ，堆積物などでは表層から堆積物下部にむけてそれぞれの反応を担う微生物が層状に分布する．表層に近づくほど新鮮で分解・利用しやすい有機物の割合・量ともに多く，同時にエネルギーが得やすい酸化剤が多いがその分微生物間の競争も激しい．一般には，下層のより嫌気的環境下に存在する微生物は，分解しにくい有機物やより弱い酸化剤を利用するので，微生物間競争は少ないが，得られるエネルギーも少ない．しかしながら，微生物の中には，下層で競争を逃れながら，より効率的にエネルギーを得る仕組みも知られている．本節では，エネルギー獲得をめぐる競合を克服している嫌気反応の仕組みについて理解を深めよう．

4-1 メタン生成と硫酸還元をめぐる競合と共生関係

発酵の最終産物である水素と酢酸は，酸化的条件下では酸素を用いた酸化による水への変換反応によるエネルギー効率が高い極めて有用な電子供与体であるが，嫌気環境下では蓄積し反応の進行を阻害する．したがって，発酵最終産物としての水素や酢酸を，水・メタン・二酸化炭素に変換し，系から除去する（発酵の化学平衡に直接影響しない物質に変換する）反応は極めて重要となる．この反応は，硝酸や硫酸などの酸化物質の存在下では，硝酸還元や硫酸還元微生物により水と二酸化炭素への酸化として行われ，これらの電子受容体が存在しない環境では，メタン生成微生物によりメタンへの変換として行われる．どの反応が進行するかは，得られるエネルギー量と物質の濃度によって説明されている．例えば水素ガスの場合は，硝酸還元や硫酸還元のほうがエネルギーを得るために必要となる最低限の水素ガス濃度がメタン生成に比べてはるかに低い濃度であることが知られており，環境中での濃度はここから導き出される水素濃度とほぼ同様である．つまり硝酸や硫酸の存在下では，メタン生成古細菌がエネルギーを得るだけの水素濃度が環境中に存在しないため，結果的にメタン生成古細菌が排除される．このようにして，図11-6に示すような層状構造が形成される．一方で，海洋の硫酸塩存在下でもメタン生成は確認されている．これは，リグニンの発酵で生じるメタノールやタンパク質の分解過程で生じるメチルアミンなど，硫酸還元菌が利用できないメチル化合物由来のメタン生成とされている．この他にも，メタンは硫化水素などの嫌気反応による呼吸や発酵産物に比べると無害であるため，嫌気性真核生物内の細胞内共生系でも利用されている．例えば，嫌気性繊毛虫と呼ばれる10～100 μm程度の真核単細胞生物は，発酵によりエネルギーを取得し，発酵の副産物として水素を発生する．この水素は発酵反応の進行を阻害するが，細胞内のヒドロゲノゾームと呼ばれる細胞内組織内に共生しているメタン生成古細菌により利用され，メタンに変換される．この作用により，宿主である真核生物内では，水素発生を伴う発酵反応が滞りなく進行する．

4−2　電子伝達による嫌気環境下での酸化還元反応

　嫌気環境の海洋堆積物は，硫酸還元により生産された硫化物イオンを大量に含む．これらの硫化物イオンは，濃度勾配に基づいて堆積物や水塊中を拡散し，堆積物表層や水圏の微好気から好気条件下で硝酸や酸素を用いる硫黄酸化微生物により酸化されてエネルギー源となると考えられてきた．しかしながら，21世紀に入ってから，堆積物亜表層の嫌気環境内での硫黄酸化が報告された．硫黄の酸化には，酸素や硝酸が必須であるが，硫黄酸化が生じている堆積物深度から硝酸や酸素は検出できないこと，また，酸素のある部分と嫌気部分に仕切りを入れると硫黄酸化が生じないことから，この反応は，嫌気環境下で硫化水素と水が反応して硫黄と電子を生産し，電子は電気として酸素のある表層まで輸送され，酸素とプロトンと反応して水になると考えられている（Pfeffer $et\ al.$, 2012）.

　　　堆積物下部：$HS^- \rightarrow S + H^+ + 2e^-$（この電子が堆積物上部に移動）
　　　堆積物上部：$2e^- + 2H^+ + 1/2O_2 \rightarrow H_2O$　（酸素の消費とpHの上昇）

　つまり，一部の微生物は電子を処理するために，電流を生成し，嫌気環境下での酸化反応を行っている（図11-8）．微生物による電流の生産は微生物電池としても注目されており，近年電流微生物（e-Bio）という新しい研究分野として注目が集まっている．電流を流すための媒体には，フィラメン

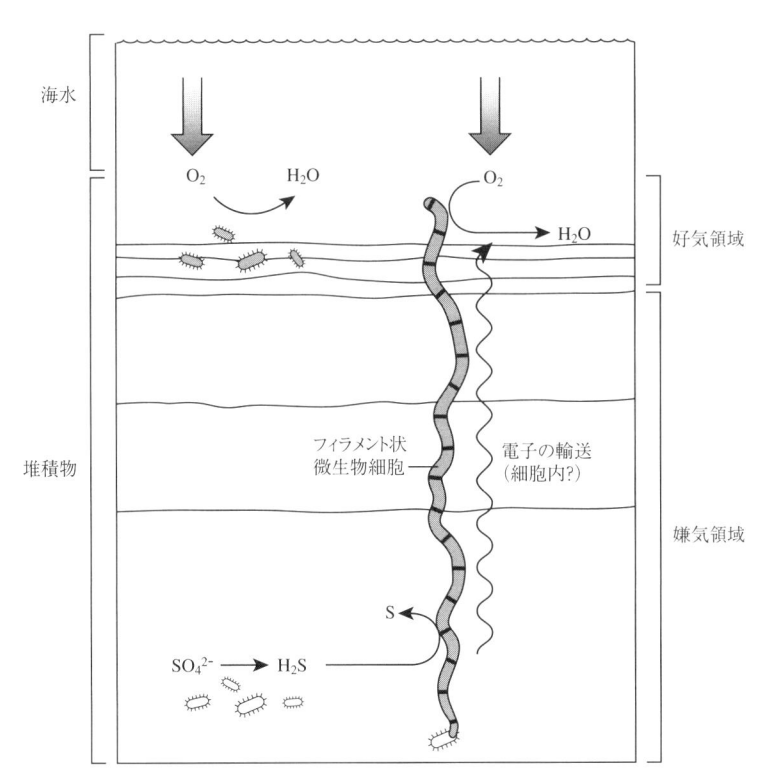

図11-8　通電微生物

ト状の微生物細胞や細胞中に観察される特殊構造，繊毛や鞭毛，岩石や堆積物中の鉱物などが導電性物質として提案され，その導電性が確かめられているが，微生物活動に伴ってこれらの媒体に電気が流れているかどうかは未確認であり，現在研究が進められている．また，電流を流すための起電力となる電子の排出にはチトクローム系が関与することが明らかになっている．電気を流すには，電気抵抗分のエネルギーを余分に生産する必要があるが，酸化物質と還元物質が混ざり合う必要がある無機化学反応との競争や他の硫黄酸化微生物との競争に打ち勝つためのコストとして見れば，これらの微生物の戦略は理にかなっているといえよう．

まとめ

Q1：酸素がない環境で微生物はどのように生息しているのか？

　有機物，水素，メタンなどの還元型物質は，酸素以外の酸化剤によっても酸化が可能である．酸素がない環境では，一般に水素，メタン，硫化水素などの還元物質の濃度は高く，酸化物質が反応を律速している．酸素以外の酸化剤には，硝酸，硫酸，3価鉄，有機物内の酸素などがあり，それぞれ硝酸還元（一部は脱窒），硫酸還元，鉄還元，発酵と呼ばれる．これらの酸化物質も酸素と同様に酸素のない環境では消費され枯渇するので，強力な還元剤である水素を二酸化炭素で酸化する反応であるメタン生成反応が無酸素環境での最終的な反応である．堆積物中でできるメタンのほとんどは，嫌気的メタン酸化，すなわちメタンを硫酸，硝酸，金属で酸化する反応により二酸化炭素に変換される．嫌気環境の微生物反応である発酵，嫌気呼吸，メタン生成は，酸素呼吸に比べると，エネルギー獲得効率は低いが，微生物は嫌気的な酸化還元反応を通じ，プロトン濃度勾配などを用いてエネルギーを取り出すことができる．

Q2：酸素がない環境にはどのような微生物群が生息しているのか？

　発酵を行う微生物は細菌，古細菌，真核生物にまたがる様々な分類群で多数発見されている．硝酸還元や硫酸還元も多くの微生物群がその機能を有しており，硝酸や硫酸からアミノ酸に含まれるアミノ基やチオール基を作るのにも利用される．嫌気呼吸に硝酸還元を利用する微生物も原核生物で多数見出されており，特に窒素ガスまで還元する微生物を脱窒菌と呼ぶ．また，アンモニアと亜硝酸から窒素ガスをつくるアナモックス菌も知られる．嫌気呼吸に硫酸還元を用いる微生物は硫酸還元菌と呼ばれ，古細菌のアーキオグローバス属，*Firmicutes* 門，*Nitrospira* 門，*Deltaproteobacteria* 綱などから見出され，多くは Desulfo〜を含む属名をもつ．鉄還元細菌には *Shewanella* 属や *Geobacter* 属細菌が知られる．エネルギー獲得のために行われるメタン生成は Euryarchaeota に属するメタン生成古細菌によってのみ行われ，それらの微生物の属名は Methano〜を含む．嫌気的メタン酸化を担う微生物は硝酸の分解を通じてメタンの酸素による酸化を行う細菌を除き，全てが古細菌に属し，ANME と呼ばれているが，純粋培養された例はなく属名や種名は決定されていない．

Q3：硫化水素やメタンはどう作られ，どう消費されるのか？

　硫黄は−6から+2まで多様な価数をとり，不均化反応による二酸化硫黄からの硫酸と硫化水素の

生成など酸化還元状態，温度，圧力，pH などに応じて複雑に反応するとともに，鉄などの金属との化合物も様々な形態をとり，微生物による反応でも，硫酸，チオ硫酸，元素状硫黄，ジスルフィド，硫化水素など様々な状態の硫黄が利用される．硫酸や元素状硫黄は嫌気水塊や堆積物中などの還元的環境で硫酸還元菌や超好熱性古細菌により水素や有機物などの還元剤を用いて還元されて硫化水素になり，酸化的環境では硫化水素やチオ硫酸は，主に酸素を用いて，硫黄酸化微生物により硫酸に酸化される．なお，二酸化硫黄は，火山ガスの主成分であり，地球深部からも供給される．

メタンは，最も嫌気的な環境で，嫌気微生物生態系の最終産物として，水素＋二酸化炭素，酢酸，メチル化合物から，メタン生成古細菌により生産される．微生物によるメタン生成は大気中メタンの80％を占めると見積もられている．好気的環境からもリン酸メチルの細菌による分解に伴い微量のメタンが生産されることが知られているが，生産量はメタン生成古細菌由来が圧倒的に多い．堆積物中の嫌気環境で生産されたメタンは，そのほとんどが ANME による嫌気的メタン酸化や嫌気/好気境界における好気的メタン酸化細菌により消費される．また，大気中のメタンの多くは光分解により酸化されると見積もられている．

学習課題

【課題 1】嫌気環境下での微生物反応では，メタン，水素，硫黄が重要なエネルギー源である．これらの化学物質の動態は，炭素，水素，硫黄の安定同位体組成として記録される．嫌気反応による安定同位体組成の変化について調べてみよう．

【課題 2】微生物反応で酸化還元に用いられる元素の多くは，周辺環境の酸化還元電位の他に pH の影響で，無機的な反応によっても酸化還元反応が進行する．微生物がこれらの無機的な反応に負けずに化学反応エネルギーを得るための戦略について調べてみよう．

【課題 3】嫌気反応では，多様な酸化還元状態での物質の酸化還元に対応するため，代謝反応の中間物質として様々な補酵素を有している．嫌気代謝反応と，補酵素に含まれる金属元素の酸化還元電位の関係を調べてみよう．

文　献

Haroon, M.F., Hu, S., Shi, Y., Imelfort, M., Keller, J., Hugenholtz, P., Yuan, Z. and Tyson, G.W.（2013）：Anaerobic oxidation of methane coupled to nitrate reduction in a novel archaeal lineage. *Nature*, 500, 567-570.

Joye, S.B.（2012）：A piece of the methane puzzle. *Nature*, 491, 538-539.

Lloyd, K.G., Schreiber, L., Petersen, D.G., *et al.*（2013）：Predominant archaea in marine sediments degrade detrital proteins. *Nature*, 496, 215-220.

Michael T. M. *et al.*（2003）：Brock 微生物学（室伏きみ子他訳），オーム社．

Milucka, J., Ferdelman, T.G., Polerecky, L., Franzke, D., Wegener, G., Schmid, M., Lieberwirth, I., Wagner, M., Widdel, F. and Kuypers, M.M.（2012）：Zero-valent sulphur is a key intermediate in marine methane oxidation. *Nature*, 491, 541-546.

Pfeffer, C., Larsen, S., Song, J., *et al.*（2012）：Filamentous bacteria transport electrons over centimetre distances. *Nature*, 491, 218-221.

Reguera, G.（2012）：Bacterial power cords. *Nature*, 491, 201-202.

Stramma, L., Johnson, G.C., Sprintall, J. and Mohrholz, V.（2008）：Expanding oxygen-minimum zones in the tropical oceans. *Science*, 320, 655-658.

上木勝司, 永井史郎 (1993): 嫌気微生物学, 養賢堂.
Wright, J.J., Konwar, K.M. and Hallam, S.J. (2012): Microbial ecology of expanding oxygen minimum zones. *Nat. Rev. Microbiol.*, 10, 381-394.

第 12 章　他生物との相互作用

Q1：　海洋微生物はどのような他生物と共生しているのか？
Q2：　海洋微生物と宿主の共生はどのように維持されているのか？
Q3：　海洋微生物と宿主の共生にはどのような物質や遺伝子機能が関わっているのか？
Q4：　天然の魚も病気になるのか？

§0. 本章の目的

海洋微生物は様々な海洋動物／植物と相互作用しており，複雑かつ巧妙な仕組みを通して自らの生残性を高め，適応度を上げている．その方向性が宿主の利益と合致する場合は相利共生となり，反する場合は偏害（病気）となる．相互作用の時間と空間のスケールも細胞レベルから生態系レベルまで多岐にわたる．本章では，微生物と他生物間の相互作用や，共生メカニズムの基本的な概念を学び，海洋微生物と他生物の様々な関係性の進化と変遷について理解することを目指す．

§1. 海洋微生物が関わる共生相互作用の多様性

海洋における微生物種の多様性は極めて大きく，海洋生態系の物質循環やエネルギーフローにおいて基本的かつ重要な役割を担うが，彼らは直接的にも間接的にも様々な他生物と相互作用し影響を及ぼしあっている（表12-1）（石田，2007）．一般的に2つの異なる生物が相互作用する際，一方が他

表12-1　海洋の共生微生物と宿主（石田，2007を改変）

共生微生物	宿主
Symbiodinium（褐虫藻）	造礁サンゴ，イソギンチャク，ヒメシャコガイ，サカサクラゲ
Amphidinium（渦鞭毛藻）	ヒラムシ
褐虫藻，シアノバクテリア，細菌，古細菌	海綿
ズークロレラ（緑藻）	イソギンチャク，繊毛虫（*Didinium*）
Prochloron	群体ホヤ
イオウ酸化細菌，メタン酸化細菌	ハオリムシ，シロウリガイ，シンカイヒバリガイ，スケーリーフット
発光細菌（*Vibrio fischeri*）	マツカサウオ，ダンゴイカ，ミミイカ
発光細菌（*Photobacterium leiognathi*）	ヒイラギ科魚類，ホタルジャコ，ヒカリイシモチ
発光細菌（*Photobacterium phosphoreum*）	ソコダラ，アオメエソ
培養できない発光細菌	チョウチンアンコウ，ヒカリキンメダイ
Vibrio halioticoli	エゾアワビ，クロアワビ

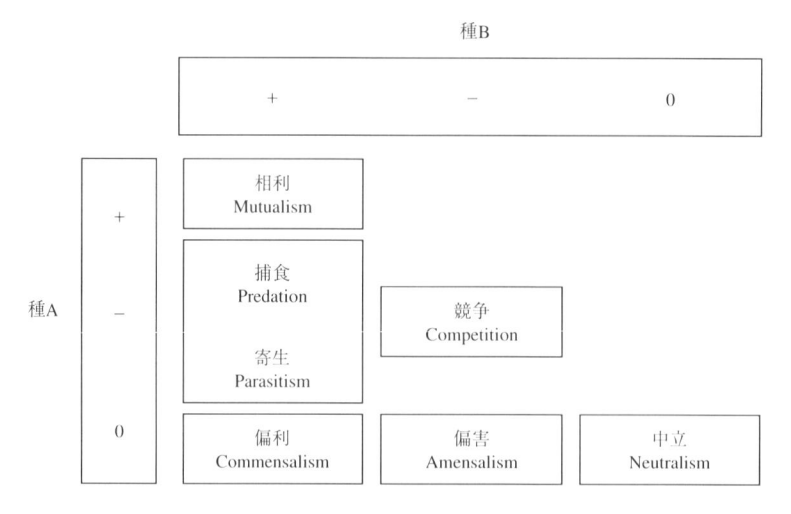

	種B +	種B −	種B 0
種A +	相利 Mutualism		
種A −	捕食 Predation / 寄生 Parasitism	競争 Competition	
種A 0	偏利 Commensalism	偏害 Amensalism	中立 Neutralism

図12-1 種間関係の分類
+は利益を，−は不利益を受ける状態，0は中立的な状態
（山村ら，1995を改変）

方から受ける利害に応じて6パターンに整理できる（図12-1）．しかし，実際には環境条件や生物個体の成長段階の違いによって影響が変化するため，特定の2種間の関係をすべてこのパターンにあてはめるのは困難な場合もある（山村ら，1995）．本節では「海洋微生物と他生物との共生」を「共に生きている関係」と捉え，海洋微生物が関わる多様な共生相互作用について理解を深めよう．

1−1 海洋微生物と植物・動物プランクトンの共生関係

海水（水柱環境）に漂う植物プランクトンおよび動物プランクトンはそれ自身が微小な生き物だが，体の周囲や表面，内部などに細菌が共生していることはよく知られている．事実，珪藻や渦鞭毛藻類など真核微細藻類の周りには，系統的に多様な従属栄養性の細菌群集が存在し，藻類から放出される溶存有機物などの基質を利用して増殖している．このような微小環境は Phycosphere と呼ばれるが（Bell and Mitchell, 1972），細菌群集は藻類由来の有機物を利用するだけでなく，有機物の無機化による栄養塩の回帰や，微量金属のキレート化合物の産生，ビタミン類の合成，植物ホルモンの産生などを介して，藻類の増殖を促進し，相利的に共生する場合もある（Amin et al., 2012；Ferrier et al., 2002）．原核の植物プランクトンであるシアノバクテリアも従属栄養細菌と共生しており，外洋にみられる Trichodesmium という糸状性シアノバクテリアでは，その周りにいる従属栄養細菌の呼吸活動によって周囲の溶存酸素分圧が低下し，酸素に感受性をもつ窒素固定酵素（ニトロゲナーゼ）の活性が保護されるので窒素固定と増殖が促進されるという（Paerl, 1989）．一方，ヘテロシスト（光合成をせず窒素固定を担う特別な細胞）をもつ Richelia 属や Calothrix 属の糸状性シアノバクテリアは，Rhizosolenia や Chaetoceros など珪藻類の細胞内外に共生することが知られている（Zehr, 2011）．

海産の動物プランクトンでは，キチン質の殻をもつ甲殻類と細菌の共生がよく知られている．とくに海洋の主な動物プランクトンであるカイアシ類の体表や体内の消化管には Vibrio 科をはじめとする多様な従属栄養細菌が付着している（Carman and Dobbs, 1997）．

1−2　海洋微生物とベントスの共生関係

海底や堆積物に棲む海洋植物や動物はベントスと呼ばれ，プランクトンと同様に細菌群との共生関係は多様である．アマモなどの海草は主に砂泥底に根を張り，地下茎で周囲に広がっていく．その根と地下茎の表面には窒素固定能をもつ硫酸還元細菌など多様な嫌気性細菌が共生し，固定した窒素を海草へすみやかに供給しているという（Welsh, 2000）．一方，海藻は岩場などに固着する仮根をもつが栄養吸収のための根はなく，堆積物中の細菌との相利的な共生は知られていない．しかし葉上には多様な細菌が存在し，藻体から放出される溶存態有機物を利用して増殖するものや（Bengtsson et al., 2011），藻類の形態形成（Nakanishi et al., 1996, Matsuo et al., 2005）に関与する種類もいる．その一方で，海藻は病原性細菌に対する自然免疫機構も備えており，活性酸素などを生成して微生物の侵入を制御している（Weinberger, 2007）．海藻は胞子体（遊走子）のときにも細菌と相互作用することが知られており，例として緑藻類（アオサ）の遊走子が細菌由来のアシルホモセリンラクトン（クオラムセンシングに関わる化合物）を感知し，細菌のバイオフィルム上に集まる（Joint et al., 2007）．

底生動物には岩の表面などに固着・表在する種類と，海底堆積物中に巣穴を掘って生息する種類があるが，ここでは前者のなかでも知見の多い海綿とサンゴの共生例を中心に紹介する．海綿は世界中の海に存在する代表的な固着生活ベントスであり，海水中の微生物と懸濁有機物を濾過して取込み，胃腔と呼ばれる空洞部において襟（えり）細胞のはたらきで消化する．襟細胞による消化をまぬがれた微生物は胃腔と外皮の間［中膠（ちゅうこう）］に排出されるが，そこで別のアメーバ状の貪食細胞によって排除される（図12-2）．海綿の共生細菌群集の起源は不明だが，外部から取込まれた後，宿主の貪食細胞による攻撃をかわして中膠に残ったとの考えが有力である．海綿に共生する原核および真核微生物は数，種類とも際立って多く，海綿の総バイオマス量の40％近くまで達する．その多く

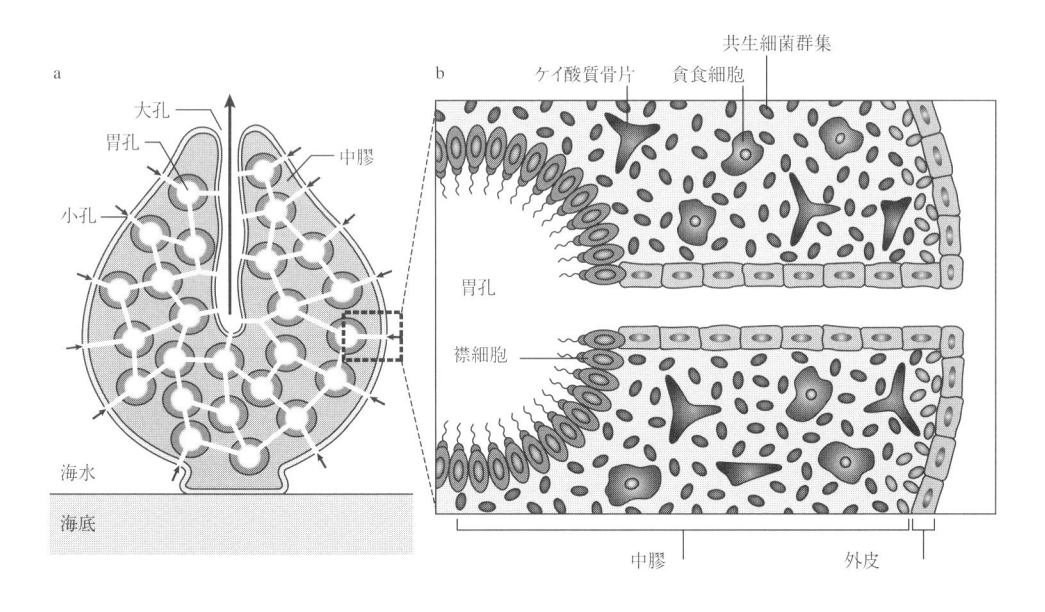

図12-2　海綿における共生菌の存在場所
（Hentschel et al., 2012を改変）

は未だに培養されていないが，最近，海綿の一種，*Amphimedon queenslandica* のゲノムが解読されるとともに，未培養の共生微生物群集（微生物コンソーシアとも呼ばれる）が，どのように海綿と相互作用しているのかについて知見が得られ始めた（Hentschel *et al*., 2012）．共生微生物コンソーシアを構成する細菌群集の多様性は海綿の種類や生息環境の違いを反映して変動するが，門レベルでは *Poribacteria* が海綿に特異的に存在し，*Proteobacteria* や *Chloroflexi*，*Actinobacteria*，*Acidobacteria*，*Nitrospirae*，*Cyanobacteria* などが普遍的に見られる．これらの共生細菌群集は多様な有機物の取り込みや分解，窒素代謝，ビタミン合成，光合成，および他の生理活性物質合成などを通して海綿の生残を支えているらしい．海綿は最も原始的な多細胞動物であるため，共生細菌との関係は海綿の進化と環境適応に重要な役割を果たしてきたと考えられている．

　サンゴも底生動物の一種であり，多様な共生微生物群集（細菌，古細菌，真核微生物のコンソーシア）と密接に関わりあっている．サンゴは自らの触手で動物プランクトンなどを捕食できるが，褐虫藻（zooxanthella と呼ばれる *Symbiodinium* 属の渦鞭毛藻）を体内の胃層細胞に共生させ，その光合成産物を利用するので外部からの餌に依存せずに生存できる．褐虫藻以外の共生微生物（細菌，ウィルスを含む）は，体表面をおおう粘液層，体内（中膠）および炭酸カルシウム骨格内に存在し，光合成（共生シアノバクテリアによる）や窒素固定，抗生物質産生などを通して宿主と相利的な関係を保っている（図12-3）．その共生微生物群集は水温変化などの環境変動にすばやく応答し，病原体の感染に対しても抵抗性を付与することから，共生微生物がサンゴの環境適応に積極的に関わっていると考える

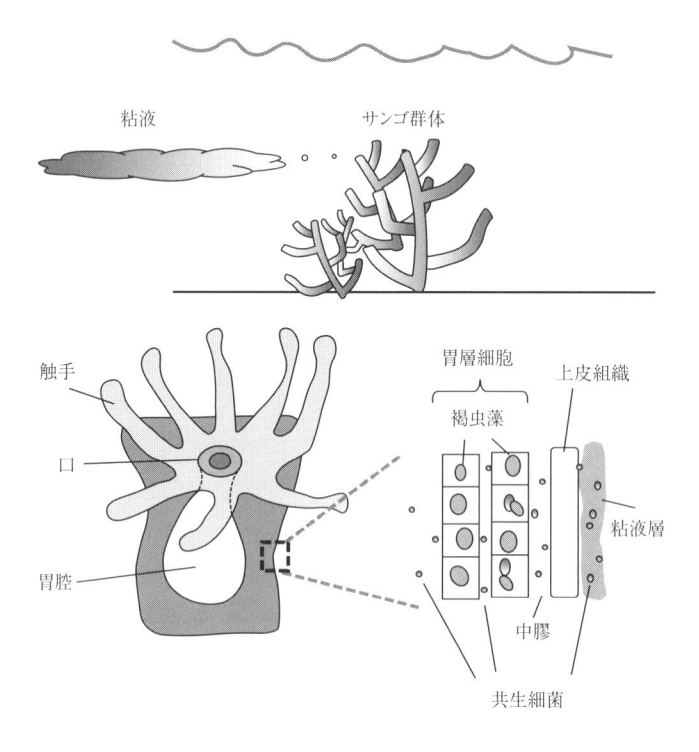

図12-3　サンゴと微生物の共生

「サンゴ・プロバイオティック仮説」が提示されている (Rosenberg *et al.*, 2007). この他にも，海産の底生動物と光合成微生物の共生例として，熱帯および亜熱帯海域に生息する固着性の群体ホヤと *Prochloron* (シアノバクテリア) の共生が知られている (広瀬, 2006). 海産底生動物と従属栄養性細菌の共生例としては，巻貝の仲間であるアワビ類 (トコブシ，エゾアワビ，クロアワビなど) と Vibrio 科細菌の共生や，コケムシ (外肛動物) と未培養の *Proteobacteria* の共生がよく研究されている. 前者では，アワビ類の消化管に共生する *Vibrio halioticoli* が難分解性多糖のアルギン酸分解能力にすぐれており，アワビが餌として取込んだ褐藻類などの消化に貢献していると考えられている (澤辺, 2000). 後者の例では，コケムシの体内に住む *Proteobacteria* がブリオスタチン (bryostatin) と呼ばれるポリケチドを合成し，それが魚などの捕食者に対する忌避作用をもつため，宿主の防御に役立っている (Lim-Fong *et al.*, 2008).

1-3 海洋微生物とネクトンの共生関係

ネクトンとは遊泳力が強く流れに逆らって移動できる水生動物の総称であり，魚や海産哺乳類などをさす. 魚類の体表や腸内環境の共生細菌については古くから知られており，陸の河川・淡水域と海洋の行き来をする回遊魚の腸内細菌は，淡水域では *Aeromonas* 属を中心とする組成だが，海水環境では Vibrio 科細菌が多くなる. 腸内細菌は有機物分解を助けるとともに，ビタミンや抗生物質，エイコサペンタエン酸 (EPA, Eicosa-Pentanoic Acid) などの生理活性物質生産を介して，宿主に有益な働きをする (杉田, 2000). また，沿岸および深海の魚類やイカ類において特定の発光性の Vibrio 科細菌と共生する種類も知られている (図12-4) (和田・塚本, 2009).

図12-4 海洋細菌と動物との共生例 (左は発光共生，右は化学合成共生)

1−4　深海・熱水冷湧水域や沿岸の還元環境に見られる共生関係

深海の熱水・冷湧水活動域では，硫化水素やメタンなどを豊富に含んだ海水が海底から供給され，その周辺に棲む底生性の無脊椎動物と独立栄養性の硫黄酸化細菌やメタン酸化細菌の間に共生関係が知られている（図12-4，表12-2）（高木・吉田，2013）．共生細菌は一次生産者として炭酸固定により合成した有機物を宿主に供給する．宿主は系統的に多様であり，節足動物（甲殻類），軟体動物（二枚貝や腹足類），環形動物（主に多毛類）などに見られる．一方，熱水・湧水域以外の浅海でも恒常的に還元環境が保たれ，硫化水素が供給される場では線形動物（線虫）と硫黄酸化菌の共生が知られている．

1−5　海洋の共生プロテオバクテリア

陸上でマメ科植物の共生菌として有名な *Rhizobiales* 目の根粒菌は *Alphaproteobacteria* に属し，アブラムシの細胞内共生菌である *Buchnera*（ブフネラ）は *Gammaproteobacteria* に属している．門レベルで見たときにこれまでに陸域で知られている共生細菌の多くは *Proteobacteria* に属している．海洋における共生細菌はどうだろうか？　もっともよく研究されている共生系で見る限り，やはり *Proteobacteria* に属す種類が多い（Sachs *et al.*, 2011）．*Proteobacteria* は極めて多様な種類を含む系統グループとして，人間との関わりだけでなく，環境変動に対する海洋生物の応答や海洋の物質循環においても重要な役割を担っている．以下に海洋の *Proteobacteria* についてサブグループごとに共

表12-2　深海・熱水冷湧水域や沿岸の還元環境に見られる共生関係

（高木・吉田，2013を改変）

宿主	学名	宿主の生息場	共生菌の種類	共生菌の局在場所	共生様式	共生菌の伝播方式
海綿動物	*Cladorhiza methanophila*	湧水域	メタン酸化菌	骨片マトリックス	細胞外・細胞内	
節足動物	*Rimicaris exoculata*	熱水域	イオウ酸化菌（εおよびγ）	外骨格，エラ表面	体外	
線形動物	*Laxus oneistus*	浅海堆積物	イオウ酸化菌（γ）	クチクラ表面	体外	
	Eubostrichus dianae	浅海堆積物	不明	クチクラ表面	体外	
	Stilbonema majum	浅海堆積物	イオウ酸化菌（γ）	クチクラ表面	体外	
棘皮動物	*Echinocardium cordatum*	亜潮間帯	イオウ酸化菌（γ）	腸盲嚢	細胞外	
軟体動物（二枚貝類）	*Calyptogena okutanii*	熱水域・湧水域	イオウ酸化菌（γ）	エラ	細胞内	垂直
	Bathymodiolus azoricus	熱水域	イオウ酸化菌（γ）・メタン酸化菌（γ）	エラ	細胞内	水平
	Solemya velum	熱水域・湧水域	イオウ酸化菌（γ）	エラ	細胞内	垂直
軟体動物（腹足類）	Scaly foot gastropod	熱水域	イオウ酸化菌（γ）	食道腺	細胞内	
	Alviniconcha hessleri	熱水域	イオウ酸化菌（ε）	エラ	細胞内	
	Ifremeria nautilei	熱水域	イオウ酸化菌（ε）	エラ	細胞内	
環形動物（シボグリヌム科多毛類）	*Riftia pachyptila*	熱水域	イオウ酸化菌（γ）	トロフォソーム	細胞内	水平
	Tevnia jerichonana	熱水域	イオウ酸化菌（γ）	トロフォソーム	細胞内	水平
	Ridgeia piscesae	熱水域	イオウ酸化菌（γ）	トロフォソーム	細胞内	水平
環形動物（多毛類）	*Alvinella pompejana*	熱水域	イオウ酸化菌（ε）コンソーシア	背側表面	体外	
環形動物（貧毛類）	*Olavius algarvensis*	浅海堆積物	イオウ酸化菌（γ）・硫酸還元菌（δ）・スピロヘータ	クチクラ下	細胞外	不明

生事例を見てみよう．

1）アルファグループ

外洋域においてもっとも優占的なグループであり，多様な動植物とも共生している．植物プランクトンのなかでは渦鞭毛藻類と *Roseobacter* クレードの細菌についてよく研究されている（Geng and Belas, 2010）．海洋動物との共生についての報告は海綿に関するものが多く，培養可能な種類をもちいて実験的に共生機構の解明も進められている．

2）ベータグループ

サンゴの粘液層や海綿の中膠などに共生しているアンモニア酸化細菌の報告はあるが，他の *Proteobacteria* グループに比べて報告は少ない．

3）ガンマグループ

多様な海洋植物・動物群との共生関係がもっとも頻繁に報告されている．相利共生から病原性まで様々な相互作用が見られる．発光共生する細菌はすべてこのグループ内の *Vibrio* 科に属している．また，深海・熱水冷湧水域の動物群に共生している硫黄酸化菌の多くもこのグループに含まれる．

4）デルタグループ

嫌気環境で硫酸還元を行う菌を含むグループとして知られているが，動物との共生菌としての報告は少ない．腸のない海生貧毛類（環形動物）*Olavius algarvensis* の内部に共生する硫酸塩還元菌が報告されている．細菌どうしの共生関係において海洋のメタン生成菌と接触しながら嫌気的にメタンを酸化する硫酸還元細菌が知られている．

5）イプシロングループ

ヒトの胃に棲むピロリ菌が属すグループとして有名だが，前出のガンマグループとともに熱水生態系の動物との外部共生において重要な硫黄酸化菌を含んでいる（中川・左子，2005）．

1－6　海洋微生物とウイルスの共生

海洋のウイルスの多くは原核生物（細菌）に感染するファージだと考えられている．その関係は宿主である細菌細胞中に定着し，ゲノムに組み込まれる場合（溶原化）と，宿主を乗っ取り，自らの複製を行うことで，最終的に宿主を破裂に追い込む場合（溶菌）とがある．そのようなウイルスによる感染は，遺伝子の水平伝播の原動力として大きな意義をもち，細菌の遺伝子進化に重要な役割を果たしている（吉田，2013）．また，細菌感染性のウイルスだけでなく，真核微生物のウイルスについても知見が充実しつつある．特に赤潮形成藻類に感染するウイルスについては，渦鞭毛藻赤潮の消長とRNA ウイルスの動態や，珪藻類に感染する新規ウイルスの発見など先駆的な研究成果が相次いで得られている（長崎・外丸，2009）．

§2. 海洋微生物と宿主の共生を支える生態学的メカニズム

異なる生物どうしが共に生きるには理由がある．特に安定した「共生」関係が保たれるには，共生体と宿主の両者が互いに世代を超えてその関係を引き継ぐ「目的（意義）」と「仕組み」を必要とする．本節では，特定の海洋微生物と宿主の相利関係を軸に共生の存続理由（意義）を考察し，微生物と宿

主の関係がどのように維持されるのかについて生態学的な視点から学ぶとともに，大型宿主の環境改変作用によって生じる非特異的な微生物共生の意義と維持メカニズムについても理解を深めよう．

2−1　微生物と宿主が共生する理由

　一般に，宿主と共生微生物の双方が利益を得る「相利関係（＝相利共生）」は「栄養共生」と「非栄養共生」に区別される．共生体と宿主が相互に栄養を補い合う「栄養共生」の典型例として，土壌では根粒菌とマメ科植物の関係が有名であり，共生菌は窒素固定によって宿主に必要な窒素化合物を提供し，植物側は根粒菌に炭素源を与えている．海洋では，サンゴと褐虫藻の共生関係が栄養共生の例としてよく知られており，サンゴは窒素分や炭酸塩を褐虫藻に与え，褐虫藻は光合成産物をサンゴに与えている．また，植物プランクトン（真核微細藻類）の多くが光合成産物（溶存有機物）を放出し，藻類の近傍にいる細菌群集がそれらの有機物を利用する一方で，有機物の無機化による栄養塩の回帰や，窒素固定などを行なって藻類の増殖を促進する現象も相利的な栄養共生である．さらに，魚や他の海産動物の消化管に共生する細菌群も「栄養共生」者として，宿主の取込んだ餌（有機物）のうち，キチンやアルギン酸などの難分解性高分子を低分子化し，宿主の消化吸収を助けている．「栄養共生」の少し変わった例として，浅海域の砂質堆積物に棲むある種の線虫類（*Laxus oneistus* など）は，体の表面で独立栄養性硫黄酸化細菌を「栽培」している（図12-4）．その線虫は硫化物イオンの豊富な還元層と酸素を含んだ酸化層を行き来する性質があり，体表（クチクラ層）上に付着している共生細菌は硫黄酸化によるエネルギー生産を行い活発に増殖できる．したがって線虫が体表上の共生細菌を食べても，共生菌は再び増えて「収穫」に適した状態になる．

　「非栄養共生」の例は，大型生物どうしの間なら，クマノミとイソギンチャクのように互いの敵からの防御を肩代わりする関係や，ベラとハタのように寄生虫の駆除と捕食者からの防御を軸とする関係がよく知られている．微生物と大型宿主の共生でも，共生細菌による抗生物質産生や，共生硫黄酸化菌による硫化物イオンの無毒化などを介して，宿主から栄養供給を受ける微生物が，外敵やストレスからの防御能力を宿主へ与える場合が多い．発光細菌の光を宿主が利用する発光共生も「非栄養共生」に含まれるが，宿主による光の利用方法は多様であり，防御だけでなく繁殖や交信，索餌などにも用いられている．

　以上のように，微生物と宿主生物が共生によって，それぞれ単独では得難い栄養やサービスを効率よく互いに受けることが，特定の相利関係が維持される根本的な理由である．

2−2　宿主による共生微生物の認識と次世代への伝播機構

　特定の共生体（寄生者）と宿主の間に共生関係が長期的に成り立つには，宿主の子孫も同じ共生体をパートナーとして認識し，選択する必要がある．その際，特異的な分子認識において重要な役割を果たすと考えられているのはレクチンと呼ばれるタンパク質であり，レクチンによって共生微生物の細胞表面に存在する糖鎖構造が認識される（村本ら，2003）．サンゴが共生藻である褐虫藻を認識するためのレクチンを備えているように，発光細菌を共生させるダンゴイカ（*Euprimna scolopes*），硫黄酸化細菌を共生させる線虫（*Laxus oneistus*），ハオリムシ（*Lamelllibrachia satsuma*），シロウリガイ（*Calyptogena okutanii*）なども，それぞれの共生菌を認識するレクチンをもっている．

宿主が共生微生物を次世代に受け渡す際，宿主の配偶子を介して「垂直伝播」する方法と，配偶子を介さずに次世代の宿主が環境中から共生体を取込む「水平伝播」の2通りがある．このように空間スケールが大きく異なる2つの伝播方式のうち，どちらを採用するかは共生関係ごとに決まっており，例えば発光共生の場合はすべて水平伝播によって成立し，硫黄酸化細菌と無脊椎動物の共生の場合は，宿主の種類によって垂直伝搬または水平伝播のどちらかを採用している（表12-2）．共生菌が水平伝播によって次世代へ受け渡される場合，宿主体外に排出された共生細菌は次の宿主と出会うまで海水や堆積物，あるいは宿主以外の海洋生物の体内や体表で過ごすと考えられるが，そうした場での生残りは共生関係の成立・維持にとって重要である．

2-3 非特異的な共生相互作用

一般に樹木などの大型生物の成長が他の小型生物の生息環境の物理的改変をもたらし，生態系レベルで生物間の相互作用に影響を及ぼす場合，その大型生物のことを「生態系エンジニア」と呼ぶ（斉藤ら，2012）．海洋においては造礁サンゴや，海底に大規模な巣穴を形成する多毛類・甲殻類などの大型ベントスが「生態系エンジニア」であり，彼らの成長や活動は周囲の微生物群集構造と機能にも大きな影響を与えている．

サンゴ礁は熱帯から亜熱帯にひろがる貧栄養海域にありながら，地球上で最も生産性の高い生態系を形成している．サンゴは粘液や表皮組織，内部などに棲む多様な微生物群集と密接な共生関係（ホロバイオーム）を保っているが，成長に伴って複雑な空間構造を発達させるとともに，多量の粘液をたえず海水中に放出しており，サンゴの体外にいる微生物群集にも大きな影響を及ぼしている．粘液はサンゴ礁内の微生物群集によって利用・消費されるとともに，微生物が多数付着した粘液は窒素含量が上昇し，魚類を含む大型動物の餌資源としての価値が高まり，物質循環を活発化させる（図12-3）（Wild *et al*., 2004；中嶋・田中，2014）．サンゴ自身は褐虫藻と直接作用によって相利共生する動物だが，生態系エンジニアとして複雑な空間構造と作り出すとともに，粘液放出を介してさらに多様な微生物との共生関係を成り立たせている（Ainsworth *et al*., 2010）．

海底に棲むベントスのうち，二枚貝や多毛類，大型の甲殻類などは，堆積物中に安定した巣穴を掘って生息するものが多く知られている．巣穴の形状や大きさは，ベントスの種類によって特徴的だが，いずれの場合も，採餌や移動に伴って巣穴の外の海水を巣穴に引き込むため，巣穴の近傍は巣穴のない周囲の堆積物中と比べてより好気的な環境になる．その結果，堆積物中の好気性菌の活動が海底表層だけでなく巣穴の壁面や近傍でも促進される（Kogure and Wada, 2005）．これは好気的な場（＝巣穴）と嫌気的な場（＝非巣穴）が互いに接する領域（酸化・還元境界層）を拡大し，好気的な有機物の分解と，嫌気的な脱窒，窒素固定などの共役を促進する効果をもつ（図12-5）（Kristensen and Kostka, 2005）．多くの場合，多毛類や十脚類（アナジャコ，スナモグリ）がつくる巣穴の壁面には，巣穴のない堆積物表面とは異なる微生物群集が発達する傾向が認められている（Satoh and Okabe, 2013）．

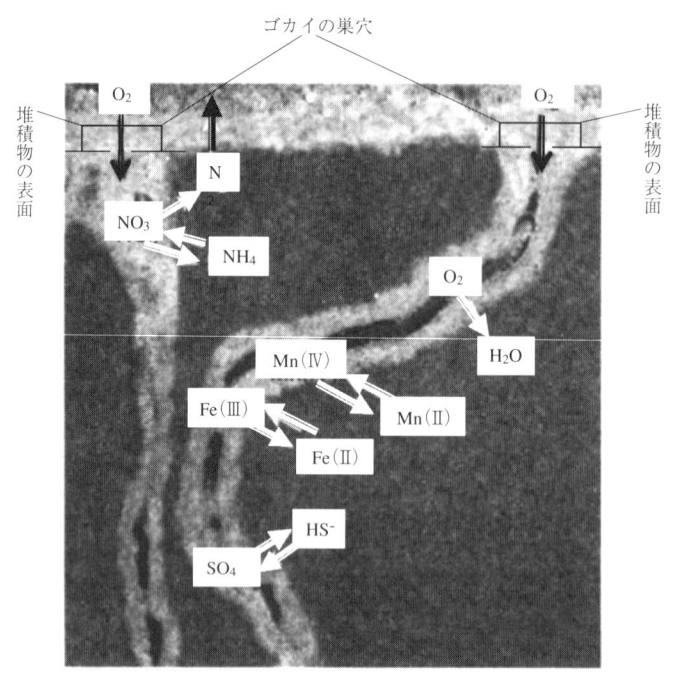

図12-5 堆積物中のゴカイの巣穴構造と酸化・還元境界層の発達
(Kristensen and Kostka, 2005を改変)

§3. 海洋微生物と宿主の共生を支える分子メカニズム

　前節で学んだように，特定の微生物と宿主の相利的な共生関係を長期間保つには，微生物と宿主の特異的な認識や，宿主の世代間における共生微生物の効率的な伝播が不可欠である．本節では，主に水平伝播によって成り立つ海洋細菌と海洋動物宿主の相利共生に注目し，微生物と宿主の出会いから共生成立に至る一連の過程とそれらを可能にする基本的な分子機構を学ぶとともに，共生に必要な遺伝子群の獲得や維持，不要な遺伝子群の喪失を通して共生菌のゲノムが受ける変化についても理解を深めよう．

3-1　水平伝播型共生における細菌と宿主の出会いと共生成立への道のり

　水平伝播される海洋の共生細菌は多くは鞭毛によって水中を遊泳し，特定の化合物に対して走化性を示すことから，これらの性質は宿主との共生成立にとって重要だと考えられる．実際に，共生発光細菌の一種であるビブリオ フィッシェリ（*Vibrio fischeri*）とダンゴイカ（*Euprymna scolopes*）の共生モデル系においても，運動性や走化性を実験的に欠損させた共生菌株は，宿主との共生関係を成立させることはできない（Norsworthy and Visick, 2013）．しかし，海水中で浮遊している共生細菌の濃度は一般に低いため，最初の段階から走化性によって共生菌が宿主に直接誘引されることは稀であり，宿主は鰓や口器などを動かして周囲の海水を体内に引き込み，物理的に共生細菌と遭遇する確率を高めている．その後，宿主の粘液で覆われた体表上で共生細菌と宿主が接触し，互いの細胞表面

の糖鎖と糖結合タンパク質（レクチン）の選択的な結合にもとづいた相互認識が始まるが，細菌ではリポ多糖（LPS）や外膜タンパク質（Omp）が関与している（Bright and Bulgheresi, 2010）．*V. fischeri* と *E. scolopes* の共生系では，水平伝播する共生菌は宿主側の多様な生体防御反応による攻撃（酸化ストレスや浸透圧ストレスなどを含む）を巧みにかわしながら，やがて宿主体内の特定の場所（共生器官）で凝集し，特異的なバイオフィルムを形成して定着し，共生関係の成立に至ると考えられる．

3−2　共生相互作用におけるクオラムセンシング（Quorum Sensing, QS）の重要性

　水平伝播によって大型生物と共生する細菌の細胞数密度や細胞形態，代謝活性などは，宿主の体内と体外で大きく異なっている．この現象には共生細菌が自らの細胞数密度を感知し，特定の遺伝子機能の発現を促進または抑制するメカニズムが働いている．このような細胞数密度に依存した遺伝子発現の制御機構のことを「クオラムセンシング（Quorum Sensing, QS）」と呼び，多様な細菌種に見出されている．QSを行う細菌はアシルホモセリンラクトン（AHL）（図12-6）などの低分子化合物（QS分子）を構成的に合成，分泌するとともに，QS分子を特異的に認識し結合する受容体タンパク質を合成する．QS分子は細胞膜透過性が高く，その細胞内外の濃度は等しくなるため，細胞内に存在するQS分子数は細胞数を反映する．細胞内のQS分子と結合した受容体は，DNAの発現調節部位に作用して特定の遺伝子（群）の転写，翻訳を促進もしくは抑制する．AHLを介したQSは共生発光細菌において発光酵素（ルシフェラーゼ）合成を対数増殖期以降に強く誘導するメカニズムとして発見されたが（図12-7），その後，他のグラム陰性細菌にも広く見出され，異なるグラム陰性細菌の間でも互いの遺伝子発現に影響を及ぼすことがわかった．さらに，グラム陰性菌と陽性菌がオリゴペプチドを共通のQS分子として互いに認識することが発見され，系統的に離れた細菌間でも互いの遺伝子発現に影響を与えることが明らかとなった（Waters and Bassler, 2005）．QS機構は相利共生細菌お

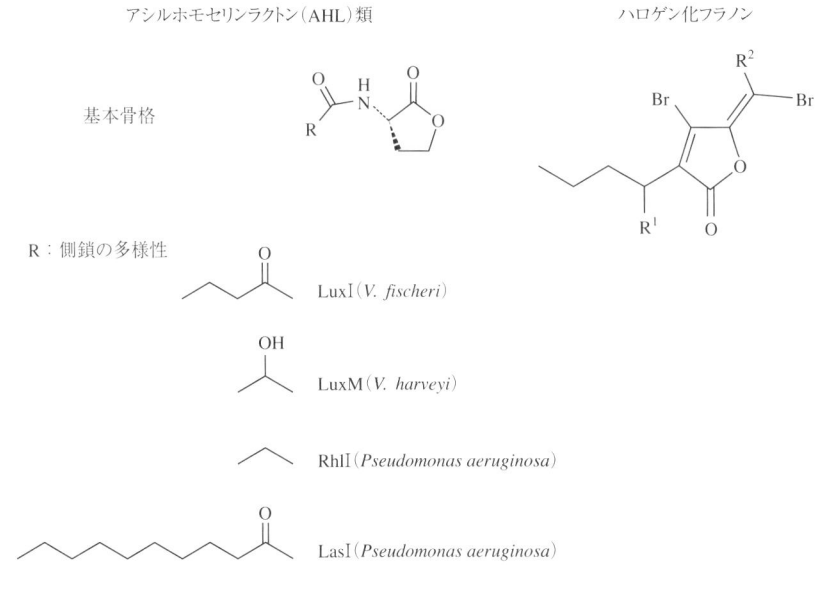

図12-6　アシルホモセリンラクトン（AHL）類の構造とハロゲン化フラノン

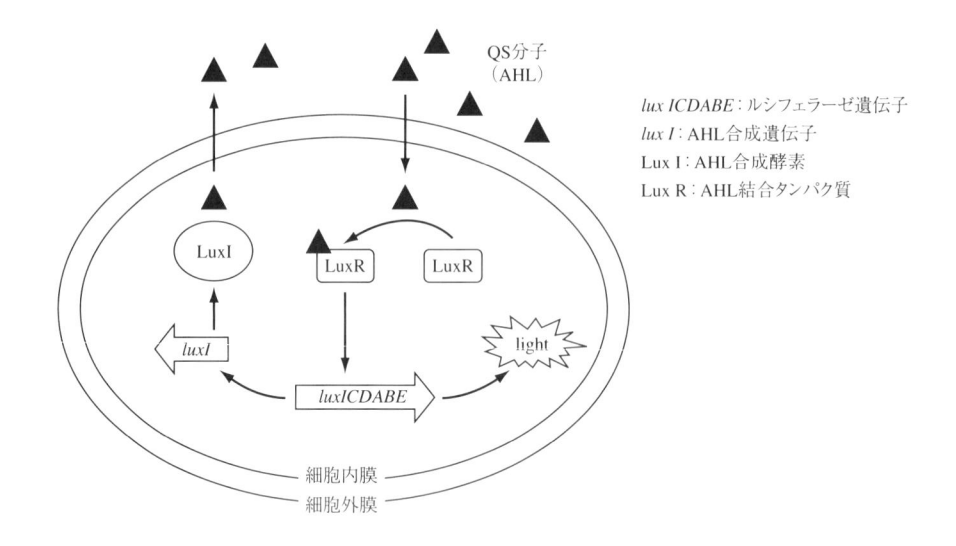

図12-7 クオラムセンシング(QS)システムによる発光細菌(フィッシェリ菌)の発光制御 (Waters and Bassler, 2005を改変)

よび病原性細菌において，バイオフィルム形成やType III分泌システムと呼ばれる菌体外へのタンパク質輸送複合体の発現などに関わっており，細菌と真核宿主の相互作用の成立・維持に重要な役割を果たしている．また大型紅藻類のハロゲン化フラノン（図12-6）はAHLの類似化合物であり，藻体表面に存在する細菌間のQS機構を妨害して微生物付着を防ぐ効果が認められている（Manefield et al., 2002）．この事実はQSを標的とした細菌制御手法の有効性を示し，新たな抗菌物質としての応用が期待されている．

3-3 共生における遺伝子水平伝播の役割

相利共生や寄生（病原性）に関わる遺伝子群の多くはプラスミドやトランスポゾンなど可動性の高い遺伝子単位に取込まれ，異なる細菌間を移動すると考えられている（図12-8）．陸域では，マメ科植物の共生根粒菌の窒素固定に関わる遺伝子群が，プラスミドもしくは共生アイランド（Symbiosis Island, SI）と呼ばれる領域に存在している．共生ミヤコグサ根粒菌（*Mesorhizobium loti*）の約500塩基対のSI領域が土壌中で水平伝播し，非共生型の*Mesorhizobium*菌株に共生能力を付与させることも報告されている（Sullivan et al., 1995）．このような特定の遺伝子領域の水平伝播による共生能力の獲得は，大腸菌やコレラ菌の病原性株でも知られており，特に病原性に関わる遺伝子領域は病原アイランド（Pathogenesis Island, PI）と呼ばれている．ある種の海綿（*Mycale*や*Theonella*属）の共生細菌がつくる抗腫瘍物質は宿主の生体防御に役立っていると考えられるが，陸生昆虫（ハネカクシ科の甲虫）の共生細菌がつくる抗腫瘍物質（pederin，ペデリン）とほぼ同じ化学構造である（図12-9）．最近，この物質が地衣類の共生シアノバクテリアにも存在し，各共生菌のペデリン合成遺伝子は互いに相同性が高いことが示され（Kampa et al., 2013），海と陸の細菌間をこの遺伝子が共生アイランドとして水平伝播したと考えられている．この他にも，海洋細菌と日本人の腸内細菌の間で糖質分解酵素の遺伝子が水平伝播した可能性も報告されている．ヒトの腸内には極めて多くの細菌が生

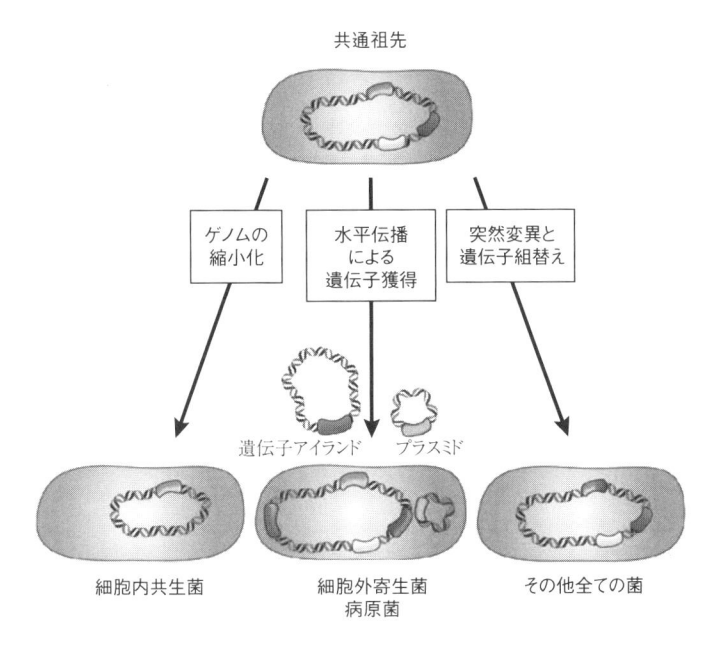

図12-8　共生細菌における遺伝子水平伝播とゲノム構造の変化
（Dobrindt *et al.*, 2004を改変）

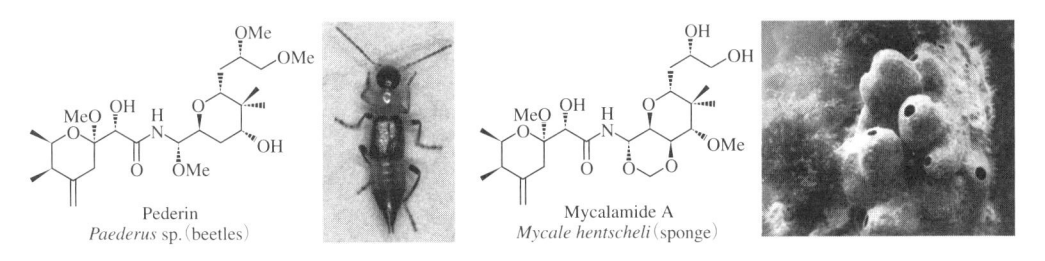

ペデリン（ハネカクシ科の甲虫）由来

ミカラミド（海綿）由来

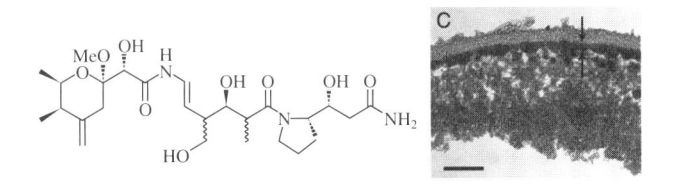

ノスペリン（地衣類由来）　矢印部分は共生シアノバクテリア（*Nostoc* sp.）

図12-9　陸と海の共生細菌がつくる抗腫瘍物質（ペデリン類）
（Kampa *et al.*, 2013を改変）

息し，ビタミン合成や，消化・吸収，感染防御，免疫刺激などの有益作用をもたらしている．嫌気性の *Bacteriodes* 属はヒト腸内の優占的な菌群の1つであり，様々な多糖類の分解酵素（糖質関連酵素）活性を示すが，アマノリなど紅藻類由来の糖質であるポルフィランや寒天の分解に関わる酵素については知られていなかった．ところが，日本人の腸内由来バクテロイデスと，海洋由来の別のバクテロイデスが互いに相同性の高いポルフィラン類分解酵素をもつことがわかった（Hehemann *et al.*, 2010）．一方，北米人の腸内バクテロイデスにはそのような酵素が見つからないことから，海藻（とくに海苔）をよく食べる日本人の腸内にポルフィラン類分解酵素遺伝子をもつ海洋バクテロイデスが侵入し，腸内のバクテロイデスにその遺伝子が水平伝播したと考えられている．この仮説に従えば，日本人は自らの共生菌と海洋細菌の間における遺伝子水平伝播によって海藻の消化・吸収能力が高まった人種といえるだろう．

3-4 宿主との相互作用による微生物ゲノム構造の変化

微生物の染色体（ゲノム）には，環境中で生残，増殖するために必要な遺伝子配列が記されており，宿主と相互作用する場合には，その依存度に応じて変化すると考えられている．昆虫の内部共生菌の多くは必須共生者として宿主への依存度が高く，次世代の宿主への受け渡しは垂直伝播によるが，そのゲノムの大きさは近縁の細菌種と比べて極端に小型化しているものが多い（図12-8）（二河，2013）．これは，共生細菌が宿主の何世代にも渡って宿主から供給される栄養物質や定住環境を利用し，共生関係に対する依存度を高めた結果，宿主体外での生残や増殖に必要な代謝能力を遺伝子ごと染色体から失ったためだと解釈される．また，そのような共生菌のゲノムDNAの全塩基組成には，アデニン（A）とチミン（T）の蓄積が多くなり，機能タンパク質をコードする遺伝子配列において塩基置換速度の上昇傾向がみられる．一方，前述のような病原細菌や腸内細菌などの任意共生では，PIやSIなどの水平伝播によって新たな遺伝子配列を獲得し，ゲノムサイズが増える変化もある．

§4. 海洋微生物の病原性の進化と環境の関わり

普段，海のなかで泳ぐ魚の群れは活発で，明らかな病気で苦しむ姿を目にすることはほとんどない．もし病気になれば，その個体は活動が低下して，捕食者などから攻撃を受け水中から速やかに除去されるからである．しかし，表立った病状は見えなくても海洋生物は絶えず病原微生物（ウイルスや細菌）の脅威にさらされており，生体防御システムで対抗している．また，病原微生物といっても，その作用は一様ではなく，ある宿主にとって有害でも，別の宿主にとって無害な場合や，病毒性が年月とともに変化することもある．本節では，海洋微生物の病原性を進化的な観点から学び，今後予想される海洋環境の変化との関わりを理解しよう．

4-1 病毒性の進化

病気は生物間の相互作用の区分からみて寄生関係と本質的に同じだが，寄生者が宿主を利用して自らの子孫を増やす際に宿主の不利益が著しく大きくなる関係（偏害）である．一般に微生物の病毒性（virulence，ビルレンス）の強さは一定ではなく，例えば極度に強い毒性で宿主を全滅させることは病

原微生物自身にとって不利になるため，最初は強毒性を示しても時間経過とともに弱毒化する場合がある．そのような例として，オーストラリアでウサギ駆除のために人為的に導入された病原ウイルス（ミクソーマウイルス）の病毒性変化が有名である．しかし，病毒性の変化がいつでも弱毒化に向かうとは限らず，前と比べて強毒化する場合もある．病毒性の変化に影響を及ぼす要因の1つとして，病原微生物の宿主への感染経路（伝播様式）の空間スケールが重要であり，病原体の感染が宿主から宿主へ垂直的に行われる場合には，水平的に感染する場合に比べて病毒性が弱くなる傾向が知られている（Ewald, 1987）．これは，「今の宿主をいじめずに，次世代の宿主に確実に寄生できるほうがよい戦略である」という考察によって説明される．ウサギのミクソーマウイルスの場合，配偶子を介する垂直感染ではないが，ウサギに特異的なノミによって媒介されるため，その感染経路は垂直感染とほぼ同じ程度の空間スケールで起きるので，病毒性が低下したと考えられる．これとは逆に，宿主の体外で多数の病原体が長期間生残可能であれば，宿主に直接大きな害を与えても病原体が次の宿主に感染する効率にはほとんど影響を及ぼさないため，むしろ病毒性が強くなると考えられる．このような仮説は"Sit-and-Wait hypothesis"と呼ばれ，実際にコレラ菌やインフルエンザウイルスなどが「次の宿主へ水平伝播するまでの期間に強毒化する」傾向をうまく説明できる（Walther and Ewald, 2004）．

4-2 宿主の外における病原因子の獲得と進化

「病原細菌が宿主の外で病毒性を高める」直接的なメカニズムには不明な点も多いが，宿主体外は細菌にとって多様なウイルスによる感染や，他の微生物との相互作用が頻繁に起こる場であり，水平伝播によって新たな遺伝子を獲得する可能性も高くなる（図12-8）．宿主への付着や宿主の免疫・生体防御システムの回避，鉄の獲得，毒素産生など，宿主への侵襲・攻撃性を強める病原因子をコードする遺伝子は，前出のような病原アイランド（PI）に集中し，ウイルス感染や細菌どうしの接合伝達などによって水平伝播されやすい．また，一般にバイオフィルムは，宿主体外における環境変動に対して細菌の抵抗性を強めて長期の生残を可能にし，遺伝子水平伝播の場を作り出すことにつながるため，バイオフィルム形成能力を獲得，向上させることも病毒性の強化に結びつく．

では，なぜ環境中の細菌が大型生物に対する病毒性を維持しているのだろうか？　その説明として，病毒性はもともと原生生物による捕食を回避する手段として，細菌において進化してきたという仮説がある（Erken *et al.*, 2013）．実際に，前述のような病原因子やバイオフィルム形成能力をもつ細菌は，原生生物からの捕食圧を軽減できることが実験的に示されており，そうした遺伝子をもたない菌に比べて，野外で生残る確率が高くなると考えられる．特に環境中の原生生物のうちアメーバによる捕食は，動物の液性免疫の主役であるマクロファージの食作用と類似しており，細菌がアメーバへの耐性を強化することは，結果的に大型動物に対する病毒性をも強めることにつながると考えられている．

4-3 宿主と病原体の軍拡競争

一般に病原体の感染をうけた宿主は，その攻撃を防ぐための手段を講じるが，病原体はさらにその防御をかいくぐるように進化する．細菌感染症に対して抗生物質を用いても，やがて耐性菌が出現するように，医学によって細菌やウイルスの感染や増殖を防ぐ手段が開発されても，それに対抗する新

たな病原体が進化する現象は軍拡競争（Arms race）に例えられる．このような宿主と病原体の「進化」は，特に細菌と真核微生物の共生や，ウイルスと細菌あるいは真核微生物との共生において広く認められている．バクテリオファージと，そのファージに感受性のある大腸菌を共存させる実験を行なうと，はじめのうちは，大腸菌がファージによる感染を受けて減少するが，やがてファージが認識する細胞表面構造を変異させ，抵抗性をもった大腸菌の突然変異体が増える．すると今度は大腸菌の変異体に感染するファージの変異体が生じ，再び大腸菌の数が減る．しかし，また大腸菌が変異してファージに対する抵抗性を獲得する（栗原，1998）．この場合，宿主（大腸菌）の耐性化に要するコストと，寄生者（ファージ）の耐性回避のコストが同程度ならば，永続的な軍拡競争型の関係が続くと予想されるが，実際にはやがて新たな寄生者の出現頻度が下がり，耐性宿主の出現も停滞する．これは寄生者側の耐性回避にかかるコストが，宿主の抵抗性獲得のコストよりも大きいために生じると考えられている．ヒトは感染症対策として抗生物質を多用したために細菌との「軍拡競争」を招き，耐性菌の出現が医療現場で問題となっている．そこで近年は細菌が容易に耐性を獲得できないような新たな対抗手段の開発が求められている．

4-4 病原細菌と共生細菌の共通項

宿主に偏害を与える細菌と相利共生する細菌の間には，どのような遺伝子機能の差異や共通点があるのだろうか？　これまでに様々な共生細菌のゲノム配列が決定され，病原性細菌と相利共生細菌の間で予想外に共通の遺伝子機能が多いことが示されてきた（Dobrindt *et al.*, 2004）．例えば，病原性のコレラ菌（*Vibrio chorelae*）と共生発光細菌フィッシェリ菌（*V. fischeri*）のゲノムを比べると，フィッシェリ菌にコレラ毒素をコードする遺伝子が不完全ながらも存在している（Ruby *et al.*, 2005）．この他にもコレラを含む病原性ビブリオが保有する別の毒素関連遺伝子や，多様な線毛（pilli）遺伝子群がフィッシェリ菌のゲノム配列中に見つかっている．フィッシェリ菌と宿主の共生において毒素や線毛の役割は不明だが，原生生物からの捕食回避など環境中における生残りに役立っている可能性はある．

コレラ菌とフィッシェリ菌の両方で発現する分子レパートリーのうち，キチン質およびその基本骨格をなす *N*-アセチル-D-グルコサミン（図12-10）を認識するキチン結合タンパク質は特に注目に値する．コレラ菌はヒトの腸内と沿岸の汽水域を行き来するが，このキチン結合タンパク質を介して汽水域に棲む甲殻類（カイアシ類など）の表面に付着する．甲殻類の表面（外骨格）はキチンを主成分とし，キチン分解酵素のはたらきによって炭素および窒素源となり，栄養環境の変化やその他のストレスから避難する場となるため，コレラ菌の生残にとってキチン結合タンパク質は重要である．一方，フィッシェリ菌はイカとの共生を開始する際，発光器から水中に放出されるキチンオリゴ糖（キトビオース：*N*-アセチル-D-グルコサミンが2分子つながったもの）を認識し，正の走化性を示すので宿主の発光器官にたどり着ける（Mandel *et al.*, 2012）．陸上のマメ科植物に根粒形成を誘導するNod因子（図12-10）も根粒菌が合成するキチンオリゴ糖の一種であることから，キチンは海と陸の両方において宿主と細菌の共生相互作用の成立，維持に関わる普遍的な鍵分子の1つだと考えられる．

また，コレラ菌を含めた多くの病原細菌は鉄を獲得するためにシデロフォアと呼ばれる鉄キレート化合物を合成するが，フィッシェリ菌もシデロフォア合成能力をもつ．鉄は呼吸鎖電子伝達系など生体の酸化還元反応に不可欠な微量元素だが，大型生物宿主が体内の遊離鉄レベルを低く保っているた

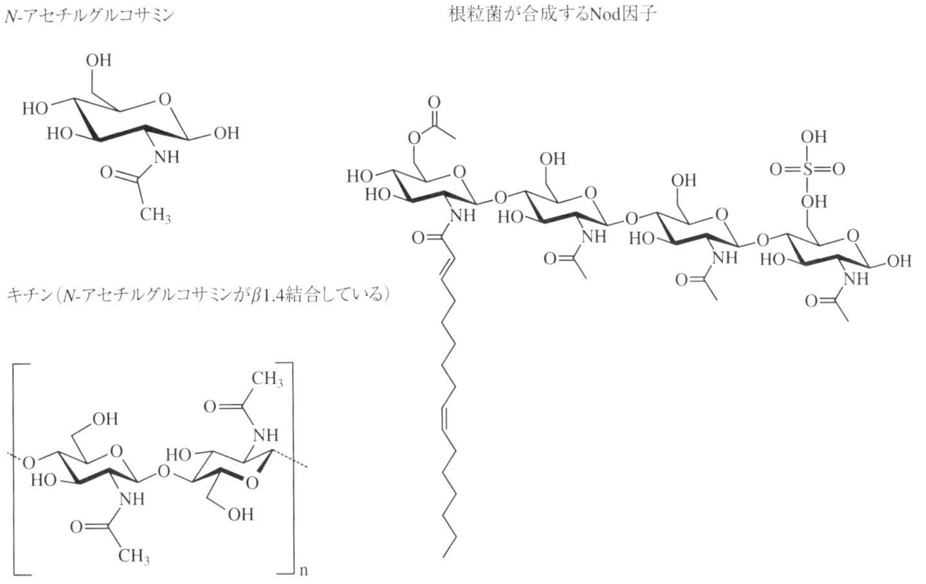

N-アセチルグルコサミン　　　　　　根粒菌が合成するNod因子

キチン(N-アセチルグルコサミンがβ1.4結合している)

図12-10　N-アセチルグルコサミンとキチン化合物

め，細菌はしばしば鉄欠乏によって増殖が抑制される．シデロフォアが相利的な発光共生細菌にも存在していることは，鉄欠乏を回避する能力が宿主との相互作用において本質的に重要であることを示唆している．

4-5　サンゴの白化と感染症

　健康なサンゴは褐虫藻（zooxanthella と呼ばれる．*Symbiodinium* 属の渦鞭毛藻）を体内の胃層細胞に共生させている．その細胞密度は骨格表面積 1 cm^2 あたり数十万から数百万細胞にも達し，多数の褐虫藻がもつ光合成色素のためにサンゴの表面は褐色に見える．しかし，この共生関係は水温や塩分，光強度などの様々な環境ストレスの影響に極めて敏感で，ストレス下では褐虫藻が部分的あるいは完全にサンゴ体内から排除されるか，光合成色素が分解，退化することが知られている．その結果，白色の炭酸カルシウム骨格が透けてサンゴが白く見えるため，このような現象全般を白化と呼んでいる．白化したサンゴの一部は，条件がよくなると褐虫藻を再び体内に取込み，共生関係を取り戻す場合もあることから，白化をサンゴの環境変動に対する適応の1つと見なす考え（「適応的白化仮説」）が提唱されている（Budderneier and Fautin, 1993）．

　一方，サンゴの白化は感染性微生物によっても引き起こされる．サンゴは Toll-like receptor に代表されるような自然免疫系を発達させており，褐虫藻と他の病原体を区別する能力をもっている（Shinzato *et al*., 2011）．その結果，異物と判断された微生物は粘液の分泌によって物理的に排除されるか，粘液内の常在微生物がつくる抗生物質などによって増殖が抑制される（カサトレ・中野, 2011）．しかし，ストレスなどの原因で抵抗性が衰えたサンゴに対して，一部の侵襲性の強い微生物が組織に侵入し，サンゴ内で増殖した後，周囲に水平感染し，白化被害が拡大していく場合がある（図

12-11)．これまでに，地中海のビワガライシ科のサンゴ（*Oculina patagonia*）や，インド洋や紅海にみられるハナヤサイサンゴ（*Pociloopora damicornis*）では，白化の原因として特定の *Vibrio* 科細菌種が報告され（Kushmaro *et al.*, 1997, Ben-Haim *et al.*, 2003），サンゴ感染症と *Vibrio* 科の関わりが強く示唆されている．また，*Aurantimonas* や，ヒトの病原菌として知られる *Serratia*，土壌真菌の *Aspergillus* などもサンゴの白化原因として知られている（Denner *et al.*, 2003, Rosenberg *et al.*, 2007）．また Black Band Disease と呼ばれる白化症状には，シアノバクテリアや，好気性および嫌気性細菌を含む複合微生物群集が関与し，その中の硫酸還元細菌が生成する硫化水素によってサンゴ組織の壊死が引き起こされる（Rosenberg *et al.*, 2007）．このようにサンゴの健康を脅かす病原微生物の存在が明らかとなり，近年その影響が深刻化する傾向が続いているが，その理由の1つとして，サンゴ礁周辺における人間活動の活発化により，陸からサンゴ礁域への栄養塩や有機物，土砂などの流入負荷が増大してきたことが考えられる（Kuntz *et al.*, 2005）．これはサンゴ礁が発達する海域に富栄養化と汚濁化をもたらし，「健全なサンゴ礁が駆動する環境」とは無関係に従属栄養微生物の活動を促進し，その生残確率を高める．この状態は，前出の"病毒性の進化"で紹介したように，「病原体が宿主の外で生残りやすいと病毒性を高める」状況と一致することから，今後も病原微生物によるサンゴの感染性白化被害の長期化や悪化，拡大などが懸念される．

図12-11　ミドリイシサンゴの感染性白化現象の例
左：右端に組織が残っている．
右：17時間後，すべて白化した．

4-6　気候変動と感染症

近年の気候変動は陸上だけでなく，海水温の上昇や酸性化などを介して海洋生態系に影響を及ぼすことが懸念されている．特にサンゴ礁生態系は表面海水温の変動に敏感であり，例えば1997年から1998年にかけてエルニーニョ現象が熱帯海域の水温上昇を引き起こした際，オーストラリアのグレートバリアリーフやカリブ海を含む世界各地のサンゴ礁で大規模な白化が生じている．この時の白化現象に感染症がどの程度関わっていたかは定かでないが，2000年以降にサンゴの感染性白化が各地で観測されている（Southerland *et al.*, 2004）．一方，高緯度地域の沿岸においても

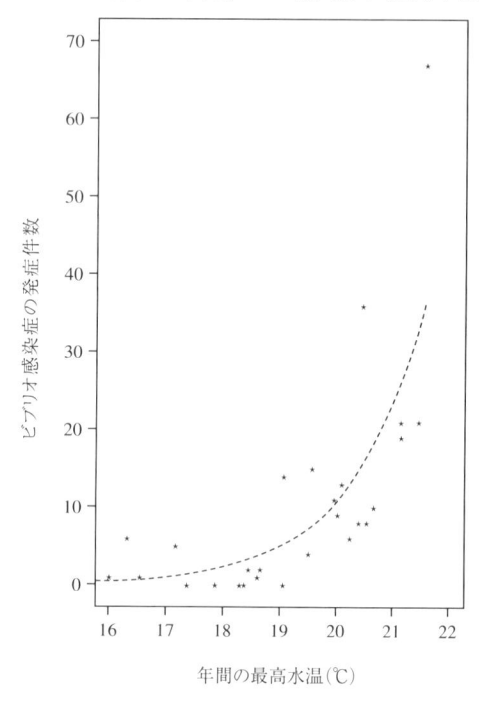

図12-12　バルト海沿岸の表面海水温と *Vibrio* 科細菌による感染症の発症件数の変遷（Baker-Austin *et al.*, 2012を改変）

Vibrio 科細菌による感染症の発症頻度が近年上昇しており，同海域の表面海水温の変動傾向とよく一致している（図 12-12）(Baker-Austin *et al.*, 2012).

このように表面海水温の上昇によって発症リスクが高まる感染性病原体については，海洋における活動状況を監視し，予防などの対策に活かすことが重要である．感染性の強いビブリオ細菌（例：コレラ菌，腸炎ビブリオ菌，ヴァルニフィカス菌など）の多くは，熱帯から温帯域の甲殻類の付着細菌群集にもしばしば含まれるため，その増減を監視することは水温上昇によるビブリオ感染症の発症リスクを評価する試みの 1 つとして有効かもしれない．中でもカイアシ類は代表的な海洋動物プランクトンであり，コレラ菌の付着について研究も進んでいるため，気候変動による感染症リスクを監視する対象として注目されている（Gerdts *et al.*, 2013）.

まとめ

Q1：海洋微生物はどのような他生物と共生しているのか？

地球上のすべての「目に見える生物」は，何らかの「目に見えない微生物」と共に生きる（＝共生する）宿主である．したがって，この問いに対しては，「海に棲む微生物以外の生き物すべて」という答えが成り立つ．一般に海の生物は，生息場や移動能力の違いに応じて，浮遊生物（プランクトン），遊泳生物（ネクトン），底生生物（ベントス）に分けられるが，そのいずれにおいても，目に見える生物は各個体の体表面や体内（消化管など）に様々な種類の微生物を「共生」させている．共生体を構成する細菌の多様性は宿主の種類や生息環境の違いを反映して変動するが，真正細菌の門レベルでは *Proteobacteria* や *Cyanobacteira* などがしばしば報告されている．一部の無脊椎動物や魚類では特定の *Proteobacteria*（特に *Vibrio* 科細菌）との共生関係も知られている．また，海水中の細菌や真核微生物を宿主として感染するウイルスも多数知られており，微生物の遺伝子進化において共生が重要な役割を果たしていると考えられている．

Q2：海洋微生物と宿主の共生はどのように維持されているのか？

微生物と宿主の関係のうち「相利共生」は，互いに必要とする栄養物質を補いあう「栄養共生」と，それ以外の利益をもたらす「非栄養共生」に大別される．海洋では前者の例として，サンゴと褐虫藻の共生が有名であり，サンゴは窒素分や炭酸塩を褐虫藻に与え，褐虫藻は光合成産物をサンゴに与えている．この他にも，植物プランクトン（微細藻類）とその周囲の従属栄養細菌の間では，細菌が藻類に由来する有機物を無機化し，あるいは窒素固定を行って，宿主藻類が必要とする栄養塩の再生と供給を促進するため，両者の関係も栄養共生と見なせる．また，一部の魚やイカに見られる発光共生は「非栄養共生」の好例であり，宿主は栄養（有機物）と住処（発光器）を発光細菌に与え，その見返りとして発光細菌が放つ光を活用している．相利共生では，宿主が次世代へ共生微生物を受け渡す 2 つの方法が知られている．1 つは宿主の配偶子を介する「垂直伝播」であり，もう 1 つは配偶子を介さずに次世代の宿主が環境中から共生体を直接取込む「水平伝播」である．後者の場合，海洋において水平伝播する共生細菌はいったん宿主体外に排出されると，次の宿主と出会うまで海水や堆積物，あるいは宿主以外の海洋生物の体内や体表で過ごすと考えられるが，そうした場での生残りは共生関

係の成立・維持に重要だと考えられる．

Q3：海洋微生物と宿主の共生にはどのような物質や遺伝子機能が関わっているのか？

　共生微生物と宿主の間では様々な化学物質の交換が行われているが，一方が独立栄養性で他方が従属栄養性の場合と，両者が従属栄養性の場合の2つに分けて考察できる．Q2の解答例でもあげたように，例えばサンゴと褐虫藻の共生では，サンゴは窒素化合物と無機炭酸を褐虫藻に与え，逆に褐虫藻は光合成産物である炭水化物を宿主へ与える．このように，独立栄養者は従属栄養的な共生相手に対して炭酸固定によって合成した有機物を与え，その見返りとして炭酸固定に必要な無機化合物を手に入れる場合が多い．還元環境で見られる独立栄養性細菌と動物の共生についても同様の傾向が認められる．一方，従属栄養性の共生微生物と宿主の間で交換される物質が解明された例は少ないが，共生微生物が抗生物質や抗腫瘍物質，ビタミン類やその他の生理活性物質を合成するのに対し，宿主は共生微生物の炭素源あるいはエネルギー源となるアミノ酸や，他の有機物を供給する傾向がある．特定の宿主と共生微生物の共生関係が維持されるためには，宿主の子孫も同じ共生微生物をパートナーとして認識し，選択する必要があり，宿主側のレクチンと呼ばれる糖結合性のタンパク質と，細菌側のリポ多糖類や外膜タンパク質などが特異的な分子認識に重要な役割を果たしている．また，宿主世代間で共生細菌を水平的に受け渡す場合，共生細菌の数や形態，代謝活性などは，宿主の体内と体外で大きく異なっているが，この違いには，共生細菌がみずからの細胞数密度を感知し，特定の遺伝子機能の発現を促進または抑制するメカニズムが関わっている．このような遺伝子発現制御機構は「クオラムセンシング」として知られ，環境中に存在する多様な細菌種に見出されている．

Q4：天然の魚も病気になるのか？

　魚に限らず，天然海域でも海洋生物は絶えず病原体の脅威にさらされており，表立った症状はなくても，各自の生体防御システムで対抗している．また，病原微生物といっても，その作用は一様ではなく，ある宿主にとって有害でも，別の宿主にとって無害な場合や，病毒性が年月とともに変化する場合もある．病原体の感染が宿主から宿主へ垂直的に行われる場合には，水平的に感染する場合に比べて病毒性が弱くなるが，それとは逆に，宿主の体外で多数の病原体が長い間生残可能であれば，宿主に直接大きな害を与えても病原体が次の宿主に感染する効率にはほとんど影響を及ぼさないため，むしろ病毒性が強くなると考えられる．この仮説は，コレラ菌やインフルエンザウイルスなどが「次の宿主へ水平伝播するまでの期間に強毒化する」傾向をうまく説明できる．宿主の体外は細菌にとって多様なウイルスによる感染や，他の微生物との相互作用が頻繁に起こる場であり，水平伝播によって新たな遺伝子を獲得する可能性も高くなる．特に原生生物による捕食圧は細菌の環境変動に対する抵抗性を強化し，結果的に大型動物に対する病毒性をも強めることになると考えられる．

学習課題

【課題1】海洋微生物と他生物の「栄養共生」と「非栄養共生」の例をそれぞれあげよ．
【課題2】「水平伝播」によって宿主に共生微生物が渡される例をあげ，「垂直伝播」との違いを説明せ

よ．
【課題3】共生細菌の生残が宿主との共生関係に大きく依存する場合，共生細菌のゲノム構造はどのような変化を受けると考えられるか．
【課題4】微生物の病毒性は弱くなる方向と強くなる方向のどちらに進化するか．
【課題5】宿主の外における病原因子の獲得はどのように起こるのか．
【課題6】海水温度の上昇は海洋微生物による感染症にどのような影響を与えると考えられるか．

文　献

Ainsworth, T. D., Thurber, R. V. and Gates, R. D.（2010）: The future of coral reefs: a microbial perspective. *Trends Ecol. Evol.*, 25（4）, 233-240.

Amin, S. A., Parker, M. S. and Armbrust, E. V.（2012）: Interactions between diatoms and bacteria. *Microbiol. Mol. Biol. Rev.*, 76（3）, 667-684.

Baker-Austin, C., Trinanes, J. A., Taylor, N. G., Hartnell, R., Siitonen, A., and Martinez-Urtaza, J.（2012）: Emerging Vibrio risk at high latitudes in response to ocean warming. *Nat. Clim. Change*, 3（1）, 73-77.

Bell, W. and Mitchell, R.（1972）: Chemotactic and growth responses of marine bacteria to algal extracellular products. *Biol. Bull.* 143, 265–277

Bengtsson, M. M., Sjøtun, K., Storesund, J. E. and Øvreås, L.（2011）: Utilization of kelp-derived carbon sources by kelp surface-associated bacteria. *Aquat. Microb. Ecol.*, 62, 191-199.

Ben-Haim, Y., Zicherman-Keren, M. and Rosenberg, E.（2003）: Temperature-regulated bleaching and lysis of the coral Pocillopora damicornis by the novel pathogen *Vibrio coralliilyticus*. *Appl. Environ. Microbiol.*, 69（7）, 4236-4242.

Bright, M., and Bulgheresi, S.（2010）: A complex journey: transmission of microbial symbionts. *Nat. Rev. Microbiol.*, 8（3）, 218-230.

Buddemeier, R. W. and Fautin, D. G.（1993）: Coral bleaching as an adaptive mechanism. Bioscience, 43（5）, 320-326.

Carman K. R. and Dobbs F. C.（1997）: Epibiotic microorganisms on copepods and other marine crustaceans. *Microsc. res. tech.*, 37（2）, 116-135.

Denner, E. B., Smith, G. W., Busse, H. J., Schumann, P., Narzt, T., Polson, S. W., and Richardson, L. L.（2003）: *Aurantimonas coralicida* gen. nov., sp. nov., the causative agent of white plague type II on Caribbean scleractinian corals. *Int. J. Syst. Evol. Microbiol.*, 53（4）, 1115-1122.

Dobrindt, U., Hochhut, B., Hentschel, U., and Hacker, J.（2004）: Genomic islands in pathogenic and environmental microorganisms. *Nat. Rev. Microbiol.*, 2（5）, 414-424.

Erken, M., Lutz, C. and McDougald D.（2013）: The Rise of Pathogens: Predation as a Factor Driving the Evolution of Human Pathogens in the Environment. *Microb. Ecol.*, 65, 860-868.

Ewald, P. W.（1987）: Transmission Modes and Evolution of the Parasitism-Mutualism Continuum. *Ann. New York Acad. Sci.*, 503（1）, 295-306.

Ferrier, M., Martin, J. L., and Rooney-Varga, J. N.（2002）: Stimulation of *Alexandrium fundyense* growth by bacterial assemblages from the Bay of Fundy. *J. appl. microbiol.*, 92（4）, 706-716.

Geng, H., and Belas, R.（2010）: Molecular mechanisms underlying roseobacter-phytoplankton symbioses. *Curr. opin. biotechnol.*, 21（3）, 332-338.

Gerdts, G., Brandt, P., Kreisel, K., Boersma, M., Schoo, K. L., and Wichels, A.（2013）: The microbiome of North Sea copepods. *Helgol. Mar. Res.*, 67（4）, 757-773.

Hehemann, J. H., Correc, G., Barbeyron, T., Helbert, W., Czjzek, M., and Michel, G.（2010）: Transfer of carbohydrate-active enzymes from marine bacteria to Japanese gut microbiota. *Nature*, 464（7290）, 908-912.

Hentschel, U., Piel, J., Degnan, S. M., and Taylor, M. W.（2012）: Genomic insights into the marine sponge microbiome. *Nat. Rev. Microbiol.*, 10（9）, 641-654.

広瀬裕一（2006）：光を食べるホヤの話．美ら海の自然史　サンゴ礁島嶼系の生物多様性（琉球大学 21 世紀 COE プログラム編集委員会編），東海大学出版会，pp. 179-190.

石田祐三郎（2007）：海洋微生物と共生－サンゴ礁・海底熱水孔の生き物たち－，ベルソーブックス 031（日本水産学会 監修），成山堂書店．

Joint, I., Tait, K., and Wheeler, G.（2007）：Cross-kingdom signalling: exploitation of bacterial quorum sensing molecules by the green seaweed Ulva. *Philos. Trans. R. Soc. Lond. B: Biol. Sci.*, 362（1483）, 1223-1233.

Kampa, A., Gagunashvili, A. N., Gulder, T. A., Morinaka, B. I., Daolio, C., Godejohann, M., and Andrésson, Ó. S.（2013）. Metagenomic natural product discovery in lichen provides evidence for a family of biosynthetic pathways in diverse symbioses. *Proc. Nat. Acad. Sci. USA*, 110（33）, E3129-E3137.

カサレト ベアトリス・中野義勝．（2011）：サンゴの病気（第 12 章，第Ⅲ部 サンゴ礁をめぐる諸課題）サンゴ礁学：未知なる世界への招待（日本サンゴ礁学会編），東海大学出版会．pp. 274-298.

Kogure, K. and Wada, M.（2005）：Impacts of macrobenthic bioturbation in marine sediment on bacterial metabolic activity. *Microb. Environ.*, 20（4）, 191-199.

Kristensen, E., and Kostka, J. E.（2005）：Macrofaunal burrows and irrigation in marine sediment: microbiological and biogeochemical interactions. *Coast. Estuar. Stud.*, 60, 125-157.

Kuntz, N. M., Kline, D. I., Sandin, S. A., and Rohwer, F.（2005）：Pathologies and mortality rates：aused by organic carbon and nutrient stressors in three Caribbean coral species. *Mar. Ecol. Prog. Ser.*, 294, 173-180.

栗原 康（1998）：共生の生態学，岩波新書．

Kushmaro, A., Rosenberg, E., Fine, M., and Loya, Y.（1997）：Bleaching of the coral Oculina patagonica by *Vibrio* AK-1. Marine ecology progress series. *Oldendorf*, 147（1）, 159-165.

Lim-Fong, G. E., Regali, L. A., and Haygood, M. G.（2008）. Evolutionary relationships of "Candidatus Endobugula" bacterial symbionts and their Bugula bryozoan hosts. *Appl. Environ. Microbiol.*, 74（11）, 3605-3609.

Mandel, M. J., Schaefer, A. L., Brennan, C. A., Heath-Heckman, E. A., DeLoney-Marino, C. R., McFall-Ngai, M. J., and Ruby, E. G.（2012）：Squid-derived chitin oligosaccharides are a chemotactic signal during colonization by *Vibrio fischeri*. *Appl. Environ. Microbiol.*, 78（13）, 4620-4626.

Manefield, M., Rasmussen, T. B., Henzter, M., Andersen, J. B., Steinberg, P., Kjelleberg, S., and Givskov, M.（2002）：Halogenated furanones inhibit quorum sensing through accelerated LuxR turnover. *Microbiology*, 148（4）, 1119-1127.

Matsuo, Y., Imagawa, H., Nishizawa, M., and Shizuri, Y.（2005）：Isolation of an algal morphogenesis inducer from a marine bacterium. *Science*, 307（5715）, 1598-1598.

村本光二，舘野浩章，小川智久，神谷久男（2003）：海洋動物レクチンの構造と機能の多様性．化学と生物，41（6），379-388.

長崎慶三，外丸裕司（2009）：近年の原生生物ウイルス研究がもたらした新しい知見－分子生態学・分類学から分子進化学まで－．ウイルス，59（1），31-36.

中川 聡・左子芳彦（2005）：深海底熱水孔環境における極限環境微生物の分布・生息量・多様性・生理機能．日本微生物生態学会誌，20（2），39-46

中嶋亮太・田中泰章（2014）：サンゴ礁生態系の物質循環におけるサンゴ粘液の役割－生物地球化学・生態学の視点から－．日本サンゴ礁学会誌，16（1），3-27.

Nakanishi K, Nishijima M, Nishimura M, Kuwano K, Saga N.（1996）：Bacteria that induce morphogenesis in *Ulva pertusa* (Chlorophyta) grown under axenic conditions. *J. Phycol.*, 32, 479-482.

二河成男（2013）：昆虫共生細菌の比較ゲノム解析（特集 共生ゲノム学：生物共進化のプリンシプルに迫る）．遺伝：生物の科学，67（4），447-452.

Norsworthy, A. N., and Visick, K. L.（2013）：Gimme shelter: how *Vibrio fischeri* successfully navigates an animal's multiple environments. *Front. Microbiol.*, 4.

Paerl H, Bebout B, Prufert L.（1989）：Bacterial associations with marine *Oscillatoria* sp (*Trichodesmium* sp) populations – ecophysiological implications. *J. Phycol.*, 25, 773-784.

Rosenberg, E., Koren, O., Reshef, L., Efrony, R., and Zilber-Rosenberg, I.（2007）：The role of microorganisms in coral health, disease and evolution. *Nat. Rev. Microbiol.*, 5（5）, 355-362.

Ruby, E. G., Urbanowski, M., Campbell, J., Dunn, A., Faini, M., Gunsalus, R. and Greenberg, E. P.（2005）：Complete genome sequence of *Vibrio fischeri*: a symbiotic bacterium with pathogenic congeners. *Proc. Nat. Acad. Sci. USA*, 102（8）, 3004-3009.

Sachs, J. L., Skophammer, R. G., and Regus, J. U.（2011）：Evolutionary transitions in bacterial symbiosis. *Proc. Nat. Acad.*

Sci. USA, 108（Supplement 2）, 10800-10807.

斉藤　隆，嶋田正和，津田みどり，佐々木顕（2012）：個体間の相互作用と同種・異種の個体群，生態学入門 第2版（日本生態学会 編），東京化学同人，pp.129-177.

澤辺智雄（2000）：アルギン酸分解性海洋細菌とその応用に関する研究．日本水産学会誌，66（4）, 615-618.

Satoh, H., and Okabe, S.（2013）：Spatial and temporal oxygen dynamics in macrofaunal burrows in sediments: a review of analytical tools and observational evidence. *Microb. Environ.*, 28（2）, 166-179.

Shinzato, C., Shoguchi, E., Kawashima, T., Hamada, M., Hisata, K., Tanaka, M. and Satoh, N.（2011）：Using the *Acropora digitifera* genome to understand coral responses to environmental change. *Nature*, 476（7360）, 320-323.

杉田治男（2000）：魚類の腸内細菌（総特集 海洋微生物）−（5章 海洋微生物と相互作用）．号外海洋，23, 214-218.

Sullivan, J. T., Patrick, H. N., Lowther, W. L., Scott, D. B., and Ronson, C. W.（1995）：Nodulating strains of *Rhizobium loti* arise through chromosomal symbiotic gene transfer in the environment. *Proc. Nat. Acad. Sci. USA*, 92（19）, 8985-8989.

Sutherland, K. P., Porter, J. W. and Torres, C.（2004）：Disease and immunity in Caribbean and Indo-Pacific zooxanthellate corals. *Mar. Ecol. Prog. Ser.*, 266, 265-272.

高木善弘，吉田尊雄（2013）：化学合成生態系における動物と化学合成細菌との共生，生物の科学 遺伝，67, 482-489.

和田 実・塚本久美子（2009）：海洋性発光細菌の生態と進化，海洋の生命史（西田睦編），海洋生態系のダイナミクス，東海大学出版会，pp.156-169.

Walther, B.A., and Ewald, P.W.（2004）：Pathogen survival in the external environment and the evolution of virulence. *Biol. Rev. Camb. Philos. Soc.*, 79, 849–869.

Waters, C. M., and Bassler, B. L.（2005）：Quorum sensing: cell-to-cell communication in bacteria. *Annu. Rev. Cell Dev. Biol.*, 21, 319-346.

Weinberger, F.（2007）：Pathogen-induced defense and innate immunity in macroalgae. *Biol. Bull.*, 213（3）, 290-302

Welsh, D. T.（2000）：Nitrogen fixation in seagrass meadows: regulation, plant–bacteria interactions and significance to primary productivity. *Ecol. Lett.*, 3（1）, 58-71.

Wild, C., Huettel, M., Klueter, A., Kremb, S. G., Rasheed, M. Y., and Jørgensen, B. B.（2004）：Coral mucus functions as an energy carrier and particle trap in the reef ecosystem. *Nature*, 428（6978）, 66-70.

山村則夫，早川洋一，藤島政博（1995）：寄生から共生へ，シリーズ「共生の生態学」6, 平凡社，pp.12-46.

吉田天士（2013）：ウィルスによる微生物多様性の維持と創生，日本微生物生態学会誌，28（2）, 55-62.

Zehr, J. P.（2011）：Nitrogen fixation by marine cyanobacteria. *Trends Microbiol.*, 19（4）, 162-173.

第13章　水圏微生物と人の関わり

> Q1：　地球温暖化を防げるか？
> Q2：　環境汚染を消せるか？
> Q3：　窒素過剰負荷を軽減できるか？
> Q4：　赤潮を消すことができるか？
> Q5：　水圏微生物の人への感染リスクはあるか？
> Q6：　魚介藻類の微生物感染症を防げるか？
> Q7：　金属資源を作れるか？
> Q8：　食用シアノバクテリアは未来の食糧になるか？

§0. 本章の目的

　ここまでの章では，水圏微生物についてその特徴や生態など基礎的な事柄を学んできた．本章では，微生物と人間社会との直接的なつながりについて学ぶことで，水圏微生物についての理解と関心をさらに深めることを目的とする．まずは，人間社会が抱える環境問題に微生物がどのように関わっているのか，その解決に役立てることができるかという観点から，温暖化，環境汚染，窒素負荷，赤潮の問題を取り上げた．さらに，微生物感染症の観点から，人との関わり，水産生物との関わりについて取り上げ，最後に資源と食料という私たちの未来に関わる問題と微生物との関係について考えてみよう．

§1. 地球温暖化を防げるか？

　温暖化を抑制するためには，大気中に蓄積した温室効果ガスを何らかの形で吸収し，貯蔵しなければならないが，果たしてそのようなことが可能だろうか？
　気候変動に関する政府間パネル（IPCC, Intergovernmental Panel on Climate Change）の 2013 年報告書によると，1年間に排出される人為起源の二酸化炭素は炭素量換算で 9.2 Pg（2002〜2011 年の平均値，1 Pg は 10^{15}g）と推定されている．そのうち，2.5 Pg は陸域生態系で，2.4 Pg は海洋で吸収されており，残りが大気中に蓄積されている．このように，海洋は過剰に排出される二酸化炭素を吸収し，その大気中への蓄積を抑制する役割を果たしている．特に，海洋表層で光合成を行う植物プランクトンを中心とする生物活動は，海洋の二酸化炭素吸収量を左右する最も大きな要因と考えられている．植物プランクトン（単細胞の微細藻類）は，陸上植物と違い細胞成分の 30〜50% がタンパク質でつくられているため，光合成によって生産された有機物のほとんどは，すみやかに動物プラン

クトンや従属栄養細菌によって消費、分解され、海洋表層で二酸化炭素として排出される。そのため、植物プランクトンの光合成は直接的な二酸化炭素除去にはつながらない。しかし、海洋表層での捕食や分解を逃れた一部の有機物（生物の死骸や糞粒）は、深層へと沈降してゆく。沈降した有機物もやがては、従属栄養細菌によって分解され二酸化炭素にもどるが、一部は堆積物中で変成して大気や海洋での循環からはずれることになる。また、深層で排出された二酸化炭素は、深層循環によって再び海洋表層に戻るまでの数百年間は海洋に貯蔵される。こうして、光合成によって吸収された二酸化炭素の一部は、生物の死骸や糞粒として深層に沈降することにより海洋表層から除かれ、その結果として大気から海洋への二酸化炭素の溶け込みが促進される。つまり、光合成によって吸収された二酸化炭素のうち、深層に沈降した分だけが正味の吸収となっている。このような海洋生態系の生物活動による二酸化炭素の吸収・貯蔵機構は「生物ポンプ」と呼ばれ、地球規模の二酸化炭素濃度を左右する重要な機構とされている。

　温暖化の抑制を目的とした大規模な環境改変技術として、生物ポンプの利用が検討されており、そのうちの1つが海洋への鉄の散布である。鉄は生物体の構成成分として必須の元素であり、鉄を含むタンパク質として血液中のヘモグロビン、光合成や窒素固定などの電子伝達物質であるフェレドキシン、呼吸鎖電子伝達系のシトクロム c などがよく知られている。植物プランクトンにとっても鉄は必須元素であり、鉄欠乏によって増殖が抑制される。一般に、鉄の供給源である陸域から遠く離れた外洋域の鉄濃度は非常に低く、しばしば植物プランクトンの増殖を制限する要因となっている。実際に、太平洋の赤道域、北東太平洋、南極周辺海域では、硝酸塩やリン酸塩が豊富に存在するにもかかわらず、鉄不足のために非常に少ない植物プランクトン生物量しか観測されない。こうした海域は、高栄養塩低クロロフィル（HNLC, High Nutrient Low Chlorophyll）海域と呼ばれている。1990年代から2000年代には、HNLC海域における鉄制限を実証するために、トン単位の鉄を数十 km^2 にわたって船で散布するという大規模な現場実験が実施された。その結果、海洋への鉄散布によって植物プランクトンの劇的な増加を引き起こせることがわかった。また、南極氷床から掘り出した氷柱の分析から、過去42万年の間に起こった4回の氷期—間氷期サイクルにおいて、二酸化炭素濃度と大気ダスト量の間には負の相関がみられることが報告されている。つまり、氷期の降雨量減少によって陸域からの鉄を含むダスト供給が増加すると植物プランクトンの増殖が促進され、その結果として大気中の二酸化炭素濃度が減少する。一方、間氷期には、ダスト供給の減少によって植物プランクトンの増殖が抑制され、その結果として大気中の二酸化炭素濃度が上昇する。過去の地球環境においては、このような鉄（ダスト）の供給に対する植物プランクトンの応答によって、大気中の二酸化炭素濃度の大きな変動が起こったと考えられるのである。

　現場での鉄散布実験の結果と、氷期−間氷期サイクルにおける二酸化炭素濃度と大気ダストの相関関係が示されたことにより、海洋への鉄散布は魅力的な温暖化対策として注目され、一時は商業化まで検討された。生物ポンプによる効果的な二酸化炭素吸収を期待するには、鉄散布によって単に植物プランクトンが増加するだけでなく、死骸や糞粒として沈降する有機物量が増加しなければならない。しかし、こうした効果を実際に予測することは非常に困難である。海洋表層からの有機物の沈降量は、従属栄養細菌や動物プランクトンによる有機物分解量に大きく左右されるが、海域や季節によってダイナミックに変動する生物群集の生物量や活性を広範囲に把握するのは、現状の科学レベルでは技術

的にも経済的にも困難だからである．また，有機物粒子の凝集と沈降は，その物理化学的性質によって左右されるが，現状では生態系における生物活動の結果として生成するこうした有機物についての知見が圧倒的に不足しており，その凝集や沈降過程を定量的に解析することが難しい．さらには，大規模な鉄散布を継続的に行った場合には，窒素循環の促進による亜酸化窒素（N_2O）の生成，貧酸素化に伴うメタン生成（第11章3-6項を参照），有害な植物プランクトン種の発生といったリスクが生じる．亜酸化窒素やメタンは，二酸化炭素よりも強力な温室効果ガスであるため，その生成によって温暖化を抑制するどころかえって促進することになる．以上のようなことから，多くの海洋学者は海洋への鉄散布による温暖化の抑制には懐疑的である．2008年には国際海事機関によって，生物多様性や海洋投棄を規制するロンドン条約に基づいて，科学実験以外の鉄散布などの海洋への直接的な栄養塩添加行為を禁止することが決議された．

　結局のところ，海洋への鉄散布は温暖化抑制の直接的な手段とはなっていないが，その研究を通して，海洋の微生物活動が地球規模の物質循環や気候システムと密接に関わっていることがわかってきた．温暖化や酸性化といった環境変化は，海洋生物や生態系に変化をもたらすと予想されるが，反対に生物や生態系の応答が環境や気候システムを変化させること（生物や生態系のフィードバック効果）も十分に考えられるのである．微生物を含めた海洋生物の多様性，分布，機能，活性といった基礎的な知見を蓄積することが，地球環境や気候システムについての理解を深め，温暖化対策などの人間活動への貢献につながる早道といえる．

§2. 環境汚染を消せるか？

　化学汚染に関しては，環境微生物群集にかかれば，時間はかかるが分解できない有機物はないと言っても過言ではない．第7章に，化学汚染物質のうち問題が目立つ原油と残留性有機汚染物質（いわゆるPersistent Organic Pollutants, POPs, とその類縁化合物）の微生物分解機構については述べた．図7-19の原油成分の分解，および図7-22のハロゲン化合物の分解過程を参照願いたい．化合物は違っても，同様の分解が起こると考えられる．

　海では原油汚染に対して，既知の分解菌製剤を使うバイオオーギュメンテーション法（添加法），窒素源・リン源・洗剤などを現場に散布して現場細菌を活性化させるバイオスティムレーション法（刺激法），およびこれらを組み合わせて行なう統合的なバイオレメディエーションが行なわれて功を奏している．微生物機能を利用して環境回復を促進する技術は今後益々盛んになると思われる．これら以外にも，水銀をはじめとする毒性重金属も問題になるが，自然界では水銀であれば微生物によって還元され，0価の水銀となって揮発して現場からは排除される．金属類・元素類では酸化還元による価数の変化で毒性がなくなる場合が多い．水俣湾の浄化でも環境微生物の寄与は大きい．

　海域の有機物汚濁の場合は，養殖場への人工餌の投入の結果起こる残餌および養殖魚類からの排泄物の蓄積が汚濁の原因として大きい．このような場合には好気性従属栄養細菌による無機化能によって有機物分解，無機化が行なわれる．しかし，夏期で，投餌量が多い場合は，成層して底層水の停滞が起こるために底層が貧酸素状態に陥る場合には好気性細菌の活性が低下する．代わって，嫌気性菌が有機酸を産生し，それを利用する硫酸還元菌が増殖し，硫化水素を産生するようになる．嫌気状態で

は鉄，マンガン，リン酸などが溶出しやすくなり，堆積物中に休眠している有毒渦鞭毛藻が大量発生して赤潮を発生させる場合がある．このように，微生物の有機物分解能への依存にも限界があるので，環境保全上は養殖場所のローテーションや養殖量の調整などが必要である．

愛媛県は長い間養殖生産額日本一を維持している県であるが，それが可能な理由の1つは，宇和海の環境要因にあると言える．宇和海では，夏期に高水温で貧栄養の外洋由来水"急潮"と低水温で富栄養の底層水"底入潮"が侵入し，海域の水の交換が行なわれる．底質も砂質が多いので，嫌気状態や富栄養化が継続しにくいのである．そのため，養殖環境が良好に保たれ，魚類や真珠の養殖が永続的に行なうことができる．むろん，自然環境だけではなく，この地域の漁業者の環境保全と養殖生産についての見識が高いことも大きな要因である．

環境汚染のなかでは"遺伝子汚染"の場合はPOPs汚染や有機汚濁とは異なる．遺伝子汚染の代表例は抗生物質耐性遺伝子による環境汚染であろう．耐性遺伝子汚染は微生物によって消されるのではなく，逆に増幅する汚染である．病院や畜産などで大量に使用される抗生物質・抗菌剤に細菌が暴露されると薬剤耐性能を獲得する．本来細菌がもつ薬剤排出促進，薬剤取り込み減少などの機能の亢進による自然耐性以外では，遺伝子変異の固定・選択によって耐性を獲得する場合と，耐性遺伝子の水平伝播によって獲得する場合がある．このような，高濃度の薬剤存在下で耐性菌が出現することは古くから知られており，臨床現場で問題になっている．加えて，最近では検出限界以下のような低濃度の抗生物質の存在下で変異の選択が起こり易いという知見がでており（Gullberg *et al*., 2011），河川や海洋などで，薬剤が分解・希釈されて検出できない環境においても，薬剤耐性遺伝子は増幅，伝播し，環境の細菌群集中に拡散している可能性が高い．海洋では主要な，培養できない細菌群集に特徴的に検出される耐性遺伝子もある（Suzuki *et al*., 2013）．しかし，環境における薬剤耐性遺伝子汚染が人間生活圏へどの程度リスクとなるのかについてはまだ研究が進んでおらず，今後に残された課題である．2013年6月のロンドンG8サミットおよび2015年6月のドイツ，エルマウサミットでは2回にわたって薬剤耐性菌問題が"世界が共同で取り組むべき最優先課題"として取り上げられ，欧州では研究が加速している．

§3. 窒素過剰負荷を軽減できるか？

微生物が駆動する窒素循環は，地球規模あるいは地域的な環境問題と密接に関連している．地球規模で生態系の平衡状態が保たれているとすれば，窒素固定などによる生態系への窒素の流入と，脱窒による窒素の除去はおおむね均衡している必要がある．実際，海洋における窒素収支を見ると（表13-1），窒素固定と河川や大気からの供給を加えた流入フラックスの合計値は，脱窒を主要因とする流出フラックスの合計とほぼ釣り合っている（ただし，窒素固定，脱窒ともに，その全海洋規模での推定値には大きな不確実性が含まれるのが現状である．そのような不確実性を考慮したうえで，ここでは流入と流出がほぼ釣り合っていると述べた）．このような生態系と環境との間での大規模な窒素のやり取りに対して，今日，人間活動が大きな攪乱を与え始めていると指摘されている．ある推定によれば，人為的な反応性窒素（硝酸，アンモニア，NO_x など生物的ないしは光化学的に反応性の高い窒素）の世界における排出量は，産業革命以前（1860年）には年間15 Tg（窒素換算，$1\,\mathrm{Tg}=10^{12}\,\mathrm{g}$）

であったのが，1990年代前半になると，その約10倍の年間156 Tgに達したという（Galloway et al. 2004）．その最大の原因は，ハーバー・ボッシュ法と呼ばれる工業的プロセスによる化学肥料の生産であり，人為起源負荷総量の約2/3を占めている（年間100 Tg）．残りは，窒素固定作物の栽培（年間31.5 Tg）と，化石燃料の燃焼（年間14.5 Tg）である．今後この反応性窒素の排出量は，2050年には年間267Tgにまで増大し，自然状態における窒素固定の総量（年間224 Tg）を大きく上回ると予測されている．

窒素の過剰負荷は，温室効果気体でありオゾン層の破壊にも関与するN_2Oの放出を加速させるほか（第10章の図10-4に示すように，N_2Oは脱窒や硝化の過程で生成される），沿岸域や湖沼において有害藻類の発生や低酸素水塊の形成といった環境問題を引き起こす．また窒素酸化物の大量放出は，深刻な大気汚染と健康に対する悪影響へと結びつく．このことから，国連ミレニアム生態系評価において，窒素過剰負荷は，重要な検討課題として取り上げられ，国際的な取り組みの必要性が指摘されている．

ではこのような窒素過剰負荷の悪影響を，微生物を使って軽減することは可能だろうか．下水処理過程における微生物を利用した窒素除去はそのような試みの典型例といえるだろう．別の可能性としては，窒素（特に硝酸イオン）を多く含んだ排水を還元的な堆積物を通過させることで，脱窒菌やアナモックス菌の力を使って窒素を除去するといったことも考えられる（自然浄化）．いずれの場合も，微生物プロセスを効果的に利用するためには，脱窒やアナモックスをはじめとした微生物による窒素循環プロセスの制御機構についての十分な理解が必要である．また，N_2O放出のような副作用についてもきちんと監視する必要がある．人間活動による窒素循環の擾乱が水圏生態系の機能や生物多様性にどのような影響を及ぼしうるのかを正しく理解し，対応策を考えていくために，微生物が駆動する窒素循環の規模や個々のプロセスの変動要因を究明することが今後ますます重要になってくるであろう．

表13-1 全海洋規模の窒素収支（Gruber 2008を基に作成）

	フラックス（Tg N/年）
流入フラックス	
窒素固定	135
河川からの有機物流入	80
大気沈着	50
合計	265
流出フラックス	
脱窒	245
堆積物への埋没およびその他の有機窒素流出	26
大気へのN_2Oの放出	4
合計	275

§4. 赤潮を消すことができるか？

この質問に答える前に，まずは赤潮について知識を整理しておこう．赤潮とは植物プランクトンの異常増殖のことであり，有毒・有害性の強い植物プランクトンの赤潮は魚介類に対して直接大きな被

害をもたらす．また間接的にも大量に増えた植物プランクトンは底層に沈み，枯死・分解する際に溶存酸素濃度を消費するため，赤潮発生海域の貧酸素化を招く．おもな赤潮プランクトンは遊泳性の鞭毛藻類で，成層化した水柱でも栄養塩を効率的に獲得できる．胞子（シスト）を作る種類も多く，一度赤潮が発生すると大量のシストが海底に溜まり，赤潮発生が常態化する．沿岸における赤潮発生のおもな原因の1つは，陸域からの無機態および有機態の窒素やリンの流入負荷により海域が長期的に富栄養化してきたことにある．栄養塩濃度の増加は赤潮に限らず植物プランクトンの増殖（一次生産）を高めるが，それが動物プランクトンを経て魚介類などの高次生産に転換される限度を超えると，余剰の有機物として海底に沈み，分解・無機化を受けながら蓄積して堆積物中の窒素やリン含量が増加する．それらは高水温期に溶出して赤潮植物プランクトンの増殖に好適な栄養環境を作り出すのである．

　ではここで冒頭の問いに戻ろう．はたしてこのような赤潮を「消す（なくす）」ことができるのだろうか？　これまでの赤潮抑制対策として，根本原因である栄養塩の流入を法律で規制することは中・長期的な効果が認められている．一方，赤潮生物そのものを取り除く試みとして，物理的な凝集・沈殿反応を利用する方法と殺藻微生物を利用する方法の2つがある．前者では赤潮発生海域に粘土散布を行なうが，費用対効果の観点からそれほど浸透していない．後者の方法は海洋微生物研究者によって研究・提案されてきたもので，殺藻微生物としてウィルスあるいは細菌を用いる．前者は *Heterosigma akashiwo*（ヘテロシグマ　アカシオ）に感染するウィルス（HaV）について研究開発が進んでいる（長崎，1998）．後者については，*Alphaproteobacteria* や *Gammaroteobacteria*，*Flavobacteria* などの系統群に殺藻性の種類が多く知られている．これらの細菌がアオサや褐藻類などの海藻やアマモなどの海草の表面に極めて多数存在していることから，養殖生け簀における魚介類と海藻類の混合養殖や海草の藻場造成による赤潮発生予防策が提案されている（今井，2012）（図13-1）．いずれの手法もまだ実用化までは至っていないが，薬剤や粘土散布手法に比べて環境負荷が少なく経済的な優位性があると考えられ，特に後者については，浅海浅場造成による沿岸環境修復の方向性と一致しており，藻場のもつ本来の生態学的機能の1つを活用する点において今後の赤潮対策の主

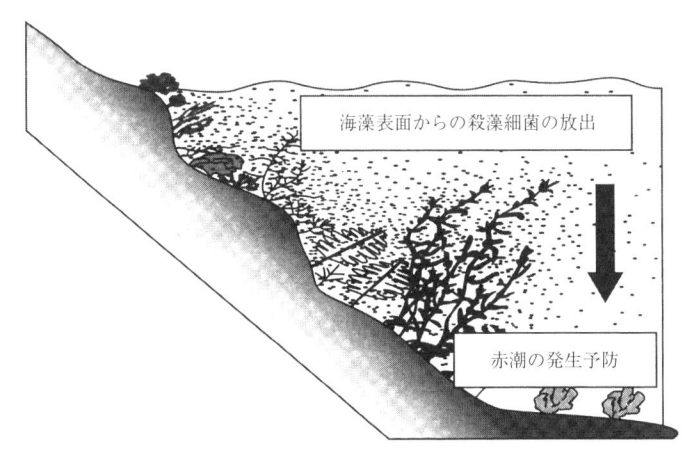

図13-1　沿岸域において造成した藻場による赤潮の発生予防に関する概念図．
　　　　繁茂する海藻の表面が殺藻細菌の供給源になる．（今井，2007）

軸になると期待されている．

§5. 水圏微生物の人への感染リスクはあるか？

地球温暖化による生態系の変化が叫ばれて久しいが，微生物生態系も例外ではない．とくに目に見えて進んでいるのは，地球温暖化に伴う感染症の高緯度への侵攻である．Shope（1991）はかつて熱帯地域だけの伝染病であった黄熱病，デング熱が，媒介するベクター生物である蚊が温暖化によって北半球でも生残，増殖できるようになることで，アメリカでもこれらの疾病が発生することに警鐘を鳴らした．類似の環境変動に関連する感染症増加現象は海の生態系でも知られてきた．

エルニーニョなどで海水温が上昇すると Vibrio 属細菌に起因する海洋動物の疾病の増加が報告されている（Vezzulli et al., 2013）．温度が上昇することで，原因菌となる Vibrio 属細菌の増殖性が増し，病原性，薬剤耐性などが高まることがわかってきた．また，上記の蚊の例と同様に，Vibrio cholera（コレラ菌）のベクターとなる甲殻類プランクトンが水温上昇で増殖が活性化することで，コレラ感染のリスクも高まることになる．Vibrio 属にはコレラ菌のほかにも Vibrio vulnificus など，人に対して致死的になる菌も含まれており，温暖化にともなう水温上昇は，海洋生物のみならず，人にたいしても感染症リスクを高めている．また，大型船舶のバラスト水も病原微生物を国境を超えて運搬する要因になっている．

さらに，水系を通した感染症リスクでは，熱帯アジアの河川水に起因するものが知られている．ベトナムのホーチミンやメコンデルタ地帯では野菜を河川水で洗う習慣があるが，その河川水は大腸菌やノロウイルスで汚染されている場合が多い．収穫した野菜そのままより，洗浄のつもりで洗った方がかえって感染症リスクが高くなるという皮肉なことがおこるのである（小熊ら，2007）．河川水はコレラ菌や糞便由来細菌群に汚染されていることも知られているため，さらに種々の感染症の原因になるリスクが高まる．先進国の多くでは汚染された河川水で食品を洗う習慣はあまりないが，安全な水が手に入らない国は多く，水系感染症は今後も世界的には大変大きな問題である．

一方，先進国で身近にある水圏微生物のリスクとしては，家庭にある熱帯魚の水槽が人獣共通感染症の温床になる．Aeromonas hydrophyla は水槽中に多く見いだされる水圏常在細菌であるが，小児や老人をはじめ免疫能の弱った人たちにとっては日和見感染の原因となるので注意が必要である．また，カメなどの爬虫類を飼育する場合は，サルモネラ菌が爬虫類の常在腸内細菌として生息するため，これも感染症を起すことが知られている．人獣共通感染症は，哺乳類や鳥類のような温血動物からだけではなく，水圏環境およびそこに住む変温動物からも起こりうるのである．

§6. 魚介藻類の微生物感染症を防げるか？

微生物が魚介藻類の感染症を起こすことは古くから認識されている（図13-2）．第12章で微生物と他生物との相互作用について学んできたが，生命活動を正常に営めなくなった魚介藻類に"寄生"している微生物を分離し，実験的に感染が成立するかを調べることにより，感染症の発生を知ることができる．そして，これは，"コッホの原則（Koch's postulates）"をもって確認する．コッホの原則は，

図 13-2 代表的な魚介類の感染症
A：ウイルスの感染により口唇部に腫瘍が形成されたサケ，B：リンホシスチス病ウイルスに罹患したヒラメ，C：ウイルス感染により外骨格に白点が形成されたクルマエビ（伊丹，2013），D：細菌（ビブリオ）の感染により浮腫が形成され大量死したエゾアワビ．

①感染した宿主のみから微生物の存在が証明される，②それは純粋培養される，③その微生物は実験的に宿主に感染でき，④再びその実験感染宿主から同一の微生物が分離できる，という4つのものからなる．いままで見いだされてきた魚介藻類の微生物感染症は，室内感染実験系を構築し，コッホの原則に準じた手法で検討されてきたものが多い（Maloy et al., 2007; Sawabe et al., 2007）．しかし，安定した飼育が困難な魚介藻類があること，ウイルス性病原体をはじめ培養系が確立していないものがあること，を主たる原因とし，その証明が難しい事例もある．また，複数の微生物種による「複合微生物感染」は，コッホの原則に基づく証明が困難な感染症の1つである．例えば，サンゴの白化が複合微生物感染の様相を呈していることが，メタゲノム解析を用いることで見いだされている（Garcia et al., 2013）．

　感染症の発症は，病原微生物（病原体）側の病原性，宿主側の抵抗性，そして発症にいたる環境とのバランスにより左右される．病原性とは，微生物が感染症を引き起こす総合的な能力のことを指し，その能力の程度を表すにはヴィルレンス（virulence）という用語を用いる．組織侵襲性と毒素産生性は，ヴィルレンスを規定する主因である．一方，宿主の抵抗性には，非特異的なものと特異的なものがある．非特異的な抵抗性には，体表や粘膜，体液中の非特異的防御物質（リゾチームなど），マクロファージや顆粒球がある．特異的な抵抗性として，液性および細胞性の免疫がある．これらの病原体の病原性と宿主の抵抗性のバランスは，魚介藻類が生息している水温，塩分，個体群の密度など，環境要因の影響を絶えず受けて変化するため，それにより感染症が発症するか否かが決定される．日

和見感染を起こす病原体では，5℃の水温差で感染が成立することもある（Sawabe *et al*., 2004）

　魚介藻類の微生物感染症に関する研究の多くは，人為的に生産性を制御している養殖場やその環境下で発生したものを対象として，感染症の抑止にむけ進展してきた．現在，世界全体の魚介藻類の養殖生産量は，漁獲量に匹敵するまでに至っており，魚介藻類の微生物感染症を防ぐことは，全人類の食資源確保の観点から極めて重要である．魚介藻類の微生物感染症の防除対策として，起因微生物の分離に続き，診断・予防・治療が重要である．魚病学はこれらを扱う研究分野であり，世界的には獣医学分野の一領域として発展してきた．魚介藻類とヒトを含む哺乳動物では，生体防御の仕組みが同一ではないが，診断・予防・治療には類似した方法論が用いられている．魚介藻類の微生物感染症の発生は，その宿主の大量死をもって知ることが多い．しかし，この段階では，極めて大きな産業被害を与えることから，感染症を診断し，予防することが肝要である．特に，有効な治療法がないウイルス性感染症では診断法の構築が必須である．種苗生産の現場では，病原体フリーの親の管理，種苗の移動や輸出入管理を目的とした迅速かつ正確な診断法が求められており，①病原体に対する抗体検査および②病原体の遺伝子検査が，常法となっている．既往症を判断する抗体検査では，魚類の主要抗体クラスがIgMであるため，診断する魚種ごとのIgMに対する抗IgM抗体を調製しELISA（Enzyme-Linked Immuno Sorbent Assay）を行う．遺伝子検査では，病原体の特異遺伝子領域を対象に，PCR（Polymearse Chain Reaction）検出することが一般的である．魚類病原ウイルスには，サケ科魚類の養殖で問題視される伝染性造血器壊死症原因ウイルス（IHNV）やアコヤガイへの感染で問題視されたmarine birnavirusは，RNAウイルスであることから，その検出には逆転写反応を組み合わせたRT（Reverse Transcription）-PCRが用いられる．予防法は，飼育用水・排水の殺菌管理に加え，ワクチンの開発研究が重要である．日本では，病原体を不活化した不活化ワクチンのみが承認されている．これに加え，精製した組換え感染防御抗原によるサブユニットワクチンや組換え生ワクチン，感染防御抗原遺伝子を挿入した組換えDNAを直接宿主に接種するDNAワクチンが開発されている．DNAワクチンはノルウェーやカナダで承認されている．

　なお，自然界における魚介藻類の疾病の発生動向はどのようになっているのだろう．Ward and Lafferty（2004）は，1970年から2001年に発表された文献情報を下に，脊椎動物（哺乳類，ウミガメ類，魚類），無脊椎動物（サンゴ類，甲殻類，棘皮動物類，軟体動物類）および海洋植物の疾病の発生動向を注意深く解析し，①ウミガメ類，サンゴ類（特に白化），哺乳類，棘皮動物類および軟体動物類では，発生頻度は30年前と比較して有意に増加していること，②海洋植物，甲殻類，魚類の中で特に板鰓類ではその頻度は変化していないこと，③板鰓類を除く魚類ではその頻度が減少傾向にあること，を報告した．疾病の発生により，ある種類の生物群の量的・質的構造が変化することは，海洋生態系に大きなインパクトを与える．これらの疾病動向の変化は，人間活動あるいは陸域起源の病原体の海洋への新興など，によるものと予想されているが，その詳細な要因分析の必要性が高まっている．

　自然界で起きている魚介藻類の疾病は全体的には増加傾向にある．また，魚介藻類の養殖生産は益々必要性を高め，その生産量の向上と多様化が進むであろう．魚介藻類の微生物感染症の根絶に向けて，なお一層の防疫対策の体系的な取り組みと革新的な予防・治療法の開発が望まれる．なお，魚病学の各論に関しては，成書（小川・室賀，2012）を参考されたい．

§7. 金属資源を作れるか？

　地下や海底下などの天然資源は，大きく分けて金属類の鉱物資源と化石燃料資源がある．石炭，石油，天然ガスなどの化石燃料は主にエネルギー源として用いられており，メタン，水素，石油，バイオエタノールなど微生物による代替エネルギー生産に関わる技術開発が行われている．これらの化石燃料代替エネルギーは，水素や有機物であり，微生物による生産が可能であるが，金属元素を新たに創りだすには，放射性壊変や核融合反応が必要であり，微生物によって錬金術のように金属資源を生み出すことはできない．しかし，微生物は環境中の水素イオン濃度や酸化還元電位を変化させる，あるいは直接金属元素に作用することにより，金属元素の溶解や沈殿を制御することは可能であり，これを利用して金属資源の濃集や回収を行うことができる．ここでは，金属鉱物資源と微生物の関係について考えてみよう．

　金属資源は一般に鉱山内の岩石（鉱石）から得られる．鉱石は，金，銀，銅などの貴金属，レアアースやレアメタルなどを濃集している岩石である．これらの元素は地殻を構成する花崗岩，安山岩，玄武岩などの火成岩中に極微量含まれている．地殻内を流れる水が，pH，温度，酸化還元電位，イオン濃度などの影響を受けて火成岩からこれらの元素を溶出し，溶出した元素は水環境の変化による析出や元素を吸着する性質をもった粘土などによって年月をかけて濃縮し，火成岩に比べて特定の元素を濃集した鉱石となる．例えば，深海海底熱水鉱床では，マグマ由来の熱やガス成分により海水が数百℃に熱せられ，かつマグマガスに含まれる亜硫酸ガスなどにより低pHとなった熱水によって堆積物や玄武岩中の金属元素が溶解する．これらの元素を含んだ熱水が，低温かつアルカリ性の深海海水中に放出されることで金属元素が沈殿し，金，銀，銅などに富む金属硫化物鉱床をつくりだす．つまり，金属イオンの水への溶解，水からの沈殿や析出，および吸着が濃集過程で重要である．微生物活動は，温度以外の多くの環境要因を制御しており，環境のpH，酸化還元電位，イオン濃度の調節や金属元素濃集の媒体（例：微生物表面の多糖類など）も提供可能である．岩石から元素を水に溶出させる微生物反応は，硫化物銅を主体とする鉱山でバイオリーチングとして実際に利用されている．硫黄酸化細菌を利用して，硫化物を酸化して硫酸を生成することでpHを低下させ，鉱石を溶解して主に銅を水に溶出させている（第11章参照）．これらの方法は，電化製品などからの金属元素回収（都市鉱山）への応用も期待される．

　ヒ素やクロムなどの環境汚染物質については，微生物活動を利用して，地下水など比較的広範囲の環境中のpHや酸化還元を制御する方法が着目されている．このような方法は原理的には水からの金属資源の回収に応用可能だが，効率の点からも対象となる水環境は高濃度で金属を含むことが望ましい．より希薄な溶液からの金属回収という点では，微生物による直接的な金属元素への作用が着目される．例えば，金属の濃縮や純化という点では，*Cupriavidus metalllidurans*による金粒子の生産が知られている．この微生物は，金粒子上にバイオフィルムを形成しており，毒性のある塩化金（$AuCl_3$）を無毒化するために金を析出させると考えられている（Reith *et al*., 2010）．また，微生物細胞の表面は一般に負に帯電しているため，陽イオンを吸着しやすい．特に，希土類元素は，有機物のリン酸基に吸着することが知られており（Takahashi *et al*., 2010），微生物による資源濃縮と回収への応用

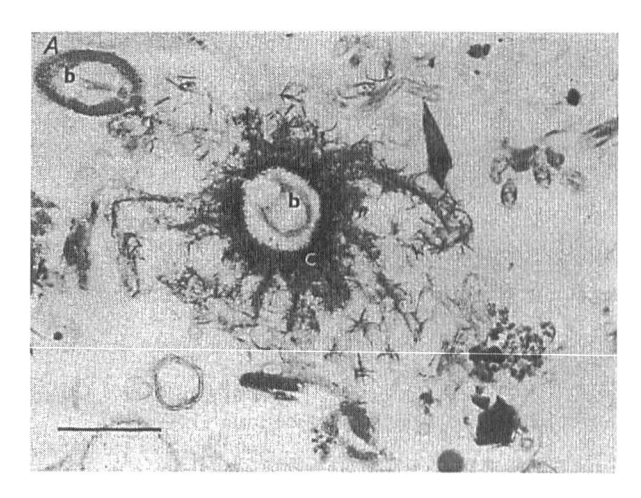

図 13-3　海底熱水域におけるマンガン沈着微生物の透過電子顕微鏡写真. B は微生物細胞, c がマンガン沈着物を示す. 左下のスケールバーの長さは 1μm.（Cowen et al., 1986）

が期待される.

　海水の塩分は時間をかけて岩石から溶出・濃縮してきたものであり，そこには金（海水 1kg あたり 0.02 ng）・白金（0.05 ng）・銀（2 ng）などの貴金属を含めた多くの資源となりうる金属元素が溶解している. 海水の全量を考えると，海水中の金属はこれまでに採掘されたこれらの貴金属よりはるかに多い. 古くから海水からの金属回収のアイデアが出されてきたが，貴金属は，全塩分の 100 億分の 1 以下の濃度であるため，現実的には採算が合わない. 一方で，海底のマンガンクラストやマンガン団塊は海水から沈殿して形成されたと考えられており（臼井ら, 2015），これらの鉱石自体（採掘コストを考えなければ）は商業として成り立つ白金やコバルトなどレアメタルを含んでいる. 鉱石の形成にはマンガンの酸化が重要であり，微生物の関与も示唆されている（図 13-3）. 一方で，微生物のマンガン酸化は毒物除去反応としての側面が大きいので，環境中での反応の定量化は難しい. 大部分の鉱床の形成には地質学的な年代スケール（数百万年以上）を要するので，微生物がその速度を 100 倍促進させていたとしても，環境中での検出は現時点では困難であり，微生物を利用した資源形成の可能性を探る上でも今後の研究の進展が望まれる.

§8. 食用シアノバクテリアは未来の食糧になるか？

　地球上のほぼすべての生き物は，太陽からの光エネルギーに依存して生きている. ヒトを含めた従属栄養生物は，光エネルギーを化学エネルギーに変換できる光合成生物なくては生きていけない. 増え続ける世界人口に対して，食糧の供給量不足が危惧されている. 植物と同じく，酸素発生型の光合成を行う原核生物であるシアノバクテリアは，食糧問題解決の一助となり得るだろうか.

　シアノバクテリアは，淡水，海水，温泉などの水圏に広く分布するだけでなく，陸生のものも知られ，世界の一部の地域では古くから，食材として利用されてきた. 食用シアノバクテリアは，大きな塊を形成し，採取しやすい特徴がある. その塊の形状から，苔，茸やクラゲなどと称されてきたものも多い（図 13-4）.

図 13-4 食用シアノバクテリアの例
　　　　左：野外に観察されるイシクラゲ（東京都八王子市・首都大学東京南大沢キャンパス），
　　　　右：市販乾燥品のスイゼンジノリ（壽泉苔・福岡県）

（1）スイゼンジノリ（水前寺海苔）（*Aphanothece sacrum*，淡水生，単細胞性）：熊本，福岡において，江戸時代から食の歴史があり，寿泉苔，紫金苔，川茸などとしても知られる．近年では，その細胞外寒天状物質が医薬品や化粧品などへの応用も期待されている．ただし，自然界での生息場所は減少しており，絶滅危惧種である．

（2）アシツキ（*Nostoc verrucosum*，淡水生，糸状性）：あしつきのり（富山），三徳海苔（鳥取），コトブキダケ（岡山），滋賀海苔（滋賀），賀茂川苔・貴船苔（京都）などと呼称される．万葉集にも詠まれる川藻（葦附）と考えられ，日本人に親しまれていた食材の1つであるが，現在は天然記念物に指定されている．

（3）葛仙米（*Nostoc commune* var. *sphaeroides*，淡水生，糸状性）：中国湖北省，四川省．また，クシュロ（ペルー），ユユチャ（ボリビア）としても知られる．5 mm 前後の球形で生息する．

（4）アイミドリ（*Brachytrichia quoyi*，海水生，糸状性）：台湾（海雹菜），中国福建省，日本．潮間帯の岩礁に張り付くように生息している．

（5）イシクラゲ（*Nostoc commune*，陸生，糸状性）：土壌やコンクリートの上などに，黒みがかった不定形の塊として観察される．形状・色がきくらげに似ていることから岩きくらげとも呼ばれる．沖縄では，モーアーサーとして，滋賀では，アネガワクラゲという名称で食材として利用されてきた．

（6）髪菜（*Nostoc commune* var. *flagelliforme*，陸生，糸状性）：中国青海省，陝西省，寧夏回族自治区，内蒙古自治区の砂漠地帯の土壌表面に生育し，黒い髪の毛に似た形状を示す．

（7）スピルリナ（*Arthrospira platensis*, *Arthrospira maxima*，好塩・好アルカリ性，糸状性）：チャド湖（アフリカ），エチオピア，ケニア，タンザニア，メキシコ，ペルー．高塩・強アルカリ性の湖に繁茂しており，砂漠・高地などの耕作不適地の貴重なタンパク質源として古くから食されてきた．当初，*Spirulina* 属と考えられていたため，現在も食材名としてはスピルリナと称される．近年では，栄養補助食品，食品着色剤として，タイ，台湾，中国，インド，米国，ザンビアなどで培養・販売されている．

その他，インド，タイでは，淡水生の *Nostochopsis lobatus* を食品や民間薬として利用している地

域があり，その機能性にも注目されている．世界にはまだ十分に調査されていない，または，忘れ去られた食用シアノバクテリアもあると思われる．

原核生物であるシアノバクテリアは，クロレラなどの真核微細藻類と異なり，硬い細胞壁がなく，一般に消化吸収に優れる．また，増殖速度が速いこと，増殖に対する栄養要求性が低いこと，が利点としてあげられる．上述した，スピルリナ以外の食用シアノバクテリアは，いずれも窒素固定能を有している．スピルリナは，高塩・強アルカリといった他生物が生息しにくい条件を好むこともあり，安全・安定な大量培養に適している．

食用シアノバクテリアは，糖質（主に多糖類）とタンパク質を主成分とし，多様な脂質，色素，ビタミン，ミネラル，繊維質に富むが，主食とするには，カロリーは高いわけではない．成分組成は海藻類とも類似しているが，シアノバクテリアは一般にタンパク質を多く含む．例えば，ワカメはタンパク質含量が15％程度であるのに対し，イシクラゲで20％，スピルリナでは60〜70％にもなる．ただし，これら成分組成は，培養条件によっても異なる．一方，味，香りは，どうだろうか．際立った味はないと言われるが，乾燥品の香りは，日本人になじみ深い海苔のような特徴をもつものもある．調理方法によって，いろいろな食感を楽しむこともできる．

シアノバクテリアのなかには，毒素を生産するものも多く知られる．ミクロシスチン類（肝臓毒）およびβ-N-メチルアミノ-L-アラニン（BMAA，神経毒）がその代表である．ミクロシスチンを生産するシアノバクテリアとして見つかった*Microcystis aeruginosa*は，アオコの原因としても知られ，湖沼に広く分布している．食用シアノバクテリアに毒素生産性がないことを確認するばかりでなく，その培養管理には有毒シアノバクテリアの混入を防ぐことが肝要である．

ヒトの生活を支えるだけのシアノバクテリアを生産・収穫できるだろうか．食用シアノバクテリアは，生息地が限られており，生産地でもその収穫量は決して豊富とは言えない．地域によっては，環境変化や乱獲から絶滅危惧種として保護の対象になっているものもある．一方，人工的な屋外池や屋内バイオリアクターでの大量培養は，1970年代から行われているが，培養・回収コストが高く，栄養補助食品や食品添加物，化粧品など付加価値の高い製品の生産に限られるのが現状である．

それでは，ヒト1人の必要カロリー（1日あたり2,000 kcal）に相当する，食用シアノバクテリアを培養するために必要な栽培面積を，イネと比較しながら，試算してみよう．

(1) イネの場合
・必要量　350 kcal / 100 g 精米 → 2,000 kcal 摂取するには，570 g/日 → 200 kg/年
・生産量　50 kg / 100 m^2 水田 / 年
・必要栽培面積　年間200 kg得るのに，400 m^2（テニスコート2面相当）必要

(2) スイゼンジノリの場合
・必要量　7 kcal / 100 g → 2,000 kcal 摂取するには，30 kg/日 → 10 t/年
・生産量　0.2 t / 100 m^2 養殖池 / 年
・必要栽培面積　年間10 t得るのに，5,000 m^2（サッカー場相当）必要

(3) スピルリナの場合
・必要量　250 kcal / 100 g → 2,000 kcal 摂取するには，800 g/日 → 300 kg/年

・生産量　1 g / L / 週（＝ 50 g / L / 年）
・必要栽培面積　深さ 20 cm の培養池（200 L / m^2）とすると，年間 300 kg 得るのに，30 m^2（20畳相当）必要

　70 億人を支えるとすると，地球の全海域面積（362 × 10^6 km^2）の約 10％をスイゼンジノリ養殖場にする，または，スピルリナでは，琵琶湖相当の面積の培養池を 300 個つくる，という計算になる．これら生産性の違いは，何に起因するのだろうか．イネは，三次元的に成長し，光合成器官である葉を広げ，効果的に光を吸収し，光合成産物をコメに貯蔵できるが，成長が遅く，また茎や葉などの被食部の成長にも光合成産物の供給が必要になる．一方，シアノバクテリアは増殖が速く，また細胞を丸ごと食用にできるが，増殖し細胞密度が高くなると光や二酸化炭素が行きわたりにくくなる．培養池では，機械的に培養液を撹拌することで，収量を上げている．食糧として生産するには，栄養素の添加，培養液の撹拌，菌体の収穫・脱水にコストやエネルギーがかかることも留意し，総合的に評価することが求められる．それでは，イシクラゲのような陸生シアノバクテリアを壁面や屋上を活用して栽培できた場合は，どのように試算できるだろうか．

　現在，食用シアノバクテリアの主な用途は，栄養補助食品や食品添加物である．一方，上述の食用シアノバクテリアだけでなく，多様なシアノバクテリアが，肥料や飼料として利用されている．施肥効果としては，やせた土への窒素供給が期待される．また，飼料としては，主に養殖場の魚介類が対象である．これらの用途では，培養液を脱水などせずにそのまま利用できる利点がある．またトウモロコシやダイズの代わりに養鶏飼料にも配合される．このようなシアノバクテリアの利用も，耕作地の拡大，農業生産および養殖・畜産産業といった点で間接的ではあるが，食糧供給に貢献するものである．近年は，抗酸化などの生理活性・薬効成分が注目され，医薬品としての用途開発も進んでいる．また，化粧品，化成品，化学工業の原料など様々な分野から注目されるようになっている．脂質含量の高いシアノバクテリアは，将来，バイオ燃料として活用される可能性もあるだろう．

　糖質，タンパク質，ビタミン，ミネラルをバランスよく含むシアノバクテリアは，完全食としての期待が高まる．三食すべてをシアノバクテリアにすることもできるかもしれない．しかし，シアノバクテリアを十分量の食糧として活用するには，単位面積当たりの生産性と，培養・加工などにかかるコストおよびエネルギーを大きく改善しなければならない．広大な海や湖沼に，台風などの気象変化に耐えられる大規模な培養・加工場は建設できないだろうか．その他，光を効率的に利用できる様々な大量培養システム（フォトバイオリアクター）の開発や有用株の育種（高生育速度，高カロリー）にも期待されるところである．また，異なる波長の光を吸収するシアノバクテリアを育種し，層状に配置すれば，太陽光に含まれる幅広い波長の光をあますことなく利用できるようになるかもしれない．研究開発の進む食用真核微細藻類（クロレラ，ドナリエラ，ヘマトコッカス，ユーグレナ）との組み合わせも有効だろう．さらに，バクテリオクロロフィルや多様なアンテナ色素を有する酸素非発生型の光合成細菌も同時に活用できないだろうか．

　まだ課題が多く残される食糧としてシアノバクテリアであるが，人類が大地を離れ，空中・海底都市や宇宙船，他の惑星へと居住空間を広げるときには，最も有効な食糧の 1 つになりうるのではないだろうか．

文 献

Aaron, P. M., Susan E. F., Richard, C. K. and Katherine, J. B.（2007）：*Roseovarius crassostreae*, the etiological agent of Juvenile Oyster Disease（now to be known as Roseovarius Oyster Disease）in *Crassostrea virginica*. *Aquaculture*, 269, 71-83.

Cowen, J.P., Massoth, G.J. and Baker, E.T.（1986）：Bacterial scavenging of Mn and Fe in a mid-field to far-field hydrothermal particle plume. *Nature*, 322, 169-171.

Galloway, J.N., F.J. Dentener, D.G. Capone, E.W. Boyer, R.W. Howarth, S.P. Seitzinger, G.P. Asner, C.C. Cleveland, P.A. Green, E.A. Holland, D.M Karl, A.F. Michaels, J.H. Porter, A.R. Townsend and C.J. Vorosmarty（2004）：Nitrogen cycles: past, present and future. *Biogeochemistry*. 70, 153-226.

Garcia, G. D., Gregoracci, G. B., de O Santos, E., Meirelles, P. M., Silva, G. G., Edwards, R., Sawabe, T., Gotoh, K., Nakamura, S., Iida, T., de Moura, R. L. and Thompson, F. L.（2013）：Metagenomic analysis of healthy and white plague-affected Mussismilia braziliensis corals. *Microb. Ecol.*, 65, 1076-1086.

Gruber, N.（2008）：The marine nitrogen cycle: Overview and challenges. In. (eds. D.G. Capone, D.A.Bronk, M.R. Mulholland and E.J. Carpenter) Nitrogen in the Marine Environment, Elsevier.

Gullberg, E., Cao, S., Berg, O. G., Ilback, C., Sandegren, L., Hughes, D. and Andersson, D. I.（2011）：Selection of resistant bacteria at very low antibiotic concentrations. *PLoS Pathog.*, 7, doi:10.137/journal.ppat.1002158.

今井一郎（2007）：微生物による赤潮防除，微生物の利用と制御（藤井建夫・杉田治男・左子芳彦編），恒星社厚生閣，pp. 110-123.

今井一郎（2012）：有害有毒赤潮の発生から沿岸域を守る環境の保全と修復に貢献する農学研究，シリーズ21世紀の農学（日本農学会編），養賢堂，pp. 29-48.

伊丹利明（2013）：甲殻類のウイルス病と診断法，魚介類の微生物感染症の治療と予防（青木 宙編），恒星社厚生閣，500pp.

Jessica, R. W. and Kevin, D. L.（2004）：The elusive baseline of marine disease: are diseases in ocean ecosystems increasing? *PLoS Biol.*, 2, 542-547

小熊久美子，松原康一，北島正章，片山浩之，滝沢 智（2007）：ベトナム流域における水と感染症2. ベトナム南部における都市河川の微生物汚染と病原性微生物の摂取経路の推定. モダンメディア，53, 127-133.

長崎慶三（1998）：殺藻性ウィルスによる赤潮防除の可能性. *Microbes. Environ.*, 13, 109-113.

小川和夫，室賀清邦（2012）：改訂・魚病学概論 第二版，恒星社厚生閣.

Reith, F., Etschmann, B., Grosse, C., Moors, H., Benotmane, M.A., Monsieurs, P., Grass, G., Doonan, C., Vogt, S., Lai, B., Martinez-Criado, G, George G.N., Nies, D.H., Mergeay,M.,Pring. A., Southam, G. and Brugger, J.（2009）：Mechanisms of gold biomineralization in the bacterium *Cupriavidus metallidurans*. *Proc. Natl. Acad. Sci. U S A*, 106, 17757-17762.

Sawabe,T., Inoue,S., Fukui,F., Yoshie,K., Nishihara,Y., and Miura,H.（2007）：Mass mortality of Japanese abalone *Haliotis discus hannai* caused by *Vibrio harveyi* infection. *Microbes. Environ.*, 22, 300-308.

Shope, R.（1991）：Global climate change and infectious diseases. *Environ. Health Persp.*, 96, 171-174.

Suzuki, S., Ogo, M., Miller, T. W., Shimizu, A., Takada, H. and Siringan, M. A.（2013）：Who possesses drug resistance genes in the aquatic environment? : sulfamethoxazole (SMX) resistance genes among the bacterial community in water environment of Metro-Manila, Philippines. *Front. Microbiol.*, 4, doi:10.3389/fmicb.2013.00102.

Takahashi, Y., Yamamoto, M., Yamamoto, Y. and Tanaka, K.（2010）：EXAFS study on the cause of enrichment of heavy REEs on bacterial cell surfaces. *Geochim. Cosmochim. Acta*, 74, 5443-5462.

臼井 朗，高橋嘉夫，伊藤 孝，丸山明彦，鈴木勝彦（2015）：海底マンガン鉱床の地球科学，東京大学出版会，pp 264pp.

Vezzulli, L., Cowell, R. R. and Prizzo, C.（2013）：Ocean warming and spread of pathogenic Vibrios in the aquatic environment. *Microb. Ecol.*, 65, 817-825.

渡邉 信（2012）：藻類ハンドブック，NTS.

索 引

ア 行

アイスアルジー　39
アイミドリ　253
青潮　203
赤潮　246
アシツキ　253
亜硝酸イオン　190
アセチル CoA 経路　110, 115
アナモックス　190, 210, 246
　　──細菌　190
　　──反応　36
アミノ基転移反応　188
アミノ酸　179
アミノペプチダーゼ　128
アメーバ　153
アルカリ性ホスファターゼ　193
アルシャンブルー　179
α 多様性　80
アンテナ色素　102
アンモニア化　188
アンモニア酸化微生物　190
アンモニアモノオキシダーゼ　190
アンモニウム　183
硫黄酸化　36
　　──細菌　205
異化作用　120
異化代謝　171
異化的硝酸還元　210
　　──による NH_4^+ の生成　191
異化的ヒ素還元　213
異化的硫酸還元　210
維持エネルギー消費　175
イシクラゲ　253
異質細胞　95
一次生産　168
　　──者　183
一酸化二窒素　197
遺伝子汚染　245
遺伝子解析法　67
遺伝子検査　250
遺伝子水平伝播　232
易分解性　16
　　──有機物　186
ウイルス　16, 17, 19, 32, 150, 161,
　169
　　──による溶菌　164, 177
　　──プランクトン　32
ヴィルレンス　249
ウミタル　161
栄養塩類　168
栄養共生　226
栄養源　197
栄養段階　177
エクト酵素　124
エクマン輸送　10
N-アセチル-D-グルコサミン　234
N_2 ガス　186
エネルギー源　20, 197
エネルギー収支　176
沿岸海域　175
塩分　8, 14
黄色ブドウ球菌　44
大型藻類　96
オゾン層の破壊　246
オタマボヤ　161, 178
オルガネラ　21, 25, 27, 29
温室効果ガス　197, 242
温室効果気体　246
温暖化　8

カ 行

科　74
海底熱水系　211
外膜　25
海綿　221
外洋域　175
海洋微生物　60
化学合成独立栄養細菌　20
化学合成独立栄養微生物　107, 109
化学無機栄養　189
核酸　134, 182
拡散摂食　155
化石燃料　246
河川　245
　　──水　7
葛仙米　253
滑走運動　43
褐虫藻　222

可変領域　70
カルビン回路　110, 112, 113
カロテノイド　101, 103, 104
環境問題　245
還元的 TCA 回路　110, 114
γ 多様性　80
気化熱　5
希少種　84
希少生物圏　85
汽水域　175, 192
気体　11
キチン結合タンパク質　234
基本温度　53
競合と共生　214
凝集体　178
共生アイランド　230
共生プロテオバクテリア　224
極限環境生物　36
極限環境微生物　48
魚類　178
金属鉱物資源　251
近隣接合法　72
菌類　32
クオラムセンシング　229
クラスター構造　4
グラム陰性　25, 26, 27, 29
グラム陽性　25, 26
グルカン多糖　130
グルコース　173
グルコシダーゼ　131
グルタミン-α オキソグルタル酸転
　移酵素　188
グルタミン合成酵素　188
グルタミン酸　173, 188
　　──脱水素酵素　188
クローンライブラリ法　81
黒潮　10
クロム　197, 251
クロロフィル　101, 103
　　──濃度　34
蛍光色素　169
珪酸塩　182
珪藻類　182
系統　19

──樹　70
──分類　67
下水処理　246
ゲノムの縮小化　231
原核生物　67
嫌気　197
　──呼吸　35, 191, 209
　──性従属栄養細菌　20
　──的アンモニア酸化　36
　──的代謝　201
　──的メタン酸化　212
　──微生物　197
原子間力顕微鏡　24
原生生物　150, 152, 169, 183
原生動物　32
懸濁態　11, 15, 16, 17, 18
　──有機物　183
懸濁物　205
懸濁粒子　206
原油分解　141
綱　74
好圧菌　38
高栄養塩低クロロフィル　243
好塩菌　36, 50
高温菌　53
光学顕微鏡　23
好気呼吸　35
好気性（酸素非発生型）光合成細菌　107
好気性従属栄養細菌　20
光合成　93, 208
　──細菌　104
　──従属栄養　199
　──生産　33
　──独立栄養　199
　──の電子伝達系　100
好酸性菌　38
紅色細菌　105
酵素活性　124
高度好塩菌　37
高度不飽和脂肪酸　55
好熱菌　53
好冷菌　37, 53
好冷酵素　138
氷　1, 3, 4
呼吸　108, 171
　──速度　183

国際海洋微生物センサス　84
国際細菌命名規約　94
国際藻類・菌類・植物命名規約　93
国連ミレニアム生態系評価　246
古細菌　32
コッホの原則　248
コリオリ　8, 10
コロイド　17, 29
　──状の有機物　177

サ　行

細菌　32
　──群集　183
　──現存量　34
　──数　169
　──プランクトン　32
サイズ　15, 17, 18, 19, 22, 23
最大節約法　72
最大密度　4
細胞外高分子基質　43
細胞間コミュニケーション　45
細胞間シグナリング　45
細胞内酵素　124
最尤法　72
酢酸　211
殺藻微生物　247
サルパ　161
酸化還元電位　194
酸化還元反応　199
産業革命　245
サンゴの白化　235
サンゴ・プロバイオティック仮説　223
酸素　5, 11, 12, 17, 20, 183
　──極小層　204
　──呼吸　183
　──消費速度　183
　──発生型光合成　96, 108
　──発生型光合成細菌　20
　──非発生型光合成　104, 106
　──非発生型光合成細菌　20
三態　5
3-ヒドロキシプロピオン酸回路　110, 114
3-ヒドロキシプロピオン酸/4-ヒドロキシ酪酸回路　110, 115
残留性有機汚染物質　143

ジアゾ栄養生物　187
シアノバクテリア　94, 95, 252
枝角類　178
ジカルボキシル酸/4-ヒドロキシ酪酸回路　110, 115
脂質　132, 182
指数関数的増殖　48
次世代シーケンサー　82
自然浄化　246
実用塩分　14
至適増殖温度　53
シデロフォア　234
ジニトロゲナーゼ　188
　──還元酵素　188
死滅過程　182
シャノン指数　80
蛇紋岩化反応　207
種　74
重金属類　213
臭素化難燃剤　143
従属栄養細菌　34
従属栄養性微細鞭毛虫類　152
従属栄養生物　198
従属栄養性鞭毛虫　189
16S rRNA 遺伝子　79
宿主への感染経路　233
種の均等度　80
種の豊かさ　80
種分化　67
主要元素　182
順位−個体数曲線　85
準易分解性　16
硝化　36, 183, 189
　──と脱窒の共役　191
条件的希少種　87
小サブユニットリボソーム RNA　69
硝酸イオン　186
硝酸還元　201, 210
蒸発熱　5, 6
植食者　168
植物プランクトン　32, 168, 183
食物網　168
　──のシンク　177
　──のリンク　177
食物連鎖　168
シロウリガイ　226
深海海底熱水鉱床　251

索　引

真核生物　67
真核藻類　96, 97
人獣共通感染症　248
診断　250
浸透圧調節　50
シンプソン指数　80
森林土壌　39
水銀　244
水圏生態系　183
水産養殖場　179
水蒸気　1, 5, 7, 28
スイゼンジノリ　253
吹送流　10
水素ガス　211
水素結合　2, 3, 6, 28
垂直伝播　227
水平伝播　227
　　——による遺伝子獲得　231
水和　6
ストイキオメトリー　183
スピルリナ　253
生元素　182
生産　171
　　——速度　168
成層　202
生体エネルギー論　176
生態系エンジニア　227
生物態有機物　123
生物多様性　77
生物ポンプ　17, 243
生物量　168
生命の起源　63
赤道湧昇　33
世代時間　49
摂食速度　155
絶対嫌気性微生物　201
選択的捕食　158
線虫　226
繊毛虫　152, 154
双極子　2, 6, 28
増殖　49
　　——下限温度　53
　　——効率　173
　　——上限温度　53
　　——速度定数　50
相同組換え　67
相利関係（＝相利共生）　226

藻類　32, 93
属　74

タ 行

耐塩性菌　50
大気　245
　　——汚染　246
代謝産物　182
堆積物　192, 206
帯電　251
多遺伝子座配列解析　67
耐冷菌　53
タグシーケンス法　83
脱アミノ反応　188
脱窒　191, 205, 210, 245, 246
多様性指数　80
ダンゴイカ　226
炭酸　12, 14
　　——イオン　12, 14
　　——カルシウム　13
　　——固定　110
　　——水素イオン　12, 14
炭素　182
　　——源　20
タンパク質　22, 126, 182
地下　40
地球温暖化　248
地球規模　245
地球深部　207
地中海　9, 10
窒素　11, 182
　　——固定作物　246
　　——固定　94, 95, 107, 186, 245
　　——酸化物　246
　　——循環　186, 245
チミジン　169
中温菌　53
中度好塩菌　37
超好熱菌　37, 53
超好熱性　211
超並列シーケンス法　82
直接計数法　169
通性嫌気性微生物　201
ディープシーケンス法　83
低栄養細菌　51
低温菌　53
抵抗性　249

低酸素水塊　246
低度好塩菌　37
鉄　188
　　——還元　201, 209
　　——酸化　209
　　——散布　244
デトリタス　34, 178
電気伝導度　14
デング熱　248
電子顕微鏡　24
電子受容体　190
転送効率　177
伝播様式　233
電流微生物　215
同位体分別効果　116
トゥイッチング　26
　　——運動　43
透過型光学顕微鏡　179
同化代謝　171
同化的硝酸還元　210
同化的硫酸還元　210
糖質　130
動物プランクトン　32, 168
透明細胞外ポリマー粒子　179
独立栄養生物　93, 198
独立栄養的炭酸固定　93
トップダウンコントロール　34, 159
ドメイン　74
Drayaki 法　57
トリプシン　128

ナ 行

内部結節　70
ナノプランクトン　152
難分解性　16, 17
　　——有機物　186
肉食者　168
二酸化炭素　12, 13, 168, 186
ニトロゲナーゼ　188
二分裂　49
日本海　8
人間活動　245
熱エネルギー　5, 6, 8, 9, 10
熱塩循環　8
熱水噴出孔　52, 65
熱容量　3, 28

粘性　20

ハ　行

ハーバー・ボッシュ法　246
バイオオーギュメンテーション法　244
バイオスティムレーション法　244
バイオファウリング　137
バイオフィルム　42, 136
　　——形成　230
バイオフロック　178
バイオリーチング　251
　　——法　209
バイオレメディエーション　143
ハオリムシ　226
バクテリオクロロフィル　101, 102, 105
発酵　35, 201, 209
髪菜　253
バナジウム　188
バラスト水　248
ハロゲン化フラノン　230
反応性窒素　245
反応中心クロロフィル　100
PTk ダイアグラム　58
非栄養共生　226
光エネルギー　168
光化学系　100
光従属栄養　20
　　——細菌　176
光独立栄養生物　168
光捕集色素　102
光ポンプ　208
ピコプランクトン　152
微細藻類　96
微生物ループ　169
微生物群集　168
微生物進化　63
ヒ素　197, 251
比増殖速度　50
非特異的防御物質　249
氷期　8
病原アイランド　230
病原性　249
氷床　7, 8
氷点　4
病毒性　232
ピリ　25, 26, 27, 29

微量元素　182
ピリン　103
ビルレンス　232
貧栄養　48, 175
貧酸素水塊　203
フィコビリン　101, 103
フィンガープリント法　82
富栄養　175
　　——状態　124
複合微生物感染症　249
沸点　2, 3
腐敗　122, 209
プランクトン　32
ブロッカー　9
プロテアーゼ　126
プロテオミクス　128
プロテオロドプシン　107
分子拡散　21
糞便由来細菌群　248
平衡状態　245
閉鎖水塊　202
平板培養法　57
平板法　169
β多様性　80
ペデリン合成遺伝子　230
ヘテロシスト　95, 188
ペプチドグリカン　22, 25, 27, 29, 131
ヘリオバクテリア　105, 107
ペリプラスム　25, 29
ベルトコンベヤー　9
便宜的分類単位　79
偏性嫌気性微生物　201
鞭毛　21, 26, 27, 29
放射性同位元素　169
放射標識トレーサー法　169
放出酵素　124
飽和　6
捕獲摂食　155
捕食－被食　23
保存領域　70
ボトムアップコントロール　34, 159
ホモセリンラクトン　45
ポリリン酸　194
ポルフィラン類分解酵素　232

マ　行

マイクロプランクトン　152
マクロプランクトン　152
末端結節　70
マリンスノー　34, 179, 205
慢性的な（chronic）なサイクル　161
ミジンコ　178
水　186
　　——分子　2, 6, 7
密度　3, 4, 8, 10, 28
ミトコンドリア　27, 29
ピラミッド　18
無機栄養塩類　33
無機化学合成従属栄養　199
無機化学合成独立栄養　199
無根系統樹　72
無酸素化　202
無酸素水塊　203
メタノール　117
メタン　197
　　——酸化　36
　　——生成　35, 201, 207, 211
メチル栄養　199
メチル補酵素 M 還元酵素　211
目　74
モリブデン　188
門　74

ヤ　行

薬剤耐性　136, 245, 248
有害藻類　246
融解熱　5, 6
有機化学合成従属栄養　199
有機酸　197
有機物　168, 183
　　——の生産と分解　183
　　——の分解　183
有根系統樹　72
有性生殖　67
溶菌　161
　　——的な（lytic）サイクル　161
　　——防御　51
溶原ウイルス　161
溶原的な（lysogennic）サイクル　161
幼生類　178

索引

溶存態　12, 15, 16, 17, 18, 29
葉緑体　27, 99
　　──の起源　94, 96
IV 型線毛　43

ラ 行

落射型蛍光顕微鏡　23
落射蛍光顕微鏡法　169
rRNA 遺伝子　78
リポポリサッカライド　25
硫化水素　197
硫酸還元　201, 205, 207, 210
緑色硫黄細菌　105, 107, 208
緑色糸状性細菌　105
緑膿菌　43
リン　182
　　──灰石　194
　　──脂質　132
ルビスコ　112, 113, 114
レイノルズ数　20
レクチン　226
レッドフィールド比　183
ロイシン　169
濾過摂食　155
ロドプシン　20, 208

ワ 行

ワクチン　250

A

Actinobacteria　52
algae　93
Alphaproteobacteria　52
amoA　190
ANME　212
AOA　190
AOB　190
ATP　186

B

Bacteroidetes　52
BALOs　150, 161, 163
Bdellovibrio　150, 163
Betaproteobacteria　52
biodiversity　77
biological diversity　77

C

Calyptogena okutanii　226
cell-cell communication　45
cell-cell signaling　45
Cyanobacteria　52, 94

D

diversity index　80
DOM　16, 123, 149

E

e-Bio　215
EPS　43
Euprimna scolopes　226
Extracellular polymeric substances　43

F

Firmicutes　52

G

Gammaproteobacteria　52
gliding　43
GS-GOGAT 経路　188

H

heterocyst　95
Heterotrophic nanoflagellate　152
High Nutrient Low Chlorophyll　243
HNF　152, 156
HNLC　243

K

「Kill the winner」仮説　164

L

Lamelllibrachia satsuma　226
Laxus oneistus　226

M

MLSA　67

N

N_2O　246
nifH　188
Nitorosomonas　190
Nitrosospira　190

O

OUT（Operational Taxonomic Unit）　70, 79

P

Pathogenesis Island　230
PCB　143
Pelagibacter ubique　52
pH　139
Phycosphere　220
PI　230
POM　16, 123, 149
POPs　143
Pseudomonas aeruginosa　43

R

rank abundance curve　85
rare biosphere　85
RNA　22
RubisCO　113

S

Shanon index　80
SI　230
Simpson index　80
Sit-and-Wait hypothesis　233
species evenness　80
species richness　80
Staphylococcusaureus　44
Symbiosis Island　230

T

temperate virus　161
Trichodesmium　188
twitching　43
type IV pili　43

V

Vibrio 科細菌　223
virulence　232

編 者	濱﨑恒二・木暮一啓 編 ⓒ
	(はまさきこうじ　こぐれかずひろ)
発行者	片岡一成
発行所	恒星社厚生閣

水圏微生物学の基礎
(すいけんびせいぶつがく　きそ)

2015年9月10日　初版第1刷発行

〒160-0008　東京都新宿区三栄町8
電話 03(3359)7371(代)
http://www.kouseisha.com/

印刷・製本　シナノ

ISBN978-4-7699-1568-3　C3045
定価はカバーに表示してあります

JCOPY <(社)出版者著作権管理機構　委託出版物>
本書の無断複写は著作権上での例外を除き禁じられています．複写される場合は，その都度事前に，(社)出版社著作権管理機構(電話 03-3513-6969, FAX03-3513-6979, e-mail:info@jcopy.or.jp)の許諾を得て下さい．

好評発売中

水圏生物科学入門

会田勝美 編

B5 判・256 頁・定価(本体 3,800 円＋税)

水生生物をこれから学ぶ方の入門書．幅広く海洋学，生態学，生化学，養殖などの基礎は勿論，現在の水産業が直面する問題を簡潔にまとめた．主な内容と執筆者　1．水圏の環境（古谷　研・安田一郎）　2．水圏の生物と生態系（金子豊二・塚本勝巳・津田　敦・鈴木　譲・佐藤克文）　3．水圏生物の資源と生産（青木一郎・小川和夫・山川　卓・良永知義）　4．水圏生物の化学と利用（阿部宏喜・渡部終五・落合芳博・岡田　茂・吉川尚子・木下滋晴・金子　元・松永茂樹）　5．水圏と社会との関わり（黒倉　寿・松島博英・黒萩真悟・山下東子・日野明徳・生田和正・清野聡子・有路昌彦・古谷　研・岡本純一郎・八木信行）

増補改訂版 魚類生理学の基礎

会田勝美・金子豊二 編

B5 判・278 頁・定価（本体 3,800 円＋税)

魚類生理学の定番テキストとして好評を得た前書を，新知見が集積されてきたことにふまえ，内容を大幅に改訂．生体防御，生殖，内分泌など進展著しい生理学分野の新知見，そして魚類生理の基本的事項を的確にまとめる．水産学部，農学部，理学部でのテキストに最適．

〔主な目次〕1 章　総論　2 章　神経系　3 章　呼吸・循環　4 章　感覚　5 章　遊泳　6 章　内分泌　7 章　生殖　8 章　変態　9 章　消化・吸収　10 章　代謝　11 章　浸透圧調節・回遊　12 章　生体防御　〔執筆者〕会田勝美・足立伸次・天野勝文・植松一眞・潮　秀樹・大久保範聡・金子豊二・黒川忠英・神原淳・小林牧人・末武弘章・鈴木譲・田川正朋・塚本勝巳・難波憲二・半田岳志・三輪理・山本直之・渡邊壮一・渡部終五）

魚類生態学の基礎

塚本勝巳 編

B5 判・336 頁・定価(本体 4,500 円＋税)

生態学の各分野の第一人者と新鋭の研究者が，これから生態学を学ぶ人たちに向けて書き下ろした魚類生態学ガイドブック．概論，方法論，各論に分け，コンパクトに解説．〔主な目次〕　第 1 部　概論〔1 環境・2 生活史・3 行動・4 社会・5 集団と種分化・6 回遊〕第 2 部　方法論〔7 形態観察・8 遺伝子解析・9 耳石解析・10 安定同位体分析・11 行動観察・12 個体識別・13 バイオロギング〕第 3 部　各論〔14 変態と着底・15 生残と成長・16 性転換・17 寿命と老化・18 採餌生態・19 捕食と被食・20 産卵と子の保護・21 攻撃・22 なわばり・23 群れ行動・24 共生・25 個体数変動・26 外来種による生態系の攪乱〕

水圏生化学の基礎

渡部終五 編

B5 判・250 頁・定価(本体 3,800 円＋税)

進展著しい生化学分野の基礎を，水生生物を主な対象としてコンパクトにまとめる．最新の知見はもとより教育上の要請を十分取り込み，コラム，巻末の解説頁で重要事項を丁寧に説明．〔主な目次〕1．序論　2．生体分子の基礎（物理化学の基礎，有機化学の基礎）　3．タンパク質（アミノ酸の種類と構造，タンパク質の構造，酵素など）　4．脂質（脂肪酸の代謝と機能，ステロールおよびカロテノイドの生合成）　5．糖質（糖類の代謝，光合成）　6．ミネラル・微量成分（水生生物の微量元素など）　7．低分子有機化合物（水生生物の特殊成分など）　8．核酸と遺伝子　9．細胞の構造と機能．

改訂 魚病学概論 第二版

小川和夫・室賀清邦 編

B5 判・214 頁・定価(本体 3,800 円＋税)

本書は，好評を得た「改訂　魚病学概論」を最新情報に基づき内容を更新したもので，病名・病原体名の変更のみならずウナギのヘルペスウイルス性鰓弁壊死症やアサリのブラウンリング病など 4 つの新疾病を新たに加え，第二版として出版．試験場，研究者，学生，企業に必要な最新情報を提供．　〔目次〕　第 1 章　序論（魚病学の歴史，魚病学の領域と意義）　第 2 章　魚類の生体防御，第 3 章　ウイルス病，第 4 章　細菌病，第 5 章　真菌病，第 6 章　原虫病，第 7 章　粘液胞子虫病，第 8 章　寄生虫病，第 9 章　環境性疾病およびストレス，第 10 章　栄養性疾病，第 11 章　感染症の診断法と病原体の分離・培養法，索引・宿主（学名）一覧

恒星社厚生閣